U0485674

凝胶推进剂雾化的实验与SPH数值模拟研究

强洪夫　刘　虎
陈福振　韩亚伟　著

科学出版社

北　京

内 容 简 介

凝胶推进剂是一类新型推进剂，具有能量密度高、安全性好、能长期贮存等优点。由于同时具备了液体推进剂和固体推进剂的优点，凝胶推进剂成为当前推进技术研究的新趋势，雾化问题是凝胶推进技术的关键问题之一，对其进行研究具有重要的科学价值和实际意义。本书是论述凝胶推进剂雾化实验及其数值模拟的一本专著，将为凝胶发动机雾化及燃烧过程的分析提供基础，为该领域内学者的后续研究提供重要的参考。

本书可作为航空宇航专业的高年级本科生、研究生以及火箭发动机方面研究人员的教材或参考用书，也可供多相界面流和流体雾化领域内机械、土木、动力、水利、工程热物理和航空航天等专业的科研人员阅读。

图书在版编目（CIP）数据

凝胶推进剂雾化的实验与 SPH 数值模拟研究 / 强洪夫等著. —北京：科学出版社，2019.3

ISBN 978-7-03-060011-0

Ⅰ. ①凝… Ⅱ. ①强… Ⅲ. ①凝胶-航天器-推进剂-雾化-数值模拟-研究 Ⅳ. ①V51

中国版本图书馆 CIP 数据核字（2018）第 294308 号

责任编辑：宋无汗　赵微微 / 责任校对：郭瑞芝
责任印制：师艳茹 / 封面设计：陈　敬

科 学 出 版 社 出版
北京东黄城根北街16号
邮政编码：100717
http://www.sciencep.com
北京通州皇家印刷厂 印刷
科学出版社发行　各地新华书店经销
*
2019年3月第 一 版　开本：720 × 1000　B5
2019年3月第一次印刷　印张：16 3/4
字数：338 000

定价：128.00元

(如有印装质量问题，我社负责调换)

序

随着当今军事工业及航天科技的迅猛发展，导弹、火箭及空间飞行器等武器装备和运载系统的性能越来越优异，对其动力推进装置各项性能的要求也越来越高。先进的动力推进技术不仅可以缩短航天计划的研发时间，降低运行成本，同时还可提高飞行器的安全性、操作性和能量特性。因此，先进的动力推进技术成为各航天大国的研究焦点和主要目标。

凝胶推进剂作为一种新型推进剂，具有安全性好、推力输出可控、储存稳定性好、环境污染小、制备工艺简单、燃速范围广等优点，美国、德国、法国、以色列和印度等国相继对其开展了研究。以凝胶推进剂作为动力源的凝胶火箭发动机技术兼有固体火箭发动机和液体火箭发动机技术的优点，同时规避了两者的缺点，成为了各国竞相研究的发展方向之一。

由于凝胶推进剂特殊的流变特性，其存在状态赋予了推进剂优良的性能同时，造成了其相比传统液体推进剂，雾化更加困难。高质量的雾化是推进剂高效率燃烧的前提和基础，因此雾化问题一直是凝胶推进技术的重点问题之一。

在此背景下，强洪夫教授团队依托国防 973-61310202 项目对凝胶推进剂的雾化特性开展了探索性的数值仿真工作，首次成功地将无网格数值仿真技术应用于凝胶推进剂雾化过程中，有效揭示了凝胶推进剂的雾化机理，取得了较多原创性的成果。此后又得到了国家自然科学基金面上项目 51276192 的资助，在常规凝胶推进剂雾化实验、含碳颗粒凝胶推进剂雾化实验、凝胶推进剂雾化理论等方面相继开展了大量工作，同时进一步改进和发展了无网格数值模拟方法，为凝胶推进技术的发展做出了贡献。

本著作是作者在积累前期成果的基础上撰写而成，丰富了凝胶推进剂雾化的理论和实践内容，为满足综合性能不断提高的凝胶推进技术的发展提供了重要的理论依据和技术手段。作为火箭发动机的设计和研究工作者，我真切希望我国的航天推进技术能取得更大的突破，也由衷地希望，本书的出版能为火箭发动机事业发展和火箭发动机从业人员提供有益的帮助。

中国工程院院士

国际宇航科学院院士

前 言

凝胶推进剂是一种新型火箭推进剂，它不易泄漏、能长期贮存、在贮箱中不晃动、对冲击和碰撞等不敏感，兼有液体推进剂的高比冲、推力可调、多次启动和固体推进剂的易贮存运输、使用维护比较方便的优势，在未来新型导弹武器系统中具有广阔的应用前景。因此，凝胶推进剂成为世界各国大力研究的新型火箭推进剂。然而，凝胶推进剂作为一种非牛顿流体，其黏度比液体推进剂更大，雾化问题已成为困扰凝胶推进技术发展的关键问题之一。深入研究凝胶推进剂的雾化特性，揭示凝胶推进剂的雾化机理，对于提高推进剂的燃烧效率，提升发动机的工作性能具有重要意义。因此，撰写一本详细论述凝胶推进剂雾化问题研究方法和成果的著作非常必要。

目前，国内外对于凝胶推进技术的研究以学术论文为主，还未有相关论著对凝胶推进剂及其雾化问题进行详细阐述。本书的特点是主要针对凝胶推进剂的雾化问题进行全面深入的研究，不仅从实验角度阐述凝胶推进剂雾化的开展、实施、数据结果的处理和分析，以及由此发展出的新的雾化理论，还从数值模拟角度论述无网格方法在处理凝胶推进剂雾化特性研究方面的特长，对于从事火箭发动机研制和两相流机理研究的工程及学术人员具有重要的参考价值。

本书主要阐述作者及团队近十年来在凝胶推进剂雾化特性实验研究、理论研究及数值模拟研究三方面取得的最新研究成果，主要内容包括凝胶推进剂的制备及流变特性测量、凝胶推进剂撞击雾化实验及分析、含碳颗粒凝胶推进剂撞击雾化实验及分析、含碳颗粒凝胶推进剂雾化场速度分析、凝胶推进剂雾化液膜特性分析、凝胶推进剂雾化仿真基本理论、适用于凝胶推进剂喷注雾化过程的SPH数值模拟方法的建立及凝胶推进剂雾化过程仿真等。本书能够为凝胶推进剂雾化提供可靠的分析手段及有效的表征方法，为揭示雾化机理、改进雾化装置设计提供指导。

本书的撰写和出版得到火箭军工程大学和科学出版社，以及有关学者与专家的关心和帮助，在此表示衷心的感谢。感谢西安航天动力研究所在实验研究方面提供的大力支持，感谢张蒙正研究员、李龙飞主任、杨伟东工程师和付幼明工程师，他们在整个实验过程中给予了大量的指导和帮助。同时，感谢作者课题组的石超、高巍然、张志春、傅学金、范树佳、刘开、王坤鹏、张林涛、郑华林、张国星、孙新亚等在作者撰写本书时给予的极大支持。另外，对本书涉及的相关国内外文献的作者表示感谢。凝胶推进剂的雾化是一个较新的研究领域，并且仍在不断发展，还有许多问题有待进一步研究，希望本书能为凝胶推进剂相关研究领域的科研和工程实践提供帮助，对SPH方法的算法创新和应用领域的拓展起到促进作用。

特别感谢国家自然科学基金项目(51276192)和国防973项目(973-61310202)对本书的资助。

由于时间仓促，作者水平有限，书中难免有遗漏和不妥之处，还望广大读者批评指正！

目　录

第 1 章　绪　　论

1.1　凝胶推进剂及其雾化问题

经过多年的发展，固体火箭发动机[1]和液体火箭发动机[2]的设计与制造水平日渐成熟，已成为世界各国航天领域的主要动力装置。但是，现代战争条件对火箭发动机的安全性能和推力性能提出了更高的要求，固体及液体火箭发动机的局限性也逐渐暴露出来。例如，导弹或卫星的姿态控制发动机[3,4]，不仅要满足结构简单、体积较小、能量密度大的要求，还要满足推力可控性好和可靠性高的条件。但是，当前的固体或液体火箭发动机很难同时达到这些条件。

固体火箭发动机的优点突出表现为结构简单、无毒性、无泄漏问题且容易小型化，但是其缺点也很明显，如推力调节性能较差、难以实现多次启动，这也严重影响了固体火箭发动机的应用范围。为了解决这些问题，国内外开展了许多有益的研究工作，设计出一系列改进型的发动机，如混合推进剂火箭发动机及多脉冲固体火箭发动机。但是，这些改进的作用是有限的，很难真正实现对推力的任意调节，而且会导致发动机的结构更加复杂，进而使发动机的可靠性降低。对于液体火箭发动机，尽管其具有推力可控性好且可靠性高的优势，但是，复杂的输送系统结构导致其难以实现小型化，且液体推进剂一般有毒，如果泄漏容易导致灾难性事故。

为克服液体和固体火箭发动机的缺点并发挥其各自的优势，在 20 世纪中叶，美国和苏联开始研制一种新的介于固体和液体之间的推进剂[5]，称为凝胶火箭推进剂(gelled rocket propellant，GRP)，通常简称为凝胶推进剂。凝胶推进剂[6,7]是将胶凝剂和液体组分(氧化剂、燃料或二者的混合物)通过一定的工艺混合，使液体组分均匀地悬浮于混合物中，从而形成具有一定结构和特定性能，并能长期贮存的凝胶体系，凝胶推进剂中胶凝剂的含量一般小于凝胶推进剂质量的十分之一。凝胶推进剂的主要特点是黏度较大，有一定屈服应力和触变性，在高剪切速率的作用下，其黏度会降低。

凝胶推进剂和凝胶推进剂发动机的研制逐渐满足了能量密度大、推力可控性好、使用安全、成本低以及可长期贮存等发动机的发展需求，在未来快速打击导弹武器系统中具有广阔的应用前景。因此，鉴于凝胶推进剂在可控性能与安全性能方面的优势，各国都把凝胶推进剂及凝胶推进剂发动机作为当前推进技术研究的主要方向之一，美国、俄罗斯和以色列等国经过数十年的研究，在凝胶推进剂的流变特性、雾化模式及燃烧性能等方面取得了一系列成果。其中，美国在某些领域的研究已接近实用水平。图 1.1 为美国未来导弹技术集成(future missile technology integration，FMTI)项目设计的凝胶推进剂火箭发动机(gelled propellant rocket motor，GPRM)原理图，该发动机已成功进行了导弹发射试验[4]。

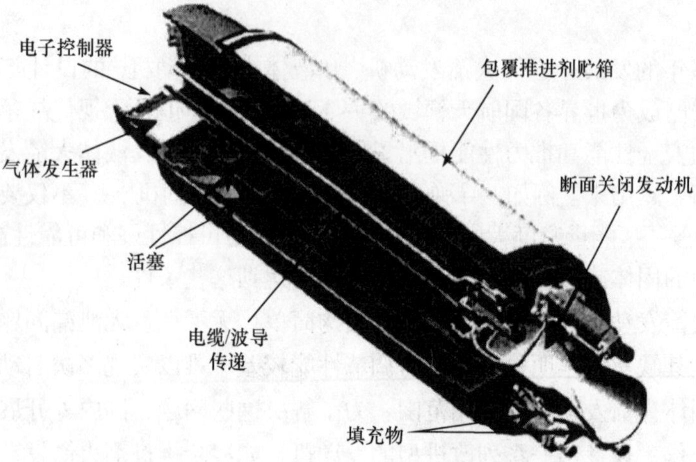

图 1.1　FMTI 项目设计的 GPRM 原理图[2]

与液体推进剂相似，凝胶推进剂也需要研究其制备、管道输运、雾化、燃烧及性能评估这几个方面的内容[8]。但是与液体推进剂最大的不同是，凝胶推进剂是非牛顿流体，其雾化要比牛顿流体(如液体推进剂)困难很多[9]。如图 1.2 所示，凝胶推进剂雾化时，喷雾场主要由液膜和液丝构成，很少能看到大量的液滴产生(图 1.2(a))，而牛顿流体经喷注器雾化后，喷雾场主要由液滴构成(图 1.2(b))。凝胶推进剂的雾化问题已成为困扰凝胶推进技术发展的关键问题，在国内外凝胶推进剂发动机的研究中，雾化研究始终占据很重要的地位。

目前，国内外对凝胶推进剂雾化的研究以实验为主，实验方法也是获得凝胶推进剂雾化特性的主要手段。喷嘴种类不同，凝胶推进剂的雾化方式也不同，常见的喷嘴有以下几种类型[10]：撞击式喷嘴、离心式喷嘴、气动式喷嘴、旋转式喷嘴和脉动式喷嘴等。其中，撞击式喷嘴具有结构相对简单、运行可靠且雾化效果良好的优点，是当前凝胶推进剂雾化实验研究采用的主要形式。

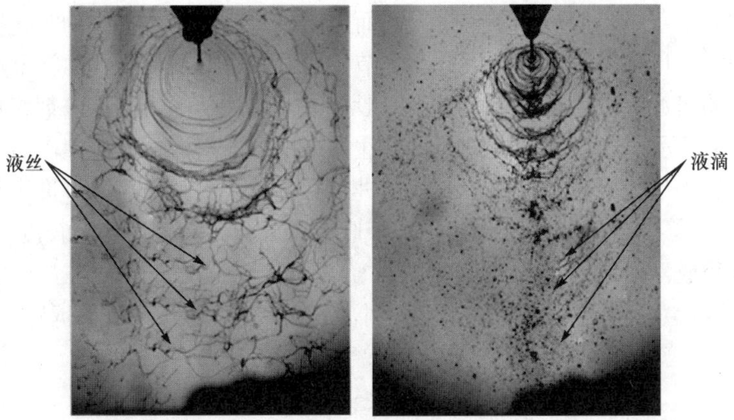

(a) 非牛顿流体　　(b) 牛顿流体[11]

图 1.2 非牛顿流体与牛顿流体撞击式雾化图像的对比

虽然实验研究对揭示雾化机理、改进雾化装置设计有一定指导作用，但是由于影响雾化的因素很多，实验结果易受各种因素的干扰，且实验研究受测量手段的制约，因此，目前的实验研究还基本处于定性研究阶段，其成果对全面揭示雾化机理的作用仍有限。

数值分析为实验研究提供了必要的补充，既可获得精确的流场信息，又可克服实验条件的限制，研究极端条件下的射流撞击雾化特性，为雾化问题的分析和解决以及雾化实验设计都提供了有益参考。采用数值模拟的方法研究凝胶推进剂雾化过程，如何准确、高效地追踪气液两相的相界面是数值求解的基础和关键。两相界面随着时间而不断变形和移动，导致复杂的界面运动及液膜、液丝、液滴之间大的尺寸差别对传统网格法造成了很大挑战。另外，在两相界面区域，流体性质不连续，两相间较高的密度比、黏度比和速度比也使得偏微分控制方程的求解异常困难。

本书内容正是基于此背景展开，一方面，通过阐述实验过程，系统地研究凝胶推进剂撞击式雾化的影响因素，分析液膜宽度、液膜厚度、液膜形状、液膜破碎长度及频率等随特征参数的变化规律；另一方面，建立凝胶推进剂雾化问题的新型无网格粒子仿真方法，为研究凝胶推进剂雾化问题提供有效的数值仿真手段。

1.2 凝胶推进剂雾化实验研究进展

实验研究是凝胶推进剂雾化研究的主要手段，雾化实验中常用的喷注器类型主要有双股撞击式[12-14]、三股撞击气动式[15,16]、同轴离心式[17]等，其中，双股撞击式喷注器由于结构简单、雾化效果好而应用最为广泛，本书中的雾化实验及数值模拟中均采用此类喷注器，因此，本节主要对基于双股撞击式喷注器的凝胶推进剂雾化的研究进展进行分析。基于双股撞击式喷注器的凝胶推进剂雾化实验装置如图 1.3 所示[18]，凝胶推进剂通过喷注器喷出形成射流，射流撞击后形成液膜并进一步破碎形成液丝及液滴。凝胶推进剂雾化效果一般沿用液体推进剂的表征方法[7]，采用雾化角β(射流撞击后形成液膜的展开角度)、液膜破碎长度(从撞击点到液膜破碎成液丝的距离)、索特平均直径(Sauter mean diameter，SMD)等参数进行表征，雾化角越大、液膜破碎长度越小、SMD 越小，雾化效果越好。

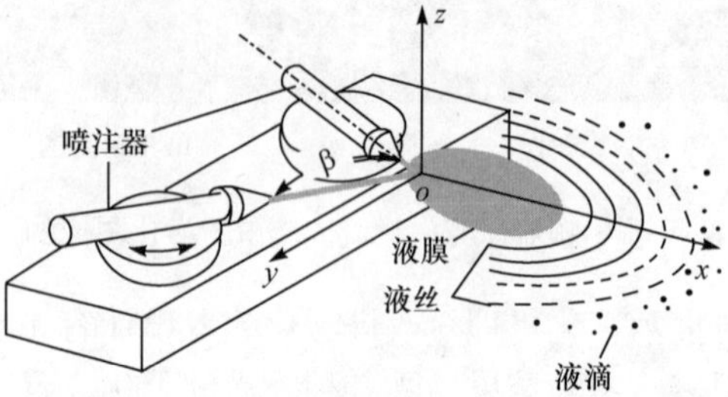

图 1.3　基于双股撞击式喷注器的凝胶推进剂雾化实验装置示意图

在国外，20 世纪 90 年代以前的研究主要集中在凝胶推进剂的制备方法及流变特性上；20 世纪 90 年代以后，逐渐开始研究凝胶推进剂的雾化特性。Green 等[19]比较凝胶推进剂和非凝胶推进剂的雾化特性，根据雾化图像指出，非凝胶推进剂雾化效果更好，且当气体质量流量不变而流体质量流量增大时，雾化效果更好，但是该结论的合理性还存在较大争议。Anderson 等[20]和 Ryan 等[21]考察了雾化装置的几何参数对层流和湍流射流雾化的影响，测量不同工况下的液膜宽度、液膜破碎长度、液膜表面不稳定波长及液滴尺寸，并将稳定性理论预测的液膜破碎长度及液滴大小与实验结果进行对比，结果表明，线性稳定理论预测的结果与实验还存在差距，但趋势一致，尽管该结论是在牛顿流体的雾化实验中得出的，但对研究非牛顿流体的雾化特性有很好的参考意义。Chojnacki 等[22]分别进行冷流条件下水凝胶和水的撞击式喷嘴雾化实验，实验设置了 3 种撞击角度，通过电荷耦合器件(charge coupled device, CCD)相机获得了雾化图像，实验结果表明，在相同的工况下，水凝胶的雾化更加困难，其原因为胶凝剂形成的空间网络结构使水凝胶的黏度增大，从而产生了较长的液丝。Mansour 等[23]采用气动式喷注器研究黏弹性非牛顿流体的雾化特性，指出黏弹性流体的雾化比非弹性流体的雾化困难很多，黏弹性流体的拉伸黏度是阻碍其雾化的主要因素，而非弹性流体的雾化主要受其表观黏度的影响，同时还指出，气动式雾化的 SMD 随着气液密度比、黏性、表面张力的减小而减小。Guglielmi[24]通过实验测量凝胶推进剂雾化的 SMD，并对比了同样条件下水雾化的结果，给出了与Mansour等相同的结论。Chojnacki等[25,26]又研究凝胶推进剂模拟液的撞击式雾化行为，研究表明，当韦伯数(We)介于400～500时，液膜开始破碎成液丝，但是液丝很难破碎成液滴。Helmut等[17]对Jet A-1燃料的撞击式雾化问题进行研究，结果表明，当撞击角度为100°、喷嘴直径为0.7mm、射流速度为35m/s时，液丝开始从液膜脱离，逐渐转变成更小的液丝，进而形成液滴，液丝的间距约为10mm。Kihoon等[27]研究射流撞击式喷嘴雾化的液膜破碎特性，分析液膜破碎长度随韦伯数和撞击角度的变化情况；Jayaprakash等[28]的研究表明，当喷射压力不变时，雾化角随撞击角度的增大而增大，当撞击角度一定时，喷射压力的增加可以减小破碎长度。Rahimi等[29,30]对凝胶推进技术进行较为系统的研究，主要包括凝胶推进剂及其模拟液的制备及流变特性研究，无机凝胶推进剂的触变特性研究[31]及凝胶推进剂的雾化特性研究[32]。Kampen等[18]对含金属颗粒的凝胶推进剂进行雾化实验研究，分析金属颗粒含量对凝胶推进剂雾化的影响，并依据雷诺数将雾化现象区分为三种模式。Syed等[33]研究喷嘴孔入口形状对液膜破碎长度的影响，结果表明，喷嘴孔入口形状对液膜破碎长度影响较小，长径比对雾化结果有较大影响，长径比越大，雾化越困难，液膜破碎长度也越大。Negri等[34]研究非牛顿流体的撞击雾化特性，重点讨论非牛顿流体的黏弹性对雾化效果的影响，指出流体弹性越小，雾化效果越好，小分子量的凝胶模拟液雾化效果较好，线性聚合物溶液比交联型聚合物溶液容易雾化。Jung等[35]进行黏弹性流体的撞击雾化实验，并与牛顿流体的雾化进行对比。Jonatan等[36]指出，胶凝剂含量越高，凝胶推进剂雾化越困难，得到的液滴尺寸越大。

国内对凝胶推进剂雾化的实验研究相对少一些，主要集中在中国航天科技集团第六研究院、西北工业大学等单位。代予东等[37]分析凝胶推进剂雾化特性的表征方法，同时探讨凝胶推进剂的制备方法。张蒙正等[38]研究水凝胶的互击式喷嘴雾化特性，获得水凝胶的雾化图像，提出在管路中加入少量空气或者采用粗糙孔喷射射流，可有效减小液膜和液丝的破碎长度，改进雾化效果；同时还研究凝胶模拟液在0.3mm孔径的喷嘴中的雾化特性[9]，得到不同速度、不同撞击角度以及不同黏度的撞击雾化图像，指出射流速度和撞击角度的增加能增强雾化效果，非牛顿流体极限剪切黏度越小越容易雾化，雾化场主要由液膜和液丝构成，而液滴数目较少。杨伟东等[10]、蔡锋娟等[7]分别对凝胶推进剂的雾化问题的研究现状进行总结，指出当前研究存在的问题。王枫等[39]对凝胶推进剂流变与雾化实验系统进行改进，结果表明，改进后的实验系统流量供应平稳，调节机构精度较高，已成功用于凝胶推进剂流变和雾化特性研究之中。

另外，国内外还有少量学者对加入固体含能颗粒成分的凝胶推进剂或模拟液进行了实验研究。其中，2003年，Jayaprakash等[28]使用含铝颗粒的煤油凝胶进行实验，但是，从其研究中难以得出铝颗粒的添加对雾化的影响。2007年，Kampen

等[18]对添加不同浓度的铝颗粒的凝胶 Jet A-1 燃料的流变、雾化及燃烧特性进行了详细研究，结果表明，所有添加铝颗粒的凝胶均表现出明显的屈服应力，铝浓度的增大造成剪切黏度的增大，会使液膜的宽度增大、破碎长度增长。当改变广义雷诺数及铝颗粒浓度时，会出现射线型、液丝型、完全发展型三种不同的雾化模式。2011 年，Baek 等[40]对比研究水、不含/含 SUS304 颗粒的聚羧乙烯凝胶的雾化特性，研究发现，随着撞击速度的提高，水及不含 SUS304 颗粒的聚羧乙烯凝胶形成的液膜均会增大，但含 SUS304 颗粒的凝胶液膜并不随着撞击速度变化而变化，含 SUS304 颗粒的凝胶液膜的长宽比基本保持在 2.1 左右，且液膜破碎长度更小。2012 年，张蒙正等[41]使用 N_2O_4 凝胶和添加 10%碳颗粒的 UDMH 凝胶进行燃烧效率实验，研究表明，添加碳颗粒后，凝胶体系的黏度略有增大，造成雾化效果变差，燃烧效率下降。从上述较为有限的研究文献中，可以看出现阶段很难系统、定量地分析固体颗粒的添加对凝胶推进剂流变及雾化等的影响。表 1.1 对部分国内外凝胶推进剂射流撞击雾化实验及理论研究的基本情况进行了概括。

表 1.1　部分国内外凝胶推进剂射流撞击雾化实验及理论研究概况

时间	主要研究人	凝胶推进剂(模拟液)	主要内容
1994 1997	Chojnacki 等[22,42]	① Carbopol 941;② CMC; ③ Percol 10;④ Mineral Oil(Light)	① 流变特性对雾化的影响； ② 液膜形状及破碎特性的理论分析
2001	Rahimi 等[32]	Gelled water	流变特性对雾化的影响*
2003	Jayaprakash 等[28]	Kerosene /organophilic clay/ propylene glycol/Al	喷注压力及撞击角度对雾化的影响
2005	Chernov 等[15]	Gelled water	周期性扰动对雾化的影响*
2006 2007	Kampen 等[18,43]	Jet A-1/ Thixatrol ST/Miak/Al	铝颗粒浓度及撞击角度等对雾化的影响
2008 2009 2012 2014	张蒙正等[9,38,41,44]	Gelled water	流变特性、撞击角度、速度、喷嘴结构形式等因素对雾化的影响
2009	James 等[45]	JP-8/Fumed silica	雾化实验及实验装置校准
2009 2010	Fakhri 等[46,47]	Water/ Carbopol 981A	喷嘴结构形式对雾化的影响
2009	Madlener 等[48]	① Paraffin/Thixatrol ST; ② Paraffin / Aerosil-200; ③ Jet A-1/Thixatrol ST, et al.	流变特性对雾化的影响
2010	Negri 等[34]	① Water/PEO/Glyerol; ② Water/Methocel; ③ Carbopol	流变特性对雾化的影响

续表

时间	主要研究人	凝胶推进剂(模拟液)	主要内容
2010	Lee 等[49]	离子水/NaOH /Carbopol 941	胶凝剂浓度对雾化的影响*
2010 2012	Mallory 等[12,50,51]	① Water/HPC; ② Water/CMC; ③ Water/XG 等	① 流变特性对雾化的影响； ② 液膜形状及破碎特性的理论分析；
2011	Jung 等[35]	① PS/DEP; ② PEO/GW	黏弹性本构对雾化的影响
2011	Baek 等[40]	① Water/C934 Carbopol； ② Water/C934 Carbopol/SUS304	流变特性及射流速度对雾化的影响
2012 2013 2014	Yang, Fu 等[52-55]	Gelled water	① 流变特性、温度等对雾化的影响； ② 液膜形状及破碎特性的理论分析[52-55]
2013	Padwal 等[56]	Jet A-1/Thixatrol ST/Xylene	制备温度、胶凝剂浓度对凝胶体系结构稳定性及雾化的影响
2014	Rodrigues 等[13]	① Water/Agar； ② Water/Kappa Carrageenan	撞击角度、自由射流长度、喷嘴长径比对雾化的影响
2013 2014 2015	陈杰，封锋等	Gel simulant	喷注压力、撞击角对雾化的影响，雾化速度场测量，喷注过程仿真[57-62]
2015 2016	夏振炎，杜青等	Carbopol gel	胶凝剂浓度、射流速度等对雾化模式的影响[63,64]

* 三股撞击气动式喷注器。

从雾化实验的开展来看，测量技术是凝胶推进剂雾化特性研究的基础，当前测量雾化特性的主要方法有粒子图像速度仪、相位多普勒速度仪、激光诱导荧光摄影技术、激光全息技术及高速摄影技术等。但是，由于凝胶推进剂雾化场主要由液膜和液丝构成，而液滴较少，因此，采用粒子图像速度仪、相位多普勒速度仪研究该问题时很难获得速度场的信息；激光诱导荧光摄影技术则需要在凝胶推进剂中加入荧光剂，测量精度受环境温度和测量标定准确性的影响；激光全息技术虽然可以精确获得某一时刻的雾化场信息，但无法得到雾化场的动态特性，而凝胶推进剂雾化时，其液膜破碎长度、液膜不稳定波长等都处于动态变化过程中，通过激光全息技术无法准确获得这些信息。随着高速摄像机拍摄精度和拍摄频率的提高，高速摄影技术已成为凝胶推进剂雾化最重要的测量手段，通过连续拍摄的雾化图像，可观察雾化场的动态发展过程，为分析凝胶推进剂雾化特性提供了重要支撑。

1.3 凝胶推进剂雾化理论研究进展

雾化理论研究的目的是在理论层面对雾化现象予以解释[42]，从基本的质量守恒定律、动量守恒定律等出发，建立理论模型，对雾化特性进行预测[65]。早期的雾化理论研究以牛顿流体为基本研究对象，20 世纪 90 年代以后，随着凝胶推进技术的发展，研究人员以牛顿流体的雾化理论为基础，开始对凝胶推进剂等非牛顿流体的雾化理论进行研究。

对于撞击式雾化及其他大多数雾化形式，流体射流都会在撞击、气流等因素作用下形成液膜，液膜的形成是雾化过程的第一步，也是关键的一步，液膜的形状及破碎等特性直接关系到生成的液丝/液滴的尺寸及分布，因此，液膜特性是雾化理论研究的主要内容。

对于双股撞击式喷嘴，射流在较低的速度下撞击时，将在射流所在平面的垂直平面内形成扇形或椭圆形的液膜。在不考虑流体黏性及液膜速度与射流速度相等的假设的基础上，Taylor[66]提出静止反对称波理论(stationary antisymmetric wave theory)，认为在韦伯数大于 1 时，液膜的形状是由有限范围内的静止反对称波所决定的。在 Taylor 研究的基础上，Ibrahim 等[67]研究在低/高韦伯数下的不同雾化机制，低/高韦伯数的过渡区域为 500～2000，在低韦伯数下，液膜的破碎是由静止反对称波所控制的，而当韦伯 >2000 时，液膜的破碎则是由 Kelvin-Helmholtz 波的增长所控制的。

Ryan 等[21]应用静止反对称波理论对低韦伯数下的层流水射流撞击雾化的分析表明，理论预测的液膜形状、液膜破碎长度、液膜最大长宽比等参数与实验结果非常一致。总体来看，静止反对称波理论可以较好地对低韦伯数下低黏度流体的液膜特性参数进行预测，获得了较为广泛的应用[68,69]。1997 年，Chojnacki[42]首次利用静止反对称波理论对聚羧乙烯和矿物油凝胶的液膜特性进行分析，研究表明，理论预测的液膜远大于实验形成的液膜，理论与实验之间存在很大误差。这充分说明，基于无黏流体假设的静止反对称波理论并不适用于凝胶推进剂的雾化这类高黏度流体的雾化问题。为此，Yang 等[69]提出了一种改进理论模型，该模型考虑了流体的黏性及能量耗散，预测的黏性流体液膜形状与实验结果较为一致；基于改进理论，Yang 等研究撞击角度、速度、韦伯数和雷诺数对液膜形状、厚度及速度分布等特性的影响。本书 4.2 节结合雾化实验对低雷诺数液膜形状预测理论进行详细介绍。

另一种对液膜的破碎时间、破碎长度及形成的液丝及液滴的尺寸等相关参数进行预测的理论为线性稳定性分析(linear stability analysis)理论[66]。线性稳定性分析理论早期广泛应用于牛顿流体的液膜特性研究[70,71]，随着凝胶推进剂雾化问题研究的需要，线性稳定性分析理论开始被发展并应用于凝胶推进剂射流稳定性[72-74]及液膜特性[26,42,51,53,75-77]分析。Chojnacki 等[26,42]基于幂律型本构关系推导凝胶推进剂的色散方程，并对其制备的凝胶推进剂模拟液的雾化特性进行研究后发现，线性稳定性分析理论总是过高地预测了液膜表面扰动波的波长，对此问题，他们给出了与 Ryan 等[21]及 Ibrahim[71]等一致的解释：线性稳定性分析理论只考虑了气动力、黏性力及表面张力对液膜稳定性的影响，而忽略了射流撞击中最重要的撞击作用，射流撞击时的高频率不稳定波对液膜稳定性具有重要影响。王枫等[77]、Yang 等[53]分别基于 Chojnacki 等的线性稳定理论模型，研究凝胶推进剂物性参数、流变参数等因素对液膜稳定性的影响，获得了相似的结论：液膜表面扰动波的增长率随着稠度系数、流动指数和表面张力的增大而减小，随着液膜速度、液膜厚度和气液密度比的增大而增大；除液膜厚度增大会使扰动波波长增大外，扰动波波长的变化规律与扰动波增长率的变化规律相反；线性稳定性分析理论预测的液膜破碎长度与实验结果相一致，但表面波长大于实验值，这与 Chojnacki 等的结论是一致的。Mallory 等[50]认为，线性稳定性分析理论不能准确预测表面波波长的主要原因是 Chojnacki 等使用的幂律型本构模型过于简单，不足以精确描述凝胶推进剂的流变特性，因此，Mallory 等应用 Bird-Carreau(B-C)本构模型描述凝胶推进剂的本构关系，推导了基于 B-C 本构模型的色散方程，并应用其改进的线性稳定性分析理论及 Huang[78]的半经验公式对最大扰动波波长、液膜破碎长度、液丝及液滴尺寸等参数进行预测，理论预测值与实验结果比较一致，Mallory 等据此认为，他们发展的基于 B-C 本构模型的改进非线性稳定理论明显优于 Chojnacki 等提出的理论。

1.4 凝胶推进剂雾化仿真研究进展

在工程应用和科学研究中，计算机数值模拟已经逐渐成为解决复杂问题的一种重要手段。与凝胶推进剂雾化实验相比，雾化数值模拟成本低、可重复性好、无安全性问题，可以获得实验无法测量的剪切速率、压力等物理量的变化规律，将仿真结果与实验现象、理论预测相结合，有助于进一步揭示雾化机理，辅助凝胶推进系统的设计。从数值模拟的角度来看，雾化问题(包括传统液体推进剂雾化及凝胶推进剂雾化)是一个典型的纯三维、多尺度、自由表面、大变形流动的问题。传统网格法在处理雾化问题时，存在网格扭曲(Lagrange 网格法)及精确界面追踪(Euler 网格法)等难题，长期以来，导致雾化问题的数值模拟研究进展缓慢。近年来，随着计算方法的发展和计算机计算能力的提高，应用 Euler 网格法为基础的雾化问题数值模拟研究相继见诸报道；同时，研究人员基于新兴的无网格方法，对雾化数值模拟也进行了一定的探索[79]。

精确界面追踪技术是 Euler 网格法得以应用的核心。从文献结果来看，传统的结构、非结构类网格已不能满足雾化类问题精确界面追踪的需要，如被广泛应用自适应网格加密(adaptive mesh refinement, AMR)技术[80]，又称网格自适应技术；同时，单一的界面追踪方法，如流体体积(volume of fluid，VOF)方法、等值面(level set)方法、网格质点(particle in cell，PIC)方法等，也不能取得较为理想的界面追踪效果。因此，将多种界面追踪方法相结合，同时发挥各自的优势成为发展的主流，这类方法的典型代表有多界面对流重构求解器耦合等值面(multi-interface advection and reconstruction solver & level set, MARS-LS)方法[81]、精确等值守恒面(accurate conservative level set, ACLS)方法[82]、耦合等值面与流体体积函数(coupled level set and volume of fluid, CLSVOF)方法[83]等。Euler 网格法在雾化及相关问题中的应用主要是在 2008 年和 2012 年，Inoue 等[84,85]基于紧致插值曲线(constrained interpolation profile, CIP)方法计算对流项，采用 MARS-LS 方法追踪气液两相界面，对水射流的断裂及双股水射流撞击雾化进行了数值模拟，模拟得到的射流断裂及液膜的形成过程均与实验较为一致，但液膜的破碎形式与实验存在一定差距。Arienti 等[83]和 Li 等[86]采用 AMR 技术和 CLSVOF 方法，同时结合 Lagrange 粒子追踪技术，分别数值模拟水射流在低速和高速状态下的撞击雾化过程，得到液滴尺寸和粒径分布，并与实验结果进行对比，证明该方法的有效性。但是，用 Lagrange 粒子表示雾化液滴只能呈球形并做刚性运动，无法描述液滴进一步的撞击变形、破碎等物理过程。2011 年，Ma 等[87]将 VOF 方法和基于八叉树网格的 AMR 技术相结合，对双股牛顿及非牛顿流体射流撞击的一次雾化进行数值模拟，其中非牛顿流体使用 Herschel-Bulkley 本构模型，得到非牛顿流体的两种雾化模式，研究结果表明，黏性力和表面张力是导致液膜破碎的主要因素。2013 年，Zuzio 等[88]对法国航空航天研究院(ONERA)的雾化数值模拟研究的现状进行总结，对 ONERA 开发的 DYJEAT 和 SLOSH 代码进行介绍及算例测试，测试结果表明，DYJEAT 及 SLOSH 均能较为有效地捕获二维及三维气液两相流场的运动界面。Davide 认为，单独依靠 Euler 网格法进行雾化研究的计算效率很低，与 Lagrange 粒子表示相结合的方法可以更为高效地处理雾化问题，为此，ONERA 正在开发一套名为 CEDRE 的计算程序，以实现高精度模拟一次雾化及二次雾化的长期目标。2015 年，郑刚等[89,90]采用 CLSVOF 方法对水射流撞击雾化过程进行数值仿真模拟，结果表明，CLSVOF 方法可以较为有效地追踪雾化过程中复杂的变形界面，但气液界面速度差，射流湍流、撞击作用等均会产生不稳定因素，影响雾化效果。

以上基于 Euler 网格法的雾化问题数值模拟均能在一定程度上反映雾化现象，但是，所使用的数值方法均十分复杂，程序实现困难，计算量巨大，对计算平台要求很高，工程应用难度很大。以 ONERA 进行的液膜破碎过程仿真为例，计算区域尺寸仅为 3mm×6mm×3mm，但使用的网格数高达 33554432 个，据此估算，若要对典型的大约 10cm×5cm×5cm 的雾化区域进行计算，则需要约 10^{12} 个网格，计算量非常庞大，即使使用 Lagrange 粒子对雾化生成的液滴进行表示，其计算量也不会得到质的减少。

为克服传统网格方法的不足，更为有效地仿真雾化问题，强洪夫等[91-93]和韩亚伟等[94]探索性地应用光滑粒子流体动力学(smoothed particle hydrodynamics, SPH)方法进行牛顿/非牛顿射流撞击雾化问题的数值模拟。与传统网格方法相比，SPH 方法是一种纯 Lagrange 无网格粒子方法，它使用一系列离散的粒子对计算域进行表征，粒子既代表插值点，又代表物质点，承载着质量、密度、速度等物理量。SPH 方法的纯 Lagrange 粒子属性使其在计算自由表面流动、流体大变形及破碎、运动边界等问题时，完全无须追踪界面，具有网格法不可比拟的优势[95]。为使 SPH 方法更有效地模拟雾化问题，强洪夫等对 SPH 方法进行了针对性的改进：为克服凝胶推进剂的高黏度对时间步长的限制，发展三维多时间步隐式 SPH 方法[96]；为提高表面张力计算精度，提出基于修正光滑粒子法(corrective smoothed particle method, CSPM)修正的表面张力算法[97]；为有效施加固壁边界条件，提出基于罚函数方法的新型边界力模型[98]；为解决气液界面处密度、压力等物理量的不连续问题，发展大密度差多相流 SPH 方法[99]等。应用 SPH 方法进行的雾化仿真实践表明，在粒子数为 10^6 量级的情况下，SPH 方法可以有效仿真射流撞击、液膜形成、液膜破碎的典型过程，同时，对于雾化过程中出现的液滴变形、碰撞等问题也有很强的处理能力。SPH 方法为高效、精确地进行凝胶推进剂雾化数值模拟提供了一条新途径。

1.5 本书的结构体系

雾化问题是凝胶推进技术的关键问题之一，之前的研究无论在实验方面还是在数值模拟方面都存在很大的不足，本书在前人研究的基础上总结了作者团队近十年来在实验和无网格数值模拟两个方面所开展的工作，为进一步揭示凝胶推进剂的雾化特性，进而进行凝胶发动机的优化设计提供方法和依据。

本书在结构上分 8 章，第 1 章主要从凝胶推进剂雾化的实验、理论和仿真三个方面介绍国内外最新研究进展，使读者能够快速地了解目前的研究状况。第 2 章给出凝胶推进剂的制备方法以及流变特性验证，并通过制备两种典型凝胶模拟液，测定并分析它们的主要物性参数、流变模型、触变性、贮存稳定性以及离心稳定性。第 3 章对撞击式雾化实验系统进行介绍，通过实验工况的设计和实验的开展，系统研究射流速度、撞击角度、喷嘴直径、喷嘴长径比和胶凝剂含量对凝胶推进剂雾化的影响。第 4 章阐述含碳颗粒的三种水基凝胶推进剂模拟液的制备及流变特性测量结果，通过实验设计并进行六组 27 种工况的雾化实验，分析并讨论了所获取的雾化场图像。第 5 章详细介绍一种新型雾化场速度计算方法，并展示不同工况的含碳颗粒凝胶推进剂雾化场速度及液膜特性定量分析结果。第 6 章以第 3～5 章实验数据为基础，利用理论和实验相结合的方式，分析预测凝胶推进剂液膜的形状和破碎特性。第 7 章阐述雾化数值模拟的 SPH 方法，一方面，介绍传统网格方法及新型无网格方法在雾化仿真邻域的应用；另一方面，介绍 SPH 方法的基本理论及应用于凝胶推进剂雾化仿真时进行的理论和算法创新，包括固壁边界施加模型、表面张力算法、大密度差气液两相流方法、粒子优化算法、隐式时间积分方法及蒸发燃烧模型等。第 8 章以第 3～6 章雾化实验和第 7 章 SPH 方法为基础，对凝胶推进剂雾化过程中的喷注、射流撞击、液滴碰撞和变形、液滴蒸发燃烧等典型问题进行数值模拟，深入揭示上述问题中的物理现象和内在机理。

参考文献

[1] 阮崇智. 大型固体火箭发动机研制的关键技术[J]. 固体火箭技术, 2005, 28(1): 23-28.

[2] 朱宁昌, 董锡鉴, 王新龄, 等. 液体火箭发动机设计[M]. 北京:宇航出版社, 1994.

[3] 孙运明. 姿态控制发动机应用技术研究[C]. 西安:中国宇航学会固体火箭推进专业委员会2001 年年会论文集, 2001:131-134.

[4] HODGE K F, CROFOOT T A, NELSON S. Gelled propellants for tactical missile applications[R]. AIAA 1999-2976, 1999.

[5] 王中, 梁勇, 刘素梅, 等. 美、俄、德凝胶推进剂的发展现状[J]. 飞航导弹, 2010, 2: 76-79.

[6] 王宁飞, 莫红军, 樊学忠. 凝胶推进剂的发展及应用[J]. 含能材料, 1998, 6(3): 139-143.

[7] 蔡锋娟, 张蒙正. 凝胶推进剂雾化研究现状及问题[J]. 火箭推进, 2010, 36(4): 24-30.

[8] NATAN B, RAHIMI S. The status of gel propellants in year 2000[J]. International Journal of Energetic Materials and Chemical Propulsion, 2002, 5: 1-6.

[9] 张蒙正, 陈炜, 杨伟东, 等. 撞击式喷嘴凝胶推进剂雾化及表征[J]. 推进技术, 2009, 30(1): 46-51.

[10] 杨伟东, 张蒙正. 凝胶推进剂流变及雾化特性研究与进展[J]. 火箭推进, 2005, 31(5): 37-42.

[11] NEGRI M, CIEZKI H. Atomization of non-Newtonian fluids with an impinging jet injector: influence of viscoelasticity on hindering droplets formation[C]. The 46th AIAA Joint Propulsion Conference, 2010, 7: 25-28.

[12] MALLORY J A, SOJKA P E. A novel experimental facility for impinging jet injector flow studies[R]. AIAA 2010-6809, 2010.

[13] RODRIGUES N S, SOJKA P E. A parametric investigation of gelled propellant spray characteristics utilizing impinging jet geometry[R]. AIAA 2014-1184, 2014.

[14] XIAO H, SHI Y, XU Z, et al. Atomization characteristics of gelled hypergolic propellant simulants[J]. International Journal of Precision Engineering and Manufacturing, 2015, 16(4): 743-747.

[15] CHERNOV V, NATAN B. Experimental characterization of a pulsatile injection gel spray[R]. AIAA 2005-4479, 2005.

[16] RAHIMI S, NATAN B. Air-blast atomization of gel fuels[R]. AIAA 2001-3276, 2001.

[17] HELMUT K C, ANSGAR R, GUNTER S. Investigation of the spray behavior of gelled jet A-1 fuels using an air blast and an impinging jet atomizer[R]. AIAA 2002-3601, 2002.

[18] KAMPEN J V, ALBERIO F, CIEZKI H K. Spray and combustion characteristics of aluminized gelled fuels with an impinging jet injector[J]. Aerospace Science and Technology, 2007,11(1): 77-83.

[19] GREEN M J, RAPP D C, RONCACE J. Flow visualization of a rocket injector spray using gelled propellant simulants[R]. AIAA 1991-2198, 1991.

[20] ANDERSON W E, RYAN H M, PAL S, et al. Fundamental studies of impinging liquid jets[R]. AIAA 1992-0458, 1992.

[21] RYAN H M, ANDERSON W E, PAL S, et al. Atomization characteristics of impinging liquid jets[J]. Journal of Propulsion and Power, 1995, 11(1):135-145.

[22] CHOJNACKI K T, FEIKEMA D A. Atomization studies of gelled liquids[R]. AIAA 1994-2773, 1994.

[23] MANSOUR A, CHIGIER N. Air-blast atomization of non-Newtonian liquids [J]. Journal of Non-Newtonian Fluid Mechanics, 1995, 58(2-3): 161-194.

[24] GUGLIELMI J D. Atomization of JP-10/B4C gelled slurry fuel[D]. Monterey: Naval Postgraduate School, 1992.

[25] CHOJNACKI K T, FEIKEMA D A. Atomization studies of gelled bipropellant simulants using planar laser induced fluorescence[R]. AIAA 95-2423, 1995.

[26] CHOJNACKI K T, FEIKEMA D A, CHOJNACKI K, et al. Study of non-Newtonian liquid sheets formed by impinging jets[R]. AIAA 97-3335, 1997.

[27] KIHOON J, TAEOCK K, YOUNGBIN Y. The breakup characteristics of liquid sheets formed by like-doublet injectors[R]. AIAA 2002-4177, 2002.

[28] JAYAPRAKASH N, CHAKRAVARTHY S R. Impinging atomization of gel fuels[R]. AIAA 2003-316, 2003.

[29] RAHIMI S, ARIE P. On shear rheology of gel propellants[J]. Propellants Explosives Pyrotechnics, 2007, 32(2):165-174.

[30] RAHIMI S, NATAN B. Numerical solution of the flow of power law gel propellants in converging injectors[J]. Propellants, Explosives, Pyrotechnics, 2000, 25(4): 203-212.

[31] RAHIMI S, NATAN B. Thixotropic effect of inorganic gel fuels[J]. Journal of Propulsion and Power, 2000, 16(6):1182-1184.

[32] RAHIMI S, HASAN D, PERETZ A, et al. Preparation and characterization of gel propellants and simulants[R]. AIAA 2001-3264, 2001.

[33] SYED F, LEE J G, RICHARD A Y. Atomization and spray characteristics of gelled-propellant simulants formed by two impinging jets [R]. AIAA 2009-5241, 2009.

[34] NEGRI M, HELMUT K C. Atomization of non-Newtonian fluids with an impinging jet injector: influence of viscoelasticity on hindering droplets formation[R]. AIAA 2010-6821, 2010.

[35] JUNG S, HOATH S D, MARTIN G D, et al. Experimental study of atomization patterns produced by the oblique collision of two viscoelastic liquid jets [J]. Journal Non-Newtonian Fluid Mechanics, 2011, 166(5): 297-306.

[36] JONATAN D M, MILLICENT A C. A graphical spray analysis method for gel spray characterization[R]. AIAA 2010-6823, 2010.

[37] 代予东, 魏敬. 美国凝胶推进剂研究[J]. 火箭推进, 2003, 29(6): 40-44.

[38] 张蒙正, 杨伟东, 王玫. 双股互击式喷嘴凝胶水雾化特性试验[J]. 火箭推进, 2008, 29(1):22-24.

[39] 王枫, 李龙飞, 杨伟东. 凝胶推进剂流动雾化特性实验系统的改进及应用[J]. 实验技术与管理, 2012, 29(1): 62-65.

[40] BAEK G, KIM S, HAN J, et al. Atomization characteristics of impinging jets of gel material containing nanoparticles[J]. Journal of Non-Newtonian Fluid Mechanics, 2011,166(21):1272-1285.
[41] 张蒙正, 李军, 陈炜, 等. 互击式喷嘴燃烧室燃烧效率实验[J]. 推进技术, 2012,33(1):54-57.
[42] CHOJNACKI K T. Atomization and mixing of impinging non-Newtonian jets[D]. Huntsville: University of Alabama-Huntsville, 1997.
[43] KAMPEN V J, MADLENER K, CIEZKI H K. Characteristic flow and spray properties of gelled fuels with regard to the impinging jet injector type[R]. AIAA 2006-4573, 2006.
[44] 李龙飞, 张蒙正, 杨伟东, 等. 喷嘴形式对幂律型非牛顿推进剂雾化特性的影响[J]. 航空动力学报, 2014,29(12):2987-2992.
[45] JAMES M D, KUBAL T D, SON S F, et al. Calibration of an impinging jet injector suitable for liquid and gelled hypergolic propellants[R]. AIAA 2009-4882, 2009.
[46] FAKHRI S, LEE J G, YETTER R A. Atomization and spray characteristics of gelled-propellant simulants formed by two impinging jets [R]. AIAA 2009-5241, 2009.
[47] FAKHRI S, LEE J G. Effect of nozzle geometry on the atomization and spray characteristics of gelled-propellant simulants formed by two impinging jets[J]. Atomization and Sprays, 2010, 12(20): 1033-1046.
[48] MADLENER K, CIEZKI H K. Some aspects of rheological and flow characteristics of gel fuels with regard to propulsion application[R]. AIAA 2009-5240, 2009.
[49] LEE I, KOO J. Break-up characteristics of gelled propellant simulants with various gelling agent contents[J]. Journal of Thermal Science, 2010,19(6):545-552.
[50] MALLORY J A, SOJKA P E. Dynamics of sheets formed using gelled propellant impinging jets[R]. AIAA 2010-7141, 2010.
[51] MALLORY J A. Jet impingement and primary atomization of non-Newtonian liquids[D]. West Lafayette: Purdue University, 2012.
[52] FU Q F, YANG L J, ZHUANG F. Effects of orifice geometry on spray characteristics of impinging jet injectors for gelled propellants[R]. AIAA 2013-3704, 2013.
[53] YANG L J, FU Q F, QU Y, et al. Breakup of a power-law liquid sheet formed by an impinging jet injector[J]. International Journal of Multiphase Flow, 2012,39:37-44.
[54] 富庆飞, 杨立军. 凝胶推进剂雾化机理及雾化方法研究综述[EB/OL]. 北京: 中国科技论文在线. [2014-04-09]. http://www.paper.edu.cn/releasepaper/content/201404-129.
[55] FU Q F, DUAN R, CUI K, et al. Spray of gelled propellants from an impinging-jet injector under different temperatures[J]. Aerospace Science and Technology, 2014,39:552-558.
[56] PADWAL M B, MISHRA D P. Synthesis of jet A1 gel fuel and its characterization for propulsion applications[J]. Fuel Processing Technology, 2013, 106(2): 359-365.
[57] 陈杰. 过氧化氢凝胶雾化及二次补燃特性研究[D]. 南京: 南京理工大学, 2014.
[58] 陈杰, 封锋, 马虎, 等. 基于 PIV 的凝胶模拟液撞击雾化速度场实验研究[J]. 推进技术, 2014, 35(4): 565-569.
[59] 曹琪, 封锋, 武晓松, 等. 凝胶推进剂供给管流的压降数值研究[J]. 推进技术, 2014, 35(5): 701-707.
[60] 曹琪, 封锋, 武晓松. 基于壁面滑移修正的凝胶推进剂流变本构方程[J]. 推进技术, 2013, 34(9): 1279-1283.
[61] 邓寒玉, 封锋, 武晓松, 等. 基于扩展 TAB 模型的凝胶液滴二次雾化特性研究[J]. 推进技术, 2015, 36(11):1734-1740.
[62] 邓寒玉, 封锋, 武晓松, 等. 基于锥形喷注器的凝胶推进剂流变特性数值研究[J]. 推进技术, 2014,

35(11):1551-1557.

[63] 李建军, 夏振炎, 田砚. 幂律流体撞击射流破碎机理的实验[J]. 航空动力学报, 2015, 30(7): 1752-1758.

[64] 杜青, 马永翠, 白富强, 等. 幂律流体撞击式射流破碎特征试验[J]. 天津大学学报(自然科学与工程技术版), 2016, 49(2):158-163.

[65] ASHGRIZ N. Handbook of Atomization and Sprays: Theory and Applications[M]. New York: Springer, 2011.

[66] TAYLOR G. Formation of thin flat sheets of water[J]. Proceedings of the Royal Society of London. Series A, Mathematical and Physical Sciences, 1960,259(1296):1-17.

[67] IBRAHIM E A, PRZEKWAS A J. Impinging jets atomization[J]. Physics of Fluid, 1991,3(12):2981-2987.

[68] LI R, ASHGRIZ N. Characteristics of liquid sheets formed by two impinging jets[J]. Physics of Fluids, 2006, 18(8):087104.

[69] YANG L, ZHAO F, FU Q, et al. Liquid sheet formed by impingement of two viscous jets[J]. Journal of Propulsion and Power, 2014,30(4):1016.

[70] HEISLBETZ B, MADLENER K, CIEZKI H K. Breakup characteristics of a Newtonian liquid sheet formed by a doublet impinging jet injector[R]. AIAA 2007-5694, 2007.

[71] IBRAHIM E A. Comment on "atomization characteristics of impinging liquid jets"[J]. Journal of Propulsion and Power, 2009,25(6):1361-1362.

[72] CHANG Q, ZHANG M, BAI F, et al. Instability analysis of a power law liquid jet[J]. Journal of Non-Newtonian Fluid Mechanics, 2013, 198(8): 10-17.

[73] YANG L, QU Y, FU Q, et al. Linear stability analysis of a slightly viscoelastic liquid jet[J]. Aerospace Science and Technology, 2013,28(1):249-256.

[74] YANG L, TONG M, FU Q. Linear stability analysis of a three-dimensional viscoelastic liquid jet surrounded by a swirling air stream[J]. Journal of Non-Newtonian Fluid Mechanics, 2013,191:1-13.

[75] YANG L J, QU Y Y, FU Q F. Linear stability analysis of a non-Newtonian liquid sheet[J]. Journal of Propulsion and Power, 2010,26(6):1212-1224.

[76] ALLEBORN N, RASZILLIER N, DURST F. Linear stability of non-Newtonian annular liquid sheets[J]. Acta Mechanica, 1999,137(1):33-42.

[77] 王枫, 富庆飞, 杨立军. 幂律流体液膜破裂的线性稳定性分析[J]. 航空动力学报, 2012, 27(4): 876-881.

[78] HUANG J. The break-up of axisymmetric liquid sheets[J]. Journal of Fluid Mechanics, 1970, 43(2): 305-319.

[79] 韩亚伟. 凝胶推进剂撞击式雾化的实验与SPH数值模拟方法研究[D]. 西安: 第二炮兵工程大学, 2014.

[80] FUSTER D, BAGUE A, BOECK T, et al. Simulation of primary atomization with an octree adaptive mesh refinement and VOF Method[J]. International Journal of Multiphase Flow, 2009,35(6):550-565.

[81] SHINJO J, UMEMURA A. Simulation of liquid jet primary breakup: dynamics of ligament and droplet formation[J]. International Journal of Multiphase Flow, 2010,36(7):513-532.

[82] POPPEL B P V, DESJARDINSY O, DAILY J. A ghost fluid, level set approach for modeling electrohydrodynamic atomization[R]. AIAA 2010-372, 2010.

[83] ARIENTI M, LI X, SOTERIOU M C, et al. Coupled level-set/volume-of-fluid method for the simulation in propulsion device injectors[R]. AIAA 2010-7136, 2010.

[84] INOUE C, WATANABE T, HIMENO T. Study on atomization process of liquid sheet formed by impinging jets[R]. AIAA 2008-4847, 2008.

[85] INOUE C, WATANABE T, HIMENO T. Atomization and flow characteristics of liquid sheet produced by jet

impingement[J]. Journal of Propulsion and Power, 2012,28(5):1060-1070.

[86] LI X, ARIENTI M, SOTERIOU M C. Towards an efficient, high-fidelity methodology for liquid jet atomization computations[R]. AIAA 2010-210, 2010.

[87] MA D J, CHEN X D, KHARE P, et al. Atomization patterns and breakup characteristics of liquid sheets formed by two impinging jets[R]. AIAA 2011-97, 2011.

[88] ZUZIO D, ESTIVALEZES J, VILLEDIEU P, et al. Numerical simulation of primary and secondary atomization[J]. Comptes Rendus Mecanique, 2013, 341(1-2): 15-25.

[89] ZHENG G, NIE W, FENG S, et al. Numerical simulation of the atomization process of a like-doublet impinging rocket injector[J]. Procedia Engineering, 2015, 99(2): 930-938.

[90] 郑刚, 聂万胜, 何博, 等. 撞击角对撞击式喷嘴雾化特性影响研究[J]. 推进技术, 2015, 36(4): 608-613.

[91] 强洪夫, 刘虎, 陈福振, 等. 基于 SPH 方法的射流撞击仿真[J]. 推进技术, 2012, 33(3): 424-429.

[92] 强洪夫, 刘虎, 韩亚伟, 等. 基于 SPH 方法的凝胶推进剂一次雾化仿真研究[J]. 固体火箭技术, 2013, 36(1): 61-66.

[93] 强洪夫, 韩亚伟, 王广, 等. 幂律型流体雾化 SPH 方法数值分析[J]. 推进技术, 2013, 34(2): 240-247.

[94] 韩亚伟, 强洪夫, 刘虎. 双股液体射流撞击雾化的 SPH 方法数值模拟[J]. 工程力学, 2013, 30(3): 17-23.

[95] MONAGHAN J J. Smoothed particle hydrodynamics and its diverse applications[J]. Annual Review of Fluid Mechanics, 2012, 44: 323-346.

[96] HAN Y W, QIANG H F, HUANG Q, et al. Improved implicit SPH method for simulating free surface flows of power law fluids[J]. Science China-Technological Sciences, 2013, 56(10): 2480-2490.

[97] 强洪夫, 陈福振, 高巍然. 修正表面张力算法的 SPH 方法及其实现[J]. 计算物理, 2011, 28(3): 375-384.

[98] 强洪夫, 韩亚伟, 王坤鹏, 等. 基于罚函数 SPH 新方法的水模拟充型过程的数值分析[J]. 工程力学, 2011, 28(1): 245-250.

[99] 强洪夫, 石超, 陈福振, 等. 基于大密度差多相流 SPH 方法的二维液滴碰撞数值模拟[J]. 物理学报, 2013, 62(21): 214701.

第 2 章　凝胶推进剂的制备及流变特性测量

2.1　引　　言

凝胶推进剂是非牛顿流体，其黏度随剪切速率的变化而改变，流变特性的差异导致凝胶推进剂的雾化模式和雾化特性与牛顿流体有很大不同，实验研究凝胶推进剂的流变与雾化特性对揭示其雾化机理、提高喷注器雾化效率有重要意义。

为保证凝胶推进剂流变及雾化实验的安全性，国内外常通过凝胶模拟液的流变特性来研究凝胶推进剂的相应特性[1-4]，本书也采用了该方法。在实验过程中，为避免环境温度变化对凝胶模拟液流变特性的影响，实验室的温度应保持在 (19 ± 0.5)℃。凝胶模拟液的流变实验在冷流条件下进行，不考虑实际发动机燃烧过程中气体的温度和压力对流变特性的影响。

本章首先给出凝胶模拟液的制备方法并制备了两种凝胶模拟液；其次通过旋转流变仪和毛细管流变仪分别测量凝胶模拟液在低剪切速率 $(\dot{\gamma} < 1000\text{s}^{-1})$ 和高剪切速率 $(\dot{\gamma} > 1000\text{s}^{-1})$ 时的流变特性，分析其流变模型和参数，并与真实的凝胶推进剂流变参数进行比较，证明制备的凝胶模拟液可有效模拟真实的凝胶推进剂；最后通过实验获得凝胶模拟液的贮存稳定性和离心稳定性，以确保凝胶模拟液在整个实验过程中的物理属性保持不变。

2.2　凝胶模拟液的制备

2.2.1　胶凝剂的选择

胶凝剂是凝胶推进剂的重要组分，主要作用是使液体组分(如燃料或氧化剂)连续且均匀地分布其中，并且保持凝胶体系长期稳定，它决定了凝胶推进剂的流变特性、贮存稳定性以及雾化特性。

常见的胶凝剂[5]可分为两类：第一类是无机类型的胶凝剂，这种胶凝剂的比表面积较大，如超细 SiO_2、碳粉和硼粉等；第二类是有机物类型的胶凝剂，又分为小分子有机胶凝剂(如氨基酸衍生物、偶氮苯衍生物及有机金属化合物等)和高分子有机胶凝剂(如甲基纤维素、羟乙基纤维素等)。实验研究[6]表明，与有机胶凝剂相比，微粒型胶凝剂制备的凝胶模拟液稳定性较低，容易出现团聚和沉淀现象；而与小分子有机胶凝剂相比，采用高分子有机胶凝剂制备凝胶模拟液的技术较为成熟，获得的凝胶模拟液的工作性能良好。经过若干次试制和筛选，最终确定以某有机高分子材料作为胶凝剂来制备凝胶模拟液。

2.2.2 凝胶模拟液制备方法

凝胶模拟液制备是一个物理过程，在此过程中，胶凝剂在溶剂中分散或溶胀，从而形成具有一定空间网络结构的物质。为使制备的凝胶模拟液物理性能良好，实验必须在一个密封的具有高速搅拌和保温装置的反应容器中进行，还必须保持合适的温度和搅拌速度。

凝胶模拟液制备实验装置如图 2.1 所示，图中的固定装置用来固定电动搅拌机以及温度计，反应容器置于保温装置中。当实验开始时，首先打开保温装置并设定保温温度为65℃，然后打开电动搅拌机，并注入溶剂和胶凝剂，使电动搅拌机以 1500r/min 的转速搅拌直到保温装置内的温度达到65℃，最后使电动搅拌机以 2000r/min 的转速搅拌 20min，然后再冷却至室温。由于凝胶模拟液在室温下黏度较大，为使其能顺利排出反应容器，在反应容器顶部需要设定一个加压口，增加反应容器的压力，使凝胶模拟液在底部出口处顺利排出，同时在加压口处通入高压氮气，还可用来清洗反应容器。

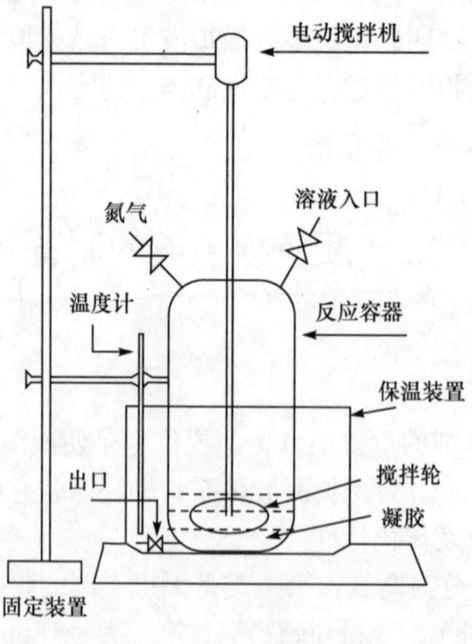

图 2.1 凝胶模拟液制备实验装置示意图

2.2.3　凝胶模拟液的组分及物性参数

下面介绍作者在研究中设计的两种凝胶模拟液(S1 和 S2)来研究凝胶推进剂的雾化特性。S1 凝胶模拟液由质量分数为 1%的胶凝剂和 99%的水组成；S2 凝胶模拟液由质量分数为 2%的胶凝剂和 98%的水组成。采用 2.2.2 小节中所述的方法制备两种凝胶模拟液(S1、S2)各 70kg，制备的凝胶模拟液试样如图 2.2 所示。两种模拟液同为黏稠状半透明的液体，S2 凝胶模拟液胶凝剂含量较高，因此颜色更深，黏度也更大。快速摇晃装有模拟液的容器时，S1 凝胶模拟液的晃动幅度和频率较大，而 S2 凝胶模拟液的液面基本保持静止。

图 2.2　制备的凝胶模拟液试样

制备的凝胶模拟液的组分与主要物性参数如表 2.1 所示。由于模拟液的主要成分为水，因此其密度接近水的密度。表面张力是影响凝胶模拟液雾化的重要因素，但常用的表面张力测定方法(如 Wilhelmy 盘法和悬滴法)在测量具有弹性的凝胶模拟液时还存在一定误差。这里参照文献[7]提出的方法，得到制备的凝胶模拟液表面张力系数 σ=0.073N/m。

表 2.1　制备的凝胶模拟液组分与主要物性参数

模拟液种类	平均分子式			平均相对分子质量	密度/(kg/m³)	表面张力系数/(N/m)
	H	C	O			
S1	2.026916	0.016822	1.006729	18.33645	1001.7	0.073
S2	2.013333	0.008333	1.003333	18.16667	1005.3	0.073

2.3　凝胶模拟液流变特性

为更好地模拟凝胶推进剂的雾化特性，必须保证制备的凝胶模拟液与真实的凝胶推进剂流变模型及参数比较吻合，为此，首先要确定凝胶模拟液的流变模型及参数。广义的流体本构方程可表示为应力张量$\boldsymbol{\tau}$、应变率张量$\dot{\boldsymbol{\gamma}}$和流体广义黏度(表观黏度)$\eta$之间的关系：

$$\boldsymbol{\tau} = \eta\dot{\boldsymbol{\gamma}} \tag{2.1}$$

其中

$$\dot{\boldsymbol{\gamma}} = \nabla v + \left(\nabla v\right)^{\mathrm{T}} \tag{2.2}$$

其中，v为流场速度。

对牛顿流体而言，η为常数，其本构方程为线性方程，而非牛顿流体的黏度一般与应变率张量相关，其本构方程为非线性方程。对凝胶推进剂而言，胶凝剂类型的多样性以及制备方法的不同导致凝胶推进剂流变特性比较复杂。通常，研究者[8,9]应用较多的是不考虑屈服应力的幂律(power-law)模型、考虑屈服应力的 Herschel-Bulkley(HB)模型以及考虑极限剪切黏度的 Herschel-Bulkley extended (HBE)模型。

幂律模型的广义黏度η的表达式为

$$\eta = K\dot{\gamma}^{n-1} \tag{2.3}$$

HB 模型的广义黏度η的表达式为

$$\eta = \frac{\tau_0}{\dot{\gamma}} + K\dot{\gamma}^{n-1} \tag{2.4}$$

HBE 模型的广义黏度η的表达式为

$$\eta = \frac{\tau_0}{\dot{\gamma}} + K\dot{\gamma}^{n-1} + \eta_\infty \tag{2.5}$$

其中，n为流动指数；K为稠度系数；τ_0为屈服应力；η_∞为极限剪切黏度；$\dot{\gamma}$为剪切速率，$\dot{\gamma} = \sqrt{\frac{1}{2}\dot{\boldsymbol{\gamma}}:\dot{\boldsymbol{\gamma}}}$。这里主要考虑了幂律模型和 HBE 模型，并通过实验数据分析得到了相应的流变参数。

2.3.1　测量仪器及基本原理

旋转流变仪是现代流变学研究中常用的流变仪之一[10]，它依靠旋转运动产生简单剪切流动，可以用来快速确定材料的黏性、弹性等方面的流变性能。采用锥板式夹具的旋转流变仪的基本结构如图 2.3 所示，少量样品置于锥板与平板之间，马达带动锥板沿轴转动，通过获取不同转速 N 下的扭矩 T 、扭转角 ξ ，结合锥板半径 R 、倾角 θ_0 等参数，通过以下公式可计算出剪切速率 $\dot{\gamma}$ 和表观黏度 η ：

$$\dot{\gamma} = \frac{2\pi N}{\tan\theta_0} \tag{2.6}$$

$$\eta = \frac{3T}{2\pi R^3} \Big/ \dot{\gamma} = \frac{3T\tan\theta_0}{4\pi^2 R^3 N} \tag{2.7}$$

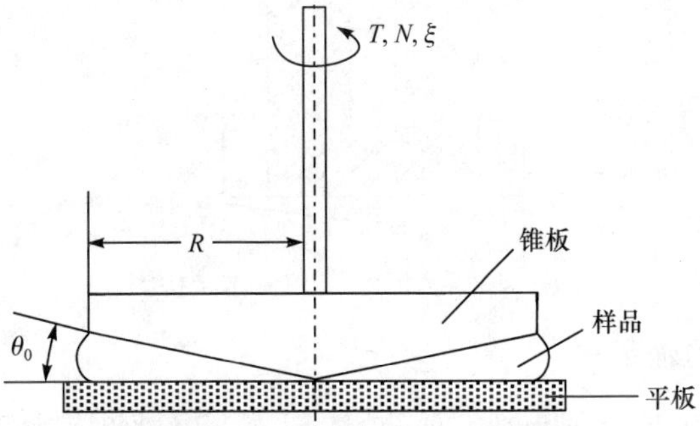

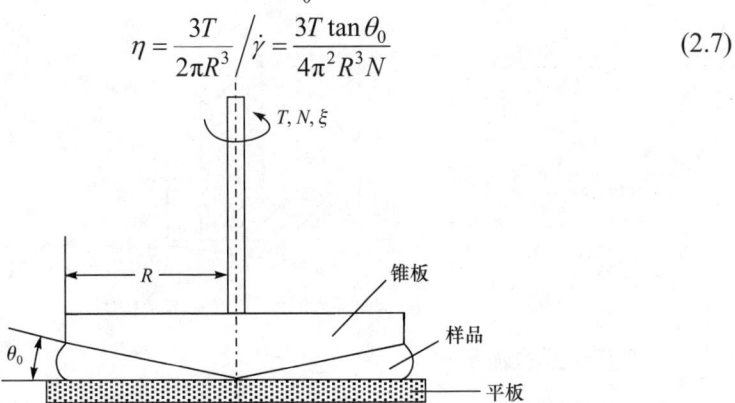

图 2.3　锥板式旋转流变仪结构图

这里使用的旋转流变仪的剪切速率范围为 0～2000s^{-1}。研究表明，凝胶推进剂在管路中流动及喷注过程的剪切速率一般远高于 $10^3 s^{-1}$。使用毛细管流变仪对制备的含碳颗粒凝胶推进剂模拟液在高剪切速率下的黏度特性进行测量。

毛细管流变仪是目前发展最成熟、应用最广泛的流变测量仪之一。与旋转流变仪相比，毛细管流变仪测量范围更宽(剪切速率范围为 10^{-2}～$10^5 s^{-1}$)。毛细管流变仪的基本结构如图 2.4 所示，测试过程中，被测物料被置于料筒内，经过柱塞的挤压从下部毛细管中流出，通过测量物料的流量 Q 、毛细管两端的压力差 Δp 等参数，结合毛细管的半径 R 、长度 L 等参数，可求出壁面剪切应力 τ_w 、剪切速率 $\dot{\gamma}_w$ 、表观黏度 η 等参数：

$$\tau_w = \frac{\Delta p \cdot R}{2L} \tag{2.8}$$

$$\dot{\gamma}_w = \frac{3N+1}{4N} \cdot \dot{\gamma}_a \tag{2.9}$$

$$\eta = \frac{\tau_w}{\dot{\gamma}'_w} \tag{2.10}$$

其中，$\dot{\gamma}'_w = \dfrac{4Q}{\pi R^3}$ ；$N = \dfrac{d(\ln\tau_w)}{d(\ln\dot{\gamma}_w)}$ 。

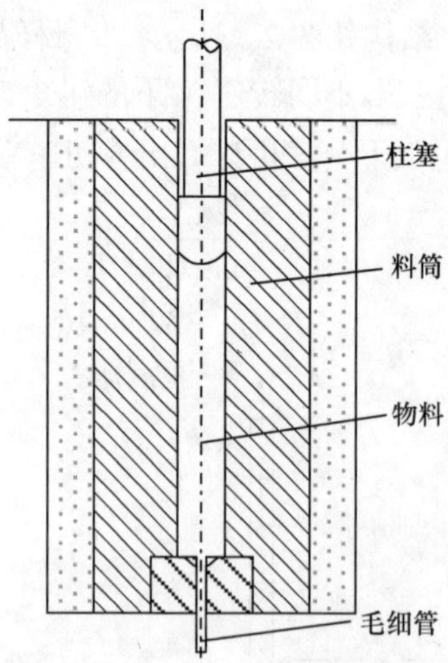

图 2.4　毛细管流变仪基本结构图

2.3.2　流变模型的确定

利用上述测试方法，分别得到了前文所述 S1 和 S2 凝胶模拟液在低剪切速率和高剪切速率下的流变特性实验数据。经过对实验数据的分析，得到了 S1 和 S2 凝胶模拟液的剪切速率($\dot{\gamma}$)与表观黏度(η)的对数曲线，如图 2.5 和图 2.6 所示。图 2.5 和图 2.6 中，空心圆表示旋转流变仪测得的实验数据，实心圆为管流法测得的实验数据，实线为假定凝胶模拟液流变模型为 HBE 模型时拟合得到的曲线，虚线为假定凝胶模拟液流变模型为幂律模型时拟合得到的曲线。由图 2.5 和图 2.6 可知，两种测试方法获得的数据一致性良好，实验结果较为可靠。同时，在实验的剪切速率范围内，随着剪切速率的增加，两种凝胶模拟液的表观黏度都迅速下降，充分证明了凝胶模拟液剪切变稀的流变特性。

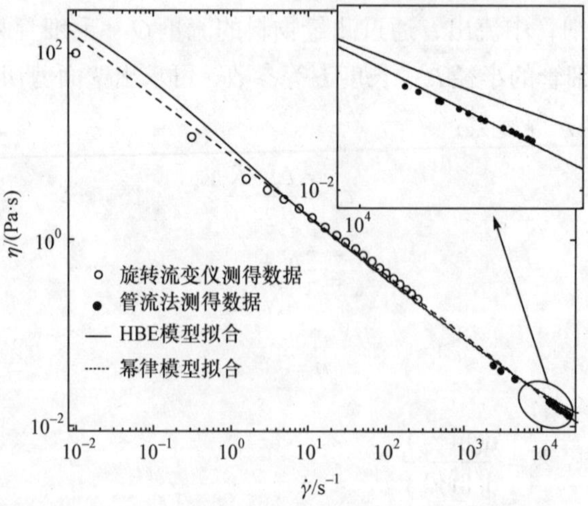

图 2.5　S1 凝胶模拟液剪切速率与表观黏度的关系

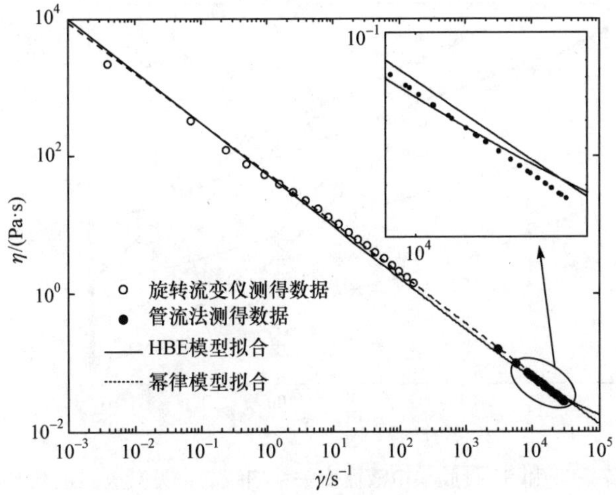

图 2.6　S2 凝胶模拟液剪切速率与表观黏度的关系

数据拟合得到的凝胶模拟液流变特性参数如表 2.2 所示。采用 HBE 模型时，两种凝胶模拟液的屈服应力都较小，基本可以忽略。采用幂律模型和 HBE 模型拟合所得的理论曲线与实验数据的线性相关性都很高，且两种方法拟合的曲线在图 2.5 和图 2.6 中基本重合，说明两种模型都可用来描述制备的凝胶模拟液的本构方程，但考虑到幂律模型比较简洁，因此，一般采用幂律模型来描述制备的凝胶模拟液的本构方程。

表 2.2　数据拟合得到的凝胶模拟液流变特性参数表

拟合参数	S1 凝胶模拟液		S2 凝胶模拟液	
	幂律模型	HBE 模型	幂律模型	HBE 模型
K / (Pa·s^n)	7.98	7.85	56.88	52.0
n	0.36	0.34	0.27	0.25
τ_0 / Pa	—	0.1	—	0.5
η_∞ / (Pa·s)	—	0.005	—	0.008
相关系数	0.992	0.997	0.993	0.996

对比两种凝胶模拟液的流变参数及相同剪切速率下的表观黏度可知，S2 凝胶模拟液的黏度明显大于 S1 凝胶模拟液，实验结果与在 2.2.3 小节中观察的现象一致。

图 2.7 给出了 S1 和 S2 凝胶模拟液流变关系曲线与常见凝胶推进剂的对比，由图可知，两种凝胶模拟液的流变关系曲线介于常见凝胶推进剂的流变曲线[1]之间。因此，制备的凝胶模拟液具有一定的代表性。

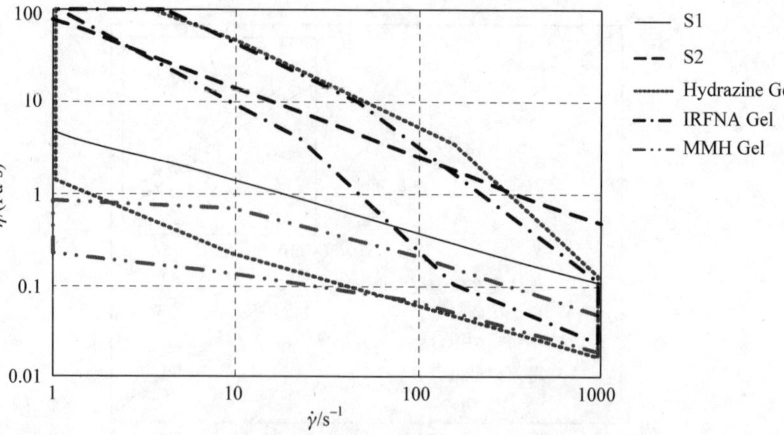

图 2.7　S1 和 S2 凝胶模拟液流变关系曲线与常见凝胶推进剂的对比

2.3.3　触变性分析

在使用过程中，对凝胶推进剂触变性的要求[11]是在一定的剪切速率作用下，凝胶推进剂具有良好的剪切变稀特性；当剪切速率移除后，凝胶推进剂的黏度又能迅速恢复。当满足上述条件时，可有效降低凝胶推进剂的管道输送压力，并能够提高其喷射雾化效率。为此，对凝胶模拟液的触变性进行测试，结果如图 2.8 和图 2.9 所示。由图可见，两种凝胶模拟液触变性均很小，随着剪切速率 ($\dot{\gamma}$) 的增加，剪切应力(τ)迅速增大，而随着剪切速率的减小其剪切应力也相应减小，凝胶体系受剪切后很容易恢复。

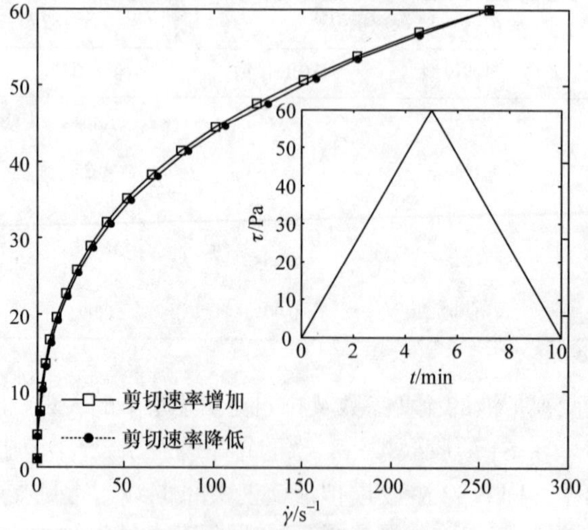

图 2.8　S1 凝胶模拟液的触变曲线

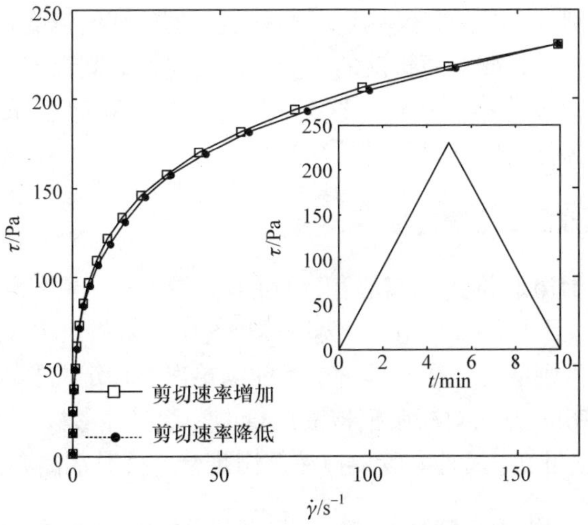

图 2.9　S2 凝胶模拟液的触变曲线

2.4　凝胶模拟液的稳定性

2.4.1　凝胶模拟液的贮存稳定性

凝胶模拟液雾化实验是在一定时间内完成的，为确保在实验期内凝胶模拟液的物理性质稳定，对凝胶模拟液进行贮存稳定性测试。在该项测试中，凝胶推进剂试样被置于一个贮存容器并放置在实验室环境中，实验室温度为(19±0.5)℃，通过观察凝胶模拟液的分层、沉淀和析出情况，进而得到其物理稳定性，测试结果如表 2.3 所示。结果表明，制备的凝胶模拟液的贮存稳定性良好，两种凝胶模拟液在整个贮存时间内无分层、沉淀和析出情况。

表 2.3　凝胶模拟液贮存稳定性测试结果

贮存时间	S1 凝胶模拟液			S2 凝胶模拟液		
	有无分层	有无沉淀	有无析出	有无分层	有无沉淀	有无析出
初始	无	无	无	无	无	无
1 个月	无	无	无	无	无	无
2 个月	无	无	无	无	无	无
3 个月	无	无	无	无	无	无
4 个月	无	无	无	无	无	无
5 个月	无	无	无	无	无	无
6 个月	无	无	无	无	无	无

在贮存期达到 6 个月后，又测定了两种凝胶模拟液的流变特性，结果发现，在相同的实验条件下，凝胶模拟液的流变特性与初始时间保持一致，拟合得到的流变参数 K 和 n 值变化小于 0.5%。这充分表明，在实验期间，凝胶模拟液稳定性良好，其流变和雾化实验结果不受贮存时间的影响。

2.4.2　凝胶模拟液的离心稳定性

美国对于类似凝胶推进剂离心稳定性的考核指标[6]是将凝胶推进剂在 500g 的相对重力加速度下离心 30min，若凝胶推进剂中液体析出率≤3%，则认为其离心稳定性良好，否则认为该凝胶推进剂不能满足离心稳定性要求。因此在本项研究中，参照文献[6]的方法对凝胶模拟液进行离心稳定性考核。实验结果如表 2.4 所示，从测试数据可知，两种凝胶模拟液都满足凝胶推进剂离心稳定性评估指标。

表 2.4　凝胶模拟液在 500g 的相对重力加速度下离心 30min 稳定性实验结果

项目	S1 凝胶模拟液		S2 凝胶模拟液	
	离心前	离心后	离心前	离心后
体系有无分层	无	无	无	无
体系有无沉淀	无	无	无	无
有无液体析出	无	无	无	无
体系有无升温	无	无	无	无

2.5　小　结

本章首先阐述了凝胶模拟液的制备方法，并制备了两种凝胶模拟液；在此基础上，测定并分析两种凝胶模拟液的主要物性参数、流变模型、触变性、贮存稳定性以及离心稳定性。

主要结论如下。

(1) 制备的凝胶模拟液具有良好的剪切变稀特性，其本构方程可用幂律模型描述。

(2) 制备的凝胶模拟液触变性良好，凝胶体系受剪切后很容易恢复。

参 考 文 献

[1] SYED F, LEE J G, RICHARD A Y. Atomization and spray characteristics of gelled-propellant simulants formed by two impinging jets[R]. AIAA 2009-5241, 2009.

[2] 张蒙正, 杨伟东, 王玫. 双股互击式喷嘴凝胶水雾化特性试验[J]. 火箭推进, 2008, 29(1):22-24.

[3] YANG L J, QU Y Y, FU Q F, et al. Linear stability analysis of a non-Newtonian liquid sheet [J]. Journal of Propulsion

and Power, 2010, 26(6):1212-1224.

[4] 王枫, 富庆飞, 杨立军. 幂律流体液膜破裂的线性稳定性分析[J]. 航空动力学报，2012, 27(4): 876-881.

[5] 陈世武. 凝胶推进剂的由来与发展[J]. 火炸药, 1996, (1): 47-53.

[6] BRANDLE R, LIEBL J, ROLAND P. Preparation and characterization of gelled fuels[J]. International Journal of Energetic Materials and Chemical Propulsion, 2007, 6(3): 307-321.

[7] BAEK G, KIM S, HAN J. Atomization characteristics of impinging jets of gel material containing nanoparticles[J]. Journal of Non-Newtonian Fluid Mechanics, 2011, 166(21): 1272-1285.

[8] NATAN B, RAHIMI S. The status of gel propellants in year 2000[J]. International Journal of Energetic Materials and Chemical Propulsion, 2002, 5:1-6.

[9] CHOJNACKI K T, FEIKEMA D A. Atomization studies of gelled liquids[R]. AIAA 1994-2773, 1994.

[10] 魏超, 杨伟东, 毛根旺. 某高分子胶凝剂凝胶推进剂模拟液的流变特性[J]. 航空工程进展, 2011, 2(1): 110-114.

[11] 吕少一, 邵自强, 张振玲. 新型含能纤维素基凝胶推进剂的流变性能研究[J]. 化学学报, 2012, 70(2): 200-206.

第 3 章 凝胶推进剂撞击雾化实验及分析

3.1 引 言

凝胶推进剂雾化问题是凝胶推进技术研究的关键问题，凝胶推进剂雾化效果决定了凝胶推进剂发动机的燃烧效率和燃烧稳定性。当雾化效果良好时，凝胶燃料和氧化剂接触面积较大，化学反应充分，因此燃烧效率较高；反之，燃烧效率就会降低。为了达到良好的雾化效果，提高凝胶发动机的燃烧效率，必须充分研究凝胶推进剂雾化的影响因素及其影响程度。

已有研究[1]表明，影响凝胶推进剂雾化的因素包括喷注器结构参数、工作环境参数和凝胶推进剂物性参数。然而，对这些影响因素的研究仍处于探索阶段，还缺乏对雾化效果的定量分析。另外，已发表的研究成果缺乏系统性，这些成果往往是不同学者针对某一个影响因素或某几个影响因素的论述，而且不同学者针对相同问题的实验结果也可能存在差异。因此，有必要对凝胶推进剂雾化的影响因素进行实验研究和定量分析。

本章主要利用第 2 章制备的两种凝胶推进剂模拟液进行雾化实验，通过实验分析冷流实验条件下射流速度、撞击角度、喷嘴直径、喷嘴长径比和胶凝剂含量对凝胶推进剂雾化的影响，同时论述液膜厚度和液膜宽度随特征参数的变化规律，以及由此得到的液膜厚度和液膜宽度变化的经验关系式。通过这些研究，为改进凝胶推进剂发动机雾化系统设计提供基础。

3.2 凝胶模拟液撞击式雾化实验

3.2.1 实验系统组成

凝胶模拟液撞击式雾化实验系统组成如图 3.1 所示，图中 2θ 表示喷注器撞击角度，θ 为撞击角度的二分之一，L_p 表示喷嘴出口到射流撞击点的距离。实验开始时，首先将凝胶模拟液通过加注口转入贮箱中，加注完成后，再通过高压气源为贮箱加压以获得满足实验要求的气体压力，贮箱压力可通过压力表观察。为确保实验过程的安全性，贮箱上同时配备安全阀和泄压阀。当高压气源、数据采集系统、管路系统和高速摄像机等准备好后，打开供应阀，调整流量调节阀控制凝胶模拟液的流量大小和射流速度，并通过高速摄像机记录雾化过程。

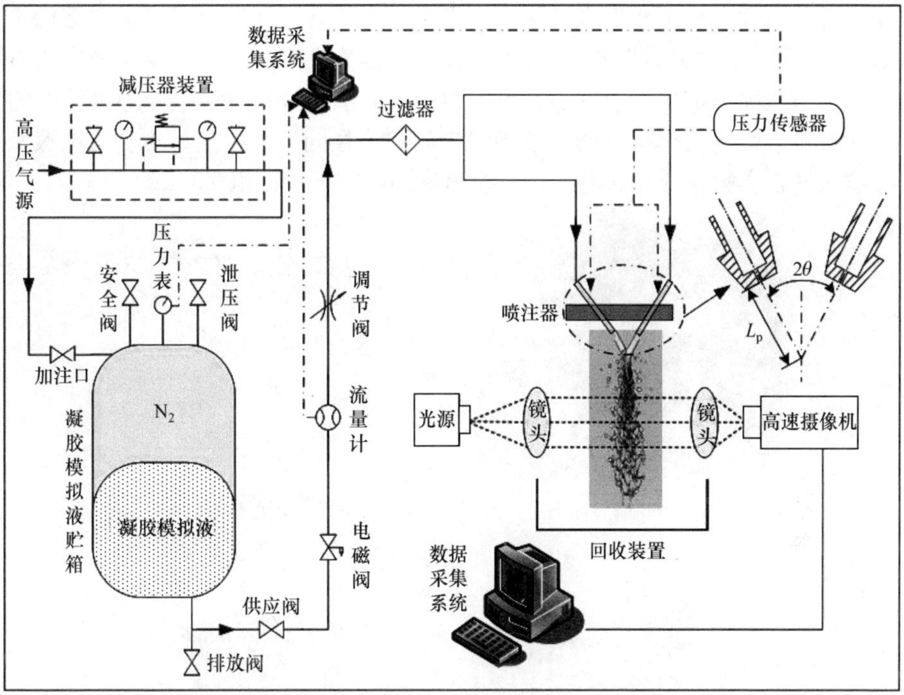

图 3.1　凝胶模拟液撞击式雾化实验系统示意图

实验过程中，管路流量、贮箱压力、喷注器入口压力等由流量计和压力传感器实时记录数据并传入数据采集系统，凝胶模拟液的撞击雾化过程则由高速摄像机拍摄并通过计算机记录。每种工况的实验完成后，按实验设计更换喷注器喷嘴，并检查实验结果的合理性，如果该工况存在问题，需要重复完成该实验过程。回收装置中的凝胶模拟液要在实验完成后置于密闭的容器中，若要重复使用此部分模拟液，必须静置 3~4 天，其原因为在撞击式雾化实验过程中，凝胶模拟液中会产生大量气泡，对凝胶模拟液的流变和雾化特性产生较大影响，静置 3~4 天可确保气泡从凝胶模拟液中排出。

需要注意的是，在实验完成后，需要及时清洗管路，以防止凝胶模拟液在实验仪器中干结。清洗过程中可使用高温热水对整个管路进行清洗，然后用高压气体吹干。

3.2.2　关键仪器设备

撞击式喷注器的喷嘴几何参数和撞击角度是影响凝胶推进剂雾化的重要结构

参数，直接决定了雾化效果的优劣。为更好地研究凝胶推进剂撞击式喷嘴雾化特性，采用两种撞击式喷注器，分别如图3.2和图3.3所示。图3.2为传统的固定式喷注器，该试验件加工难度大，报废率高，但采用该喷注器进行撞击式雾化实验效果较好。图 3.3 为可调节式喷注器，该喷注器为文献[2]提出的新型撞击式喷注器。可调节式喷注器可通过左右移动及自由旋转喷杆和转盘来调节撞击角度的大小；通过调节螺钉可确保从两个喷嘴喷出的射流在同一平面上。喷嘴通过螺母固定在喷头处，实验工况变化时，仅更换喷嘴即可进行下一组实验。

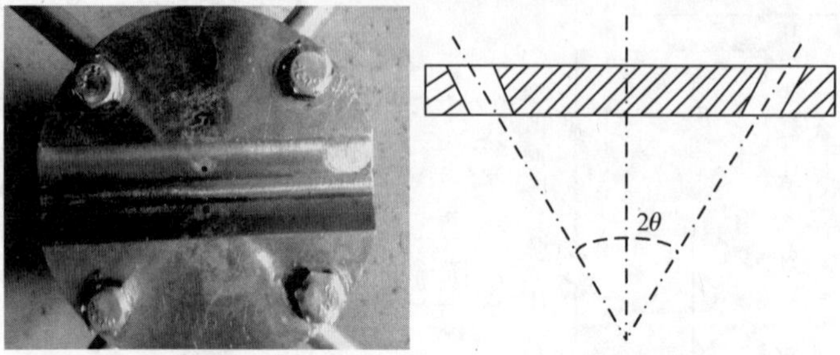

(a) 实物图　　(b) 撞击原理

图3.2 固定式喷注器

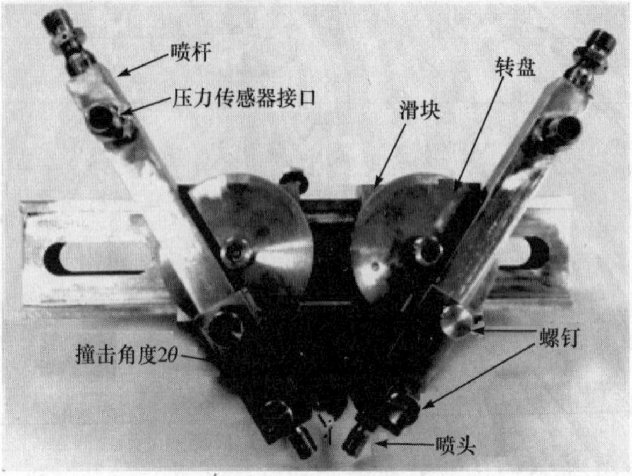

图3.3 可调节式喷注器

可调节式喷注器的喷嘴几何形状及参数如图3.4所示，喷嘴材料为304不锈钢。喷嘴入口直径为3mm，出口直径为d_0，出口长度为L，d_0和L为设计变量，通过调整二者的数值改变喷嘴参数。喷嘴出口设计参数如表 3.1 所示，共设计了 9 种喷嘴，每种喷嘴加工的试验件数目不少于 4 个，喷嘴试验件实物如图 3.5所示。

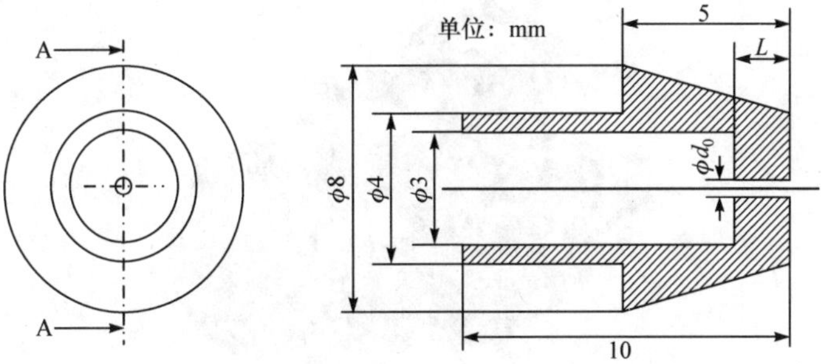

图 3.4 可调节式喷注器的喷嘴几何形状及参数

表 3.1 喷嘴出口设计参数

序号	1	2	3	4	5	6	7	8	9
d_0 /mm	0.5	0.8	1.0	1.2	1.5	1.0	1.0	1.0	1.0
L/mm	3.0	4.8	6.0	7.2	9.0	2.0	3.5	4.5	8.0
L/d_0	6.0	6.0	6.0	6.0	6.0	2.0	3.5	4.5	8.0

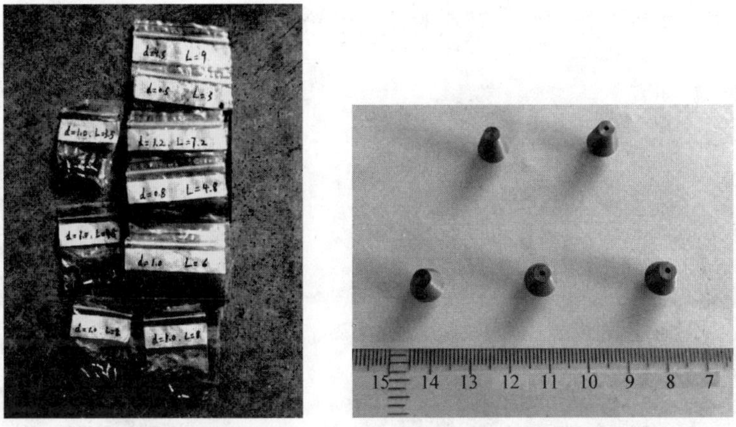

(a) 加工的9种喷嘴试验件　　(b) 3号喷嘴试验件

图 3.5 喷嘴实物图

高速摄像机在整个实验系统中具有重要作用，该设备决定了拍摄图像的清晰度，并且会影响实验定量分析的结果。为此，采用了超高速数字摄像机 Phantom V12.1(图 3.6)。该摄像机采用 12 位的 SR-CMOS 传感器，具有 1280×800 全画幅分辨率和 680000 帧/s 的最高拍摄速率。高速摄像机典型的设置参数为拍摄速率 8500 帧/s，曝光时间 5μs，分辨率 784×800。通过连续拍摄的雾化图像，不仅可定性分析凝胶模拟液的雾化模式、液膜形成和破碎过程，而且可定量分析其液膜破碎长度、破碎频率及液膜形状。

图 3.6　实验用超高速数字摄像机

流量的精确测量是凝胶模拟液撞击式雾化实验的另一个重点问题。用常规流量计测量凝胶模拟液的质量流量会产生较大的误差，为提高质量流量的测量精度，采用科氏质量流量计，这种流量计根据科里奥利力原理来测量流体的质量流量，用于凝胶模拟液的测量时误差很小。这里使用的科氏质量流量计如图 3.7 所示，其精度为 0.1%，量程为 300g/s。

图 3.8 为凝胶模拟液贮箱，最大可承受压强为 10MPa，在其顶部和底部配有加注、加压、排气、排水孔以及实时监控贮箱压力的压力传感器。

图 3.7　科氏质量流量计

图 3.8　凝胶模拟液贮箱

3.3　凝胶模拟液撞击雾化实验工况设计

为研究射流速度、喷嘴直径、撞击角度、喷嘴长径比对凝胶推进剂雾化特性的影响，设计的实验工况如表 3.2 所示。表 3.2 中工况 1~16 是关于 S1 凝胶模拟液雾化特性的研究，工况 17~25 是关于 S2 凝胶模拟液雾化特性的研究。对于

S1 凝胶模拟液，分别使其射流速度、喷嘴直径、撞击角度和喷嘴长径比依次变化且保持其他影响因素不变，从而研究这些因素对雾化特性的影响。对于 S2 凝胶模拟液，共设计了 9 种工况，每种工况都可以和相应的 S1 凝胶模拟液进行对比，同时 S2 凝胶模拟液自身也可以对比。例如，对工况 17、18、19 对比可获得射流速度对 S2 凝胶模拟液雾化的影响。

表 3.2　凝胶模拟液撞击式雾化实验工况

序号	流体种类	流量/(g/s)	射流速度/(m/s)	喷嘴直径/mm	撞击角度/(°)	喷嘴长径比	备注
1	S1	7.87	5	1.0	60	6	工况 1、2、3、4、5 得到射流速度对雾化的影响
2	S1	15.73	10	1.0	60	6	
3	S1	31.47	20	1.0	60	6	
4	S1	47.20	30	1.0	60	6	
5	S1	62.94	40	1.0	60	6	
6	S1	47.20	30	1.0	40	6	工况 4、6、7、8 获得撞击角度对雾化的影响
7	S1	47.20	30	1.0	80	6	
8	S1	47.20	30	1.0	100	6	
9	S1	11.80	30	0.5	60	6	工况 9、10、4、11、12 获得喷嘴直径对雾化的影响
10	S1	30.21	30	0.8	60	6	
11	S1	67.97	30	1.2	60	6	
12	S1	106.20	30	1.5	60	6	
13	S1	47.20	30	1.0	60	2	工况 13、14、4、15、16 获得喷嘴长径比对雾化的影响
14	S1	47.20	30	1.0	60	3.5	
15	S1	47.20	30	1.0	60	4.5	
16	S1	47.20	30	1.0	60	8	
17	S2	15.79	10	1.0	60	6	与工况 2 对比
18	S2	31.58	20	1.0	60	6	与工况 3 对比
19	S2	47.37	30	1.0	60	6	与工况 4 对比
20	S2	47.37	30	1.0	40	6	与工况 6 对比
21	S2	47.37	30	1.0	80	6	与工况 7 对比
22	S2	11.84	30	0.5	60	6	与工况 9 对比
23	S2	106.59	30	1.5	60	6	与工况 12 对比
24	S2	47.37	30	1.0	60	2	与工况 13 对比
25	S2	47.37	30	1.0	60	8	与工况 16 对比

由于实验条件的限制和实验误差的存在，实际测得的凝胶模拟液流量与设计流量存在一定差异，这里以实际流量为准进行分析，进而换算出射流速度。质量流量 Q 与射流速度 v_{jet}、凝胶模拟液密度 ρ_{j} 的关系式为

$$Q = \frac{\pi d_0^2 \rho_{\text{j}} v_{\text{jet}}}{2} \tag{3.1}$$

凝胶模拟液的体积流量 Q_{V} 为

$$Q_{\text{V}} = \frac{Q}{\rho_{\text{j}}} \tag{3.2}$$

为更好地分析凝胶模拟液雾化的液膜形状和破碎特性，根据实际需要还加入其他研究工况，具体内容参考第 5 章。

3.4　凝胶推进剂雾化特性的表征

为表征凝胶推进剂雾化特性，首先要给定一组无量纲参数。对牛顿流体，雷诺数的定义为 $Re = \rho_{\text{l}} v_{\text{jet}} d_0 / \eta$，其中 ρ_{l}、η 和 v_{jet} 分别表示流体的密度、剪切黏度和射流速度，d_0 为喷嘴直径，通过雷诺数可表征牛顿流体的流动状态和雾化行为。然而，凝胶推进剂为幂律流体，其无量纲参数不能简单采用牛顿流体的表示形式。为此，Metzner 等[3]提出了针对幂律流体的广义雷诺数表达式：

$$Re_{\text{gen}} = \frac{\rho_{\text{l}} v_{\text{jet}}^{2-n} d_0^n}{K\left(\dfrac{3n+1}{4n}\right)^n 8^{n-1}} \tag{3.3}$$

式中，K 为稠度系数；n 为流动指数。式(3.3)考虑了幂律流体稠度系数和流动指数对流动特征的影响。在此基础上，Ryan 等[4]提出了幂律流体从层流向湍流过渡的临界广义雷诺数 $Re_{\text{gen,crit}}$ 表达式：

$$Re_{\text{gen,crit}} = 885 \times \frac{8n}{(1+3n)^n}(2+n)^{\frac{2+n}{1+n}} \tag{3.4}$$

因此，S1 凝胶模拟液的临界广义雷诺数 $Re_{\text{gen,crit,S1}} = 8688.5$，S2 凝胶模拟液的临界广义雷诺数 $Re_{\text{gen,crit,S2}} = 7049.9$。

Kampen 等[5]推导了针对幂律流体的广义奥内佐格数(Ohnesorge) Oh_{gen}，其表达式为

$$Oh_{\text{gen}} = \frac{K}{\sqrt{\sigma^{2-n} \rho_{\text{l}}^n d_0^{3n-2}}} \tag{3.5}$$

图 3.9 给出了无量纲参数 Re_{gen}、$Re_{gen,crit}$ 和 Oh_{gen} 随流动指数 n 的变化情况，计算参数为 $\rho_l = 1001.7\text{kg} \cdot \text{m}^3$，$\sigma = 0.073\text{N} \cdot \text{m}$，$v_{jet} = 20\text{m/s}$，$d_0 = 1.0\text{mm}$，$K$=7.98Pa·s^n。由图 3.9(a)可知，随着 n 的增大，Re_{gen} 迅速减小，而 $Re_{gen,crit}$ 则缓慢增大；由图 3.9(b)可知，广义奥内佐格数 Oh_{gen} 随 n 的增大而增大。

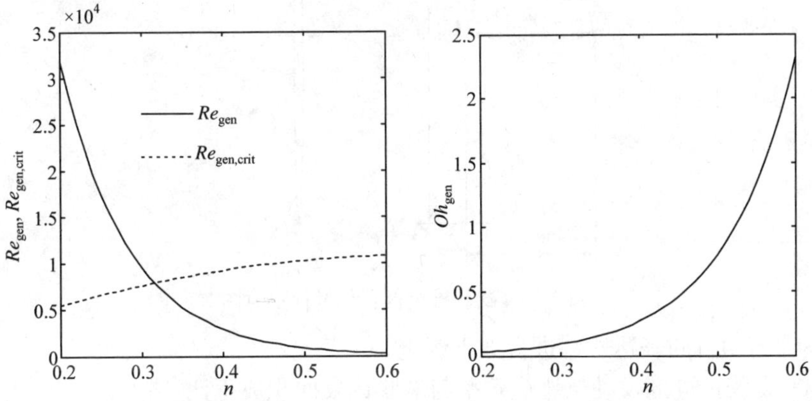

(a) Re_{gen}和$Re_{gen,crit}$与n关系　　(b) Oh_{gen}与n关系

图 3.9　广义无量纲数随流动指数的变化情况

韦伯数 We 不涉及流体黏度，因此，幂律流体韦伯数的表达式与牛顿流体相同，喷嘴出口射流韦伯数为

$$We = \frac{\rho_l v_{jet}^2 d_0}{\sigma} \tag{3.6}$$

通过无量纲参数组 Re_{gen}、Oh_{gen} 和 We，可分析凝胶推进剂的雾化行为。

为研究液膜宽度和液膜厚度，定义了相关变量。图 3.10 给出了凝胶推进剂雾化过程示意图，图中左侧为正视图，右侧为侧视图。变量 X 表示从撞击点到观测点的距离，W_s 为与 X 对应的液膜宽度，h_s 为相应的液膜平均厚度的二分之一，W_{max} 和 X_{max} 分别为最大液膜宽度和最大液膜长度。

实验研究[6]表明，凝胶推进剂发动机燃烧效率与凝胶推进剂雾化形成液膜的比表面积正相关，液膜的比表面积越大，雾化效果越好，越利于发动机燃烧效率的提高。因此，可通过液膜比表面积的大小来衡量雾化效果的优劣。这里定义凝胶推进剂雾化率 A_{gel} 为单位时间内单位体积凝胶推进剂雾化所得的液膜表面积。

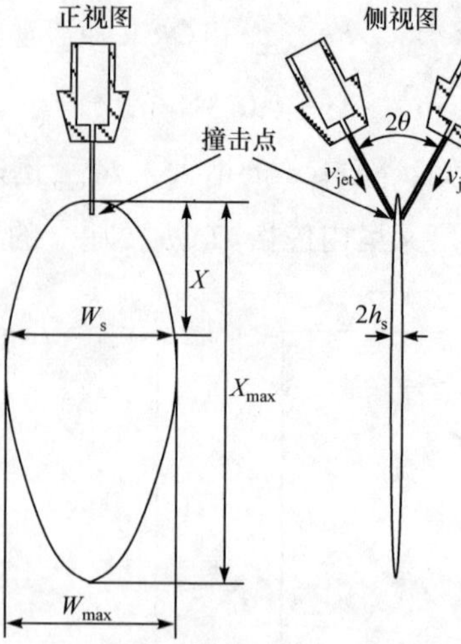

图 3.10 凝胶推进剂雾化过程示意图

为推导 A_{gel} 的表达式，进行如下假定。

(1) 凝胶推进剂发动机燃烧效率与液膜比表面积成正比。

(2) 在同一位置 X 处，液膜厚度均匀分布。

(3) 液膜速度与射流速度成正比。

根据上述假定可知，若在单位时间内，体积流量 Q_V 的凝胶推进剂雾化并形成液膜，在位置 X 处，液膜宽度为 W_s，厚度为 $2h_s$，液膜速度 $U_s = av_{jet}$，$0 < a \leqslant 1$，那么

$$Q_V = 2h_s W_s v_{jet} \tag{3.7}$$

$$A_{gel} = \frac{2U_s W_s + 2h_s\left(2W_s + 2U_s\right)}{Q_V} \tag{3.8}$$

其中，U_s 的数量级为 10^1；h_s 的数量级为 10^{-5}；W_s 的数量级为 10^{-2}，从而可知 $2U_sW_s \gg 4h_sW_s$ 且 $2U_sW_s \gg 4h_sU_s$。因此，式(3.8)可化简为

$$A_{gel} \approx \frac{2U_s W_s}{Q_V} = \frac{a}{h_s} \tag{3.9}$$

由式(3.9)可知，对不同工况，在同一位置 X 处，凝胶推进剂的雾化率与液膜厚度成反比，液膜厚度越小，雾化效果越好。

3.5 凝胶推进剂雾化影响因素分析

3.5.1 射流速度对雾化的影响

本项研究针对 S1 凝胶模拟液展开，实验条件为固定喷嘴直径 d_0=1mm，撞

击角度 2θ=60°，长径比 L/d_0=6，通过调节流量改变射流速度。图 3.11 给出 5 种典型工况的实验结果。

当射流速度较低时(图 3.11(a)和(b))，雾化模式表现为边缘闭合型。此时，两股射流从喷嘴出口喷出并撞击，从而形成液膜；液膜呈中间大两头小的椭圆形，液膜边缘清晰，液膜的大小随着射流速度的增大而增大；在气动力、表面张力和黏性力的作用下，射流在液膜底部重新汇聚，整个雾化过程没有液丝和液滴的形成；在图 3.11(b)的液膜底部还形成了两端向下弯曲的弧形不稳定波。

随着射流速度的增大(图 3.11(c))，液膜底部不再闭合，雾化模式表现为边缘开放的液丝型。在液膜表面，出现一系列清晰的两端向上弯曲的不稳定波；由于气体动力不稳定的存在，液膜形状不再规则，液膜中部边缘处有液丝生成；随着不稳定波的发展，在液膜中部，不稳定波开始叠加，液膜也开始破碎；随着液膜破碎程度的增加，在液膜下游形成了粘连的液丝，但始终没有液滴出现。

当射流速度进一步增大时(图 3.11(d)和(e))，在液膜的下游出现了液丝和液滴的共存区域，此时的雾化模式可称为液丝与液滴共存型(即液丝-液滴型)。此时，液膜表面产生了强烈的不稳定波，从而促使液膜表面破碎，随着向下游的运动，液膜破碎程度增加，进而破碎成液丝和液滴。但实验过程中没有出现完全发展型雾化模式。

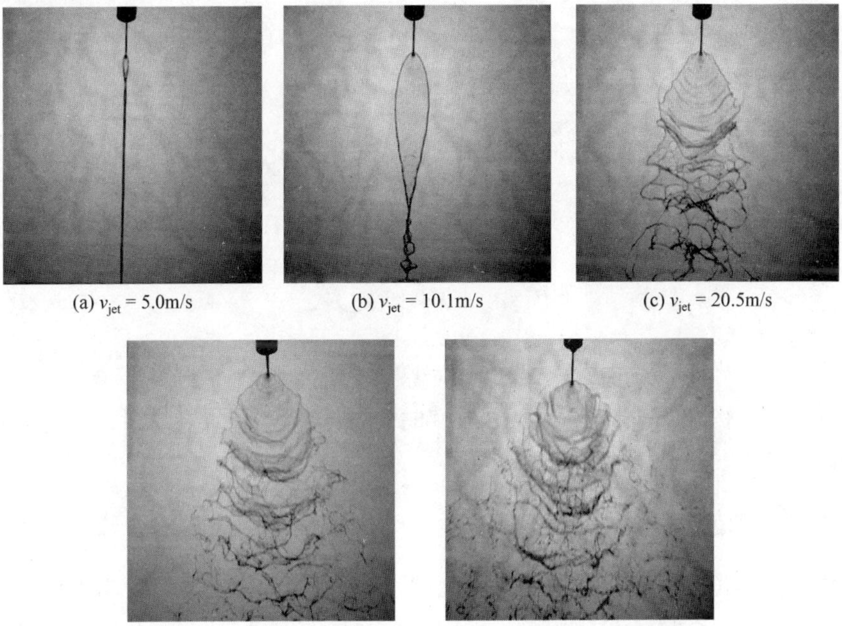

(a) v_{jet} = 5.0m/s　(b) v_{jet} = 10.1m/s　(c) v_{jet} = 20.5m/s

(d) v_{jet} = 30.4m/s　(e) v_{jet} = 37.7m/s

图 3.11　射流速度对 S1 凝胶模拟液撞击式雾化的影响

综上可知，当射流速度增加时，凝胶推进剂的雾化模式会明显改变，其雾化效果也有所改善，射流速度对凝胶推进剂的雾化行为影响显著。

为定量分析射流速度对 S1 凝胶模拟液雾化特性的影响，这里给出了液膜宽度和液膜厚度随广义雷诺数的变化情况(图 3.12)。图 3.12 中，X_1、X_2 和 X_3 表示监测点与撞击点的距离，分别为 13mm、26mm 和 35mm。由图 3.12 可知，对相同的广义雷诺数，距离撞击点越远，液膜宽度越大，液膜厚度越小；在相同的监测点处，随着广义雷诺数的增加，液膜宽度越大，液膜厚度越小，雾化率 A_{gel} 越高，雾化效果越好，且 Re_{gen} 大于 $Re_{gen,crit,S1}$ 时，液膜厚度趋于定值，此时液膜厚度约为 10^{-5}m 数量级。

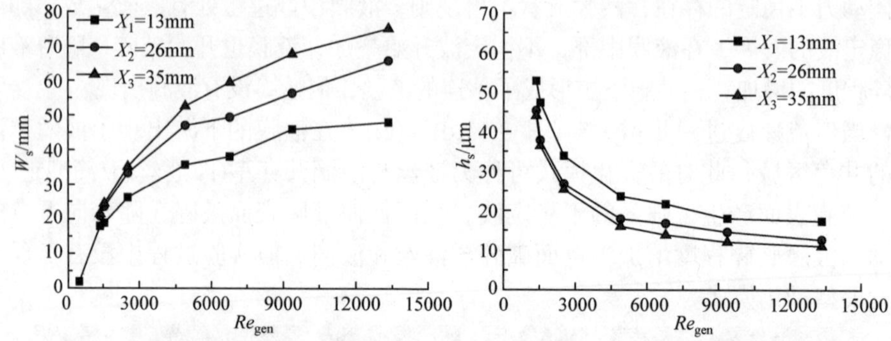

(a) 广义雷诺数与液膜宽度关系　(b) 广义雷诺数与液膜厚度关系

图 3.12　实验得到的液膜宽度和液膜厚度与广义雷诺数的关系

为研究液膜宽度和液膜厚度随广义雷诺数的变化情况，针对监测点 X_3，拟合得到了相应的经验公式。

监测点 X_3 处 W_s 和 h_s 与 Re_{gen} 的经验关系式分别为

$$W_s/d_0 = 0.41\left(Re_{gen}\right)^{0.56} \tag{3.10}$$

$$h_s/d_0 = 3.2\left(Re_{gen}\right)^{-0.61} \tag{3.11}$$

图 3.13 给出了经验关系式(3.10)和式(3.11)与实验结果的对比，二者吻合良好。

3.5.2　撞击角度对雾化的影响

为研究撞击角度对凝胶推进剂雾化的影响，设计了 4 种工况。实验采用直径 d_0=1mm，长径比 L/d_0=6 的喷嘴，通过调节流量使射流速度达到 30m/s，射流速度的真实值以实验为准，撞击角度分别为 40°、60°、80°和 100°。

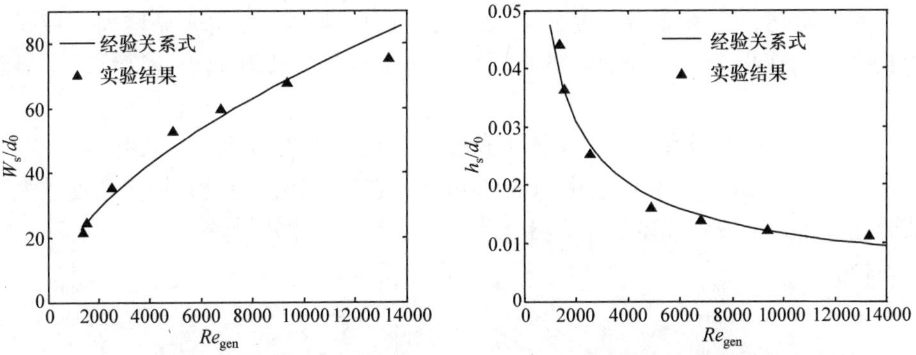

(a) 广义雷诺数与液膜宽度关系　　(b) 广义雷诺数与液膜厚度关系

图 3.13　液膜宽度和液膜厚度经验关系式与实验结果的对比

撞击角度对 S1 凝胶模拟液雾化的影响如图 3.14 所示。当射流撞击角度为 40°时，雾化模式表现为边缘开放型的液丝型。此时，撞击点附近形成了液膜，液膜表面不稳定波的振幅在气动力和表面张力的作用下逐渐加强，进而导致液膜破碎，形成了粘连的液丝，但几乎没有液滴的出现。当射流撞击角度为 60°时，液膜宽度明显增大，液膜破碎长度更短，形成了较多独立分布的液丝，液滴数目也显著增加。当射流撞击角度增加到 80°时，液膜破碎长度进一步减小，在惯性力的作用下，液丝从液膜的边缘脱离，并逐渐破碎成液滴，且液丝和液滴的尺寸进一步减小。当撞击角度为 60°和 80°时，雾化模式同为液丝与液滴共存型。当射流撞击角度为 100°时，液膜边缘消失，液丝周期性地从液膜表面分离和破碎，进而形成更小的液丝和液滴，此时的雾化模式为无边缘分离型。

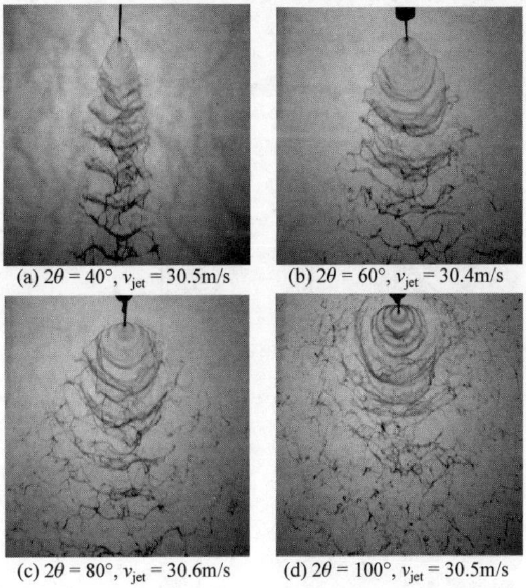

(a) $2\theta = 40°$, $v_{jet} = 30.5$m/s　(b) $2\theta = 60°$, $v_{jet} = 30.4$m/s

(c) $2\theta = 80°$, $v_{jet} = 30.6$m/s　(d) $2\theta = 100°$, $v_{jet} = 30.5$m/s

图 3.14　撞击角度对 S1 凝胶模拟液雾化的影响

综上所述，随着撞击角度的增大，凝胶模拟液的喷雾角明显增大，液膜破碎长度逐渐减小，液丝和液滴的数目逐渐增加且尺寸逐渐减小，雾化效果显著提高。

液膜宽度和液膜厚度与射流撞击角度的关系如图 3.15 所示。图中 X_1、X_2 和 X_3 的取值与 3.5.1 小节相同。由图 3.15 可知，在同一监测点处，撞击角度越大，液膜宽度越大，液膜厚度越小，雾化率 A_{gel} 越高，雾化效果越好。

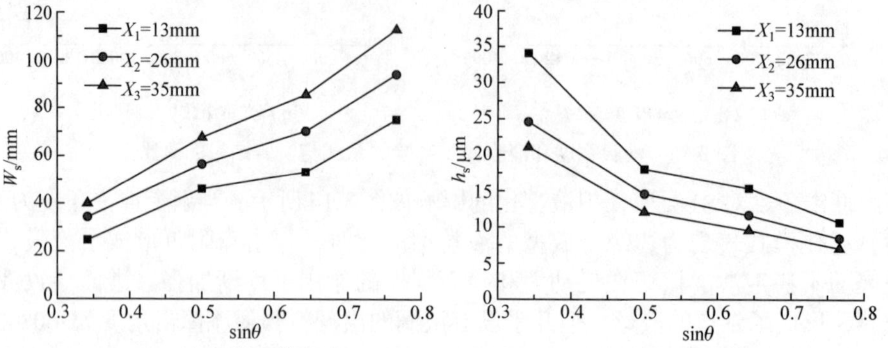

(a) $\sin\theta$与W_s关系　　(b) $\sin\theta$与h_s关系

图 3.15　射流撞击角度变化对液膜宽度和液膜厚度的影响

式(3.12)和式(3.13)分别为监测点 X_3 处液膜宽度和液膜厚度随射流撞击角度变化的经验关系式，图 3.16 给出上述经验关系式和实验结果的对比。由图 3.16 可知，经验关系式与实验结果吻合良好。由式(3.12)与式(3.10)对比可知，射流撞击角度对凝胶推进剂雾化的影响比射流速度的影响更大(1.26>0.56)。

$$W_s/d_0 = 155(\sin\theta)^{1.26} \tag{3.12}$$

$$h_s/d_0 = 0.0051(\sin\theta)^{-1.31} \tag{3.13}$$

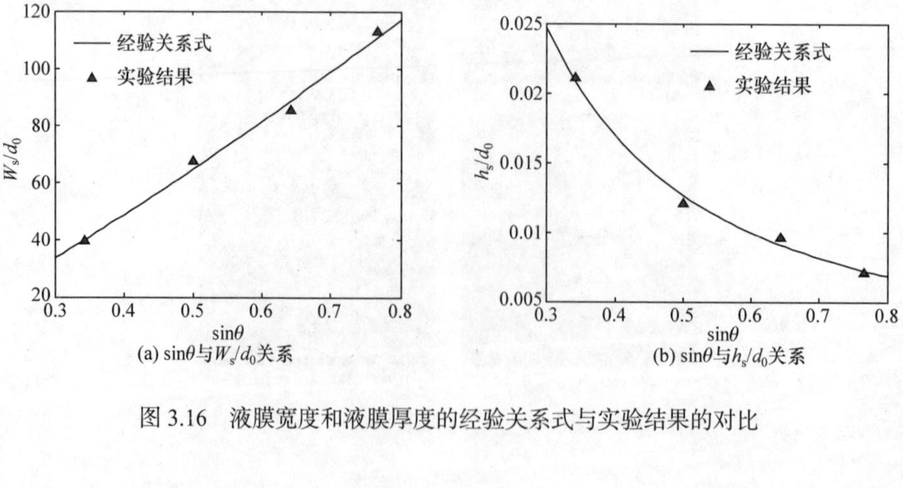

(a) $\sin\theta$与W_s/d_0关系　　(b) $\sin\theta$与h_s/d_0关系

图 3.16　液膜宽度和液膜厚度的经验关系式与实验结果的对比

3.5.3 喷嘴直径对雾化的影响

为研究喷嘴直径对凝胶推进剂雾化的影响，本项研究设计了 5 种工况。实验条件为喷嘴长径比 L/d_0=6，射流撞击角度 60°，射流速度 30m/s，喷嘴直径分别为 0.5mm、0.8mm、1.0mm、1.2mm 和 1.5mm。

不同喷嘴直径获得的雾化图像如图 3.17 所示。当喷嘴直径为 0.5mm 时，凝胶模拟液的流量较小，因此液膜面积也较小，液膜表面分布着一组不稳定波，随着不稳定波的运动，液膜逐渐聚集，形成了细长的液丝，此时雾化模式表现为边缘闭合型。当喷嘴直径增大到 0.8mm 时，液膜宽度增加，液膜下方敞开，液丝逐渐从液膜下方脱离，进而形成液滴。在喷嘴直径为 1.0mm、1.2mm 和 1.5mm 时，雾化行为与喷嘴直径为 0.8mm 时相似，但喷雾角逐渐增大。喷嘴直径为 0.8mm、1.0mm、1.2mm 和 1.5mm 时，雾化模式同为液丝与液滴共存型。

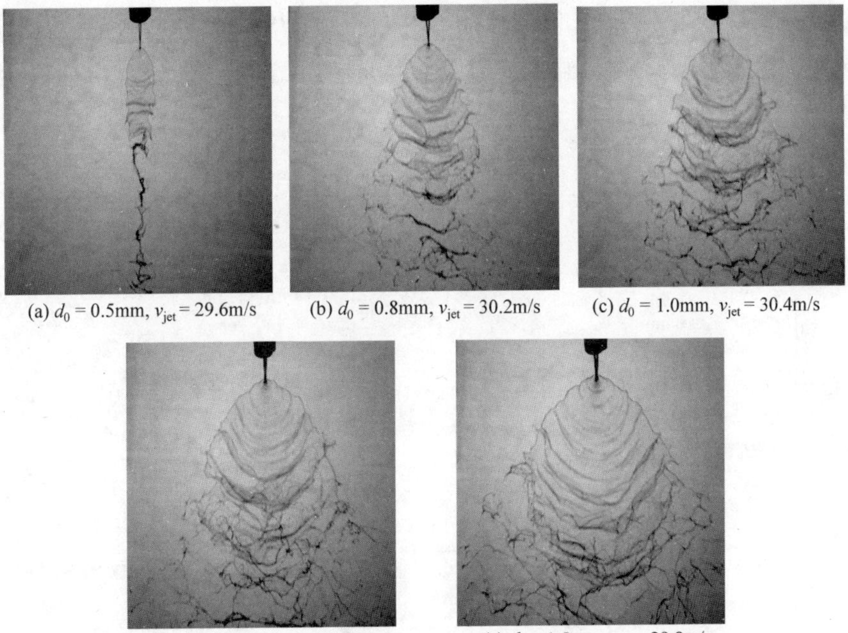

(a) d_0 = 0.5mm, v_{jet} = 29.6m/s (b) d_0 = 0.8mm, v_{jet} = 30.2m/s (c) d_0 = 1.0mm, v_{jet} = 30.4m/s

(d) d_0 = 1.2mm, v_{jet} = 29.7m/s (e) d_0 = 1.5mm, v_{jet} = 29.8m/s

图 3.17 不同喷嘴直径获得的雾化图像

图 3.18 给出了喷嘴直径变化对液膜宽度和液膜厚度的影响。由图可知，随着喷嘴直径增大，相同位置的液膜宽度随之增大，射流撞击形成的喷雾角也随之增大；但是，随着喷嘴直径的增大，液膜厚度也同时增大，导致雾化率降低，雾化效果变差。

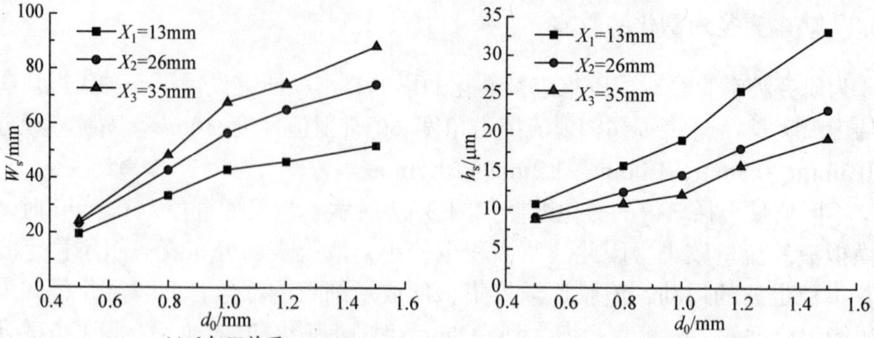

(a) d_0与W_s关系　(b) d_0与h_s关系

图 3.18　喷嘴直径对液膜宽度和液膜厚度的影响

为获得喷嘴直径与液膜宽度和液膜厚度之间的定量关系式，首先给出 Oh_{gen} 变化对液膜宽度和液膜厚度的影响(图 3.19)，将图 3.19 与图 3.18 对比可知，Oh_{gen} 对液膜宽度和液膜厚度的影响与 d_0 一致。因此，给出了监测点 X_3 处 Oh_{gen} 与液膜宽度和液膜厚度之间的经验关系式：

$$W_s/d_0 = 110\left(Oh_{gen}\right)^{0.44} \tag{3.14}$$

$$h_s/d_0 = 0.0056\left(Oh_{gen}\right)^{-0.63} \tag{3.15}$$

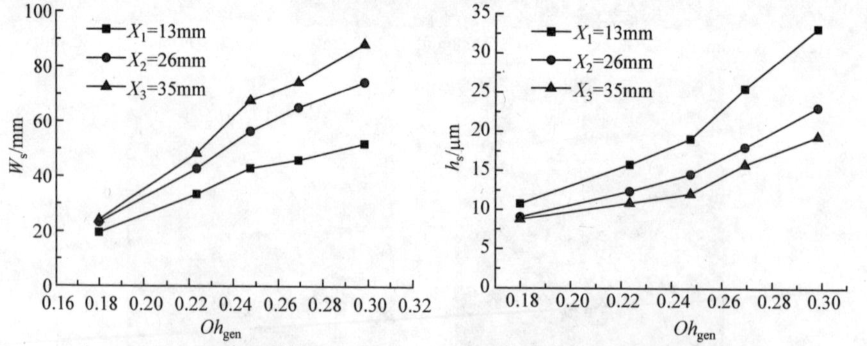

(a) Oh_{gen}与W_s关系　(b) Oh_{gen}与h_s关系

图 3.19　Oh_{gen} 对液膜宽度和液膜厚度的影响

图 3.20 给出了液膜宽度和液膜厚度经验关系式(3.14)、式(3.15)与实验结果的对比。

3.5.4　喷嘴长径比对雾化的影响

为研究喷嘴长径比对凝胶推进剂雾化的影响，设计了 5 种不同长径比的喷嘴。实验条件设置为喷嘴直径 d_0=1mm，射流撞击角度 60°，射流速度 30m/s，喷嘴长径比分别为 2、3.5、4.5、6 和 8。

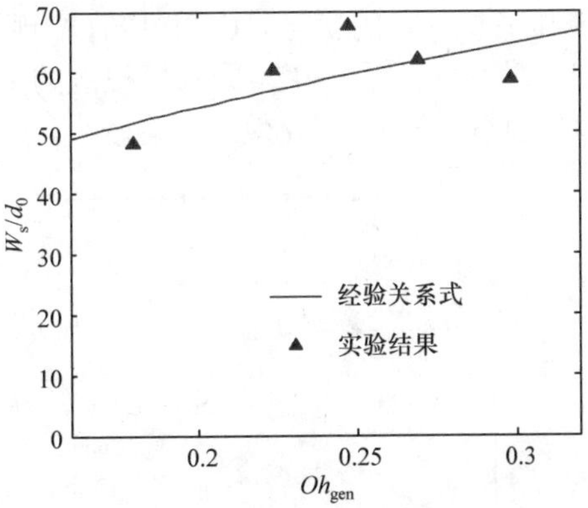

(a) Oh_{gen}与W_s/d_0关系

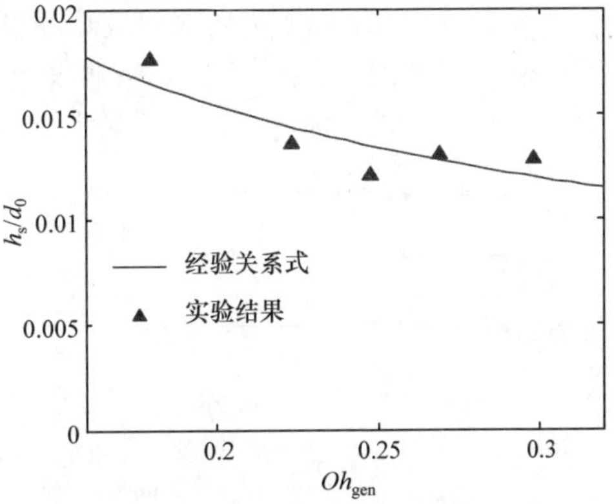

(b) Oh_{gen}与h_s/d_0关系

图 3.20　液膜宽度和液膜厚度经验关系式与实验结果的对比

图 3.21 给出了不同喷嘴长径比所得的雾化图像，由图可知，喷嘴长径比变化对 S1 凝胶模拟液的雾化过程影响很小，5 种工况下，液膜、液丝和液滴的分布基本一致，雾化模式也同为液丝与液滴共存型。这与文献[6]所得的结果和结论不一致，可能与喷嘴的加工精度及凝胶模拟液种类不同有关。

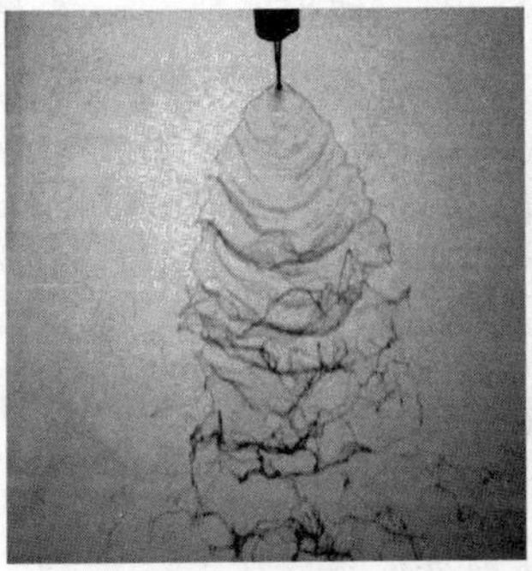

(a) $L/d_0 = 2$, $v_{jet} = 29.4$m/s

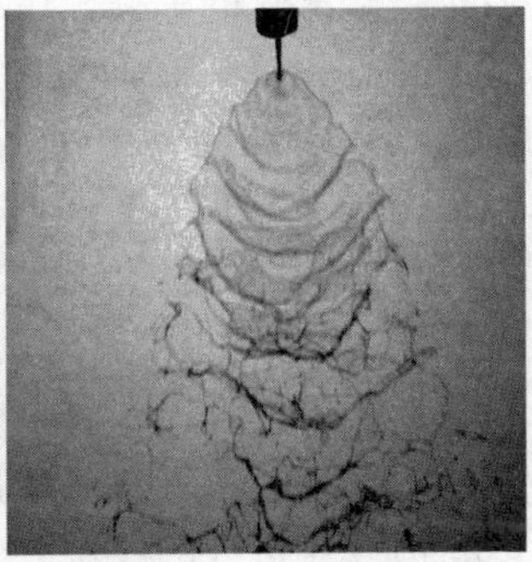

(b) $L/d_0 = 3.5$, $v_{jet} = 30.2$m/s

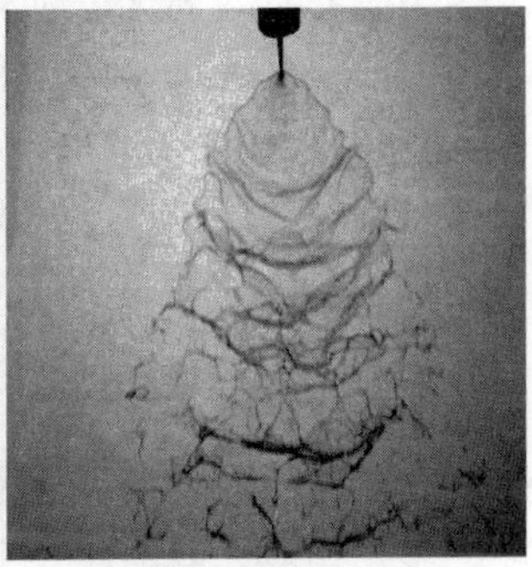

(c) $L/d_0 = 4.5$, $v_{jet} = 30.3$m/s

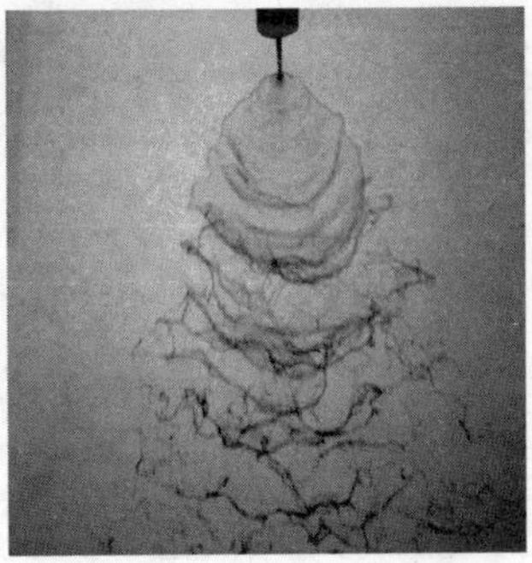

(d) $L/d_0 = 6$, $v_{jet} = 30.4$m/s

(e) $L/d_0 = 8$, $v_{jet} = 30.2$m/s

图 3.21　喷嘴长径比变化时凝胶模拟液雾化图像的对比

图 3.22 给出了液膜宽度和液膜厚度随喷嘴长径比的变化。由图可知，当喷嘴长径比增加时，相同位置处液膜宽度和液膜厚度几乎不变，凝胶模拟液的雾化率也基本相同。因此，改变喷嘴长径比对凝胶推进剂的雾化效果影响较小。

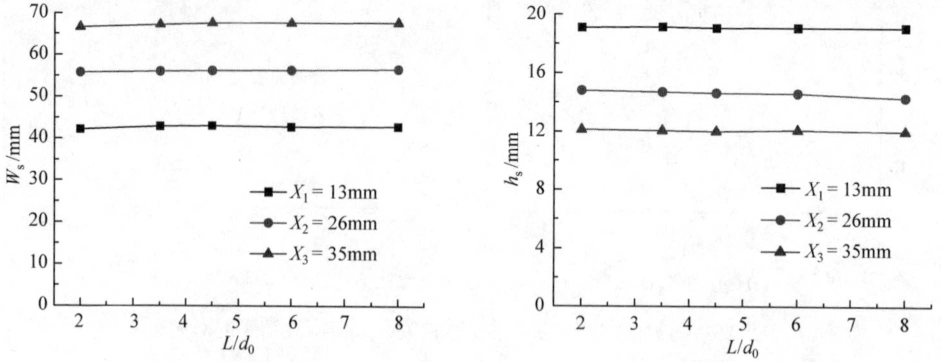

(a) L/d_0与W_s关系　　(b) L/d_0与h_s关系

图 3.22　喷嘴长径比对液膜宽度和液膜厚度的影响

3.5.5　胶凝剂含量对雾化的影响

为研究胶凝剂含量对凝胶推进剂雾化的影响，在 S1 凝胶模拟液撞击式雾化实验的基础上，针对 S2 凝胶模拟液，设计了 12 种实验工况，实验结果如图 3.23～图 3.26 所示。图 3.23 的实验条件为 d_0=1mm，2θ=60°，L/d_0=6，调节流量使射流速度分别接近 10m/s、20m/s 和 30m/s。将图 3.23(a)～(c)分别与图 3.11(b)～(d)进行对比可知，随着胶凝剂含量和流体黏度的增大，凝胶推进剂更难雾化，液膜的破碎和液丝的形成都需要克服更大的黏性力。图 3.24～图 3.26 分别给出了撞击角度、喷嘴直径及喷嘴长径比对 S2 凝胶模拟液雾化的影响。由图可知，撞击角度、喷嘴直径及喷嘴长径比对 S2 凝胶模拟液雾化的影响规律与对 S1 凝胶模拟液的影响相似，区别仅在于 S2 凝胶模拟液的雾化更加困难，液膜尺寸更小，液丝及液滴的数目更少。

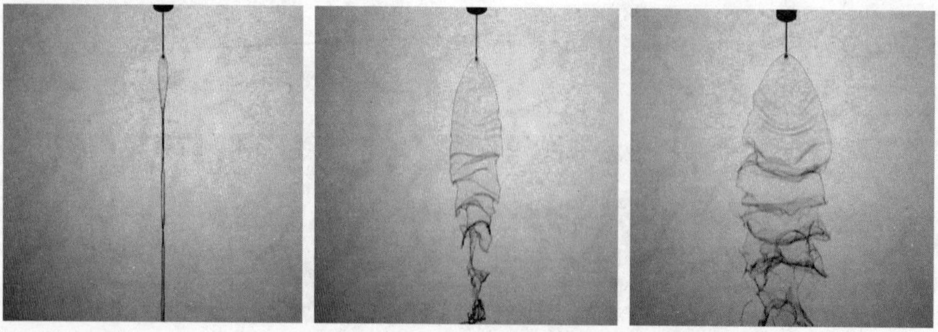

(a) v_{jet} = 9.9m/s　　(b) v_{jet} = 19.8m/s　　(c) v_{jet} = 30.2m/s

图 3.23　射流速度不同时 S2 凝胶模拟液的雾化图像对比

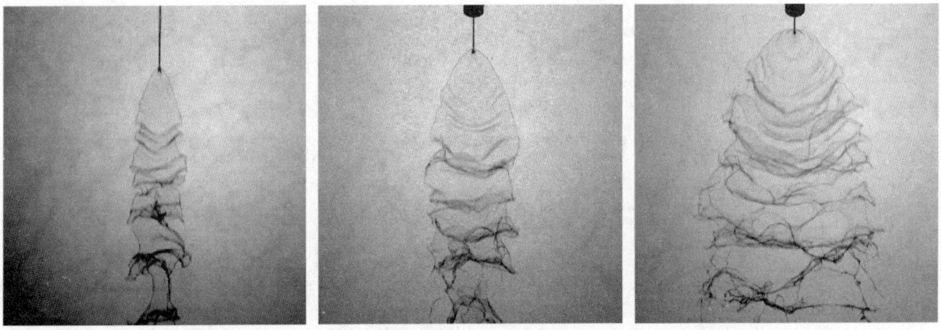

(a) $2\theta = 40°$, $v_{jet} = 29.8\text{m/s}$　　(b) $2\theta = 60°$, $v_{jet} = 30.2\text{m/s}$　　(c) $2\theta = 80°$, $v_{jet} = 30.5\text{m/s}$

图 3.24　撞击角度不同时 S2 凝胶模拟液雾化图像对比

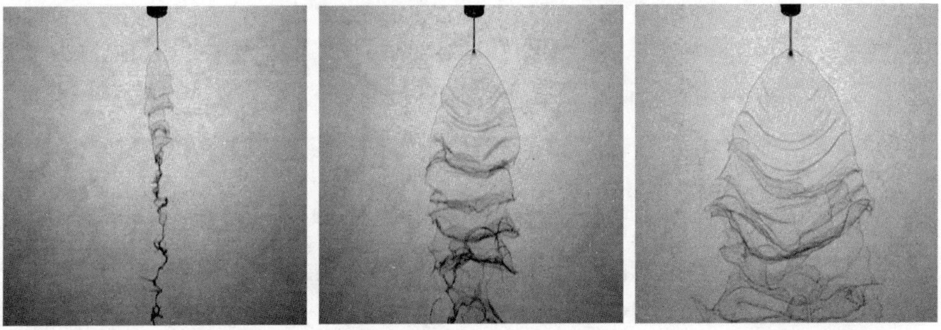

(a) $d_0 = 0.5\text{mm}$, $v_{jet} = 29.6\text{m/s}$　　(b) $d_0 = 1.0\text{mm}$, $v_{jet} = 30.2\text{m/s}$　　(c) $d_0 = 1.5\text{mm}$, $v_{jet} = 29.2\text{m/s}$

图 3.25　喷嘴直径不同时 S2 凝胶模拟液雾化图像对比

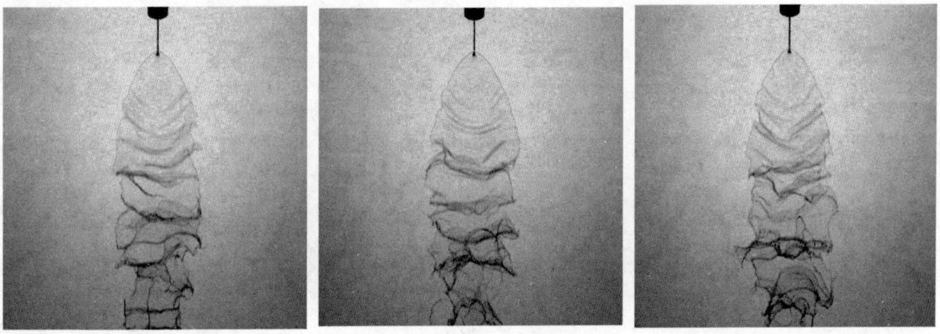

(a) $L/d_0 = 2$, $v_{jet} = 30.2\text{m/s}$　　(b) $L/d_0 = 6$, $v_{jet} = 30.2\text{m/s}$　　(c) $L/d_0 = 8$, $v_{jet} = 30.3\text{m/s}$

图 3.26　喷嘴长径比不同时 S2 凝胶模拟液雾化图像对比

为研究 S2 凝胶模拟液雾化时的液膜宽度和液膜厚度随无量纲参数组(Re_{gen}、Oh_{gen}和$\sin\theta$)的变化规律，将 S2 凝胶模拟液的雾化实验结果与 S1 凝胶模拟液进行对比。

图 3.27 给出了 X_3 位置处 S2 凝胶模拟液雾化所得的液膜宽度和液膜厚度与 S1 凝胶模拟液及经验关系式(3.10)、式(3.11)的对比。由图可知，尽管在相同射流速度时 S2 凝胶模拟液雾化所得的液膜宽度比 S1 凝胶模拟液小，液膜厚度比 S1 凝胶模拟液大，但是，此时 S2 凝胶模拟液的 Re_{gen} 也较小，因此，S2 凝胶模拟液雾化所得的液膜宽度和液膜厚度同样满足经验关系式(3.10)和式(3.11)。

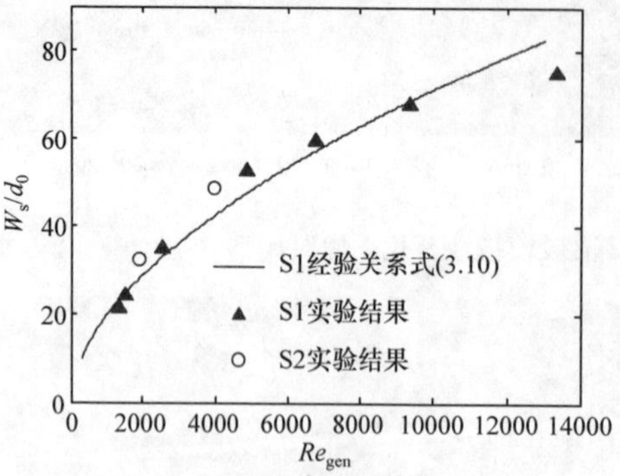

(a) Re_{gen}与W_s/d_0关系

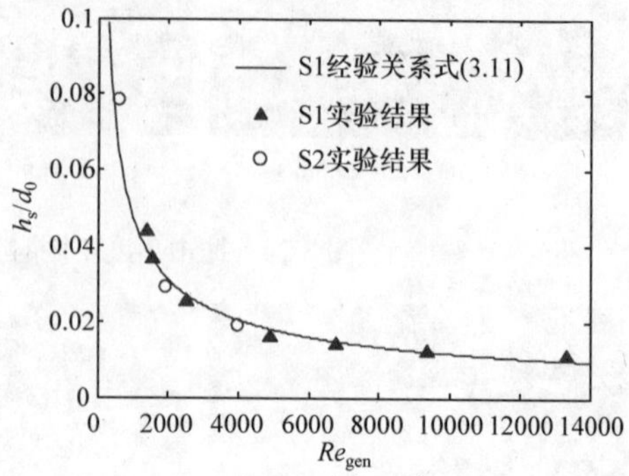

(b) Re_{gen}与h_s/d_0关系

图 3.27　S2 凝胶模拟液雾化的液膜厚度和液膜宽度与 S1 凝胶模拟液及经验关系式的对比

按照上述方法，经研究发现，在相同位置处，S2 凝胶模拟液雾化所得的液膜宽度和液膜厚度随无量纲参数组的变化规律与 S1 凝胶模拟液相同，区别仅在于影响程度不同。在 X_3 位置处，S2 凝胶模拟液雾化所得的液膜宽度和液膜厚度满足下列关系：

$$W_{\mathrm{s}}/d_0 \propto \left(Re_{\mathrm{gen}}\right)^{0.56} \tag{3.16}$$

$$h_{\mathrm{s}}/d_0 \propto \left(Re_{\mathrm{gen}}\right)^{-0.61} \tag{3.17}$$

$$W_{\mathrm{s}}/d_0 \propto \left(\sin\theta\right)^{1.26} \tag{3.18}$$

$$h_{\mathrm{s}}/d_0 \propto \left(\sin\theta\right)^{-1.31} \tag{3.19}$$

$$W_{\mathrm{s}}/d_0 \propto \left(Oh_{\mathrm{gen}}\right)^{0.44} \tag{3.20}$$

$$h_{\mathrm{s}}/d_0 \propto \left(Oh_{\mathrm{gen}}\right)^{-0.63} \tag{3.21}$$

3.6　液膜形状与无量纲参数组的关系式

当射流速度、撞击角度和喷嘴直径变化时，在 X_3 位置处，S1 凝胶模拟液雾化所得的液膜宽度和液膜厚度分别满足式(3.10) ~ 式(3.15)。为得到统一的经验关系式，利用实验数据，拟合得到了 W_s/d_0 与 Re_{gen}、Oh_{gen} 和 $\sin\theta$ 的关系。

对 S1 凝胶模拟液的液膜宽度满足：

$$W_s/d_0 = 1.72\left(Re_{gen}\right)^{0.56}\left(\sin\theta\right)^{1.26}\left(Oh_{gen}\right)^{0.44} \tag{3.22}$$

对 S1 凝胶模拟液的液膜厚度满足：

$$h_s/d_0 = 0.557\left(Re_{gen}\right)^{-0.61}\left(\sin\theta\right)^{-1.31}\left(Oh_{gen}\right)^{-0.63} \tag{3.23}$$

图 3.28 给出了经验关系式(3.22)和式(3.23)与实验结果的对比，由图 3.28 可知，经验关系式(3.22)和式(3.23)与实验结果吻合良好。

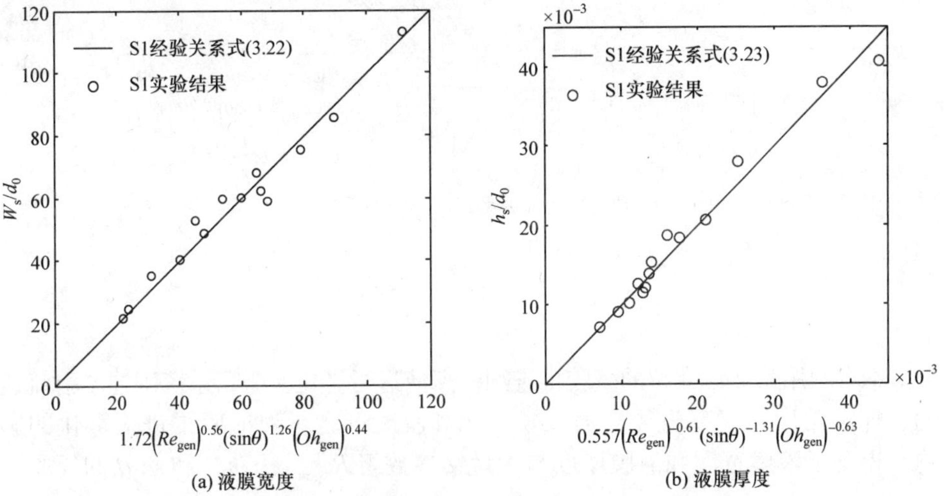

图 3.28　S1 凝胶模拟液经验关系式(3.22)和式(3.23)与实验结果的对比

对 S2 凝胶模拟液的液膜宽度满足：

$$W_s/d_0 = 1.2\left(Re_{gen}\right)^{0.56}\left(\sin\theta\right)^{1.26}\left(Oh_{gen}\right)^{0.44} \tag{3.24}$$

对 S2 凝胶模拟液的液膜厚度满足：

$$h_s/d_0 = 1.2\left(Re_{gen}\right)^{-0.61}\left(\sin\theta\right)^{-1.31}\left(Oh_{gen}\right)^{-0.63} \tag{3.25}$$

将式(3.24)与式(3.22)对比可知，当 Re_{gen}、Oh_{gen} 和 $\sin\theta$ 取值相同时，在相同的位置处，S1 凝胶模拟液的液膜宽度更大；同理可知，S1 凝胶模拟液具有更小的液膜厚度和更高的雾化率。

图 3.29 给出了 S2 凝胶模拟液的经验关系式(3.24)和式(3.25)与实验结果的对比，由图可知，液膜宽度的经验关系式(3.24)与实验结果基本吻合，但在液膜宽度较大或较小时还存在一定误差；液膜厚度的经验关系式(3.25)与实验结果吻合良好。

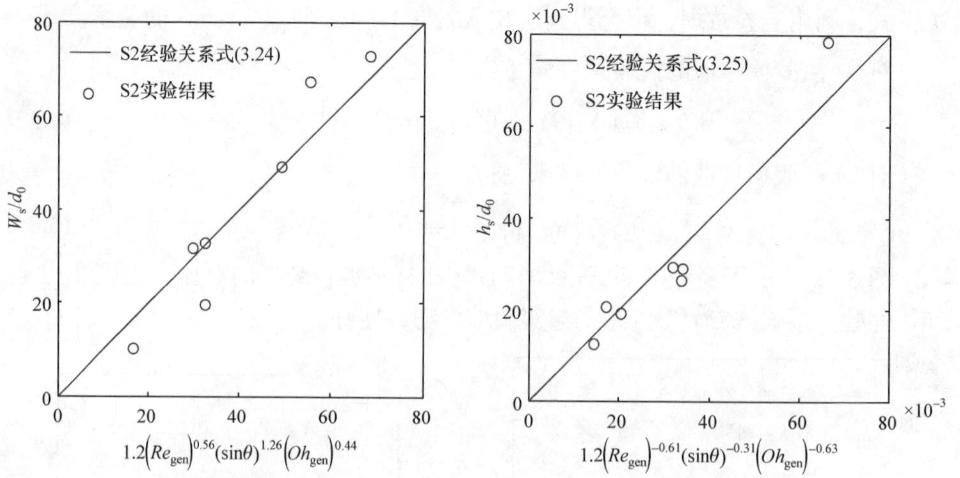

(a) 液膜宽度　　(b) 液膜厚度

图 3.29　S2 凝胶模拟液的经验关系式(3.24)和式(3.25)与实验结果的对比

3.7　小　　结

本章利用第 2 章介绍的凝胶推进剂模拟液进行雾化实验，系统阐述了射流速度、撞击角度、喷嘴直径、喷嘴长径比和胶凝剂含量对凝胶推进剂雾化的影响，得到了液膜宽度和液膜厚度与无量纲参数组 Re_{gen}、Oh_{gen} 和 $\sin\theta$ 的经验公式，定量比较了不同工况下凝胶推进剂雾化效果的优劣。

本章所得的结论如下。

(1) 凝胶推进剂的雾化效果可通过液膜厚度表征，对于不同工况，在同一 X 位置处，凝胶推进剂的雾化效果与液膜厚度成反比，液膜厚度越小，雾化效果越好。

(2) 在相同实验条件下及同一监测点处，当射流速度增大时，液膜宽度随之增大，液膜厚度随之减小，因此，雾化率随之提高；当撞击角度增大时，液膜宽度增大，液膜厚度减小，雾化率提高；当喷嘴直径增大时，液膜宽度和液膜厚度同时增大，液膜厚度的增大导致雾化率降低，雾化效果变差；喷嘴长径比对凝胶推进剂的雾化影响有限，但该结论与文献不一致。

(3) 在相同的实验条件下，胶凝剂含量越高，凝胶推进剂的黏度也越大，导致液膜宽度越小，液膜厚度越大，雾化率随之越低。

(4) S1 和 S2 凝胶模拟液的液膜宽度和液膜厚度随无量纲参数组 Re_{gen}、Oh_{gen} 和 $\sin\theta$ 的变化规律具有相似性。

(5) 射流速度和撞击角度的变化对凝胶推进剂雾化的影响最为显著，雾化模式随着射流速度的增加，从边缘闭合型发展到液丝与液滴共存型，但始终没有出现完全发展型雾化模式。

参 考 文 献

[1] 杨伟东, 张蒙正. 凝胶推进剂流变及雾化特性研究与进展[J]. 火箭推进, 2005, 31(5): 37-42.

[2] 王枫, 李龙飞, 杨伟东. 凝胶推进剂流动雾化特性实验系统的改进及应用[J]. 实验技术与管理, 2012, 29(1): 62-65.

[3] METZNER A B, REED J C. Flow of non-Newtonian fluids – correlation of the laminar, transition, and turbulent-flow regions [J]. American Institute of Chemical Engineering Journal, 1955, 4(1): 189-204.

[4] RYAN N W, JOHNSON M M. Transition from laminar to turbulent flow in pipes [J]. American Institute of Chemical Engineering Journal, 1959, (5): 433-435.

[5] KAMPEN J, ALBERIO F, CIEZKI H K. Spray and combustion characteristics of aluminized gelled fuels with an impinging jet injector [J]. Aerospace Science and Technology, 2007, 11(1):77-83.

[6] SYED F, LEE J G, RICHARD A Y. Atomization and spray characteristics of gelled-propellant simulants formed by two impinging jets [R]. AIAA 2009-5241, 2009.

第4章　含碳颗粒凝胶推进剂撞击雾化实验及分析

4.1　引　言

固体含能颗粒是凝胶推进剂的重要组成部分，可以有效提高凝胶推进剂的密度及热力学性能，对凝胶推进剂的流变和雾化特性也存在着重要的影响[1]。目前，多数雾化实验采用的凝胶推进剂模拟液中不含固体含能颗粒成分。因此，为进一步研究含固体含能颗粒的真实凝胶推进剂的雾化问题，制备含固体含能颗粒的凝胶推进剂模拟液，开展雾化实验，获得典型雾化现象，分析固体含能颗粒的添加量、粒径等因素对于流变、雾化等问题的影响，是十分必要的。

本章制备三种不同组分的含固体含能颗粒凝胶推进剂模拟液，并研究其流变特性和雾化现象。首先，参考实用化的凝胶推进剂配方，综合考虑安全性和能量性能等因素，选择碳颗粒作为固体含能颗粒，制备了含质量分数5%和10%、平均粒径5μm和10μm碳颗粒的三种水基凝胶推进剂模拟液SC1～SC3，测量模拟液的流变、触变特性及其他物性参数，拟合得到三种模拟液的幂律型本构方程；其次，设计并进行六组27种工况的雾化实验，获得不同射流速度、撞击角度等条件下的雾化图像；最后，分析不同工况下的雾化场特点及形成机理，讨论撞击速度对雾化模式、撞击角度对雾化场基本形状的影响，研究碳颗粒的质量分数、平均粒径等因素对模拟液流变特性、喷注压力及雾化效果的影响。

4.2　含碳颗粒凝胶推进剂模拟液的制备及流变特性

4.2.1　模拟液制备

为保证雾化实验的准确性，制备的凝胶推进剂模拟液应当具备真实凝胶推进剂的基本组成及典型流变特性。这里未考虑雾化过程中的燃烧及化学反应等过程。因此，从安全方面考虑，采用水作为成胶基质。通过2.2.1小节的分析，采用某高分子有机物作为胶凝剂。可供选择的固体含能颗粒物主要有铝(Al)、硼(B)、碳(C)、铍(Be)及镁(Mg)等，在真实凝胶推进剂中，铝被认为是一种较理想的含能颗粒添加剂[2]，但是，在开放的实验环境下，铝颗粒易被氧化燃烧，存在安全隐患。碳颗粒也是一种提高凝胶推进剂能量性能的良好添加剂，含碳颗粒凝胶燃料已用于战术导弹飞行试验并获得了成功[3]。在实际的实验环境下，碳颗粒不易被氧化，安全性好。因此，选择碳颗粒作为固体添加剂。参照现有含铝颗粒 RP-1、Jet A-1 凝胶推进剂的配方[1,4,5]，计划使用平均粒径 10μm 左右的碳颗粒，添加质量分数不低于 5%。采用高分子有机物作为凝胶剂。

为研究碳颗粒的含量、平均粒径等因素对凝胶推进剂模拟液的流变及雾化特性的影响，制备三种含碳颗粒凝胶推进剂模拟液 SC1～SC3，三种模拟液的基质均为去离子水，胶凝剂质量分数均为 1%，主要区别在于碳颗粒的含量及平均粒径，具体组分见表 4.1。制备的三种含碳颗粒的凝胶推进剂实物如图 4.1 所示，其外观为黑色黏稠的“糖浆”状，流动性较差。经过测量，SC1～SC3 模拟液的密度均略高于水，密度分别为 1010.3kg/m^3、1036.3kg/m^3、1064.0kg/m^3；表面张力系数与水基本一致，本书在后面章节的理论分析及数值模拟中取三种模拟液的表面张力系数 $\sigma = 0.073$N/m。

表 4.1　三种含碳颗粒凝胶模拟液成分

模拟液编号	成分(质量分数/%)		
	胶凝剂 A 含量	基质含量	碳颗粒含量(平均粒径)
SC1	1	94	5(5μm)
SC2	1	89	10(5μm)
SC3	1	94	5(10μm)

图 4.1　制备的三种含碳颗粒凝胶推进剂实物图

对制备的三种含碳颗粒凝胶推进剂模拟液的稳定性进行了研究：使用离心机将模拟液在 680g 加速度的条件下离心 20min，三种模拟液均未出现相分离；在常温下贮存 6 个月，三种模拟液也未出现相分离；在制备初期、制备 3 个月后(雾化实验时)及制备 6 个月后对模拟液密度、流变特性等进行测量，测量结果基本相同。以上研究表明，在研究阶段内，SC1～SC3 模拟液中的碳颗粒可以均匀、稳定地分布于胶凝剂与基质构成的网络体系中，三种模拟液的物理状态稳定。

4.2.2 模拟液流变特性测量

凝胶推进系统对凝胶推进剂在流变、触变方面的要求是在静止状态下黏度较高，难以流动，易于贮存；当施加剪切时，凝胶推进系统的结构被破坏，黏度急剧下降，并可以像传统液体推进剂一样在管路中流动；当剪切速率移除时，凝胶推进剂的黏度需要迅速恢复，具有良好的触变特性。制备的凝胶推进剂模拟液应当具备上述典型的流变和触变特性。这里利用 2.3 节所述的测量仪器和方法对制备的三种含碳颗粒凝胶推进剂模拟液的剪切速率/剪切应力-黏度关系(流变及屈服特性)、剪切速率-时间关系(触变特性)等方面进行了详细的测试及分析。

1. 流变特性

首先，测量 SC1～SC3 模拟液的屈服应力 τ_y，测量结果分别为 1.766Pa、2.354Pa 和 1.962Pa。模拟液的屈服应力随碳颗粒浓度和平均粒径的增大而增大，整体上看，三种模拟液的屈服应力都比较小，这与模拟液的外观呈“糖浆”状，而非固体状的物理现象相吻合。

而后，利用锥板式旋转流变仪[6]测量 SC1～SC3 模拟液在剪切速率 $\dot{\gamma} \in (0,1800)\mathrm{s}^{-1}$ 时的流变特性；利用毛细管流变仪[7]测量 SC1～SC3 模拟液在剪切速率 $\dot{\gamma} \in (500,60000)\mathrm{s}^{-1}$ 时的流变特性。两组测量结果分别如图 4.2 和图 4.3 所示。图 4.3 中的 SC0 模拟液为制备初期未加入碳颗粒的凝胶体系，由质量分数为 1% 的胶凝剂和 99%的去离子水制备而成。

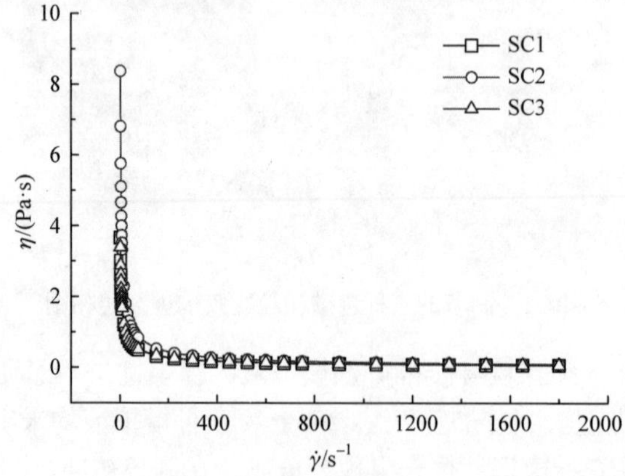

图 4.2 锥板式旋转流变仪测得的凝胶模拟液流变特性曲线

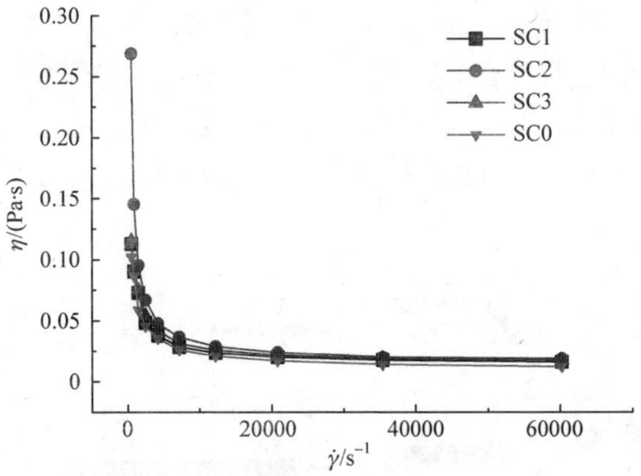

图 4.3　毛细管流变仪测得的凝胶模拟液流变特性曲线

由图 4.2 和图 4.3 可得到如下结论。

(1) 在剪切速率 $\dot{\gamma}\in(0,20000)\,\text{s}^{-1}$ 时，三种模拟液的表观黏度随剪切速率的增大而呈指数型减小；当 $\dot{\gamma}>20000\text{s}^{-1}$ 时，随着剪切速率的增大，三种模拟液表观黏度的减小幅度变小，表观黏度近似趋近于某一恒定值，即极限表观黏度 η_{∞}，SC1～SC3 模拟液的极限表观黏度分别为 0.0176 Pa·s、0.0201 Pa·s 和 0.0183 Pa·s。

(2) 整体上看，当剪切速率相同时，三种模拟液的表观黏度 $\eta_{\text{SC2}}>\eta_{\text{SC3}}>\eta_{\text{SC1}}$。由图 4.3 可以看出，在相同剪切速率条件下，未添加碳颗粒的 SC0 模拟液的黏度小于添加碳颗粒的 SC1～SC3 模拟液的黏度。由此得出，碳颗粒的添加会提高凝胶体系的黏度，且添加质量分数越高，凝胶体系的黏度越大；碳颗粒的添加质量分数相同时，碳颗粒的平均粒径越大，凝胶体系的黏度越大。

2. 触变性

凝胶推进剂的触变特性主要指表观黏度随剪切速率的施加时间变化的规律。应用锥板式旋转流变仪对制备的含碳颗粒凝胶推进剂模拟液进行三段式触变性测量。三段式触变性曲线可以较好地反映体系的触变性，其测量方法为先施加 100s、$\dot{\gamma}=0.75\text{s}^{-1}$ 的低速剪切(低速剪切阶段)，而后施加 20s、$\dot{\gamma}=1050\text{s}^{-1}$ 的高速剪切(高速剪切阶段)，最后施加 180s、$\dot{\gamma}=0.75\text{s}^{-1}$ 的低速剪切(结构回复阶段)。SC1～SC3 模拟液的三段式触变性测试结果如图 4.4 所示。三段式触变性的结构回复性可以用黏度的回复速率 $\Delta\eta$ 表示：

$$\Delta\eta=\frac{\eta_t}{\eta_{t_1}} \tag{4.1}$$

其中，t_1=100s，η_{t_1} 表示进行 100s 低速剪切后的黏度；η_t 表示结构回复阶段 t 时刻的黏度。SC1～SC3 模拟液的黏度回复速率及回复时间见表 4.2。由图 4.4 及表 4.2 可以看出，在结构回复阶段，虽然 SC1～SC3 模拟液未能实现黏度的完全回复，但是三种模拟液均能在 25s 以内实现 85%以上的黏度回复。由此可以认为，制备的三种含碳颗粒凝胶推进剂模拟液符合推进系统对凝胶推进剂触变性的要求。

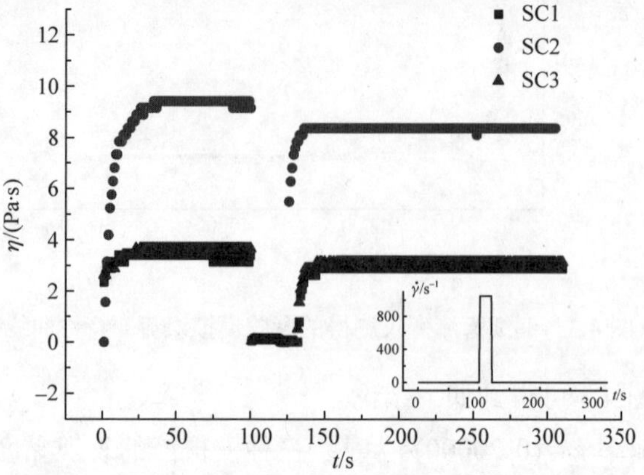

图 4.4　含碳颗粒凝胶模拟液三段式触变性测试曲线

表 4.2　三种模拟液的黏度回复速率及回复时间

模拟液	回复速率/%	回复时间/s
SC1	85.1	23
SC2	88.9	14
SC3	85.7	21

4.2.3　模拟液本构方程

4.2.2 小节的研究表明，制备的三种含碳颗粒凝胶推进剂模拟液具备真实凝胶推进剂的典型流变及触变特征。

对 4.2.2 小节测量的 $\dot{\gamma}\in(0,60000)\mathrm{s}^{-1}$ 的流变数据利用幂律模型[8]进行拟合发现，拟合结果存在较大的误差，研究后发现，在 $\dot{\gamma}\in(0,60000)\mathrm{s}^{-1}$ 范围内，三种模拟液的流动呈现一定的区域规律性：当剪切速率较小时，表观黏度随着剪切速率的增大而线性减小；而后，表观黏度随剪切速率的增大而呈指数形下降；当剪切速率大于某一阈值时，随着剪切速率的增大，表观黏度几乎不再减小。因此，在整个剪切速率范围内，用幂律模型描述制备的凝胶模拟液的流变特性是不够准确的。张蒙正等[9]对水基凝胶模拟液的管路流动特征的研究也发现了相同的规律，将这三个典型区域命名为第一流动区、第二流动区及第三流动区。对于这里制备的含碳颗粒凝胶模拟液，三个流动区的剪切速率范围为第一流动区，$\dot{\gamma}\in(0,10)\mathrm{s}^{-1}$；第二流动区，$\dot{\gamma}\in(10,20000)\mathrm{s}^{-1}$；第三流动区，$\dot{\gamma}>$

20000s^{-1}。由以上分析，对第二流动区的流变数据利用幂律模型进行拟合，拟合结果见图 4.5(两条虚线中间的区域为第二流动区)。表 4.3 给出了拟合得到的幂律本构模型的具体参数及模拟液的其他物性参数。由图 4.5 及表 4.3 可以看出，拟合结果与实验数据非常一致，二者的相关系数在 0.99 以上，拟合结果可以非常精确地反映制备的含碳颗粒凝胶模拟液在第二流动区的流变特性。

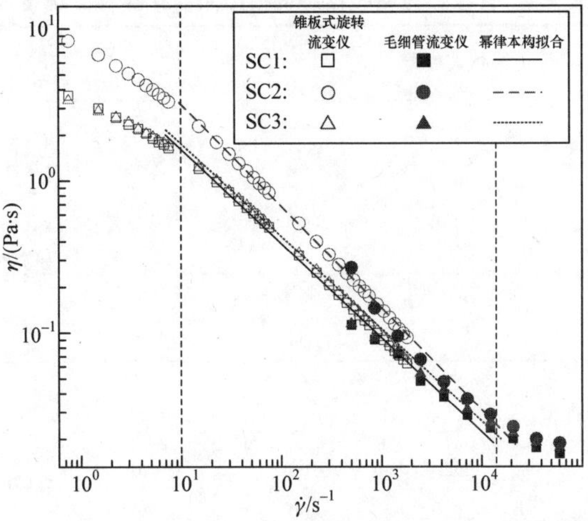

图 4.5　三种模拟液的流变特性曲线及拟合得到的幂律本构曲线

表 4.3　制备的三种含碳颗粒凝胶推进剂模拟液的物性参数

模拟液	密度 /(kg/m^3)	屈服应力 /Pa	幂律本构模型			极限表观黏度 /(Pa·s)	表面张力系数 /(N/m)
			K/(Pa·s^n)	n	相关系数		
SC1	1010.3	1.766	6.66	0.379	0.9982	0.0176	0.073
SC2	1036.3	2.354	14.99	0.329	0.9963	0.0201	0.073
SC3	1064.0	1.962	7.09	0.391	0.9997	0.0183	0.073

对于本书研究的喷注雾化问题，凝胶推进剂在管路流动及喷注过程中剪切速率较高，因此，在雾化场分析及数值模拟过程中，认为凝胶推进剂模拟液主要处于第二流动区及第三流动区，采用如下本构方程描述流变特性：

$$\eta=\begin{cases}K\dot{\gamma}^{n-1}, & \dot{\gamma}\leqslant 20000\text{s}^{-1}\\ \eta_{\infty}, & \dot{\gamma}>20000\text{s}^{-1}\end{cases} \tag{4.2}$$

4.3　雾化实验工况设计

为获得含碳颗粒凝胶推进剂的典型雾化现象，研究碳颗粒的添加量及粒径等因素对雾化的影响，采用 3.2 节所述实验设备进行了雾化实验。其中，喷注器为图 3.3 所示的可调节式喷注器，喷嘴采用表 3.1 中的 3 号喷嘴，直径 $d = 1\text{mm}$，喷口长径比 $L/d = 6$。通过改变射流速度、撞击角度及模拟液等因素，设计了六组共 27 种工况，各工况的实验条件及研究目的见表 4.4。

表 4.4　含碳颗粒凝胶推进剂模拟液雾化实验工况设计

实验组	工况编号	模拟液种类	撞击角度/(°)	射流速度*/(m/s)	研究目的
AA	AA-1	SC1	60	5	$2\theta = 60°$时，SC1 模拟液在不同射流速度下的雾化现象，研究射流速度对雾化的影响
	AA-2	SC1	60	10	
	AA-3	SC1	60	20	
	AA-4	SC1	60	30	
	AA-5	SC1	60	40	
	AA-6	SC1	60	50	
AB	AB-1	SC2	60	5	与 AA 组实验对比，研究碳颗粒的浓度对雾化的影响
	AB-2	SC2	60	10	
	AB-3	SC2	60	20	
	AB-4	SC2	60	30	
	AB-5	SC2	60	40	
AC	AC-1	SC3	60	5	与 AA 组实验对比，研究碳颗粒粒径对雾化的影响
	AC-2	SC3	60	10	
	AC-3	SC3	60	20	
	AC-4	SC3	60	30	
	AC-5	SC3	60	40	
AD	AD-1-1	SC1	40	20	$2\theta = 40°$时，SC1 模拟液在不同射流速度下的雾化现象；与 AA-3 对比，研究撞击角度对雾化的影响
	AD-1-2	SC1	40	30	
	AD-1-3	SC1	40	40	
	AD-2	SC1	80	20	
	AD-3	SC1	90	20	
AE	AE-1	SC2	40	20	研究 SC2 模拟液在 v_{jet}=20m/s 时，撞击角度对雾化的影响；与 AD 组做对照
	AE-2	SC2	80	20	
	AE-3	SC2	90	20	
AF	AF-1	SC3	40	20	研究 SC3 模拟液在 v_{jet}=20m/s 时，撞击角度对雾化的影响；与 AD、AE 组做对照
	AF-2	SC3	80	20	
	AF-3	SC3	90	20	

*射流速度的控制是通过手动调节节流阀实现的，因而实际射流速度与设计值存在一定差别。

4.4　含碳颗粒凝胶推进剂雾化实验结果分析

为表征含碳颗粒凝胶推进剂雾化特性，沿用 3.4 节相关参数的定义方法，其中临界广义雷诺数 $Re_{\mathrm{gen,crit}}$ 只与模拟液的流动指数 n 相关，这里制备的三种含碳颗粒凝胶推进剂模拟液的临界广义雷诺数 $Re_{\mathrm{gen,crit}}$ 分别为 8975、8177 和 9145。在假设表面张力系数不变的情况下，幂律流体的韦伯数表达式与牛顿流体相同。

通常用雾化角 β、索特平均直径 SMD 及液膜破碎长度 L_{b} 等参数对雾化质量进行评价。本章实验获得的雾化场主要由液丝构成，液滴尺寸较大且数量较少，因此，没有讨论雾化场液滴的 SMD，主要分析各工况的雾化角及液膜破碎长度。其中，雾化角为射流撞击后形成液膜的展开角度，液膜破碎长度为从撞击点至液膜表面出现破碎的距离(图 4.6)。

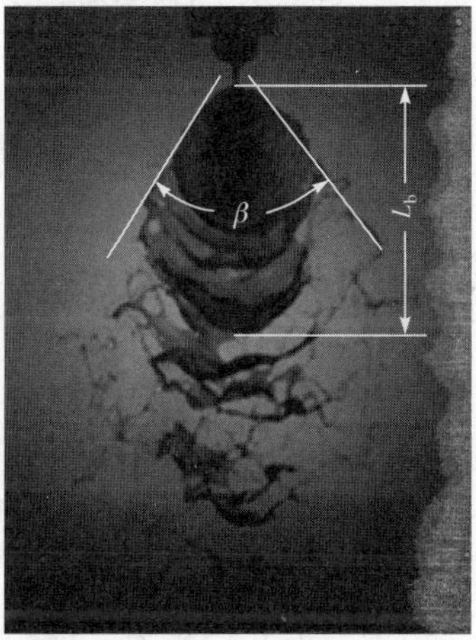

图 4.6　雾化角与液膜破碎长度的定义

4.4.1　喷注压力与体积流量

首先，对喷注压力与体积流量关系进行测量。图 4.7 为各工况下 SC1～SC3 模拟液的喷注压力与体积流量关系。从整体上看，当体积流量(射流速度)相同时，三种模拟液的喷注压力由低到高分别为 SC1、SC2、SC3。SC1 和 SC2 模拟液喷注压力的差别是由于碳颗粒含量的差异造成的，SC2 模拟液的碳颗粒含量相对更高、黏度更大，因此，SC2 模拟液流动相对困难。虽然 SC3 模拟液的黏度明显低于 SC2 模拟液，但是，SC3 模拟液中的碳颗粒直径更大，在流动过程中，碳颗粒与管路的摩擦、碰撞等作用力相对更强，因此，当体积流量相同时，SC3 模拟液的喷注压力高于 SC2 模拟液。

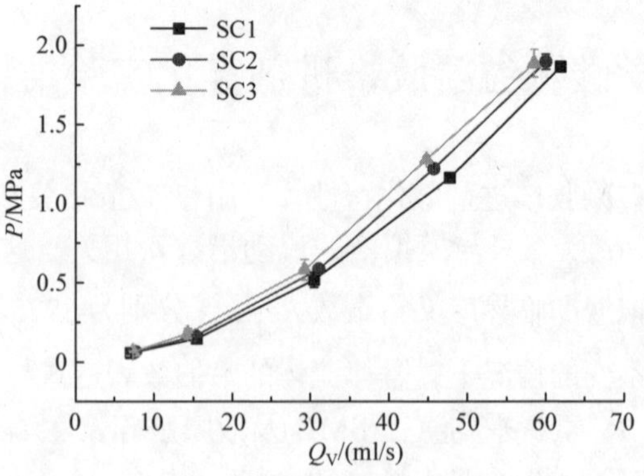

图 4.7　喷注压力与体积流量关系

综上所述，碳颗粒含量和平均粒径的增大均导致模拟液流动阻力增大，碳颗粒平均粒径的增大对流动阻力的影响更为显著。

4.4.2　射流速度与雾化模式

图 4.8 为 AA 实验组射流速度变化对雾化影响的图像。可以看出当撞击角度 $2\theta = 60°$时，随射流速度的变化，根据雾化场内液膜的基本形状可以将雾化现象分为三种基本类型：边缘闭合型(图 4.8(a)和(b))、边缘开放型(图 4.8(c))、液丝-液滴型(图 4.8(d)～(f))。

对 AA-1 和 AA-2 工况，射流速度较低(v_{jet}=4.48m/s、9.84m/s)，两股射流撞击后形成表面积较小的，具有清晰边缘的近似椭圆形液膜，液膜下端边缘流体收缩汇成一股，该模式称为边缘闭合型雾化模式。边缘闭合型雾化模式没有液丝或液滴的形成，射流撞击的最终结果是形成一股竖直向下流动的闭合液膜，两股射流的混合效果及射流撞击前后的表面积增量都非常有限。因此，边缘闭合型雾化模式的雾化效果较差。

(a) AA-1, v_{jet} = 4.48m/s, Re_{gen} = 401　(b) AA-2, v_{jet} = 9.84m/s, Re_{gen} = 1437　(c) AA-3, v_{jet} = 18.66m/s, Re_{gen} = 4059, $\beta \approx 50°$

(d) AA-4, v_{jet} = 27.74m/s, Re_{gen} = 7719, $\beta \approx 80°$　(e) AA-5, v_{jet} = 38.84m/s, Re_{gen} = 13317, $\beta \approx 95°$　(f) AA-6, v_{jet} = 47.0m/s, Re_{gen} = 18144, $\beta \approx 110°$

图 4.8　射流速度变化对雾化的影响(SC1 模拟液，2θ=60º)

随着射流速度的增大，射流撞击后形成的液膜面积明显增大，液膜表面出现一定的波动(扰动波)，液膜下端敞开并有少量液丝生成，形成图 4.8(c)所示的边缘开放型雾化模式。

射流速度的进一步增大将导致液膜表面的扰动波进一步加强，液膜下缘破碎形成液丝的距离减小，液膜两侧边缘逐渐模糊，雾化角略有增大，液丝在运动过程中会进一步变形、断裂、破碎形成液滴，这种模式称为液丝-液滴型雾化模式(图 4.8(d)～(f))。

研究发现，边缘开放型雾化模式与液丝-液滴型雾化模式在液膜的破碎现象及机理方面有着显著差别。在液膜的破碎现象方面，图 4.8(c)所示的边缘开放型雾化模式的液膜在竖直方向是连续的，破碎主要出现在左右两侧；而图 4.8(d)～(f)所示的液丝-液滴型雾化模式则主要以液膜边缘弓形液丝或小片液膜的脱落为主。通过分析认为，造成这种液膜破碎现象差异的原因主要是对于边缘开放型雾化模式，射流速度较低，射流的撞击作用相对较弱，液膜相对较厚且运动速度较小，液膜表面扰动波的作用有限，不足以造成液膜的破碎，液膜在向下运动并展开的过程中，左右两侧的某些部位变薄并形成穿孔，穿孔处在表面张力的作用下收缩，最终形成液膜在竖直方向连续而在左右两侧破碎的现象。而对于射流在较高速度撞击时形成的液丝-液滴型雾化模式，液膜表面的扰动波作用增强，液膜相对较薄、运动速度较高，液膜的稳定性较差，扰动波以撞击点为中心呈环形分布，在运动过程中，液膜表面的扰动波的作用逐渐加强并最终在波峰或波谷处将液膜破碎形成弓形液丝或小片液膜。液丝-液滴型雾化模式中，液膜中部扰动波作用强、两侧扰动波作用弱，射流速度相对较低时，扰动波作用不足以使液膜两侧边缘破碎，液膜两侧边缘的破碎主要是由液膜变薄-穿孔收缩造成的，因此，图 4.8(d)所示的工况液膜边缘清晰，随着射流速度的提高，液膜两侧边缘也逐渐在增强的扰动波的作用下发生破碎，形成的雾化场液膜边缘逐渐模糊。综上所述，造成边缘开放型雾化模式中液膜破碎的主要原因是液膜表面的穿孔收缩，而扰动波作用是造成液丝-液滴型雾化模式中液膜破碎的主导因素。

通过对图 4.8(a)～(f)的对比可以发现，雾化效果随着射流速度的增大而逐渐改善。当$2\theta = 60^{\circ}$时，SC1 模拟液的边缘闭合型与边缘开放型雾化模式的速度分界为 10～18m/s，边缘开放型与液丝-液滴型雾化模式的速度分界为 19～27m/s。AB、AC 组实验结果与 AA 组类似，当$2\theta = 60^{\circ}$撞击时，随着射流速度的增大，SC2、SC3 模拟液的雾化效果逐渐改善，雾化模式同样由边缘闭合型(AB-1、AB-2、AC-1、AC-2)转变为边缘开放型(AB-3、AC-3)并最终转变为液丝-液滴型(AB-4、AB-5、AC-4、AC-5)。

理论上，随着射流速度的进一步升高，雾化场中的液丝-液滴将进一步破碎，形成大量小尺寸的液滴，形成所谓完全发展型雾化模式。而在实验中并未出现完全发展型雾化模式，其原因主要有以下两个：一是由于实验条件的限制，实验中射流速度并未达到产生完全发展型雾化模式的流速阈值(文献[4]中$v_{\text{jet}} = 89.5\text{m/s}$、$Re_{\text{gen}} = 186960$时出现完全发展型雾化模式)；二是制备的含碳颗粒凝胶推进剂模拟液的流动指数n相对较大($n > 0.3$)，流体稀化时需要的剪切速率较高，造成雾化场内液丝及大尺寸液滴的进一步破碎较为困难(文献[4]中$n < 0.12$)。

4.4.3 撞击角度与雾化场基本形状

图 4.9 为$2\theta = 40^{\circ}$时，SC1 模拟液在v_{jet}=20～40m/s 时的雾化图像。与图 4.8(c)～(e)对比可以看出，射流速度接近相同或基本相同时，$2\theta = 40^{\circ}$时雾化角更小，雾化区内液丝、液滴的数目更少，雾化效果较差。总体上看，图 4.9(a)为边缘开放型雾化模式，图 4.9(b)和(c)均为液丝-液滴型雾化模式。由于$2\theta = 40^{\circ}$时雾化场较集中，扰动波在液膜边缘处作用较强，造成图 4.9(b)和(c)中雾化场液膜边缘的不连续现象。

(a) AD-1-1, $v_{\text{jet}} = 22.07\text{m/s}$, $Re_{\text{gen}} = 5327$, $\beta \approx 45^{\circ}$　(b) AD-1-2, $v_{\text{jet}} = 29.95\text{m/s}$, $Re_{\text{gen}} = 8739$, $\beta \approx 40^{\circ}$　(c) AD-1-3, $v_{\text{jet}} = 39.40\text{m/s}$, $Re_{\text{gen}} = 13635$, $\beta \approx 50^{\circ}$

图 4.9　射流速度变化对雾化的影响(SC1 模拟液，$2\theta = 40^{\circ}$)

图 4.10 为 v_{jet}≈20m/s 时，撞击角度变化时的雾化场图像。可以看出，撞击角度对雾化场基本形状有重要影响，当射流速度基本相同时，撞击角度越大，雾化场的展开角度(雾化角)越大，雾化效果越好。但是，图 4.10(c)和(d)中(2θ= 80º、90º)出现了雾化角过大、雾化场内液丝及液滴向周围甚至向后飞溅的情况，从工程应用的角度看，这种情况会造成推进剂黏附在喷注器及燃烧室内壁上，影响凝胶发动机性能。结合 4.4.2 小节结论，当 2θ= 80º、90º 时，若进一步增大射流速度以提高雾化效果，推进剂向周围及向后飞溅的现象将更为严重。

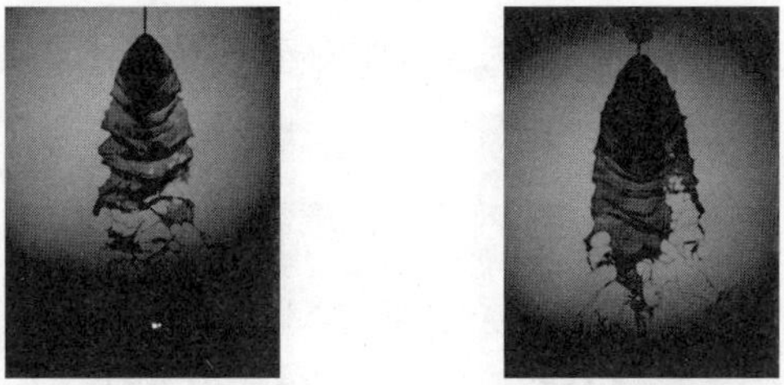

(a) AD-1-1, $2\theta = 40°$, v_{jet} = 22.07m/s, Re_{gen} = 5327, $\beta \approx 45°$　　(b) AA-3, $2\theta = 60°$, v_{jet} = 18.66m/s, Re_{gen} = 4059, $\beta \approx 50°$

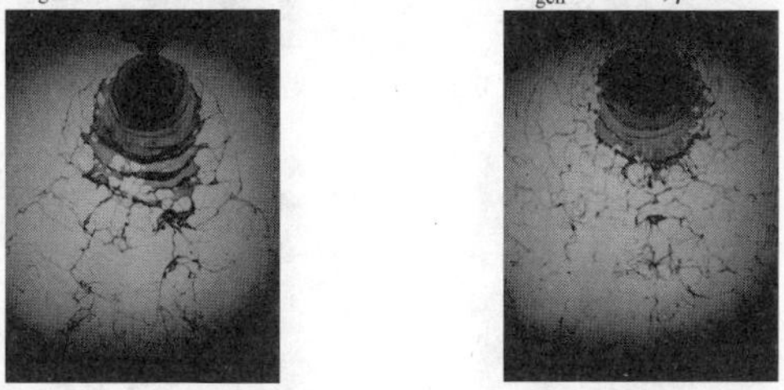

(c) AD-2, $2\theta = 80°$, v_{jet} = 20.07m/s, Re_{gen} = 4566, $\beta \approx 95°$　　(d) AD-3, $2\theta = 90°$, v_{jet} = 18.60m/s, Re_{gen} = 4037, $\beta \approx 130°$

图 4.10　撞击角度变化对雾化的影响(SC1 模拟液，v_{jet}≈20m/s)

对于 SC2、SC3 模拟液，撞击角度的变化对雾化场基本形状的影响与 SC1 模拟液基本相同(图 4.11、图 4.12)。SC2、SC3 模拟液的雾化效果随着撞击角度的增大而改善，当 2θ= 80º、90º 时，雾化场也出现了一定程度向周围及向后飞溅的情况。

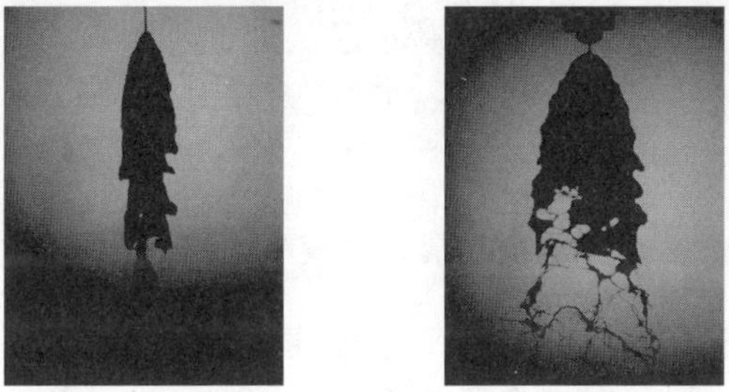

(a) AE-1, $2\theta = 40°$, v_{jet} = 19.85m/s, Re_{gen} = 3702, $\beta \approx 25°$　　(b) AB-3, $2\theta = 60°$, v_{jet} = 19.77m/s, Re_{gen} = 3675, $\beta \approx 50°$

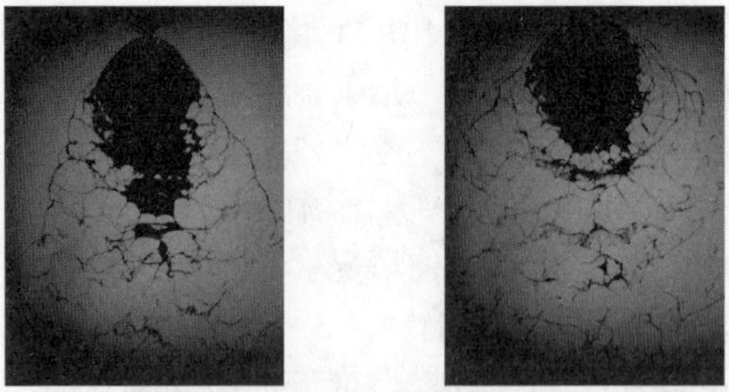

(c) AE-2, $2\theta = 80°$, $v_{jet} = 19.85$m/s, $Re_{gen} = 3702$, $\beta \approx 85°$　(d) AE-3, $2\theta = 90°$, $v_{jet} = 19.67$m/s, $Re_{gen} = 3644$, $\beta \approx 105°$

图 4.11　撞击角度变化对雾化的影响(SC2 模拟液，v_{jet}≈20m/s)

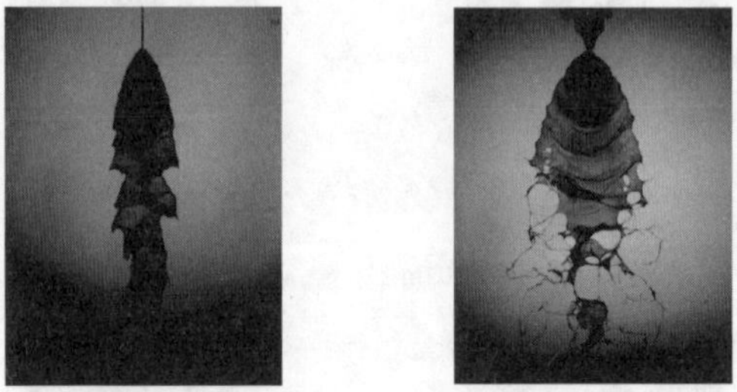

(a) AF-1, $2\theta = 40°$, $v_{jet} = 17.36$m/s, $Re_{gen} = 3103$, $\beta \approx 35°$　(b) AC-3, $2\theta = 60°$, $v_{jet} = 18.70$m/s, $Re_{gen} = 3497$, $\beta \approx 40°$

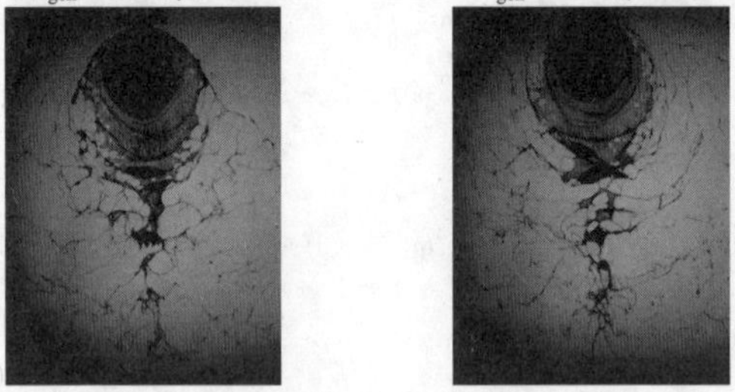

(c) AF-2, $2\theta = 80°$, $v_{jet} = 19.22$m/s, $Re_{gen} = 3654$, $\beta \approx 105°$　(d) AF-3, $2\theta = 90°$, $v_{jet} = 19.28$m/s, $Re_{gen} = 3673$, $\beta \approx 135°$

图 4.12　撞击角度变化对雾化的影响(SC3 模拟液，v_{jet}≈20m/s)

综上所述，撞击角度对雾化场基本形状有重要影响，适当提高射流撞击角度有助于提高雾化效果。在本书涉及的研究范围内，$2\theta = 60°$ 可以在保证雾化效果的同时防止推进剂向周围飞溅。

4.4.4　碳颗粒的质量分数、粒径与雾化效果

图 4.13 对比了撞击角度$2\theta = 60°$，射流速度 v_{jet}≈30m/s、40m/s 时，SC1～SC3 模拟液的雾化图像。各工况均为液丝-液滴型雾化模式，由图 4.13(a)～(c)与(d)～(f)对比可以看出，在相同撞击角度及射流速度时，SC2 模拟液的雾化角最小、液膜面积最大，雾化场下游的液丝和液滴的数量相对较少。

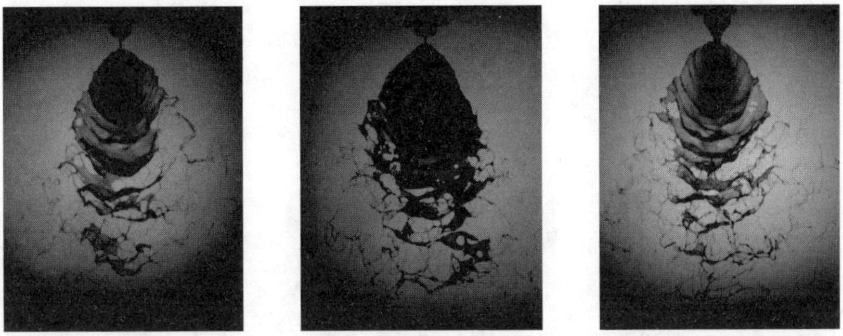

(a) AA-4, $v_{\text{jet}} = 27.74\text{m/s}$, $Re_{\text{gen}} = 7719$, $\beta \approx 80°$　(b) AB-4, $v_{\text{jet}} = 28.95\text{m/s}$, $Re_{\text{gen}} = 6953$, $\beta \approx 75°$　(c) AC-4, $v_{\text{jet}} = 28.43\text{m/s}$, $Re_{\text{gen}} = 6866$, $\beta \approx 90°$

(d) AA-5, $v_{\text{jet}} = 38.84\text{m/s}$, $Re_{\text{gen}} = 13317$, $\beta \approx 95°$　(e) AB-5, $v_{\text{jet}} = 38.11\text{m/s}$, $Re_{\text{gen}} = 11006$, $\beta \approx 90°$　(f) AC-5, $v_{\text{jet}} = 37.35\text{m/s}$, $Re_{\text{gen}} = 10649$, $\beta \approx 110°$

图 4.13　碳颗粒浓度及粒径对雾化的影响($2\theta = 60°$)

对比图 4.13(a)～(c)、(d)～(f)可以看出，在相同条件下，SC3 模拟液的雾化角略大于 SC1 模拟液，雾化场下游的液丝和液滴的数量更多。图 4.13(d)所示 SC1 模拟液雾化场液膜边缘清晰，而图 4.13(f)中 SC3 模拟液的液膜边缘明显在扰动波的作用下发生了更为严重的破碎、液膜边缘模糊。

图 4.14 对比了撞击角度$2\theta = 60°$时，三种模拟液的液膜破碎长度 L_b 随射流速度的变化。对于图 4.13 所示 v_{jet}≈30m/s、40m/s 的工况，三种模拟液的液膜破碎长度均小于 90mm，在相同条件下，三种模拟液的液膜破碎长度由小到大为 $L_{\text{bSC3}} < L_{\text{bSC1}} < L_{\text{bSC2}}$。

综上所述，在研究范围内，含质量分数 10%、平均粒径 5μm 碳颗粒的 SC2 模拟液的雾化效果最差，含质量分数 5%、平均粒径 10μm 碳颗粒的 SC3 模拟液雾化效果最好，含质量分数 5%、平均粒径 5μm 碳颗粒的 SC1 模拟液雾化效果居中。SC1 与 SC2 模拟液的雾化效果对比说明，当碳颗粒平均粒径为 5μm 时，雾化效果随碳颗粒质量分数的提高而变差。该结论与 4.2 节对 SC1、SC2 模拟液流变特性的测量结果是一致的，碳颗粒浓度的提高造成凝胶体系黏度增大，进而导致雾化效果变差。

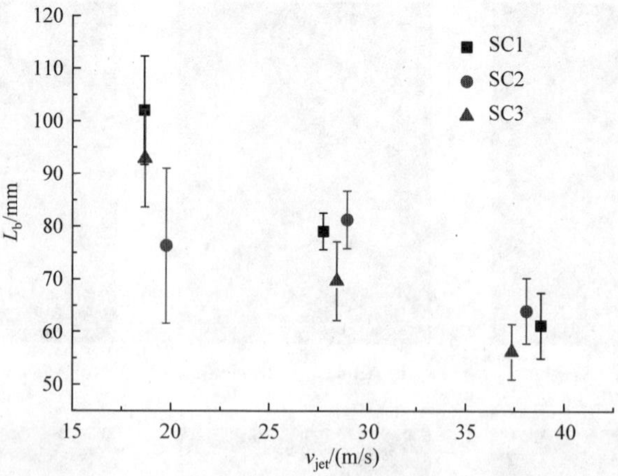

图 4.14　三种模拟液的液膜破碎长度随射流速度的变化($2\theta = 60°$)

SC1 与 SC3 模拟液雾化效果的对比说明，当碳颗粒质量分数同为 5%时，含平均粒径 10μm 碳颗粒的凝胶体系(SC3 模拟液)比含平均粒径 5μm 碳颗粒的凝胶体系(SC1 模拟液)更容易雾化。而 4.2 节研究表明，SC3 模拟液的黏度略高于 SC1 模拟液。本书认为，造成 SC3 模拟液“黏度高却更易雾化”的原因为在旋转剪切或毛细管流动过程中，碳颗粒尺寸越大，凝胶体系中颗粒间的碰撞、摩擦等作用越强，流动时需要克服的阻力越大，表观上表现为黏度越高；在射流撞击过程中，大粒径的碳颗粒之间刚性撞击作用更强，胶凝剂对大尺寸碳颗粒的黏性约束作用减弱，因此，碳颗粒越大，射流撞击后流体的破碎越严重，雾化效果越好。

虽然单纯从雾化效果来看，碳颗粒的粒径增大有助于提高雾化效果，但是，在凝胶推进系统中，固体颗粒物粒径的增大有可能会产生不完全燃烧，降低燃烧效率。因此，对于真实凝胶推进剂，还需要根据燃烧效率进一步确定固体颗粒的最优粒径。

4.5　小　　结

为获得含固体含能颗粒凝胶推进剂的射流撞击雾化现象，研究固体颗粒的添加对于凝胶推进剂流变及雾化的影响，本章制备了含质量分数 5%和 10%、平均粒径 5μm 和 10μm 碳颗粒的三种水基凝胶推进剂模拟液 SC1～SC3，测量其流变、触变特性及其他物性参数，拟合得到三种模拟液的幂律本构方程，设计并进行六组 27 种工况的雾化实验，获取了雾化场图像并对雾化现象进行分析讨论。

本章研究发现，碳颗粒的添加量对凝胶推进剂模拟液的黏性和雾化效果的影响是一致的，即添加量越高，模拟液黏度越大，管路(喷嘴)中的流动阻力越大，雾化效果越差。碳颗粒粒径对模拟液的流变和雾化的影响相对复杂，碳颗粒粒径增大，模拟液黏度略有增大，但流动阻力会显著增大，雾化效果也会由于碳颗粒间的刚性碰撞作用增强而略有改善。

本章具体结论如下。

(1) 制备的含碳颗粒凝胶推进剂模拟液屈服应力较小，具有典型的剪切变稀特性，黏度随着碳颗粒的浓度、平均粒径的增大而增大。当剪切速率相同时，三种模拟液黏度由低到高分别为 SC1、SC3、SC2。

(2) 碳颗粒含量和平均粒径的增大均导致模拟液流动阻力增大。碳颗粒平均粒径的增大对流动阻力的影响更为显著，当体积流量(射流速度)相同时，三种模拟液的喷注压力由低到高分别为 SC1、SC2、SC3。

(3) 射流速度对雾化模式有重要影响，随着射流速度的增大，雾化场出现边缘闭合型、边缘开放型、液丝-液滴型三种雾化模式。在边缘开放型雾化模式中，液膜在竖直方向连续而在左右两侧破碎，液膜破碎的主要原因是液膜表面的穿孔收缩；在液丝-液滴型雾化模式中，液膜破碎主要以液膜边缘弓形液丝或小片液膜的脱落为主，扰动波作用是液膜破碎的主导因素。

(4) 撞击角度对雾化场基本形状有重要影响，适当提高撞击角度，可以提高雾化效果。当撞击角度过大、射流以较高速度撞击时，雾化场中流体可能出现向周围甚至向后方飞溅的现象，影响凝胶推进剂燃烧效率。

(5) 在研究范围内，当碳颗粒平均粒径相同时，碳颗粒质量分数越大，凝胶体系黏度越高，雾化效果越差。当碳颗粒质量分数相同时，碳颗粒粒径的增大会造成雾化过程中颗粒间刚性撞击作用增强、胶凝剂对碳颗粒的约束作用减弱，改善雾化效果，但是，在凝胶推进系统中，固体颗粒物粒径的增大有可能会产生不完全燃烧，降低燃烧效率。因此，对于真实凝胶推进剂，还需要根据燃烧效率进一步确定固体颗粒的最优粒径。

参 考 文 献

[1] RAPP D C. Characterization of aluminum/RP-1 gel propellant properties[R]. AIAA 88-2821, 1988.

[2] 陈志刚, 杨荣杰. 金属化凝胶推进剂的性能评估[J]. 推进技术, 1998, (1):103-107.

[3] HODGE K, CROFOOT T, NELSON S. Gelled propellants for tactical missile applications[R]. AIAA 99-2976, 1999.

[4] KAMPEN J V, ALBERIO F, CIEZKI H K. Spray and combustion characteristics of aluminized gelled fuels with an impinging jet injector[J]. Aerospace Science and Technology, 2007,11(1):77-83.

[5] KAMPEN J V, MADLENER K, CIEZKI H K. Characteristic flow and spray properties of gelled fuels with regard to the impinging jet injector type[R]. AIAA 2006-4573, 2006.

[6] 魏超, 杨伟东, 毛根旺. 某高分子胶凝剂凝胶推进剂模拟液的流变特性[J]. 航空工程进展, 2011, 2(1): 110-114.

[7] 彭响方. 毛细管动态流变仪的研制及聚合物熔体在振动场作用下的行为和响应[D]. 广州: 华南理工大学, 1998.

[8] MORRISON F A. Understanding Rheology[M]. New York: Oxford University Press, 2001.

[9] 张蒙正, 杨伟东, 孙彦堂, 等. 凝胶推进剂直圆管流动特性探讨[J]. 火箭推进, 2007, 33(5):1-5.

第 5 章　含碳颗粒凝胶推进剂雾化场速度分析

5.1　引　　言

雾化过程中的液膜、液丝与液滴的速度分布和液膜厚度等参数是燃烧室中雾化特性的直接表征、雾化理论分析中的重要参数、雾化数值模拟中的重要参考指标，对于判断雾化效果，揭示雾化机理具有重要作用。目前，难以通过实验手段直接测量雾化场中液膜速度、液丝速度及液膜厚度等参数。在凝胶推进剂雾化理论分析中，使用的液膜速度、液膜厚度等参数大多为理论值或假设值，液膜破碎特性的理论分析结果与实验值误差较大。另外，由于在对含碳凝胶推进剂进行实验时，模拟液呈黑色，射流撞击后的雾化产物主要为液膜、液丝及少量大尺寸液滴，雾化场透光性较差，通过实验手段直接测量雾化场速度、液膜厚度等参数更为困难。

通过对雾化图像的分析发现，在较短的时间间隔内连续拍摄的两幅雾化场图像之间具有高度的相似性，两幅图像的液膜、液丝、液滴等部位具有明显的对应关系。因此，通过恰当的图像处理方法，提取出连续拍摄的两幅雾化场图像中具有明显对应关系的点，并精确构建这些点之间的对应关系，则可以计算出这些点的位移、速度等参数，若这些对应点的数目足够多且可以覆盖整个雾化场，则可以用这些点的速度表征雾化场速度。基于以上理论，本章通过对雾化场图像的分析处理，阐述一种新型雾化场速度计算方法。该方法应用尺度不变特征变换(scale invariant feature transform，SIFT)算法[1,2]提取雾化场图像的关键点，利用几何关系并结合雾化问题的特点对前后两幅雾化场图像的关键点进行精确匹配，计算出关键点的位移和速度。

本章计算并分析了不同工况的雾化场速度分布及平均速度随撞击角度和射流速度等因素的变化规律；以雾化场速度分析为基础，提出一种新的液膜厚度估算方法，讨论液膜厚度随撞击角度和射流速度的分布。通过理论分析、与实验结果进行对比验证等手段，证明本章的液膜速度计算方法、液膜厚度估算方法的正确性和有效性。

5.2　雾化场速度的实验测量方法

雾化特性和机理的研究离不开表征雾化特性所需的测试技术，雾化特性两相流测试技术的发展使对雾化过程的认识逐渐深入。喷嘴雾化质量主要包括液滴直径和尺寸分布、液滴速度、流量、雾锥几何形状和燃油空间分布等。对雾化机理的深入研究，需要检测的内容很多，如液膜厚度、液膜破碎长度、液膜表面扰动特性、液柱破碎、离心喷嘴内部流场、气液两相相互作用、旋流空气对液滴的影响等。

在对雾化场速度的测量中，光学诊断技术应用较为广泛，主要有基于激光多普勒测速仪(laser Doppler velocimeter, LDV)的雾化场速度单点测量方法和基于粒子图像测速(particle image velocimetry, PIV)的雾化场速度测量技术，下面分别进行介绍。

5.2.1　基于 LDV 的雾化场速度测量

LDV 技术是雾化特性激光测试方法发展中的一个重要里程碑，可以同时精确测量液滴直径和速度，并且时间分辨率高，能够用于真实雾化环境中雾化特性的测量。

LDV 测速的原理是利用流体中运动微粒散射光的多普勒频移来获得流场速度信息，即从运动粒子上发出的散射光频率与照射在此粒子上光的频率之间所产生的频差正比于流动速度[3,4]。采用探测器接收这个频差并对其进行处理，得出速度量。干涉条纹的距离提供了粒子运动距离的信息，多普勒频率提供了时间信息，由于速度等于距离除以时间，即距离乘以频率，从而可以获得粒子的速度信息。通常采取的方法是将光源发出的激光对每一个速度分量都分成两束，并聚集到包括平面波前的按高斯光强分布的一个有限衍射区。由于激光的相干性，这两束光在聚集区会发生干涉，形成的干涉条纹见图 5.1。峰到峰的条纹间距 d_f 为

$$d_f = \lambda/\left[2\sin(\theta_b/2)\right] \tag{5.1}$$

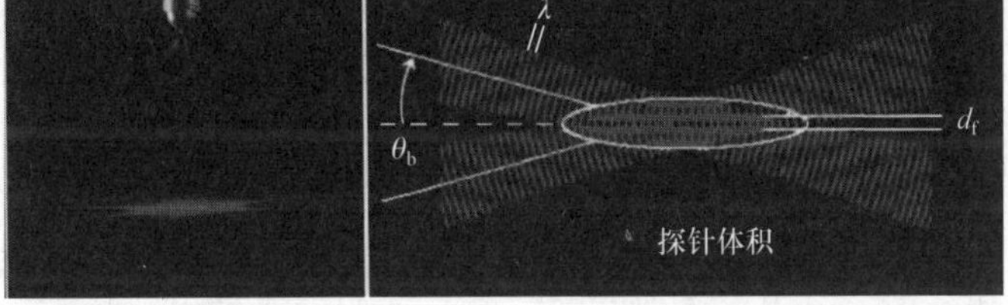

图 5.1　激光多普勒测速仪原理

当某个粒子以速度 v 传过聚焦体时，其切割干涉条纹的频移为

$$f_{D} = 2v\sin(\theta/2)/\lambda \tag{5.2}$$

其中，f_D 是观察到的散射光频移。这仅仅测出了与干涉条纹正交的速度分量，增加辅助光路可确定第二和第三个方向的速度分量。

激光多普勒测速技术的优点是测量时不涉流场，具有较高的时间分辨率，测量速度而非速度函数，能应用于无法直接接触被测物或传统仪器不适合测量的场合。其缺点是需要在空间逐点测量流场的速度分布，不能在瞬间对整个流场进行测量；另外，此方法不适于低速度的测量，这是由于速度低时频移太小。

5.2.2 基于 PIV 的雾化场速度测量

PIV 是 20 世纪 70 年代末发展起来的一种崭新的瞬态、全场的片光测速技术，该技术通过充分吸收现代计算机技术、光学技术和图像分析技术的研究成果而成长起来，基于流场图像相互关系分析得到二维或三维速度场。PIV 技术的产生有两个基础：一个是图像处理技术的发展和阵列式计算机的产生给处理图像实现提供了可能性，它把所获得的流场显示定性图像推向定量化；另外一个技术基础是激光散斑测速技术。目前，二维 PIV 技术已经成熟，广泛用于测量包括旋流、扰流在内的各种复杂气流结构的流场。德国 LaVision 公司、美国 TSI 公司和丹麦 Dantec Dynamics A/S 公司、我国北京立方天地科技发展有限责任公司等均有商业化产品推出。三维 PIV 技术也已经出现了商业化产品，通过获取同一流场的多视角时序图像，在提取多视角二维流动信息之后重构其三维空间流场。

PIV 测量速度的原理：首先需将微小示踪颗粒播撒入流体介质之中。颗粒大小、材质、比例等需要恰当地选择，使之尽量可以跟随流体运动。然后通过圆柱形光学透镜将激光束变成片光，以很短的脉冲间隔照亮待测流场区域两次。分布在一个激光片状光平面上的示踪粒子的图像，分别被高分辨率、高速相机快速记录下来。两幅测试区域流场的照片通过数据线传给图像采集卡，处理器通过互相关算法得到每个点或区域在脉冲时间间隔内的位移。三维 PIV 测速原理如图 5.2 所示。双脉冲激光器发出的激光脉冲时间间隔为 Δt，然后根据流场中微小粒子的位移($\Delta\overline{x}$)计算出速度矢量：

$$\overline{v} = \frac{\Delta\overline{x}}{\Delta t} \tag{5.3}$$

PIV 技术既具备了单点测量技术的精度和分辨率，又能获得平面流场显示的整体结构和瞬态图像，可在同一时刻记录下整个流场的有关信息，并且可分别给出平均速度、脉动速度及应变率等。PIV 技术突破了空间单点测量技术的局限性，可在瞬间记录下一个平面内的流动信息。通过对连续多个瞬态速度场和涡量场的对比和分析，可以深入研究非定常流动的瞬态过程及其流动细节，具有空间分辨率高、不干扰被测流场和可连续测量等优势。

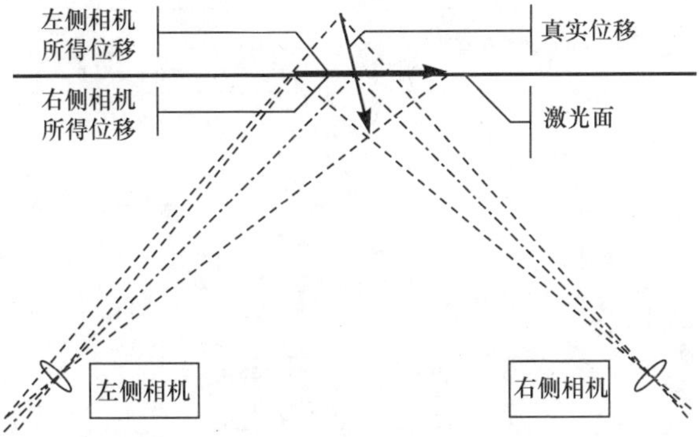

图 5.2　三维 PIV 测速原理

5.3　基于 SIFT 关键点匹配的雾化速度计算方法

图 5.3(a)和(b)分别为表 4.4 所示 AA-3 工况相邻时刻的雾化场图像，SC1 模拟液，v_{jet}=20.05m/s，2θ=60º，两幅图像的时间间隔 $\Delta t = \dfrac{1}{5000}$s，图像尺寸为 608 像素×800 像素。对比图 5.3(a)和(b)可以看出，两幅图像的雾化场具有高度的相似性。在图 5.3(a)和(b)中分别提取图像中部 288 像素×696 像素的核心雾化场图像(图 5.3(a)和(b)中框线标识的区域)，图 5.3(c)为将两幅核心雾化区叠加融合显示的结果，可以看出，t 时刻与 $t+\Delta t$ 时刻图像在液膜内部的扰动波、液膜外缘、液丝等部位具有非常明显的对应关系，$t+\Delta t$ 时刻雾化场可以看作是 t 时刻雾化场向下运动并发生一定变形后的结果。因此，采用恰当的图像处理方法，提取 t 时刻与 $t+\Delta t$ 时刻雾化场图像中具有典型几何或光学等特征的点，并建立这些点的对应关系，可以求得这些点处的速度场。本章采用 SIFT 算法提取雾化场图像的关键点并建立其对应关系，雾化场速度计算的基本流程如图 5.4 所示。

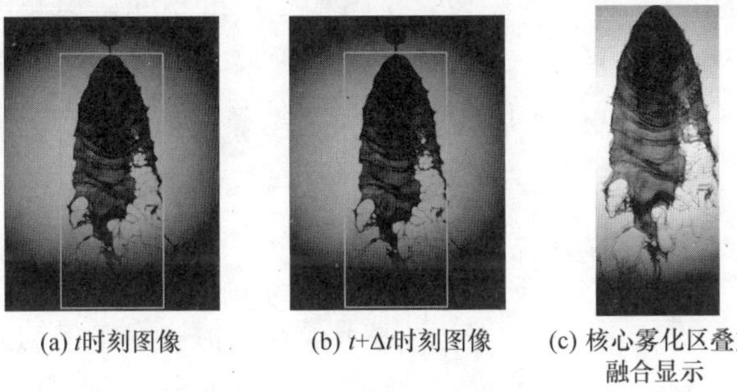

(a) t时刻图像　(b) $t+\Delta t$时刻图像　(c) 核心雾化区叠加融合显示

图 5.3　相邻时刻的雾化场图像

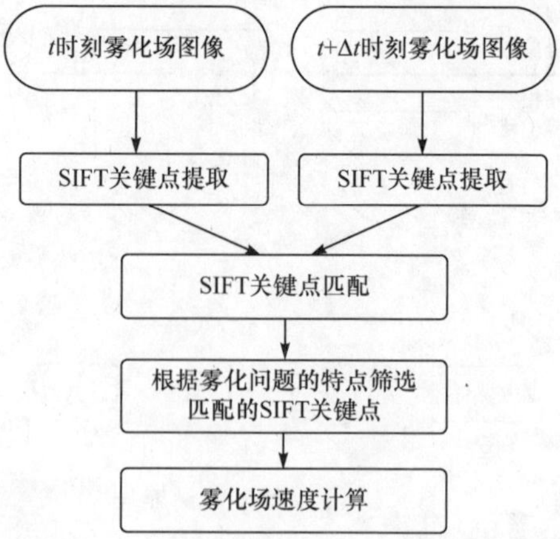

图 5.4 雾化场速度计算的基本流程图

5.3.1 SIFT 关键点计算

SIFT 算法是加拿大学者 Lowe[1,2]提出的一种特性匹配算法，该算法基于多尺度空间理论，具有良好的尺度、旋转不变性，对光照、视角变化、噪声和仿射变换等具有较强的鲁棒性，且提取关键点稳定、数量丰富，被广泛应用于图像配准、影像缝合、影像追踪和动作对比等领域[5]。

本节以图 5.3(a)为参考图像，图 5.3(b)为待配准图像，利用 SIFT 算法提取两幅图像的关键点并进行匹配。由于上部的喷嘴及两侧均不发生变化，本节在图像处理过程中只选取了图像中部的核心雾化区。原图像尺寸为 608 像素×800 像素，核心雾化区尺寸为 288 像素×696 像素。图像距离(像素, pixel)与实际尺寸(m)的比值为 $\gamma_{\text{ir}} = 3920\text{pixel/m}$。

1. 尺度空间极值点检测

SIFT 算法利用高斯差分和图像金字塔构建尺度空间、检测尺度空间极值。如图 5.5 所示，对于图像 $I(x, y)$，其尺度空间函数 $L(x, y, \sigma)$ 定义为尺度可变高斯核函数 $G(x, y, \sigma)$ 与图像 $I(x, y)$ 的卷积，即

$$L(x, y, \sigma) = G(x, y, \sigma) * I(x, y) \tag{5.4}$$

$$G(x, y, \sigma) = \frac{1}{2\pi\sigma^2} \mathrm{e}^{-(x^2+y^2)/(2\sigma^2)} \tag{5.5}$$

其中，$*$表示卷积运算；σ为尺度空间因子，σ的值决定图像的光滑程度。利用式(5.4)对原图像进行 s+3 次高斯模糊运算，每次模糊运算的尺度比例为k，即第n次模糊运算的尺度空间因子$\sigma_n = k^n \sigma$，将得到一组图像集合；而后，将图像尺

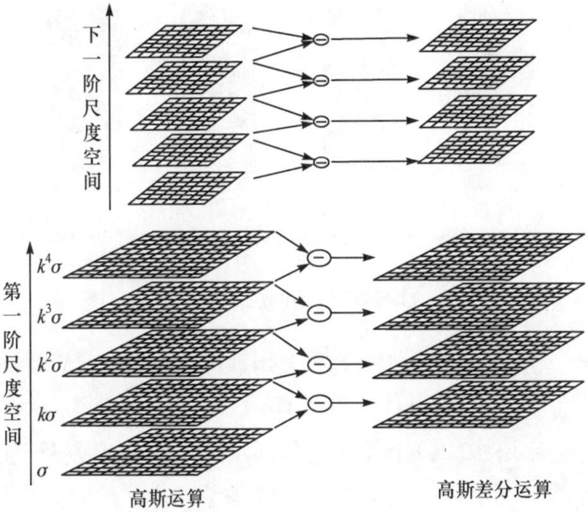

图 5.5　尺度空间构建示意图

寸减半，并将尺度空间因子乘以 2，再次进行 s 次高斯模糊运算。重复以上过程 o 次，将得到 o 阶、每阶 s+3 层的图像高斯金字塔。图 5.6 为 t 时刻图像的四层高斯差分金字塔。

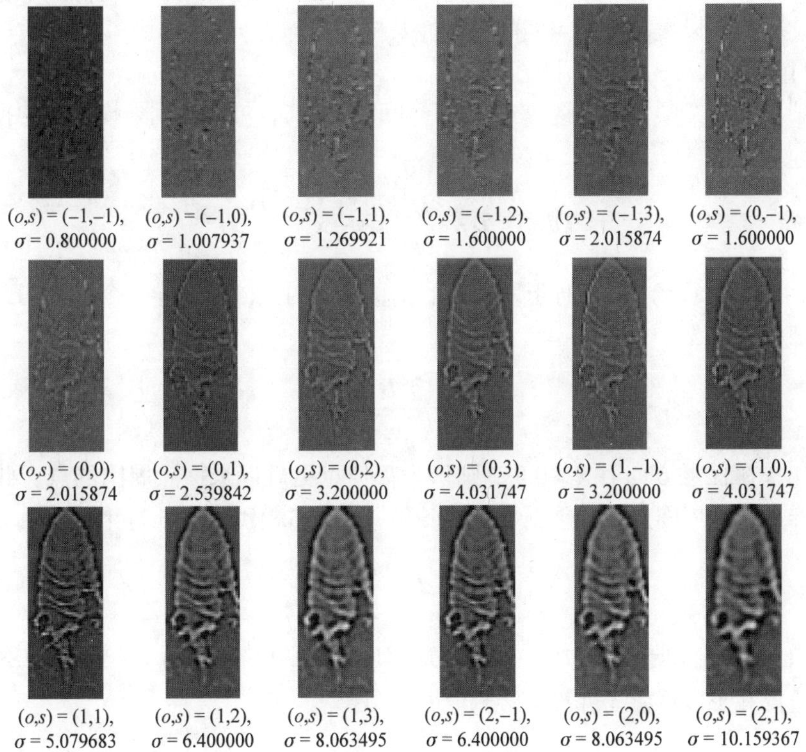

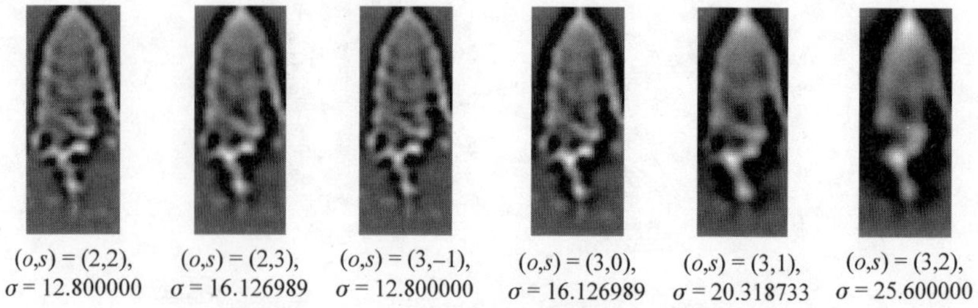

图 5.6　t 时刻图像的四层高斯差分金字塔

高斯差分金字塔定义为高斯金字塔中相邻尺度空间函数的差值，即

$$D(x, y, \sigma) = L(x, y, k\sigma) - L(x, y, \sigma) \tag{5.6}$$

将高斯差分金字塔中的每个像素点与同层的 8 个像素点及上下两层的 9 个像素点进行比较，以找到尺度空间的局部极值点。所有这些局部极值点构成了 SIFT 算法的候选关键点集合。在以上计算中，空间尺度因子 σ 取初值 0.8，尺度比例 $k = 1.256$。

2. 关键点精确定位

在 SIFT 算法中，获取局部极值点后，还需要剔除低对比度的点及不稳定的边缘响应点，以提高关键点匹配稳定性及抗噪声能力。

1) 剔除低对比度局部极值点

利用尺度空间函数 $D(x, y, \sigma)$ 的 Taylor 展开式，可以得到采样点处的拟合函数，即

$$D(\boldsymbol{x}) = \boldsymbol{D} + \frac{\partial \boldsymbol{D}^{\mathrm{T}}}{\partial \boldsymbol{x}} \boldsymbol{x} + \frac{1}{2} \boldsymbol{x}^{\mathrm{T}} \frac{\partial^2 \boldsymbol{D}}{\partial \boldsymbol{x}^2} \boldsymbol{x} \tag{5.7}$$

其中，$\boldsymbol{x} = (x, y, \sigma)^{\mathrm{T}}$ 为相对于采样点的偏移量，对式(5.7)求导并令其为 0，可得到局部极值点 $\hat{\boldsymbol{x}}$：

$$\hat{\boldsymbol{x}} = -\frac{\partial^2 \boldsymbol{D}^{-1}}{\partial \boldsymbol{x}^2} \frac{\partial \boldsymbol{D}}{\partial \boldsymbol{x}} \tag{5.8}$$

如果在任意方向有 $\hat{\boldsymbol{x}} > 0.5$，则认为极值点更靠近采样点周围的点，此时，将采样点移到周围点位并重新计算式(5.8)。将式(5.8)代入式(5.7)可得

$$\boldsymbol{D}(\hat{\boldsymbol{x}}) = \boldsymbol{D} + \frac{1}{2} \frac{\partial \boldsymbol{D}^{\mathrm{T}}}{\partial \boldsymbol{x}} \hat{\boldsymbol{x}} \tag{5.9}$$

当 $\left|\boldsymbol{D}(\hat{\boldsymbol{x}})\right| < \tau$ 时，认为此极值点为低对比度点并将其剔除；反之，认为该点为极值点并予以保留。计算中，阈值 $\tau = 0.03$。

2) 滤除边缘响应点

图像边缘上的极值点在 $D(x,y,\sigma)$ 的峰值与边缘交叉处有较大的主曲率值，而在垂直方向的主曲率值较小。SIFT 算法就是利用了这一性质来滤除边缘响应点。主曲率通过以下 2×2 的 Hessian 矩阵求解：

$$\boldsymbol{H}=\begin{bmatrix} D_{xx} & D_{xy} \\ D_{yx} & D_{yy} \end{bmatrix} \tag{5.10}$$

$\boldsymbol{D}$ 的主曲率值与 $\boldsymbol{H}$ 的特征值成比例，因此，可直接利用二者的比值来滤除边缘响应。设 $\boldsymbol{H}$ 的最大、最小特征值分别为 α 、β ，$\gamma=\alpha/\beta$ ，则有

$$r=\frac{\mathrm{tr}(\boldsymbol{H})^2}{\det(\boldsymbol{H})}=\frac{(\alpha+\beta)^2}{\alpha\beta}=\frac{(\gamma+1)^2}{\gamma} \tag{5.11}$$

若某极值点处 $r>\dfrac{(\gamma_0+1)^2}{\gamma_0}$ ，则认为该点为边缘响应点并将其剔除。计算时，$\gamma_0=10$ 。

3. 关键点方向确定

关键点的梯度模值 $m(x,y)$ 及方向 $\theta(x,y)$ 由式(5.12)和式(5.13)得到：

$$m(x,y)=\sqrt{\left[L(x+1,y)-L(x-1,y)\right]^2+\left[L(x,y+1)-L(x,y-1)\right]^2} \tag{5.12}$$

$$\theta(x,y)=\arctan\left\{\left[L(x,y+1)-L(x,y-1)\right]/\left[L(x+1,y)-L(x-1,y)\right]\right\} \tag{5.13}$$

其中，L 表示关键点所在的尺度空间。

经上述处理，每一个 SIFT 关键点都具有了位置、尺度及方向三个信息。由此可以确定一个 SIFT 特征区域。

4. 关键点描述子生成

通过以下步骤为检测到的 SIFT 关键点建立统一的向量描述子。

(1) 将图像坐标轴旋转为关键点主方向，以保证旋转不变性。

(2) 以关键点为中心取 16×16 的窗口，将其均匀分为 4×4 的子区域，对每一个子区域计算 8 个方向的梯度方向直方图，这样每个关键点具有了 4×4×8=128 维向量。

(3) 将 SIFT 关键点描述子进行归一化，使 SIFT 关键点描述子同时具备尺度、旋转及亮度不变性。

经过以上步骤生成图 5.3(a)和(b)所示图像的 SIFT 关键点描述子，如图 5.7 所示，其中 t 时刻、t+Δt 时刻图像分别有 2134 个、2119 个 SIFT 关键点。

(a) t时刻图像　　(b) $t+\Delta t$时刻图像

图 5.7　SIFT 关键点描述子

5.3.2　雾化场关键点匹配

传统 SIFT 算法一般利用欧氏距离作为相似性度量，匹配两幅图像的 SIFT 关键点。计算参考图像中某一个关键点与待配准图像的所有关键点之间的欧氏距离，找出最小距离 $d_{\min}$ 及次最小距离 d_{scn}，计算其比值 $r_{\text{d}} = d_{\min}/d_{\text{scn}}$。当 $r_{\text{d}} < r_{\text{thresh}}$ 时(r_{thresh} 为阈值)，认为两个关键点匹配。在计算中，取 $r_{\text{thresh}} = 1.5$，对图 5.3(a)和(b)所示的图像进行 SIFT 关键点匹配，共得到了 751 对匹配的 SIFT 关键点(图 5.8)。由图 5.8 可以看出，SIFT 关键点匹配结果与物理现象整体吻合较好，但也存在着一定的误差(如图 5.8 小圆圈所标识的点)，为进一步修正匹配误差，根据凝胶推进剂雾化场的特点，对 SIFT 算法匹配后的关键点进行了进一步筛选。

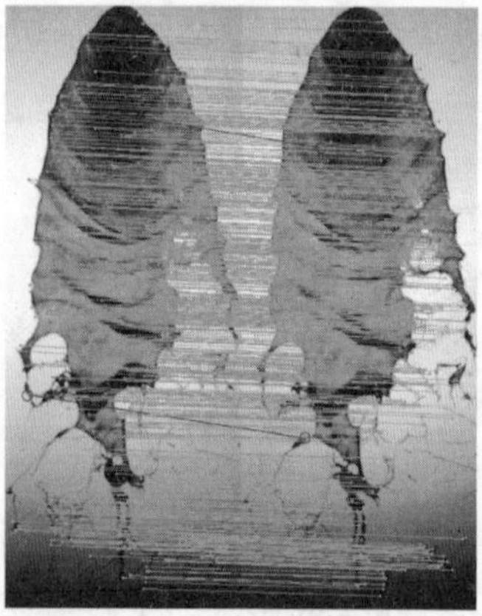

图 5.8　SIFT 关键点匹配结果

设 $P_i(x_{P_i}, y_{P_i})$、$Q_i(x_{Q_i}, y_{Q_i})$ 分别为利用欧氏距离计算出的 t 与 $t+\Delta t$ 时刻的雾化图像上匹配的关键点，若进一步满足以下条件，则认为两关键点匹配；反之，认为 P_i、Q_i 关键点不匹配，将其从匹配的关键点集合中剔除。

(1) 对于拍摄的雾化图像，液膜整体向下运动，因此，P_i、Q_i 两点间的垂直距离需满足 $\Delta x_{P_iQ_i} = x_{P_i} - x_{Q_i} > 0$。

(2) 研究表明，雾化场液膜运动速度小于射流速度，因此，P_i、Q_i 两点间的距离需满足

$L_{P_iQ_i}=\sqrt{\Delta x_{P_iQ_i}^2+\Delta y_{P_iQ_i}^2}<\lambda\cdot v_{\rm jet}\Delta t$，计算中，系数$\lambda=1.2$。

(3) 雾化场内绝大多数点应该以撞击点$O(x_0,y_0)$为中心向外运动，因此，匹配点之间的位移矢量P_iQ_i应基本沿P_iO(或Q_iO)方向，计算中，规定P_iQ_i与P_iO(或Q_iO)的夹角$\alpha<45^\circ$。

经过以上筛选，得到了 690 对匹配的关键点，筛选后的关键点匹配结果如图 5.9 所示。可以看出，经过筛选，有效修正了单独应用欧氏距离作为匹配准则时出现的关键点错配问题，匹配结果更加准确。

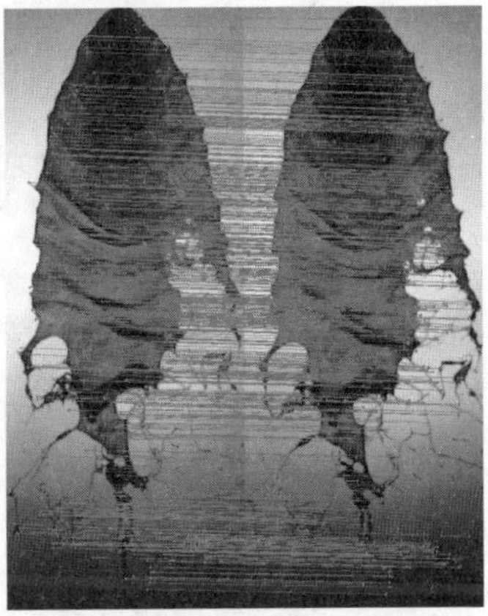

图 5.9　筛选后的匹配关键点

5.3.3　雾化场速度计算

t 时刻雾化图像的关键点$P_i(x_{P_i},y_{P_i})$处的速度可通过式(5.14)计算：

$$\boldsymbol{v}_{P_i}=\frac{\frac{1}{\gamma_{\rm ir}}(\boldsymbol{r}_{Q_i}-\boldsymbol{r}_{P_i})}{\Delta t}\tag{5.14}$$

其中，$\boldsymbol{v}_{P_i}=(u_{P_i},v_{P_i})^{\rm T}$为$P_i(x_{P_i},y_{P_i})$的速度矢量；$\boldsymbol{r}_{P_i}=(x_{P_i},y_{P_i})^{\rm T}$；$\boldsymbol{r}_{Q_i}=(x_{Q_i},y_{Q_i})^{\rm T}$；$\gamma_{\rm ir}=3920{\rm pixel/m}$为图像距离(像素)与实际尺寸(m)的比值；$\Delta t=\frac{1}{5000}{\rm s}$为雾化图像的拍摄时间间隔。对 AA-3 工况计算出的雾化场 SIFT 关键点速度矢量如图 5.10 所示。对部分其他典型工况计算出的雾化场 SIFT 关键点的速度矢量如图 5.11 所示。可以看出，不同工况下的雾化场SIFT关键点的速度以撞击点为中心呈辐射状向外散开，速度分布与雾化场的形状非常相符，5.3.4 小节将对雾化场关键点的速度计算误差定量分析。

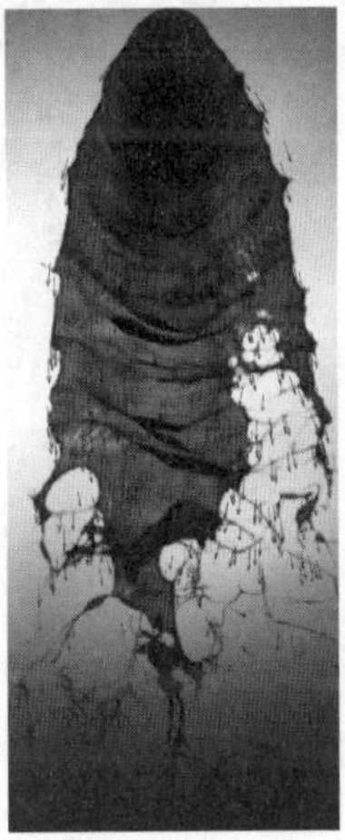

图 5.10　雾化场 SIFT 关键点速度矢量图(AA-3 工况)

理论上，获取匹配的关键点后，利用适当的变换模型，可实现对t时刻与$t+\Delta t$时刻雾化图像的精确配准，进而计算出整个雾化场的速度。本小节采用薄板样条(thin plate spline, TPS)函数[6,7]对雾化图像进行了配准测试。TPS 函数是图像配准领域应用最广泛的变换函数之一，可以保证参考图像与待配准图像在关键点处的精确对准，在其他区域的偏移量保证整幅图像的弯曲能量最小。对图 5.3(a)和(b)所示图像

(a) AA-4工况

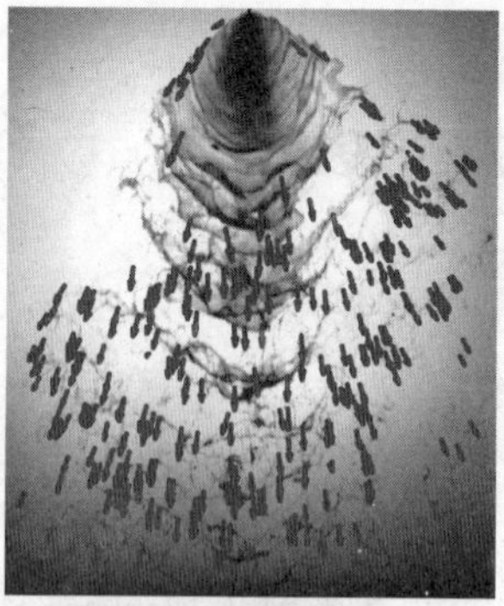

(b) AA-5工况

(c) AD-1-1工况

(d).AB-5工况

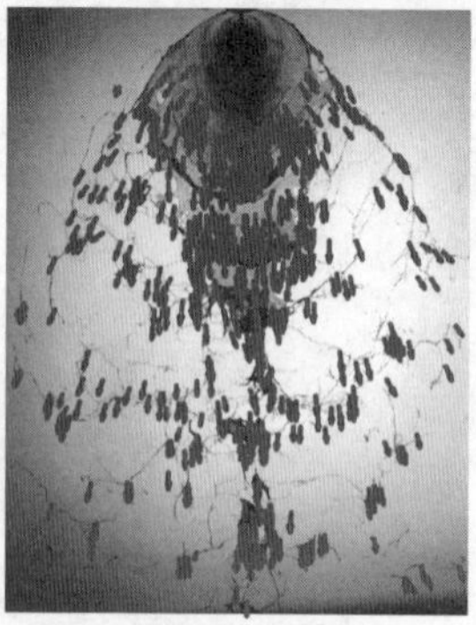

(e) AF-2工况

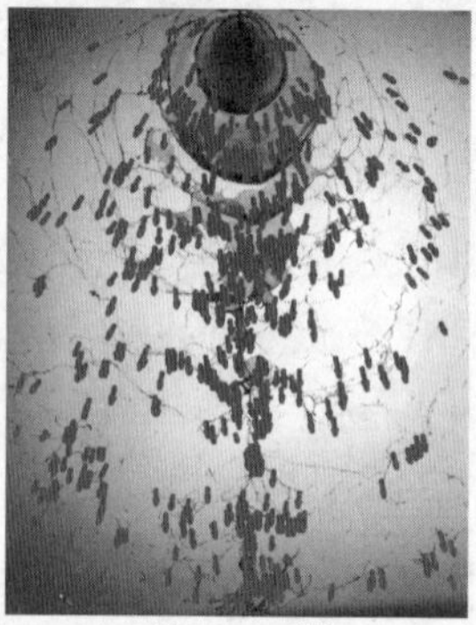

(f) AF-3工况

图 5.11　部分其他典型工况计算出的雾化场 SIFT 关键点速度矢量图

采用 TPS 函数配准的结果及计算出的雾化场速度矢量如图 5.12 所示，其中，液膜边缘周围细微的阴影区域是未能完全配准的区域，可以看出，对于雾化场的绝大多数区域，配准效果良好。但是在液膜内部及边缘、液丝等个别部位，存在一定的配准误差。对不同工况的雾化场图像进行了 TPS 函数配准测试，发现对于雾化效果较好，雾化场内存在大量液丝或液滴的雾化图像(如 AA-4、AA-5 工况)，TPS 函数配准误差较大，计算出的整个雾化场速度存在一定的误差。因此，在 5.4 节和 5.5 节的速度计算及雾化特性分析中，主要采用了 SIFT 关键点处的速度作为整个雾化场速度的表征。

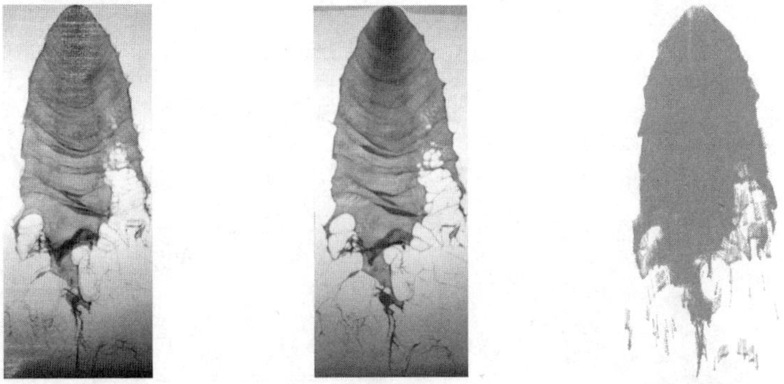

(a) 配准前　(b) 配准后　(c) 雾化场速度矢量

图 5.12　雾化场图像的 TPS 函数配准测试

5.3.4　速度计算误差分析

首先对 SIFT 关键点的匹配精度进行分析。在图像处理领域，SIFT 关键点的匹配误差一般难以通过理论分析直接获得，一种通用的方法[5]：设 t 与 $t+\Delta t$ 时刻雾化图像共有 N 对匹配关键点，分别记作 $P_i(x_{P_i}, y_{P_i})$、$Q_i(x_{Q_i}, y_{Q_i})$（$i=1,2,\cdots,N$），从 t 时刻雾化图像的关键点中挑选出具有明显几何特征的点 $P_i(x_{P_i}, y_{P_i})$，然后在 $t+\Delta t$ 时刻雾化图像上手动找出与 $P_j(x_{P_j}, y_{P_j})$ 相对应的点 $Q_j'(x_{Q_j'}, y_{Q_j'})$，并认为 $Q_j'(x_{Q_j'}, y_{Q_j'})$ 是 $P_j(x_{P_j}, y_{P_j})$ 的精确匹配点，然后分析 $Q_j'(x_{Q_j'}, y_{Q_j'})$ 与 $Q_j(x_{Q_j}, y_{Q_j})$ 之间的偏差。

为了对匹配结果进行定量比较，分别计算了均方根误差 RMSE、RMSE_0 及最大相对误差 $E_{\max}$、最小相对误差 $E_{\min}$、平均相对误差 E_{avg} 等作为量化指标[5]，其中，RMSE 为 $Q_j'(x_{Q_j'}, y_{Q_j'})$ 与 $Q_j(x_{Q_j}, y_{Q_j})$ 之间的均方根误差：

$$\text{RMSE} = \sqrt{\frac{1}{N}\sum_{j=1}^{N}\left[(x_{Q_j} - x_{Q_j'})^2 + (y_{Q_j} - y_{Q_j'})^2\right]} \tag{5.15}$$

RMSE_0 为 $P_j(x_{P_j}, y_{P_j})$ 与 $Q_j(x_{Q_j}, y_{Q_j})$ 之间的均方根误差：

$$\text{RMSE}_0 = \sqrt{\frac{1}{N}\sum_{j=1}^{N}\left[(x_{Q_j} - x_{P_j})^2 + (y_{Q_j} - y_{P_j})^2\right]} \tag{5.16}$$

$E_{\max}$、$E_{\min}$ 及 E_{avg} 分别为选择的 N' 个匹配关键点中，$Q_j'(x_{Q_j'}, y_{Q_j'})$、

$Q_j(x_{Q_j}, y_{Q_j})$ 之间偏差与 $P_j(x_{P_j}, y_{P_j})$ 、$Q_j(x_{Q_j}, y_{Q_j})$ 之间偏差比值的最大、最小及平均值:

$$E_{\max} = \max\left(\frac{\sqrt{(x_{Q_j} - x_{Q'_j})^2 + (y_{Q_j} - y_{Q'_j})^2}}{\sqrt{(x_{Q_j} - x_{P_j})^2 + (y_{Q_j} - y_{P_j})^2}}\right) \tag{5.17}$$

$$E_{\min} = \min\left(\frac{\sqrt{(x_{Q_j} - x_{Q'_j})^2 + (y_{Q_j} - y_{Q'_j})^2}}{\sqrt{(x_{Q_j} - x_{P_j})^2 + (y_{Q_j} - y_{P_j})^2}}\right) \tag{5.18}$$

$$E_{\text{avg}} = \frac{1}{N'}\sum_{j=1}^{N'}\left(\frac{\sqrt{(x_{Q_j} - x_{Q'_j})^2 + (y_{Q_j} - y_{Q'_j})^2}}{\sqrt{(x_{Q_j} - x_{P_j})^2 + (y_{Q_j} - y_{P_j})^2}}\right) \tag{5.19}$$

在雾化场的液膜边缘、液丝、液滴等具有典型几何特征的部位手动选取了 10 对、20 对及 30 对具有明显对应关系的点作为精确配准点，其中，精确配准点对数为 20 对的情况如图 5.13 所示。分析得到的 RMSE_0 、RMSE 、最小相对误差 $E_{\min}$ 、最大相对误差 $E_{\max}$ 、平均相对误差 E_{avg} 见表 5.1。由表 5.1 可以看出，最小均方根误差由匹配前的 39～60 像素降低到配准后的小于 0.5 像素，配准结果的平均相对误差 $E_{\text{avg}} < 2.5\%$ 。

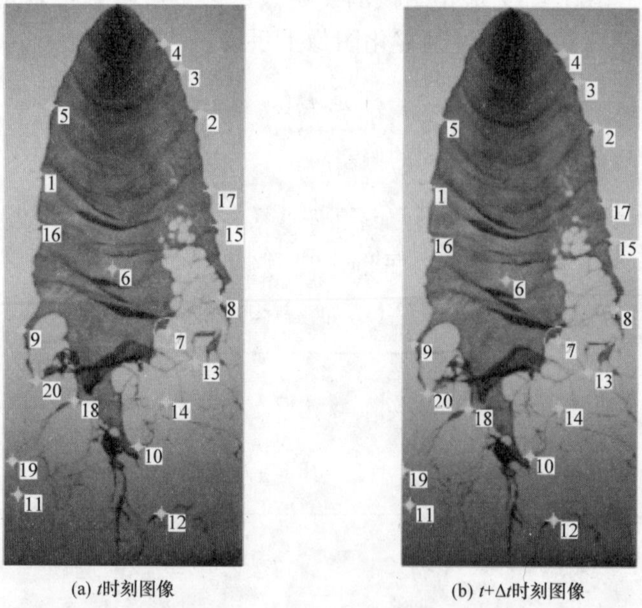

(a) t时刻图像　　(b) $t+\Delta t$时刻图像

图 5.13　手动选择精确配准点(20 对)

表 5.1　关键点匹配误差

配准点数目 N	$RMSE_0$ /pixel	RMSE /pixel	E_{max}	E_{min}	E_{avg}
10	39.81	0.2717	3.32%	0.90%	1.65%
20	53.48	0.3777	4.21%	0.90%	2.39%
30	59.56	0.3143	4.21%	0.90%	2.15%

为进一步对速度计算精度进行考察，本节利用相位多普勒粒子分析仪(phase Doppler particle analyzer, PDPA)光学系统测量雾化效果相对较好、雾化场下游存在一定液滴的 AA-6 工况在不同水平截面的液滴速度(对于其他工况，雾化场主要由液丝及少量大尺寸液滴构成，液丝速度难以测量)。测量结果与上述方法计算出的速度对比如图 5.14 所示。图中，v 为速度值，r 为截面位置。可以看出，液滴速度的计算值与测量值非常一致，二者的最大偏差小于 0.3m/s。

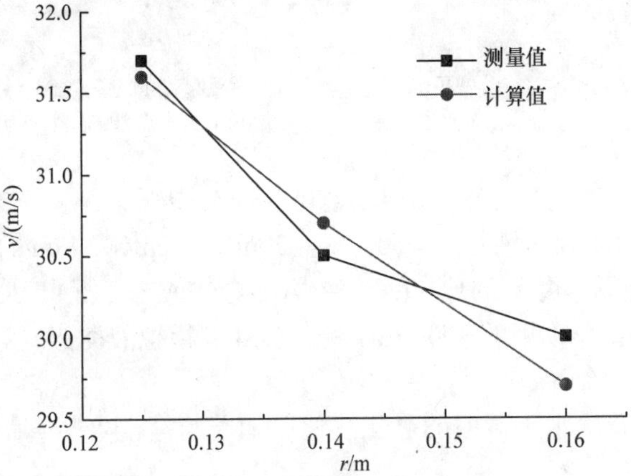

图 5.14　液滴速度的测量值与计算值对比

以上分析表明，本章阐述的雾化场速度计算方法的计算精度较高，计算结果可靠。

5.4　雾化场速度分析

本节主要利用 5.3 节的方法计算出不同工况下的雾化场的速度值，分析在不同工况下，雾化场速度的分布规律及速度与雾化效率的关系。为进一步提高雾化场速度计算的准确度，采取了以下处理方法：设 $t-\Delta t$ 时刻、t 时刻、$t+\Delta t$ 时刻的雾化图像分别为 I_1、I_2、I_3，分别计算 I_1-I_2、I_2-I_3 之间匹配的 SIFT 关键点，而后，筛选出 I_2 上与 I_1、I_3 都匹配的关键点，计算出其速度。对于每一种工况，重复以上过程，计算连续拍摄的 400 幅雾化图像，可得到 I_2、I_4、I_6、…、I_{400} 共

200 幅图像的关键点速度值。本节所讨论的速度均为对这 200 幅图像的速度进行统计分析后得到的结果。

5.4.1 雾化场速度分布

如图 5.15 所示，分别研究了不同工况下距撞击点竖直距离 Δy 的水平截面及以撞击点为圆心、半径为 r 的圆弧的速度分布。

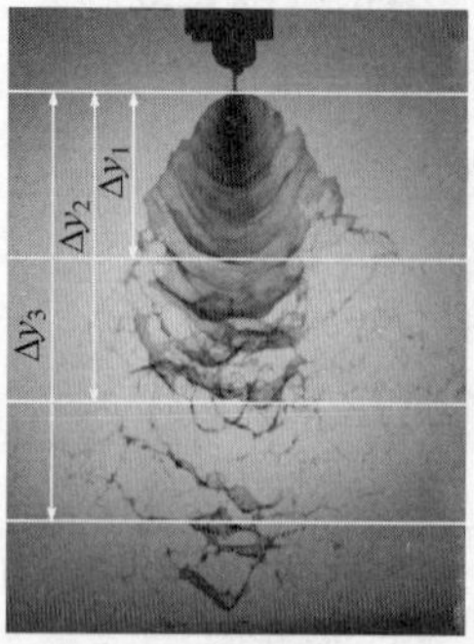

(a) 与撞击点竖直距离Δy的水平截面

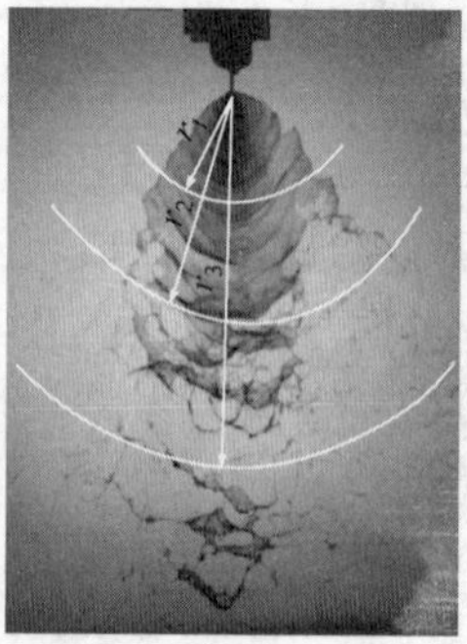

(b) 以撞击点为圆心，半径为r的圆弧

图 5.15 雾化场速度分析的统计截面

图 5.16 为 SC1 模拟液在2θ=60°、v_{jet}≈20m/s、30m/s、40m/s 时，不同水平截面 x 位置处雾化场速度 v 的分布(AA-3、AA-4、AA-5 工况)。SC2、SC3 模拟液在相同速度与撞击角度下的速度分布情况与 SC1 模拟液类似。对图 5.16 进行分析，可以得到以下结论。

(1) 总体上看，水平截面的雾化场速度随着与撞击点竖直距离 Δy 的增大而减小。

(2) 对于 AA-4、AA-5 液丝-液滴型雾化模式(图 5.16(b)和(c))，当与撞击点竖直距离较小时(如 $\Delta y = 0.013\text{m}、0.051\text{m}$)，水平截面雾化场速度呈现中间速度高、两侧速度低的单峰分布，随着 Δy 的增大，水平截面的雾化场速度渐趋一致。

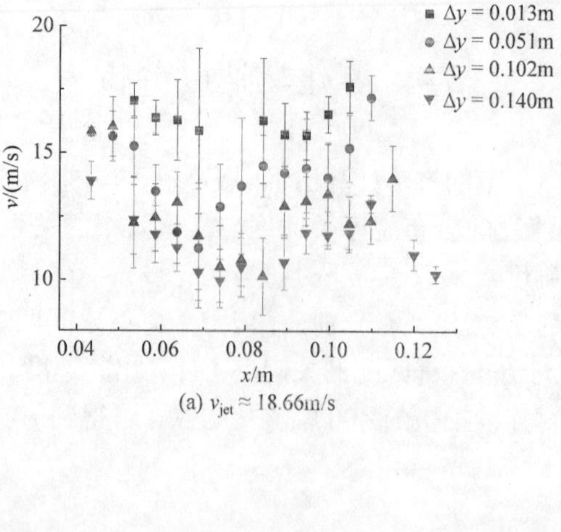

(a) $v_{jet} \approx 18.66\text{m/s}$

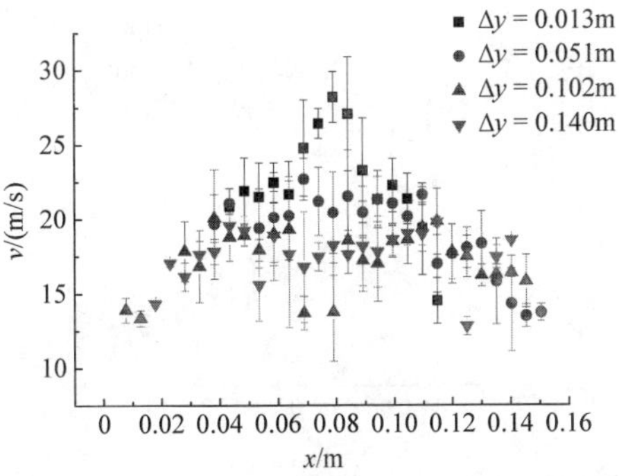

(b) $v_{jet}\approx27.74$m/s

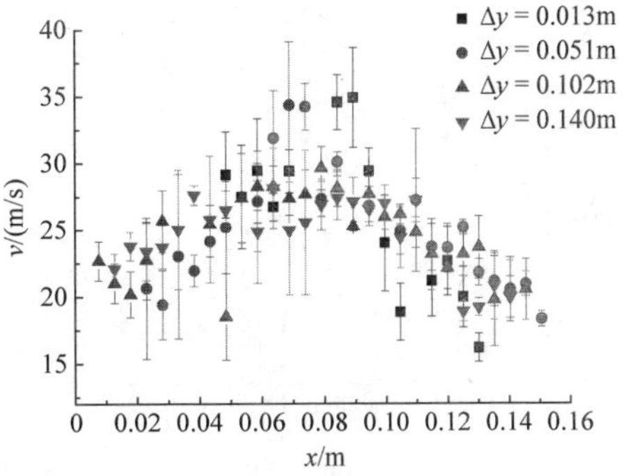

(c) $v_{jet}\approx38.84$m/s

图 5.16　不同截面的雾化场速度分布

图 5.17 为2θ=60°、v_{jet}≈10m/s、20m/s、30m/s、40m/s 时，SC1～SC3 模拟液的雾化场速度v随着与撞击点距离r变化的分布。图 5.18 为v_{jet}≈20m/s、2θ=40°、60°、80°、90° 时，SC1～SC3 模拟液的雾化场速度v随着与撞击点距离r变化的分布。与图 5.16 相比，图 5.17 和图 5.18 所示的雾化场速度v与撞击点距离r的分布更规律，但雾化场中流体以撞击点为中心向周围辐射展开的物理现象是一致的。

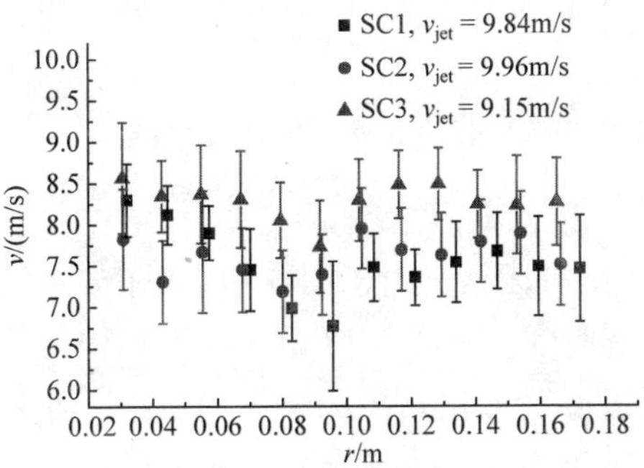

(a) $v_{jet}\approx10$m/s

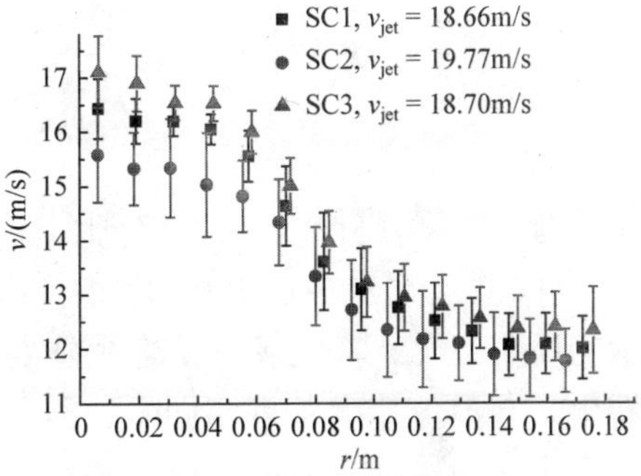

(b) $v_{jet}\approx20$m/s

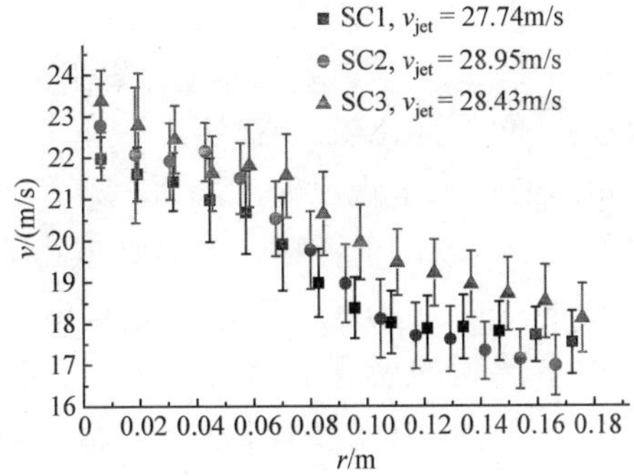

(c) $v_{jet}\approx30$m/s

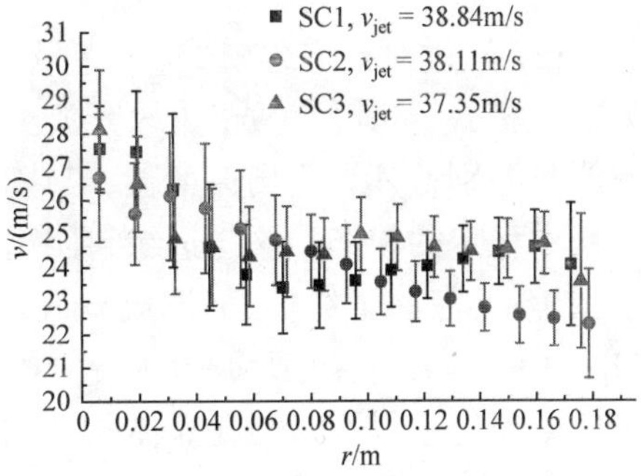

(d) $v_{jet}\approx40$m/s

图 5.17　雾化场速度随着与撞击点距离变化的分布($2\theta=60°$)

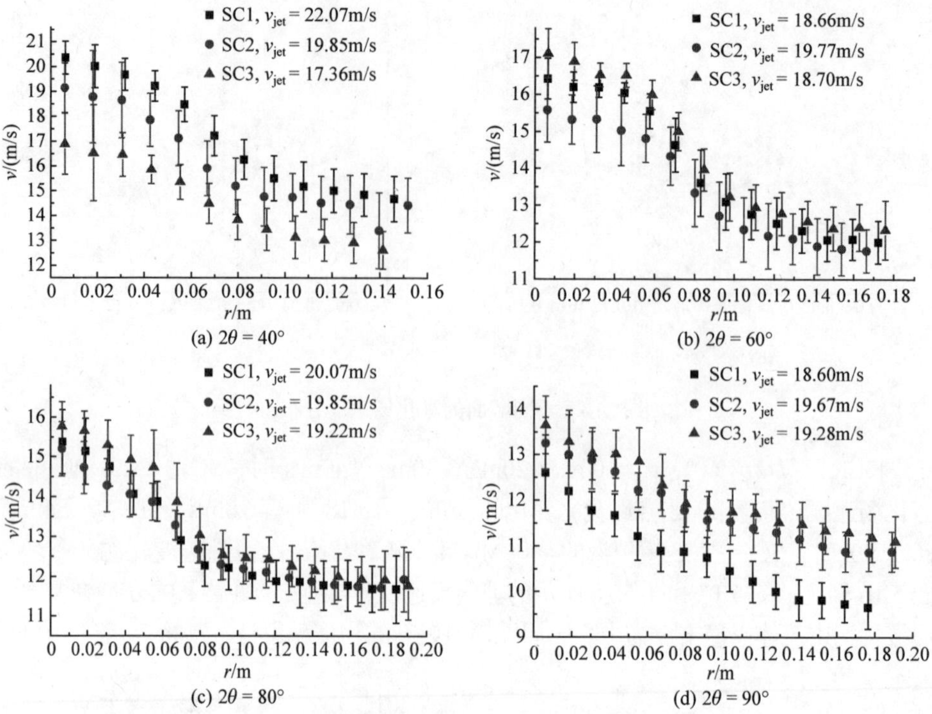

图 5.18　雾化场速度随着与撞击点距离变化的分布(v_{jet}≈20m/s)

通过对比分析，由图 5.17 和图 5.18 可以得到以下结论。

(1) 由于射流撞击雾化过程中的黏性耗散等因素，对于图 5.17 和图 5.18 所示的所有工况，雾化场速度均明显小于射流速度。由图 5.18(a)～(d)的整体对比看出，当射流速度基本相同时，雾化场速度随着撞击角度的增大而减小，这主要是由于射流的有效撞击速度随撞击角度的增大而增大，雾化过程中的能量耗散增大所致。

(2) 通过对比雾化模式与速度分布可以发现，图 5.17(a)所示工况(边缘封闭型雾化模式)与其他工况(边缘开放型及液丝-液滴型雾化模式)在速度分布上具有明显差别，其雾化场速度随着与撞击点距离的增大呈现出先下降后上升，最后基本稳定的趋势，这与边缘封闭型雾化模式中出现的射流撞击展开形成小面积的液膜-液膜下缘收缩-汇成一股下流的现象是一致的。而对于图 5.17(b)～(d)、图 5.18(a)～(d)所示的工况，雾化过程中液膜的展开、破碎及液丝的变形、断裂等过程不断消耗流体的动能，因此，雾化场速度整体上随着与撞击点距离的增大而减小。

(3) 由图 5.17(a)～(d)、图 5.18(b)～(d)可以看出，在射流速度、撞击角度相同时，SC3 模拟液的雾化场速度普遍略高于 SC1、SC2 模拟液的雾化场速度，这是由于与 SC1、SC2 模拟液相比，SC3 模拟液的碳颗粒粒径更大，射流撞击时，碳颗粒间相互作用更为明显、胶凝推进剂对碳颗粒的约束作用相对较小、黏性耗散相对较小，因此，射流撞击后剩余动能较大、速度较高。

5.4.2　雾化场平均速度

凝胶推进剂的射流撞击雾化是一个高度紊乱、复杂的过程，为进一步揭示不同工况下雾化场速度的变化规律，本小节对 200 幅图像的雾化速度进行加权平均，获得雾化场平均速度并进行分析讨论。

图 5.19 和图 5.20 分别为 SC1～SC3 模拟液的雾化场平均速度随射流速度、撞击角度的变化规律。

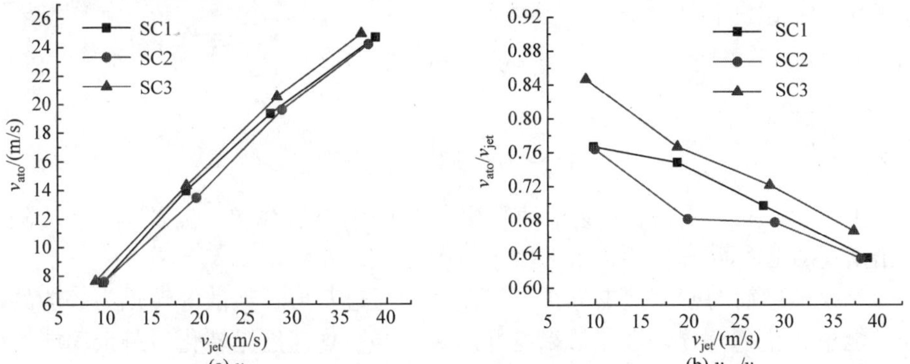

(a) v_{ato}　　(b) v_{ato}/v_{jet}

图 5.19　雾化场平均速度随射流速度的变化(2θ =60°)

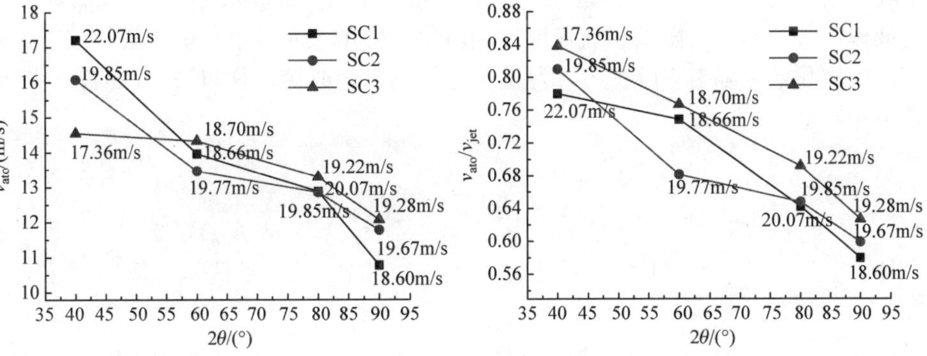

(a) v_{ato}　　(b) v_{ato}/v_{jet}

图 5.20　雾化场平均速度随撞击角度的变化

(v_{jet}≈20m/s，图中标注的值为每个点的实际射流速度 v_{jet})

由图 5.19(a)可以看出，当 $2\theta=60^{\circ}$ 时，雾化场平均速度随射流速度的增大而近似呈线性增大；由图 5.19(b)表明，雾化场平均速度与射流速度的比值并非定值，而是随着射流速度的增大而减小，v_{ato}/v_{jet} 的变化范围为 0.6～0.9，与 Heislbetz 等[8]提出的 $v_{ato}/v_{jet}\approx 0.92$ 并不一致。我们认为这主要是由于实验材料的差异造成的：Heislbetz 等的实验材料为液态煤油，是一种黏度相对较低的牛顿流体，而这里的实验材料为含碳颗粒的凝胶模拟液，是黏度更高的幂律型非牛顿流体。

对图 5.19(a)所示 $2\theta=60^{\circ}$ 时射流速度与雾化场平均速度的数据进行线性拟合可得如下结论。

SC1 模拟液：

$$v_{ato}=0.5878v_{jet}+2.41 \tag{5.20}$$

SC2 模拟液：

$$v_{ato}=0.5966v_{jet}+1.78 \tag{5.21}$$

SC3 模拟液：

$$v_{ato}=0.6133v_{jet}+2.52 \tag{5.22}$$

由图 5.20 可以看出，在射流速度相同时，同种模拟液的 v_{ato} 及 v_{ato}/v_{jet} 均随着撞击角度的增大而减小。

凝胶推进剂的射流撞击雾化是射流动能通过变形、耗散等转化为势能的过程，能量转化越充分，雾化效果越好。雾化场平均速度是转化后剩余动能的表征，因此，雾化场平均速度与射流速度的比值 v_{ato}/v_{jet} 可作为能量转化效率的度量，用于表征雾化效果。对同一种凝胶推进剂模拟液而言，v_{ato}/v_{jet} 越小，说明能量转化效率越高，雾化效果越好。由图 5.19(b)和图 5.20(b)可知，同一种凝胶推进剂模拟液的 v_{ato}/v_{jet} 随着射流速度、撞击角度的增大而减小，说明凝胶推进剂模拟液的雾化效果随着射流速度和撞击角度的增大而改善，这与第 4 章的雾化实验现象相吻合。

5.5 液膜参数计算

5.5.1 液膜厚度估计

液膜厚度是表征雾化效果的重要参数，理论分析认为，液膜厚度与液丝/液滴的尺寸直接相关[9]，因此，可以认为，液膜厚度越小，雾化效果越好。直接利用实验手段测量凝胶推进剂射流撞击后的液膜厚度较为困难，在雾化理论分析中主要应用的是 Hasson 等[10]于 1964 年提出的液膜厚度估计式：

$$H = \frac{d_{\text{jet}}^2 \sin^3\theta}{4r(1-\cos\phi\cos\theta)^2} \tag{5.23}$$

其中，H 为液膜厚度；d_{jet} 为射流直径；2θ 为撞击角；r 为液膜上的点到撞击点的距离；ϕ 为液膜上的点与液膜中线的夹角。在 Chojnacki 等[9,11]、Heislbetz 等[8]、Yang 等[12]、王枫等[13]及 Mallory[14]等的理论研究中均直接或间接地利用式(5.23)对液膜厚度进行估计。式(5.23)的主要问题在于忽略了流体的黏性及射流速度等因素对于液膜厚度的影响。Choo 等[15]对牛顿流体的研究表明，流体的黏度越大，射流撞击形成的液膜越厚。此外，在撞击角度等其他因素相同的情况下，雾化模式随着射流速度的变化而变化，因此，当射流速度不同时，液膜厚度也应该发生变化。

为更有效地对射流撞击形成的液膜厚度进行估计，以雾化图像为基础，提出了一种新的液膜厚度估算方法。如图 5.21 所示，假设射流撞击后，流体由撞击点以 v_{s_0} 匀速运动 r_0 并形成了面积为 S_0 的液膜，则液膜形成的时间为 $t_0 = r_0/v_{s_0}$，液膜面积 S_0 可以通过对雾化图像的处理获得，r_0 内液膜的平均速度 v_{s_0} 通过 5.3 节方法计算，则液膜厚度 H 可通过式(5.24)估算：

$$H = \frac{Qt_0}{S_0} \tag{5.24}$$

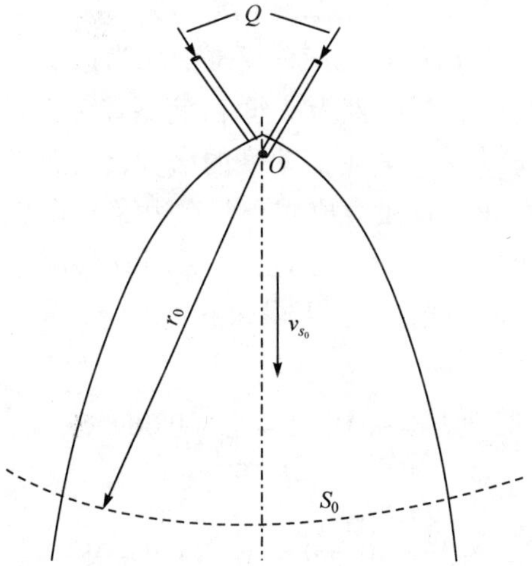

图 5.21　液膜厚度估计示意图

其中，Q 为凝胶推进剂模拟液的管路流量。为了计算结果更加准确，对每种工况连续处理了 400 幅图像，并对计算出的液膜厚度进行了平均计算。利用上述方法计算出的 SC1～SC3 模拟液的液膜厚度随着射流速度及撞击角度的变化规律如图 5.22 所示。

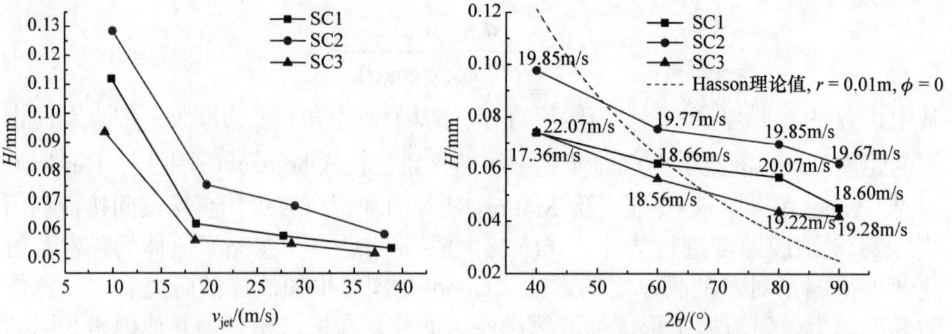

(a) $v_{jet}\approx 10$m/s、20m/s、30m/s、40m/s, $2\theta=60°$　(b) $v_{jet}\approx 20$m/s, $2\theta=40°$、60°、80°、90°（图中标注的值为每个点的射流速度）

图 5.22　液膜厚度随射流速度及撞击角度的变化

由图 5.22 可以得到以下结论。

(1) 在本书的研究范围内，射流撞击形成液膜的厚度在 0.04～0.13mm；对同种凝胶模拟液，液膜厚度随着射流速度及撞击角度的增大而减小。计算出的液膜厚度与 Hasson 理论值在量值及厚度随撞击角度的变化趋势上基本一致。

(2) 由图 5.22(a)可以看出，当$2\theta=60°$时，对于三种模拟液，当射流速度由 10m/s 提高到 20m/s 时，液膜厚度急剧减小，此后，随着射流速度的增大，液膜厚度减小的趋势减缓。结合雾化现象，当 $v_{jet}\approx 10$m/s 时，三种模拟液均为边缘封闭型雾化模式；当 $v_{jet}\approx 20$m/s 时，三种模拟液均为边缘开放型的雾化模式；当 $v_{jet}\approx 30$m/s、40m/s 时，三种模拟液为液丝-液滴型雾化模式。因此，边缘封闭型雾化模式的液膜厚度最大。随着射流速度的增大，由边缘封闭型的雾化模式向其他雾化模式发展时，液膜厚度急剧减小。在边缘开放型或液丝-液滴型雾化模式内，液膜厚度随着射流速度增大而近似呈线性缓慢减小，对这一区间的射流速度 v_{jet} 与液膜厚度 H 进行线性拟合可得如下结论。

SC1 模拟液：

$$H=-0.000414v_{jet}+0.06957 \tag{5.25}$$

SC2 模拟液：

$$H=-0.000924v_{jet}+0.09406 \tag{5.26}$$

SC3 模拟液：

$$H=-0.00023v_{jet}+0.06089 \tag{5.27}$$

(3) 由图 5.22(a)可以看出，当射流速度相同时，SC3 模拟液的液膜厚度最小，其次为 SC1 模拟液，SC2 模拟液形成的液膜厚度最大。由图 5.22(b)也可以得到类似结论，当撞击角度相同时，液膜厚度按照 SC3、SC1、SC2 的顺序逐渐增大($2\theta = 40°$ 时，SC3 模拟液的射流速度明显低于 SC1 模拟液，造成 SC3 模拟液的液膜厚度略高于 SC1 模拟液)。因此可以认为，在相同条件下，SC3 模拟液雾化效果最好，SC1 模拟液次之，SC2 模拟液的雾化最为困难。

5.5.2　液膜雷诺数与韦伯数

雷诺数与韦伯数是描述雾化场特性的两个重要的无量纲参数，本节以 5.4 节、5.5.1 小节得到的雾化场速度与液膜厚度为基础，对不同工况的液膜雷诺数及韦伯数进行分析。

图 5.23 为射流雷诺数 Re_{jet} 及液膜雷诺数 Re_{s} 随射流速度、撞击角度的变化情况，其中，射流雷诺数 Re_{jet} 采用了 Metzner 等提出的定义式[16]，液膜雷诺数采用了线性稳定理论中的常用定义方法[9]：

$$Re_{\text{jet}} = \frac{\rho_1 v_{\text{jet}}^{2-n} d_{\text{jet}}^n}{K\left(\dfrac{3n+1}{4n}\right)^n 8^{n-1}} \tag{5.28}$$

$$Re_{\text{s}} = \frac{\rho_1 h^n U_{\text{s}}^{2-n}}{K} \tag{5.29}$$

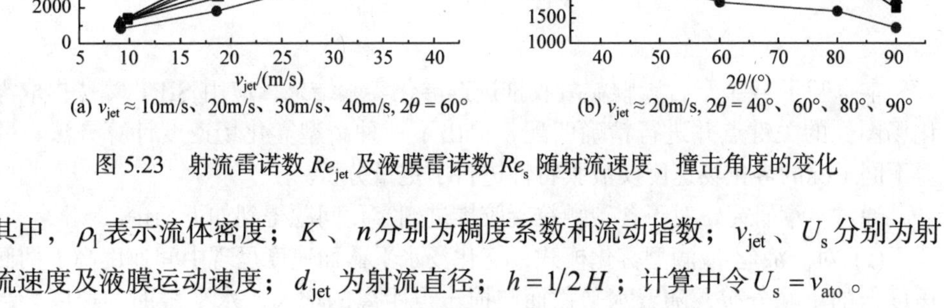

图 5.23　射流雷诺数 Re_{jet} 及液膜雷诺数 Re_{s} 随射流速度、撞击角度的变化

其中，ρ_1 表示流体密度；K、n 分别为稠度系数和流动指数；v_{jet}、U_{s} 分别为射流速度及液膜运动速度；d_{jet} 为射流直径；$h = 1/2H$；计算中令 $U_{\text{s}} = v_{\text{ato}}$。

图 5.24 为射流韦伯数 We_{jet} 及液膜韦伯数 We_{s} 随射流速度、撞击角度的变化情况。射流韦伯数 We_{jet} 及液膜韦伯数 We_{s} 的定义分别为

$$We_{\text{jet}} = \frac{\rho_l v_{\text{jet}}^2 d_{\text{jet}}}{\sigma} \tag{5.30}$$

$$We_{\text{s}} = \frac{\rho_l U_{\text{s}}^2 h}{\sigma} \tag{5.31}$$

其中，σ 为表面张力系数。

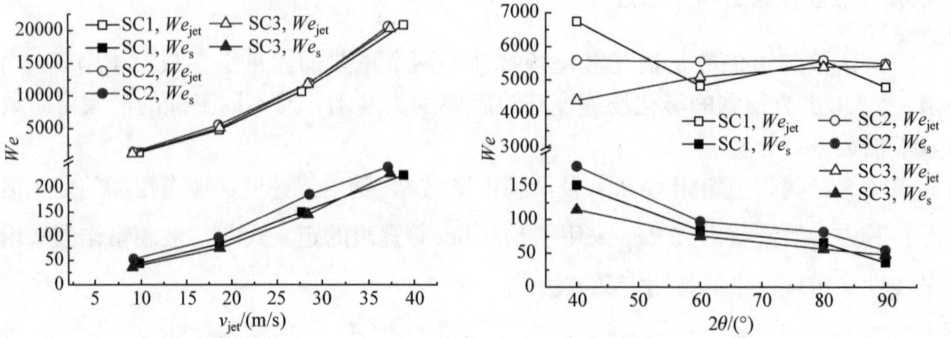

(a) $v_{\text{jet}} \approx$ 10m/s、20m/s、30m/s、40m/s, $2\theta = 60°$　(b) $v_{\text{jet}} \approx$ 20m/s, 2θ = 40°、60°、80°、90°

图 5.24　射流韦伯数 We_{jet} 及液膜韦伯数 We_{s} 随射流速度、撞击角度的变化

由图 5.23 和图 5.24 可以看出，随射流速度、撞击角度的变化，液膜雷诺数、韦伯数的变化规律与雾化效果的变化规律并没有明显的对应关系，因此，难以直接利用液膜雷诺数与韦伯数表征雾化效果。但是，相对于射流雷诺数和韦伯数，液膜雷诺数与韦伯数可以更准确地反映雾化场的流动特征。在 6.3.2 小节的改进线性稳定理论中，将应用液膜雷诺数与韦伯数对液膜的破碎特性进行分析。

5.6　小　　结

本章基于第 4 章含碳颗粒凝胶推进剂雾化实验结果，应用 SIFT 算法提取雾化场图像的关键点并进行精确匹配，提出了一种新型雾化场速度计算方法，并对不同工况的雾化场速度及液膜特性进行了定量分析。

通过本章研究，对于含碳颗粒凝胶推进剂雾化问题得到如下结论。

(1) 对于液丝-液滴型雾化模式，雾化场水平截面速度呈现中间速度高、两侧速度低的单峰分布，随着水平截面与撞击点距离的增大，水平截面的速度渐趋一致。边缘封闭型雾化模式的雾化场速度随着与撞击点距离的增大呈先下降后上升，最后基本稳定的趋势，对于边缘开放型或液丝-液滴型雾化模式，雾化场速度整体上随着与撞击点距离的增大而减小。

(2) 当$2\theta=60°$时，雾化场平均速度随着射流速度的增大近似呈线性增大；当射流速度不变时，雾化场平均速度随着撞击角度的增大而减小；当射流速度、撞击角度相同时，SC3 模拟液的雾化场速度普遍略高于 SC1、SC2 模拟液。

(3) 在本章的研究范围内，雾化场平均速度与射流速度的比值v_{ato}/v_{jet}的范围为 0.6～0.9。v_{ato}/v_{jet}可作为雾化过程中能量转化效率的度量，用于表征雾化效果。对同种凝胶推进剂模拟液，v_{ato}/v_{jet}越小，能量转化效率越高，雾化效果越好。

(4) 在本章研究范围内，射流撞击形成液膜的厚度为 0.04～0.13mm；对同种凝胶模拟液，液膜厚度随着射流速度及撞击角度的增大而减小；随着射流速度的增大，由边缘封闭型的雾化模式向其他雾化模式发展时，液膜厚度急剧减小；在边缘开放型或液丝-液滴型雾化模式内，液膜厚度随着射流速度增大而近似呈线性缓慢减小；在相同射流速度、撞击角度条件下，液膜厚度按照 SC3、SC1、SC2 的顺序依次增大。

参考文献

[1] LOWE D G. Object recognition from local scale-invariant features[C]. Proceedings of the 7th IEEE International Conference on Computer Vision, Kerkyra, 1999, 9: 1150.

[2] LOWE D G. Distinctive image features from scale-invariant keypoints[J]. International Journal of Computer Vision, 2004,60(2):91-110.

[3] BACHALO W D. Experimental methods in multiphase flows[J]. International Journal of Multiphase Flow, 1994, 20(S):261-295.

[4] BACHALO W D, HOUSER M J. Spray drop size and velocity measurements using the phase/Doppler particle analyzer[J]. International Journal of Turbo & Jet Engines, 1987, 4(3-4):207-216.

[5] 张雄美. 高分辨率 SAR 图像变化检测技术研究[D]. 西安: 第二炮兵工程大学, 2012.

[6] GOSHTASBY A. 2-D and 3-D image registration for medical, remote sensing, and industrial applications[D]. New York: Wiley, 2005:34-39.

[7] GOSHTASBY A. Registration of images with geometric distortions 2-D and 3-D image registration for medical[J]. Geoscience and Remote Sensing, 1988,26(1):60-64.

[8] HEISLBETZ B, MADLENER K, CIEZKI H K. Breakup characteristics of a Newtonian liquid sheet formed by a doublet impinging jet injector[R]. AIAA 2007-5694, 2007.

[9] CHOJNACKI K T. Atomization and mixing of impinging non-Newtonian jets[D]. Huntsville: University of Alabama-Huntsville, 1997.

[10] HASSON D, PECK R. Thickness distribution in a sheet formed by impinging jets[J]. AIChE Journal, 1964,10(5):752-754.

[11] CHOJNACKI K T, FEIKEMA D A, CHOJNACKI K, et al. Study. of non-Newtonian liquid sheets formed by impinging jets[R]. AIAA 97-3335, 1997.

[12] YANG L, FU Q, QU Y, et al. Breakup of a power-law liquid sheet formed by an impinging jet injector[J]. International

Journal of Multiphase Flow, 2012,39:37-44.

[13] 王枫, 富庆飞, 杨立军. 幂律流体液膜破裂的线性稳定性分析[J]. 航空动力学报, 2012,27(4):876-881.

[14] MALLORY J A. Jet impingement and primary atomization of non-Newtonian liquids[D]. West Lafayette: Purdue University, 2012.

[15] CHOO Y J, KANG B S. The velocity distribution of the liquid sheet formed by two low-speed impinging jets[J]. Physics of Fluids, 2002,14(2):622-627.

[16] METZNER A B, REED C J. Flow of non-Newtonian fluids–correlation of the laminar, transition, and turbulent-flow regions[J]. American Institute of Chemical Engineering Journal, 1955,4(1):189-204.

第 6 章 凝胶推进剂雾化液膜特性分析

6.1 引 言

一般而言，对牛顿流体雾化特性的研究主要有液膜破碎长度、不稳定波的波长和频率以及液滴尺寸分布等。但是，由第 2～5 章的研究可知，凝胶推进剂的雾化模式与牛顿流体有显著差异，凝胶推进剂的雾化场主要由液膜和液丝构成，形成的液滴数量较少，且尺寸较大。因此，本章基于第 2～5 章的实验结果针对凝胶推进剂的液膜特性开展研究论述。内容包括液膜形状特性、液膜破碎长度与频率、液膜表面不稳定波波长及频率等。

对射流撞击雾化问题，当射流速度较低(雷诺数相对较低)时，射流撞击后形成边缘闭合的液膜，随着射流速度的提高，液膜下游不再闭合，将发生进一步地破碎，形成液丝与液滴。本章基于上述过程，对凝胶推进剂的液膜特性展开研究。6.2 节对液膜形状进行分析预测，首先，介绍液膜形状预测的静止反对称波理论；而后，结合第 3 章的实验结果，对传统静止及时对称波理论进行改进，对 S1、S2 凝胶模拟液的液膜形状特性进行定量分析。6.3 节对液膜的破碎特性进行分析预测，介绍传统液膜破碎预测理论——线性稳定理论，针对传统线性稳定理论对凝胶推进剂液膜破碎特性预测不准确的问题，从两个方面进行改进：一是利用第 5 章含碳颗粒凝胶推进剂雾化速度场和液膜参数的计算结果，考虑射流的撞击作用对其进行改进(6.3.2 小节)；二是基于第 3 章的雾化实验结果，对液膜破碎长度、液膜破碎频率等数据进行统计(6.3.3 小节和 6.3.5 小节)，利用统计结果直接改进传统线性稳定理论中液膜破碎长度等相关参数的定义方式(6.3.4 小节和 6.3.6 小节)。与实验结果的对比证明，上述两种改进方式均能更准确地预测凝胶推进剂液膜的破碎特性。

6.2 液膜形状分析

当射流速度较低时，凝胶推进剂表现出边缘闭合型雾化模式，液膜的几何形状呈现为心形结构。随着射流速度的增大，液膜下游不再闭合，但撞击点附近的液膜仍具有较为规则的几何形状。

6.2.1　静止反对称波理论

对于双股撞击式喷嘴，射流在较低的速度下撞击时，将在射流所在平面的垂直平面内 1s 形成扇形的液膜，其基本形状及相关参数如图 6.1 所示。

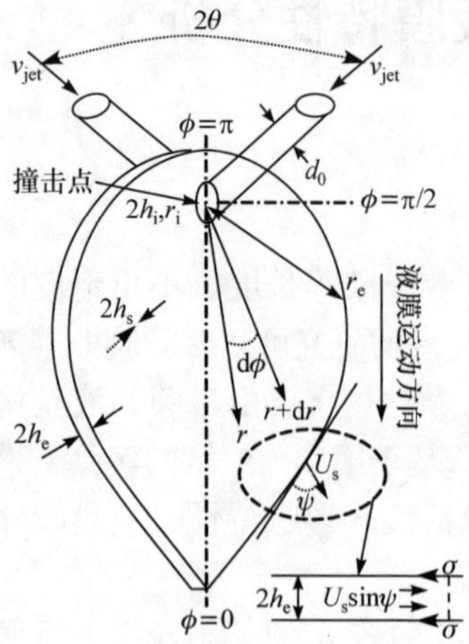

图 6.1　双股射流撞击形成的液膜形状及参数示意图

图 6.1 中，ϕ 为角坐标，r 为径坐标，r_e 为液膜边缘的径坐标，下角标 e 表示液膜边缘，液膜边缘厚度为 h_e，任意点处的液膜厚度表示为 h，射流撞击角度 2θ，撞击区域的液膜厚度为 h_i，撞击区域半径为 r_i，撞击点到液膜边缘的距离为 r_e，v_{jet} 为射流速度，ψ 表示液膜边缘当地速度与液膜边缘切线的夹角。在不考虑流体黏性及液膜速度与射流速度相等的假设的基础上，Taylor[1] 提出了静止反对称波理论(stationary antisymmetric wave theory)，认为当 $We>1$ 时，液膜的形状是由有限范围内的静止反对称波决定的。在 Taylor 研究的基础上，Ibrahim 等[2]研究了低/高韦伯数下的不同雾化机制，低/高韦伯数的过渡区域为 500~2000，在低韦伯数下，液膜的破碎是由静止反对称波控制的，而当 $We>2000$ 时，液膜的破碎则是由 Kelvin-Helmholtz 波的增长所控制的。Ibrahim 等推导了在低韦伯数下的液膜形状表达式：

$$\frac{r_e}{d_0 We}=\frac{\beta e^{\beta(1-\phi/\pi)}\sin^2\phi}{4\left(e^{\beta}-1\right)} \tag{6.1}$$

其中，β 为衰减因子，表示液膜厚度衰减的速度，β 越大，液膜厚度衰减越快，反之则越慢。β 和 ψ 的值分别由式(6.2)和式(6.3)确定：

$$\cos\theta=\left(\frac{e^{\beta}+1}{e^{\beta}-1}\right)\frac{1}{1+(\pi/\beta)^2} \tag{6.2}$$

$$\psi=(\pi/2)\cdot e^{\ln(2\theta/\pi)\cdot(1-\phi/\pi)} \tag{6.3}$$

液膜厚度的表达式为

$$\frac{hr}{{d_0}^2}=\frac{\beta e^{\beta(1-\phi/\pi)}}{e^{\beta}} \tag{6.4}$$

Ryan 等[3]应用静止反对称波理论对低韦伯数下的层流水射流撞击雾化的分析表明，理论预测的液膜形状、液膜破碎长度、液膜最大长宽比等参数与实验结果非常一致。总体来看，静止反对称波理论可以较好地对低韦伯数下低黏度流体的液膜特性参数进行预测，获得了较为广泛的应用[4,5]。1997 年，Chojnacki[6]首次利用静止反对称波理论对聚羧乙烯和矿物油凝胶的液膜特性进行分析，研究表明，理论预测的液膜远大于实验形成的液膜，理论与实验之间存在很大误差。这充分说明，基于无黏流体假设的静止反对称波理论并不适用于凝胶推进剂的雾化这类高黏度流体的雾化问题。为此，Yang 等[4]提出一种改进理论模型，该模型考虑了流体的黏性及能量耗散，预测的黏性流体液膜形状与实验结果较为一致；基于改进理论，Yang 等研究撞击角度、速度、韦伯数和雷诺数对液膜形状、厚度及速度分布等特性的影响。韩亚伟[7]研究认为，静止反对称波理论的重要基础之一是 Naber 等提出的液膜厚度的假设公式[8]，因此，可以通过对理论中相关参数的简单修正，实现对凝胶推进剂液膜形状的精确预测，韩亚伟的研究表明，改进方法在预测其制备的凝胶推进剂模拟液的液膜形状方面非常有效。

6.2.2　液膜形状特性预测

为研究凝胶推进剂雾化的液膜几何特性，本节针对 S2 凝胶模拟液设计了 3 种工况实验，实验过程采用了固定式喷嘴。实验条件为喷嘴直径 d_0=1mm，撞击角度 2θ=60°，长径比 L/d_0=6，射流速度分别为 5.92m/s、9.85m/s、11.96m/s。实验结果如图 6.2 所示，图中矩形区域给出了液膜长度和液膜宽度。通过观察液膜形状可知，尽管液膜随射流速度增大而增大，但液膜的几何形状具有一定的相似性[7]。通过测量液膜的尺寸得到图 6.2(a)～(c)工况下液膜的长宽比 $X_{\max}/W_{\max}$ 分别为 4.5、5.0 和 4.67，均值为 4.72。

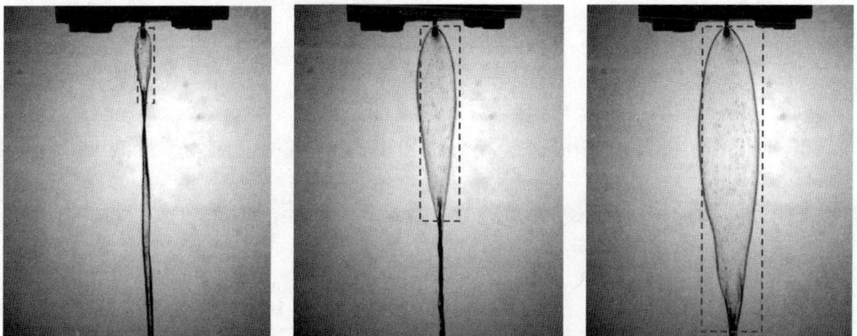

(a) v_{jet}=5.92m/s, We=482　(b) v_{jet}=9.85m/s, We=1335　(c) v_{jet}=11.96m/s, We=1969

图 6.2　不同射流速度时 S2 凝胶模拟液的典型雾化图像

通过对雾化图像的分析，得到 S2 凝胶模拟液雾化的液膜几何形状如图 6.3 所示。图中工况 a、b 和 c 分别与图 6.2 中的 3 种工况相对应。注意：图 6.2 和图 6.3

的比例不同，为便于观察，将图 6.3 的液膜方位逆时针旋转 90°，以下关于液膜形状的分析也进行了同样的处理。

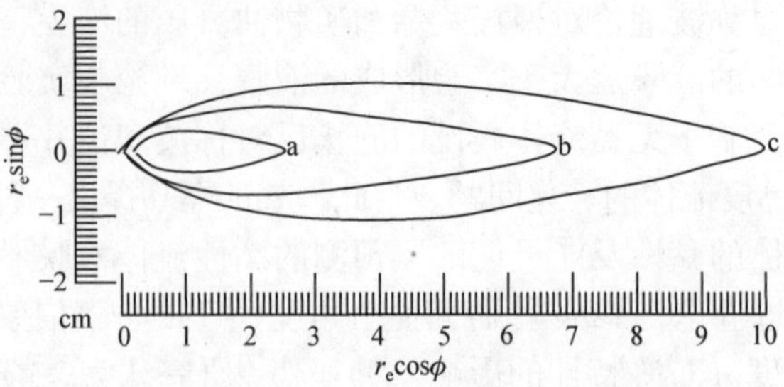

图 6.3　图像分析所得的 S2 凝胶模拟液雾化的液膜几何形状

由式(6.1)可知，若β保持不变，则 $r_e/(d_0We)$ 仅是变量 ϕ 的函数。文献[9]表明，上述理论对预测牛顿流体的液膜形状非常有效。但是，凝胶推进剂是非牛顿流体，黏度明显大于牛顿流体，在黏性力的作用下，液膜尺寸更小且厚度衰减更慢，通过式(6.1)得到的液膜几何特性并不适用于凝胶推进剂。图 6.4 给出了 θ=30° 时由式(6.1)得到的牛顿流体液膜形状(虚线)和实验得到的 S2 模拟液的液膜形状(实线)的对比。由图 6.4 可知，在相同的工况下，牛顿流体雾化形成的液膜更大。图中牛顿流体液膜的长宽比 $X_{\max}/W_{\max}$ =2.74，远小于 S2 凝胶模拟液雾化所形成液膜的长宽比平均值 4.72。

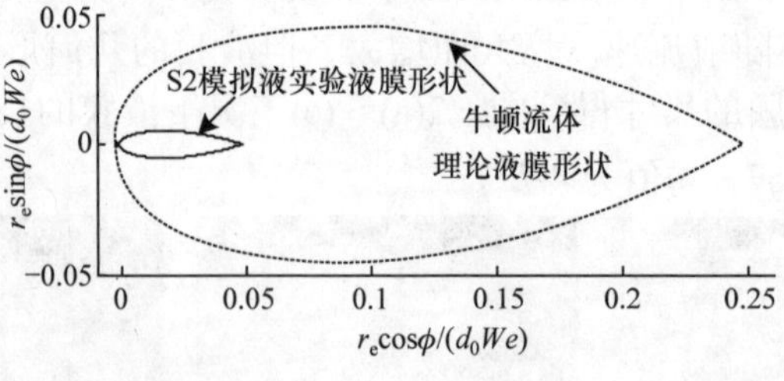

图 6.4　θ=30° 时计算得到的牛顿流体液膜形状和实验得到的 S2 凝胶模拟液的液膜形状对比

为使式(6.1)计算得到的液膜长宽比与 S2 凝胶模拟液的液膜长宽比一致，通过式(6.5)来确定 β 的取值：

$$\cos\theta=\left(\frac{\exp(\beta/1.6)+1}{\exp(\beta/1.6)-1}\right)\frac{1}{1+\left(1.6\pi/\beta\right)^2} \tag{6.5}$$

同时，为了使式(6.1)预测的液膜长度与 S2 模拟液的实验值一致，液膜边缘径坐标的表达式为

$$\frac{r_e}{d_0We}=\frac{1}{8}\frac{\beta e^{\beta(1-\phi/\pi)}\sin^2\left\{(\pi/2)\cdot e^{\ln(2\theta/\pi)\cdot(1-\phi/\pi)}\right\}}{8\left(e^{\beta}-1\right)} \tag{6.6}$$

最终，通过式(6.5)和式(6.6)即可确定 S2 凝胶模拟液的液膜几何形状。

图 6.5 给出了用式(6.5)和式(6.6)计算的液膜形状(虚线)与图像分析所得的液膜形状(实线)的对比。由图可知，二者吻合良好，理论计算得到的液膜长宽比 $X_{\max}/W_{\max}=4.73$，与实验得到的液膜长宽比平均值 4.72 相当一致，充分说明了式(6.6)的有效性。

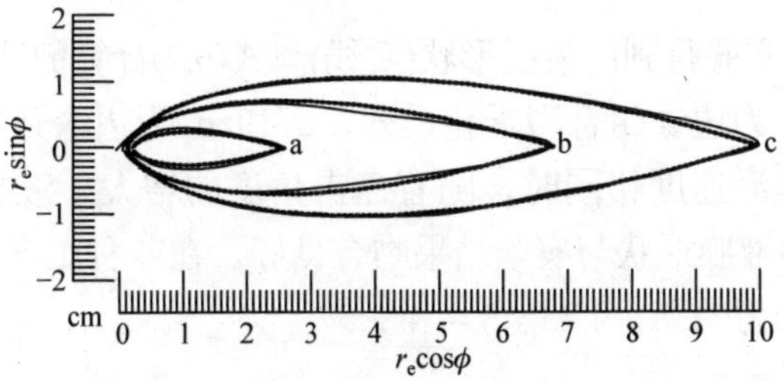

图 6.5　S2 凝胶模拟液的液膜形状对比

同理可得，S1 凝胶模拟液液膜边缘径坐标的表达式为

$$\frac{r_e}{d_0 We}=\frac{1}{6}\frac{\beta e^{\beta(1-\phi/\pi)}\sin^2\left\{(\pi/2)\cdot e^{\ln(2\theta/\pi)\cdot(1-\phi/\pi)}\right\}}{8\left(e^{\beta}-1\right)} \tag{6.7}$$

图 6.6 给出了 3 种工况下 S1 凝胶模拟液液膜几何形状的理论解(虚线)与实验结果(实线)的对比。实验工况为 d_0=1mm，2θ=60º，L/d_0=6；射流速度和韦伯数分别为 a：$v_{jet}=5.0\text{m/s}$，We=343；b：$v_{jet}=10.1\text{m/s}$，We=1571；c：$v_{jet}=13.7\text{m/s}$，We=2575。从图 6.6 可以看出，随着射流速度的增大，液膜长度及宽度都随之增加，但液膜的几何形状始终保持相似性。在 3 种工况下，理论解与实验结果吻合良好，仅在工况 c 时液膜宽度略小于实验值。工况 a、b 和 c 的液膜长宽比 $X_{\max}/W_{\max}$ 的实验值分别为 4.45、5.06 和 4.25，均值为 4.59，略小于理论计算值 4.73。

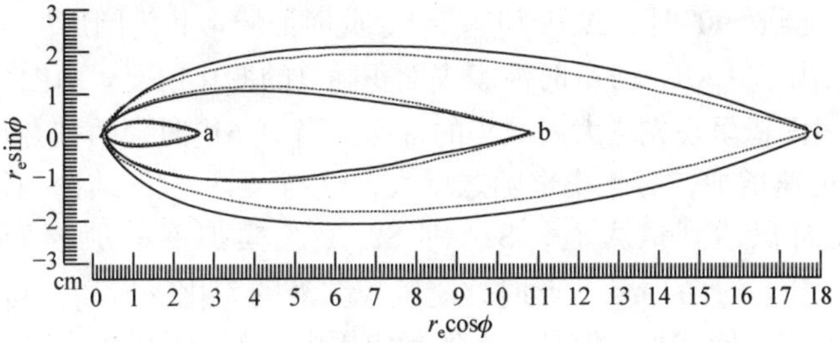

图 6.6　S1 凝胶模拟液的液膜几何形状的理论解与实验结果对比

以上仅给出了撞击角度 2θ=60º 时 S1 和 S2 凝胶模拟液液膜形状的理论值与实验结果的对比。为研究撞击角度变化时液膜形状的变化规律，针对 S1 凝胶模拟液又设计了 4 种实验工况，分别为 d_0=1mm，L/d_0=6，撞击角度和射流速度为 a：2θ=40º，$v_{\text{jet}}=14.1\text{m/s}$，$We$=2728；b：$2\theta$=60º，$v_{\text{jet}}=13.5\text{m/s}$，$We$=2500；c：$2\theta$=80º，$v_{\text{jet}}=13.6\text{m/s}$，$We$=2538；d：$2\theta$=100º，$v_{\text{jet}}=13.5\text{m/s}$，$We$=2500。

图 6.7 给出了实验得到的液膜形状(实线)与式(6.7)计算的液膜形状(虚线)的对比，图中 a 和 b 为边缘闭合型雾化模式，c 和 d 为边缘开放型雾化模式。由图 6.7 可知，当射流速度相同时，随着撞击角度的增大，液膜宽度及长度都增大，式(6.7)预测的液膜形状与实验结果吻合良好。在 4 种工况下，理论分析得到的液膜长宽比分别为 7.38、4.73、3.4 和 2.57。

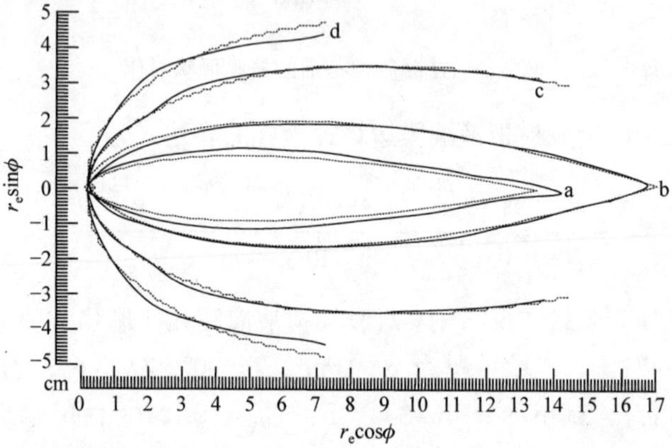

图 6.7 撞击角度对 S1 凝胶模拟液液膜几何形状的影响

根据实验及理论分析可知，凝胶推进剂雾化的液膜形状具有几何相似性，液膜的长宽比仅由撞击角度决定，而与凝胶推进剂中胶凝剂的含量无关。图 6.8 给出了液膜长宽比随 θ 的变化情况。由图可知，随着撞击角度的增加，液膜长宽比逐渐减小。当 θ=90º 时，$X_{\max}/W_{\max}=1$，此时液膜形状为圆形。

图 6.9 给出了 $d_0 \cdot We = 1\text{m}$ 时液膜表面积随 θ 的变化情况。由图可知，凝胶模拟液的液膜表面积呈现先增大后减小的特点。当 θ<61º 时，两种凝胶模拟液的液膜表面积都迅速增加，雾化率也随之增大，这与第 3 章的结论一致；当 θ=61º 时，液膜表面积达到最大值，S1 和 S2 凝胶模拟液的液膜表面积分别为 $1.96\times10^{-3}\text{m}^2$ 和 $1.1\times10^{-3}\text{m}^2$，此时，凝胶模拟液的雾化率最高；当 θ 继续增大时，液膜表面积开始减小。但是，在实际应用中，θ 一般设置为 30º 左右，当撞击角度较大时，液膜两侧的凝胶推进剂会撞击并附着在发动机壁面上，导致燃烧效率降低。

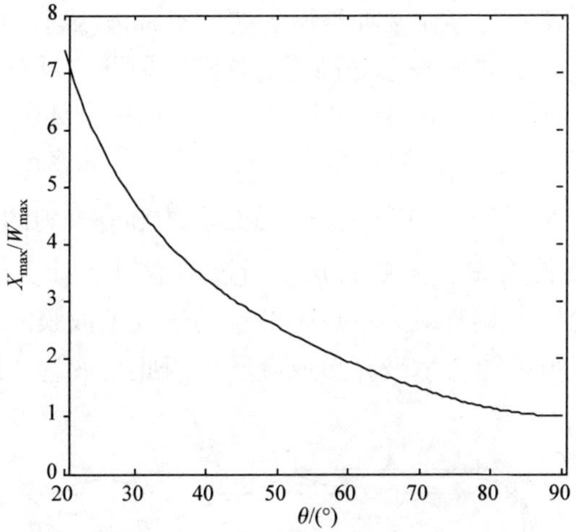

图 6.8 液膜长宽比与 θ 的关系($d_0 \cdot We = 1\text{m}$)

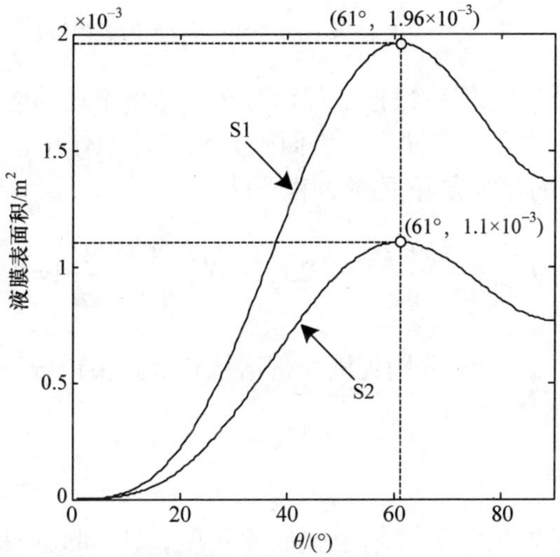

图 6.9 液膜表面积与 θ 的关系($d_0 \cdot We = 1\text{m}$)

6.3 液膜破碎特性分析

6.3.1 传统线性稳定理论

液膜破碎预测理论是指对液膜的破碎时间、破碎长度及形成的液丝及液滴的尺寸等相关参数进行预测的理论。其中，线性稳定理论[9]应用最为广泛。

线性稳定理论经常被用来研究气液两相界面的增长扰动问题。在射流撞击雾化过程中，液膜表面会存在两种类型的波：对称波(膨胀波)和反对称波(弯曲波)，其中，反对称波的增长率总是高于对称波，因此，反对称波控制着液膜的破碎过程。基于反对称波的液膜运动线性稳定理论模型如图 6.10 所示。厚度为 $2h$ 的液膜以 U_s 的速度在静止的气体中向右运动，气体密度为 ρ_g，液体密度为 ρ_l，气液密度比 $R_{gl}=\rho_g/\rho_l$；在气动力、表面张力和黏性力的作用下，液膜表面产生了扰动波，波长为 λ，振幅为 η；通过波数可以计算出扰动波的增长率 β_i。线性稳定理论假设具有最大增长率的扰动造成了液膜的破碎，在扰动波的波峰及波谷处，液膜可能发生破碎形成液丝，因此，液丝的波长是液膜表面扰动波波长的 1/2。

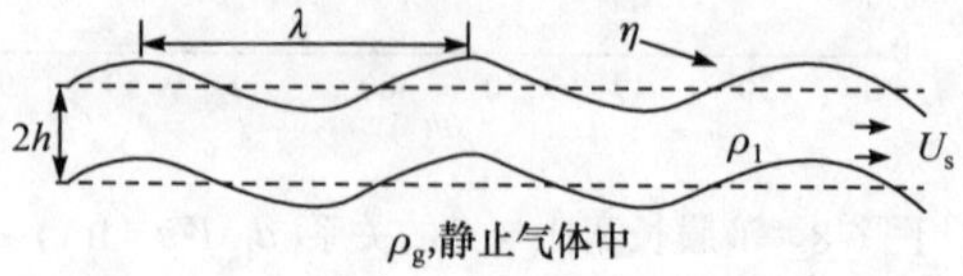

图 6.10　液膜运动的线性稳定理论模型[10]

Dombrowski 等[11]应用线性稳定理论对在气体场中运动的扇形液膜稳定性进行了分析，考虑黏性力、惯性力、表面张力和气动力作用，推导出液膜运动过程中扰动波增长率的控制方程(色散方程)为

$$\beta_{i,nd}^2+\frac{(kh)^2\beta_{i,nd}}{Re_s}+2R_{gl}(kh)^2\left(\frac{1}{We_s}-\frac{1}{kh}\right)=0 \tag{6.8}$$

其中，$k=\dfrac{2\pi}{\lambda}$；Re_s、We_s 分别为液膜雷诺数和液膜韦伯数；$\beta_{i,nd}$ 为无量纲扰动波增长率：

$$\beta_{i,nd}=\beta_i h/U_s \tag{6.9}$$

由于线性稳定理论无法预测液膜破碎长度，Dombrowski 等[11]结合经验公式，认为当式(6.10)成立时，液膜发生破碎：

$$\ln(\eta_{bu}/\eta_0)=12 \tag{6.10}$$

其中，η_{bu} 为液膜发生破碎时的临界波幅；η_0为初始扰动波幅度。破碎时间为

$$\tau_b=\ln(\eta_{bu}/\eta_0)/\omega_{i,max} \tag{6.11}$$

其中，$\omega_{i,max}$ 为最大扰动波增长率。

液膜破碎长度为

$$L_b=U_s\tau_b=U_s\ln(\eta_{bu}/\eta_0)/\omega_{i,max} \tag{6.12}$$

线性稳定理论被广泛应用于牛顿流体的液膜特性研究[12,13]。随着凝胶推进剂雾化问题研究的需要，线性稳定理论开始被发展并应用于凝胶推进剂射流稳定

性[14-16]及液膜特性[6,17-23]分析。1997 年，Chojnacki 等[6,23]首次基于幂律型本构关系推导了凝胶推进剂的色散方程：

$$\beta_{\mathrm{i,nd}}^2+\frac{n(kh)^2}{Re_{\mathrm{s}}}\left(\beta_{\mathrm{i,nd}}\right)^{2n-1}+2R_{\mathrm{gl}}(kh)^2\left(\frac{1}{R_{\mathrm{gl}}We_{\mathrm{s}}}-\frac{1}{kh}\right)=0 \tag{6.13}$$

基于幂律型本构的液膜雷诺数：

$$Re_{\mathrm{s}}=\frac{\rho_{\mathrm{l}}h^nU_{\mathrm{s}}^{\;2-n}}{K} \tag{6.14}$$

其中，K、n 分别为稠度系数与流动指数。Chojnacki 等在应用式(6.13)对其制备的凝胶推进剂模拟液的雾化特性进行研究后发现，线性稳定理论总是过高地预测了液膜表面扰动波的波长，对此，他给出了与 Ryan 等[3]及 Ibrahim[13]一致的解释：线性稳定理论只考虑了气动力、黏性力及表面张力对液膜稳定性的影响，而忽略了射流撞击中最重要的撞击作用，射流撞击时的高频率不稳定波对液膜稳定性具有重要影响。王枫等[18]、Yang 等[19]分别基于 Chojnacki 等的线性稳定理论模型(式(6.13))，研究凝胶推进剂物性参数、流变参数等因素对液膜稳定性的影响，获得相似的结论：液膜表面扰动波的增长率随着稠度系数、流动指数和表面张力的增大而减小，随着液膜速度、液膜厚度和气液密度比的增大而增大；除液膜厚度增大会使扰动波波长增大外，扰动波波长的变化规律与扰动波增长率的变化规律相反；线性稳定理论预测的液膜破碎长度与实验结果相一致，但表面波长大于实验值(图 6.11)，这与 Chojnacki 等的结论是一致的。

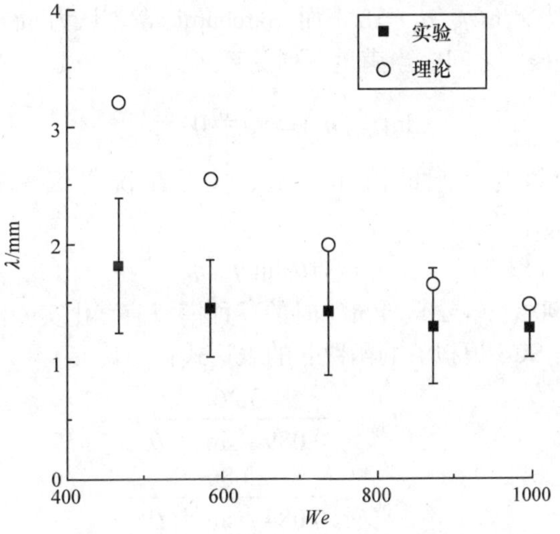

图 6.11　凝胶推进剂液膜表面波长的理论计算值与实验值的对比[19]

Mallory[17]认为，造成式(6.13)不能准确预测表面波长主要原因是 Chojnacki 等使用的幂律型本构过于简单，不足以精确描述凝胶推进剂的流变特性，因此，他应用 Bird-Carreau(B-C)本构模型描述凝胶推进剂的本构关系，推导了基于 B-C 模型的色散方程，并应用其改进的线性稳定理论及 Huang[24]的半经验公式对最大扰动波波长、液膜破碎长度、液丝及液滴尺寸等参数进行了预测，理论预测值与实验结果比较一致，Mallory 据此认为，其发展的基于 B-C 本构模型的改进非线性稳定理论明显优于 Chojnacki 等提出的理论。

6.3.2 考虑射流撞击作用的改进线性稳定理论

目前，从应用线性稳定理论对液膜的破碎特性进行预测分析的研究成果[6,12,17-19,21,23]来看，线性稳定理论的预测结果与实验值之间还存在一定的差距，认为这主要是由以下两方面的原因造成的：一是传统的线性稳定理论没有考虑射流的撞击作用；二是目前研究中应用的液膜厚度、速度等参数一般为估计值。本小节将前面获得的液膜厚度、速度、雷诺数、韦伯数等参数应用于线性稳定理论，考虑射流的撞击作用对传统线性稳定理论进行了改进，并对含碳颗粒凝胶推进剂液膜破碎特性进行了预测分析。

考虑射流撞击作用，将液膜破碎长度计算式(6.12)修正为

$$L_{\mathrm{b}} = f(\theta)\ln(\eta_{\mathrm{b}}/\eta_0)U_{\mathrm{s}}/\omega_{\mathrm{i,max}} \tag{6.15}$$

式中，$f(\theta)$为撞击角度的函数；$\ln(\eta_{\mathrm{b}}/\eta_0)$的一般取值为 12[18,25]，但在不同的研究成果中，$\ln(\eta_{\mathrm{b}}/\eta_0)$的值也会发生一定的变化，如 Kroesser 等[26]、Grant 等[27]在研究甘油/水溶液及黏性牛顿流体时分别使用了 13.4、11，Yang 等[19]在研究某凝胶推进剂模拟液时令$\ln(\eta_{\mathrm{b}}/\eta_0)=8$，而 Sarchami 等[28]认为$\ln(\eta_{\mathrm{b}}/\eta_0)$与射流雷诺数$Re_{\mathrm{jet}}$和韦伯数$We_{\mathrm{jet}}$之间应当满足下列关系式：

$$\ln(\eta_{\mathrm{b}}/\eta_0) = Re_{\mathrm{jet}}^{0.07}We_{\mathrm{jet}}^{0.37} \tag{6.16}$$

$\ln(\eta_{\mathrm{b}}/\eta_0)$的值应该与液膜的流体类型、实验工况等因素相关。将$f(\theta)$与$\ln(\eta_{\mathrm{b}}/\eta_0)$综合考虑，令

$$g = f(\theta)\ln(\eta_{\mathrm{b}}/\eta_0) \tag{6.17}$$

对$2\theta=40^{\circ}\sim90^{\circ}$、$v_{\mathrm{jet}}$=20～40m/s 时的三种模拟液雾化实验数据进行了分析，拟合得到了 SC1～SC3 模拟液的函数g的表达式：

$$g_{\mathrm{SC1}} = \frac{3.26}{0.089+\sin^{4.69}\theta} \tag{6.18}$$

$$g_{\mathrm{SC2}} = \frac{2.686}{0.084+\sin^{4.83}\theta} \tag{6.19}$$

$$g_{\mathrm{SC3}} = \frac{3.287}{0.1334+\sin^{7.41}\theta} \tag{6.20}$$

由式(6.18)～式(6.20)可以看出，g_{SC1}与g_{SC2}的分母差别很小而分子差别较

大，g_{SC1} 与 g_{SC3} 的分子差别很小而分母差别较大。这说明碳颗粒浓度的增大对于函数 g 的影响可能仅仅是系数的变化，而碳颗粒粒径的变化对函数 g 的影响则相对复杂。

令 $U_s = v_{ato}$，对于 $2\theta = 60°$ 的雾化工况，将雾化场速度估计式(5.20)～式(5.22)、液膜厚度估计式(5.25)～(5.27)代入式(6.8)计算出 $\omega_{i,max}$，利用式(6.15)、(6.18)～(6.20)可计算出液膜破碎长度随韦伯数的变化规律。对于其他工况，也可以类似得到液膜破碎长度的预测值。线性稳定理论的基本思想是液膜表面的扰动波作用造成了液膜的破碎，因此，这里对表 4.4 所示工况中出现液丝-液滴型雾化模式(该模式中扰动波的作用造成了液膜的破碎)的实验工况的液膜破碎长度进行了预测，图 6.12 为液膜破碎长度的理论预测值与实验值对比。由图 6.12 可以看出，液膜破碎长度的预测值与实验值非常一致，证明了改进线性稳定理论的正确性。

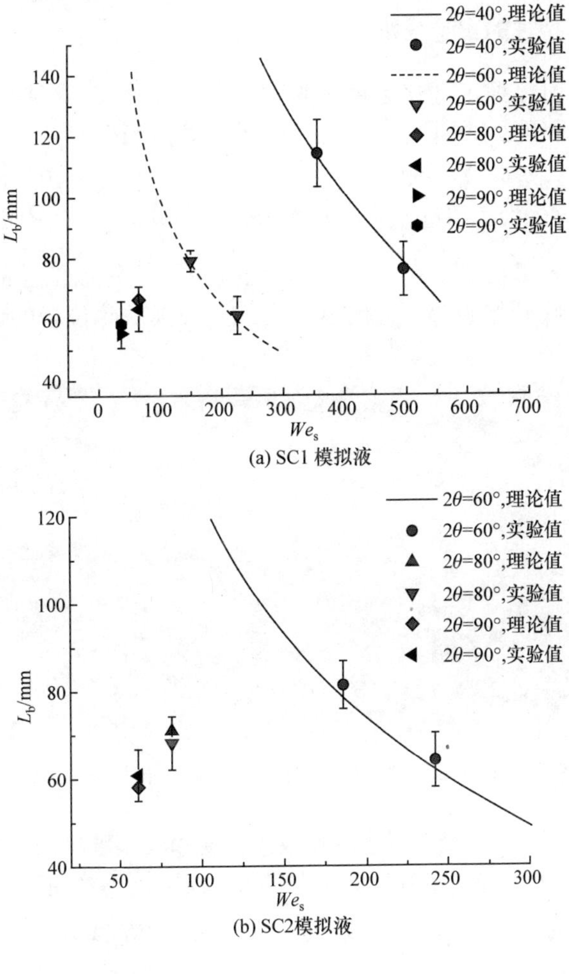

(a) SC1 模拟液

(b) SC2模拟液

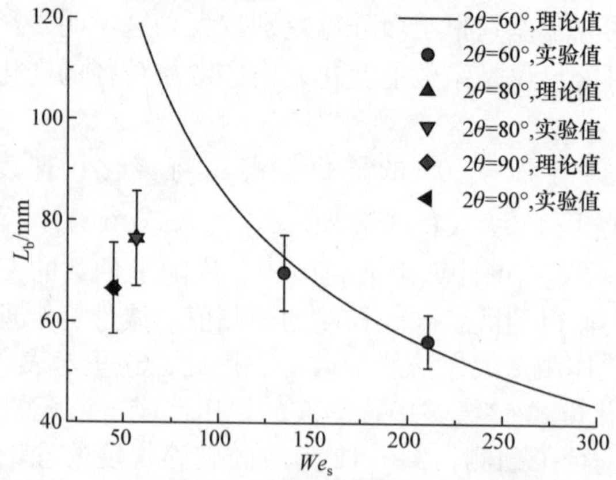

(c) SC3模拟液

图 6.12　液膜破碎长度的理论预测值与实验值对比

6.3.3　液膜破碎特性的实验分析

凝胶推进剂射流撞击雾化会使液膜表面产生扰动波，当扰动波达到一定强度时，液膜就会破碎。为研究液膜破碎长度 L_b 和液膜破碎频率 f_s，首先要对液膜破碎长度进行合理定义，如图 6.13 所示(注：该工况采用了固定式喷注器，实验条件为 2θ =60°，d_0=1mm，v_{jet} =25.0m/s，L/d_0=6)。图中虚线部分给出了液膜不稳定波的发展过程，从图 6.13(a)到(b)，不稳定波的波幅增大，发展到图 6.13(c)时，液膜开始破碎，此时从撞击点到液膜破碎位置的距离即为液膜破碎长度。

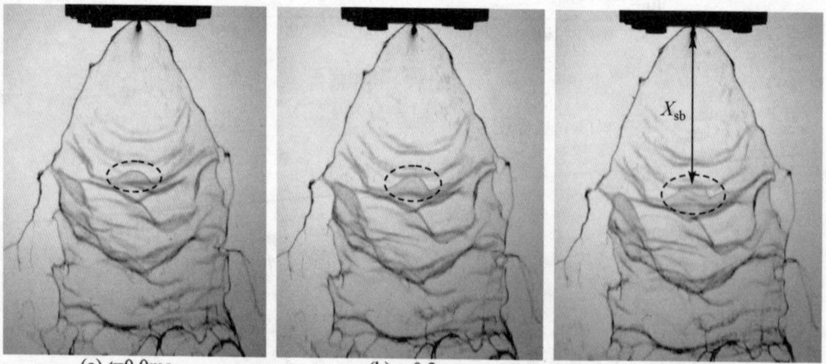

(a) t=0.0ms　(b) t=0.2ms　(c) t=0.4ms

图 6.13　液膜不稳定波的破碎过程(2θ =60°, d_0=1mm, v_{jet} =25.0m/s, L/d_0=6)

图 6.14 给出了 S1 凝胶模拟液液膜破碎长度和液膜破碎频率与射流广义雷诺数 Re_{gen} 的关系。由图 6.14(a)可知，当喷嘴直径保持不变时，液膜破碎长度随 Re_{gen} 的增大而减小。其原因为当 Re_{gen} 增大时，液膜运动的速度增大，根

据 3.4.1 小节的分析可知，液膜宽度随之增加，液膜厚度相应减小，结合 6.3.1 小节中关于液膜厚度对液膜扰动波的影响可知，液膜最大扰动波增长率增加，从而使液膜更易破碎。由图 6.14(b)可知，当喷嘴直径保持不变时，凝胶模拟液的液膜破碎频率随广义雷诺数的增加而增大，这与文献[29]关于牛顿流体的实验结论一致。

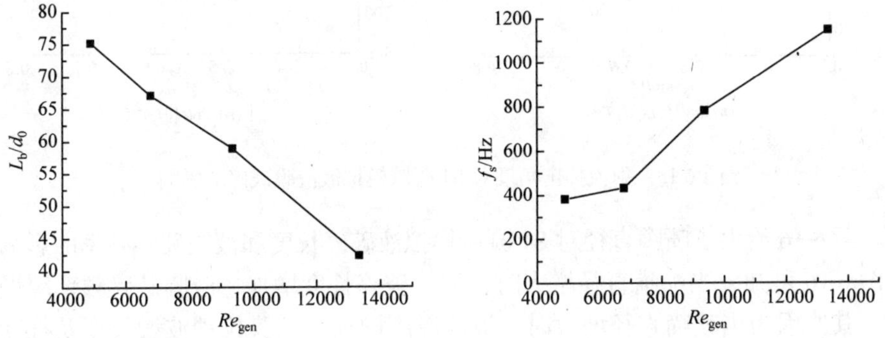

(a) Re_{gen}与L_b/d_0关系　　(b) Re_{gen}与f_s关系, d_0 = 1mm

图 6.14　广义雷诺数对 S1 凝胶模拟液液膜破碎的影响

通过数据拟合，分别得到了 Re_{gen} 和 L_b/d_0 及 Re_{gen} 和 f_s 的经验关系式：

$$L_b / d_0 \propto \left(Re_{gen}\right)^{-0.56} \tag{6.21}$$

$$f_s \propto \left(Re_{gen}\right)^{1.23} \tag{6.22}$$

图 6.15 给出了 S1 凝胶模拟液液膜破碎长度和液膜破碎频率与撞击角度的关系。由图 6.15 可知，随着射流撞击角度的增大，液膜破碎长度减小，液膜破碎频率增加，主要原因为当射流撞击角度增大时，液膜厚度减小，液膜表面的扰动波增强，导致液膜更容易破碎；液膜扰动波增长率增加的同时，扰动波的波数也随之增加，进而破碎时间减小，液膜破碎频率增加。数据拟合得到的 L_b/d_0 与撞击角度及 f_s 与撞击角度经验公式为

$$L_b / d_0 \propto \left[f(\theta)\right]^{-0.71} \tag{6.23}$$

$$f_s \propto \left[f(\theta)\right]^{0.51} \tag{6.24}$$

其中

$$f(\theta) = \frac{(1-\cos\theta)^2}{\sin^3\theta} \tag{6.25}$$

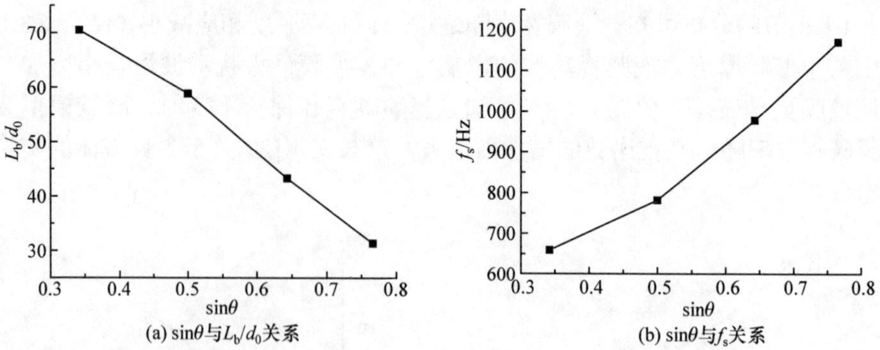

图 6.15　射流撞击角度对 S1 凝胶模拟液液膜破碎的影响

图 6.16 给出了喷嘴直径对 S1 凝胶模拟液破碎长度和液膜破碎频率的影响。由图 6.16 可知，当喷嘴直径增大时，液膜破碎长度增加，液膜破碎频率缓慢下降。其原因为当喷嘴直径增大时，液膜厚度增加，液膜扰动波增长率及扰动波数减小，进而导致液膜破碎长度增加，液膜破碎频率下降。

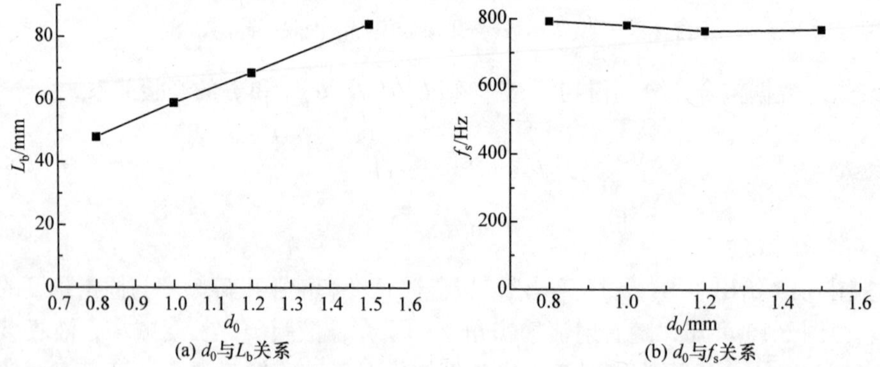

图 6.16　喷嘴直径对 S1 凝胶模拟液液膜破碎的影响

由 3.5.3 小节可知，喷嘴直径对凝胶推进剂雾化的影响可通过无量纲数 Oh_{gen} 来表征。图 6.17 给出了 S1 凝胶模拟液液膜破碎长度和液膜破碎频率随 Oh_{gen} 的变化情况，通过数据拟合得到的经验公式为

$$L_b/d_0 \propto \left(Oh_{gen}\right)^{-0.25} \tag{6.26}$$

$$f_s \propto \left(Oh_{gen}\right)^{-0.11} \tag{6.27}$$

式(6.26)和式(6.27)表明，液膜破碎长度 L_b 和液膜破碎频率 f_s 随 Oh_{gen} 的增大而减小。

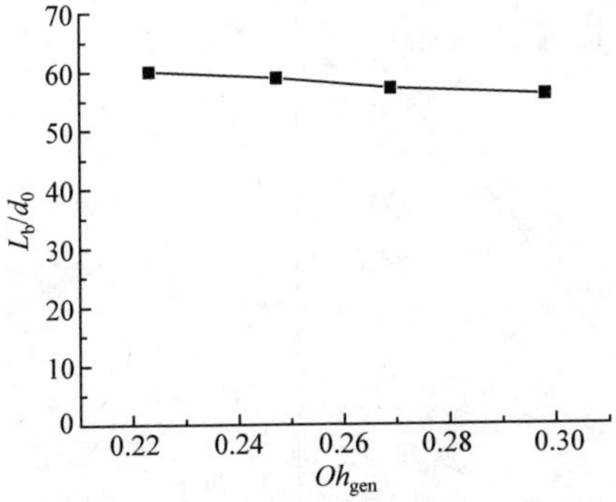

(a) Oh_{gen}与L_b/d_0关系

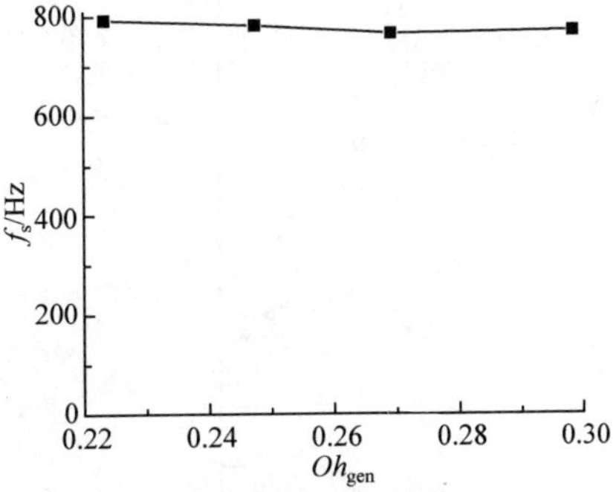

(b) Oh_{gen}与f_s关系

图 6.17　Oh_{gen}对 S1 模拟液液膜破碎的影响

综合上述分析，最终得到了液膜破碎长度及液膜破碎频率与 Re_{gen} 、Oh_{gen} 和 $f(\theta)$ 的经验关系式：

$$L_b/d_0=1545\left(Re_{gen}\right)^{-0.56}\left(Oh_{gen}\right)^{-0.25}f(\theta)^{-0.71} \tag{6.28}$$

$$f_s=0.024\left(Re_{gen}\right)^{1.23}\left(Oh_{gen}\right)^{-0.11}f(\theta)^{0.51} \tag{6.29}$$

图 6.18 和图 6.19 分别给出了经验关系式(6.28)和式(6.29)与实验结果的对比。由图可知，二者吻合良好，该经验关系式可较好地预测液膜破碎长度和液膜破碎频率。

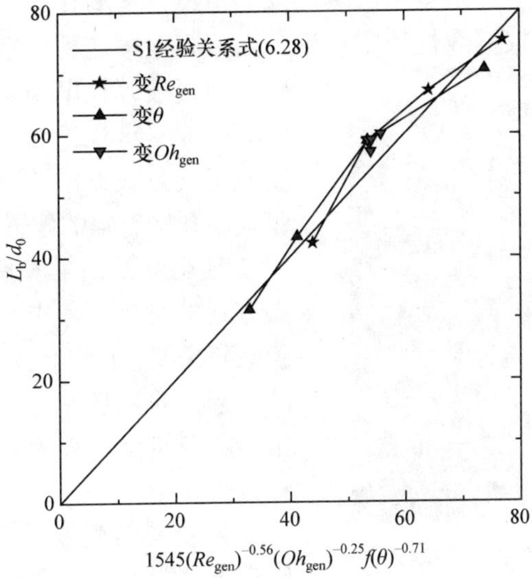

图 6.18　S1 凝胶模拟液液膜破碎长度的经验关系式(6.28)与实验结果的对比

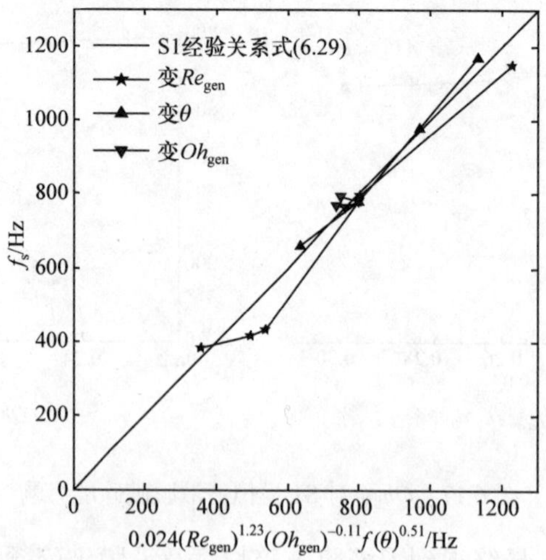

图 6.19　S1 凝胶模拟液液膜破碎频率的经验关系式(6.29)与实验结果的对比

6.3.4　液膜破碎长度的传统线性稳定理论与实验结果对比

凝胶推进剂撞击式雾化形成液膜是复杂的、非稳态的过程，液膜破碎长度和不稳定波波长是表征雾化效果的重要参数。本节应用 6.3.1 小节介绍的线性稳定理论对 S1、S2 模拟液的液膜破碎长度进行预测，并与实验结果进行对比。但是，对液膜破碎长度的定义，不同的研究者定义方式不同。Yang 等[20]将液膜破碎长度定义为沿液膜轴向从撞击点到液丝形成的位置的距离；Jung 等[29]则将其定义为沿液膜轴向从撞击点到液膜边缘的距离，本书在前文研究中也基本沿用了此种定义方式。根据线性稳定理论，当液膜振幅达到一定程度时液膜开始破碎，液膜破碎长度与其起始破碎的时间相关。因此，这里给出一个新的液膜破碎长度的定义方式：沿液膜轴向从撞击点到液膜表面开始破碎的位置的距离。

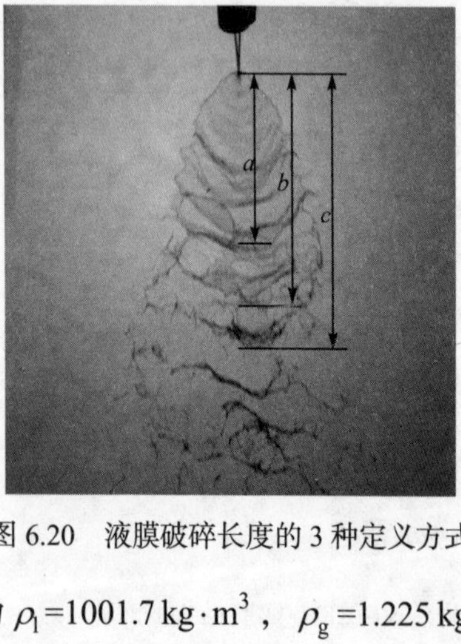

图 6.20　液膜破碎长度的 3 种定义方式

图 6.20 给出了液膜破碎长度的 3 种定义方式的对比，其中，a 为本节定义的液膜破碎长度，b 和 c 分别为文献[20]和文献[29]定义的液膜破碎长度。从中可以看出，本节定义的液膜破碎长度小于其他两种方式。

为获得线性稳定理论预测的液膜破碎长度，设定 S1 凝胶模拟液的计算参数为 ρ_l=1001.7 kg·m^3，ρ_g =1.225 kg·m^3，$K = 7.98$，$n = 0.36$，$\sigma = 0.073$N·m，

$v_s = 0.9v_{jet}$，$h = 1.0 \times 10^{-4}\text{m}$，$\ln(\eta_{sb}/\eta_0) = 12$；对 S2 凝胶模拟液设定的计算参数为 $\rho_l = 1005.3\text{kg} \cdot \text{m}^3$，$\rho_g = 1.225\text{kg} \cdot \text{m}^3$，$K = 56.88$，$n = 0.27$，$\sigma = 0.073\text{N} \cdot \text{m}$，$v_s = 0.9v_{jet}$，$h = 1.0 \times 10^{-4}\text{m}$.

图 6.21 和图 6.22 分别给出了 S1 和 S2 凝胶模拟液液膜破碎长度的线性稳定理论预测值与实验结果的对比，图中圆圈、上三角和下三角分别对应定义的 3 种不同液膜破碎长度的实验值。由图可知：3 种定义方式下所得的液膜破碎长度变化趋势一致，但数值大小不同；线性稳定理论正确预测了液膜破碎长度随液膜韦伯数的变化趋势，但对不同的液膜破碎长度定义方式，其预测精度存在差异。在本节的定义方式下，线性稳定理论预测精度最高。

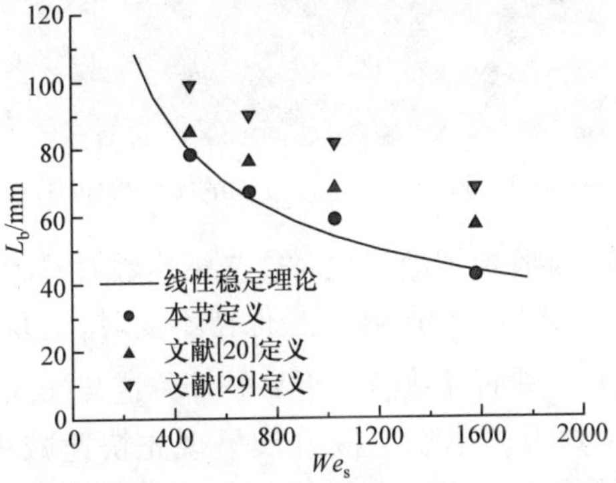

图 6.21　S1 凝胶模拟液液膜破碎长度的线性稳定理论预测值与实验结果的对比

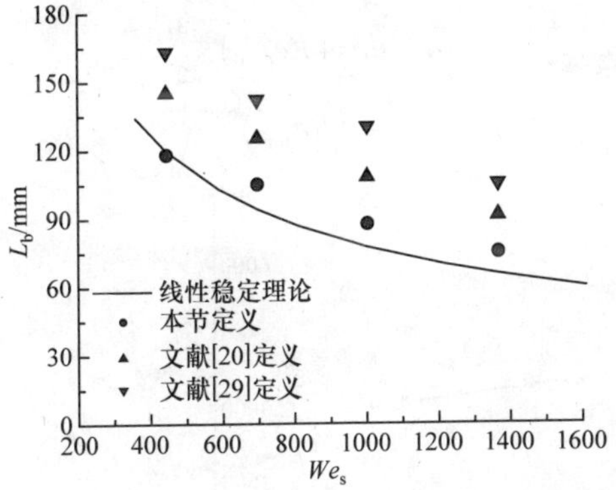

图 6.22　S2 凝胶模拟液液膜破碎长度的线性稳定理论预测值与实验结果的对比

6.3.5　液膜不稳定波特性的实验分析

将液膜不稳定波波长定义为液膜表面出现的明暗相间的扰动波波峰或波谷之间的距离。如图 6.23 所示，指定的区域共有 4 个不稳定波，该时刻液膜不稳定波

波长 λ_w 通过对图中距离求平均值得到。

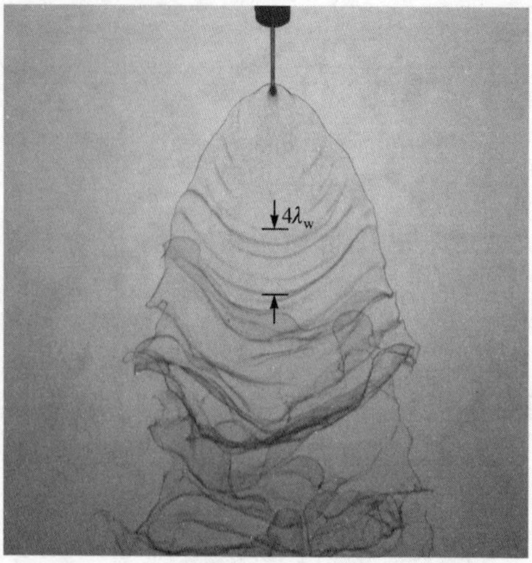

图 6.23　液膜不稳定波波长的实验确定方法

图 6.24 给出了 S1 凝胶模拟液雾化时广义雷诺数对液膜不稳定波波长和不稳定波频率的影响。由图可知，当喷嘴直径保持不变时，随着 Re_{gen} 的增大，波长 λ_w 减小，频率 f_λ 增大，进而导致液膜更易破碎，这与 6.3.1 小节中的线性稳定理论分析结果一致。其中，不稳定波波长呈现先快速减小进而缓慢减小的特点，而不稳定波频率则随广义雷诺数线性增加。通过数据分析，得到了 Re_{gen} 与 λ_w/d_0 及 f_λ 的经验关系式：

$$\lambda_w/d_0 \infty \left(Re_{gen}\right)^{-0.31} \tag{6.30}$$

$$f_\lambda \infty \left(Re_{gen}\right)^{1.05} \tag{6.31}$$

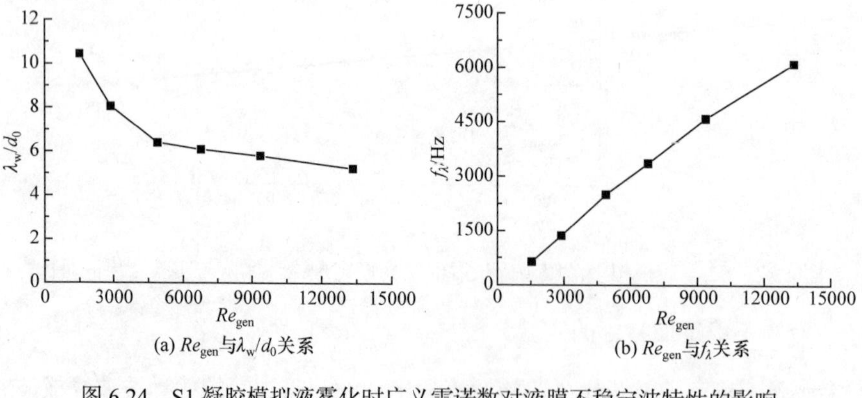

(a) Re_{gen}与λ_w/d_0关系　　(b) Re_{gen}与f_λ关系

图 6.24　S1 凝胶模拟液雾化时广义雷诺数对液膜不稳定波特性的影响

图 6.25 给出了 S1 凝胶模拟液雾化时撞击角度变化对液膜不稳定波波长和不稳定波频率的影响。由图可知，若喷嘴直径保持不变，当撞击角度增大时，液膜不稳定波波长减小，不稳定波频率增加，进而导致液膜破碎长度减小。式(6.32)和式(6.33)分别为液膜不稳定波波长和不稳定波频率随撞击角度变化的经验关系式：

$$\lambda_{\mathrm{w}}/d_0 \propto f(\theta)^{-0.36} \tag{6.32}$$

$$f_\lambda \propto f(\theta)^{0.34} \tag{6.33}$$

其中，$f(\theta)$ 由式(6.25)确定。

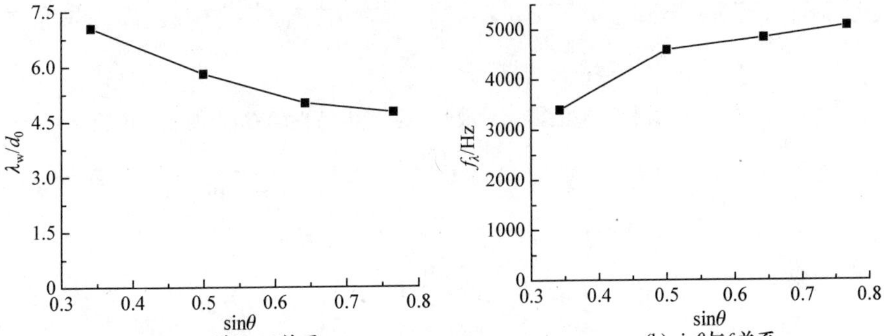

(a) sinθ与λ_{w}/d_0关系　(b) sinθ与f_λ关系

图 6.25　S1 凝胶模拟液雾化时撞击角度变化对液膜不稳定波特性的影响

图 6.26 给出了 S1 凝胶模拟液雾化时喷嘴直径变化对液膜不稳定波波长及不稳定波频率的影响。由图可知，当喷嘴直径增大时，液膜不稳定波波长增大，但其相对值却在减小，不稳定波频率缓慢增加。图 6.27 给出了 S1 凝胶模拟液液膜不稳定特性随 Oh_{gen} 的变化情况，通过数据拟合可以得到相应的经验公式为

$$\lambda_{\mathrm{w}}/d_0 \propto \left(Oh_{\mathrm{gen}}\right)^{-1.59} \tag{6.34}$$

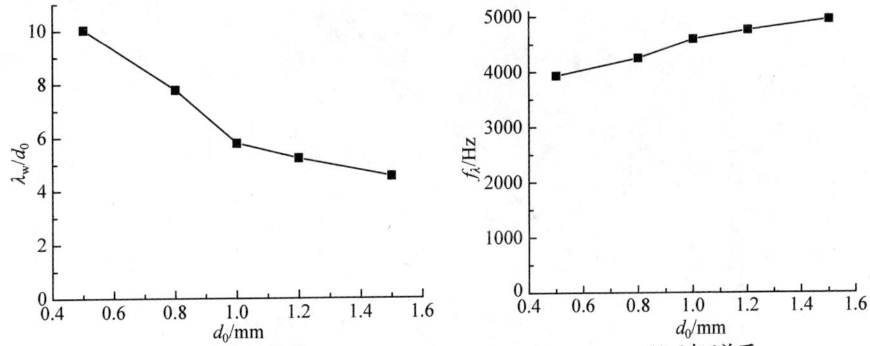

(a) d_0与λ_{w}/d_0关系　(b) d_0与f_λ关系

图 6.26　S1 凝胶模拟液雾化时喷嘴直径变化对液膜不稳定波特性的影响

$$f_\lambda \propto \left(Oh_{\text{gen}}\right)^{0.47} \tag{6.35}$$

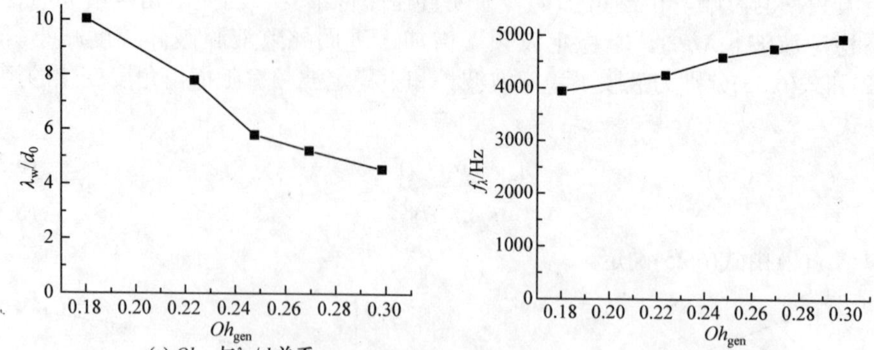

(a) Oh_{gen}与λ_w/d_0关系　　(b) Oh_{gen}与f_λ关系

图 6.27　S1 凝胶模拟液雾化时液膜不稳定波特性随 Oh_{gen} 的变化情况

综合上述分析，最终得到了液膜不稳定波波长及不稳定波频率与 Re_{gen}、Oh_{gen} 和 $f(\theta)$ 的经验关系式：

$$\lambda_w/d_0=5.085\left(Re_{\text{gen}}\right)^{-0.31}\left(Oh_{\text{gen}}\right)^{-1.59}f(\theta)^{-0.36} \tag{6.36}$$

$$f_\lambda=1.1\left(Re_{\text{gen}}\right)^{1.05}\left(Oh_{\text{gen}}\right)^{0.47}f(\theta)^{0.34} \tag{6.37}$$

图 6.28 和图 6.29 分别给出了经验关系式(6.36)和式(6.37)与实验结果的对比。由图可知，二者吻合良好，该经验关系式可较好地预测液膜不稳定波波长和不稳定波频率随无量纲参数 Re_{gen}、Oh_{gen} 和 $f(\theta)$ 的变化过程。

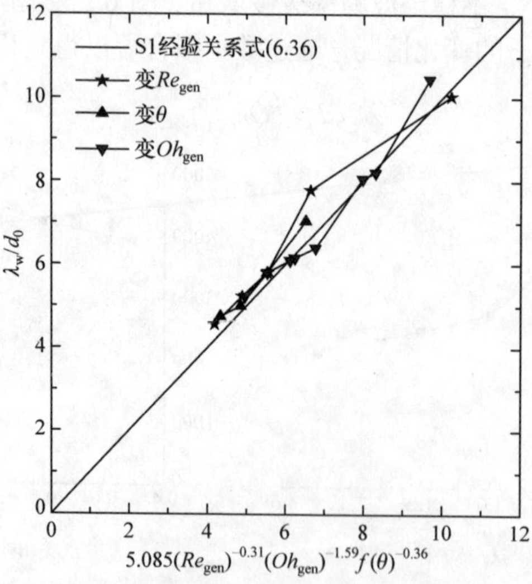

图 6.28　S1 凝胶模拟液雾化的不稳定波波长经验关系式(6.36)与实验结果的对比

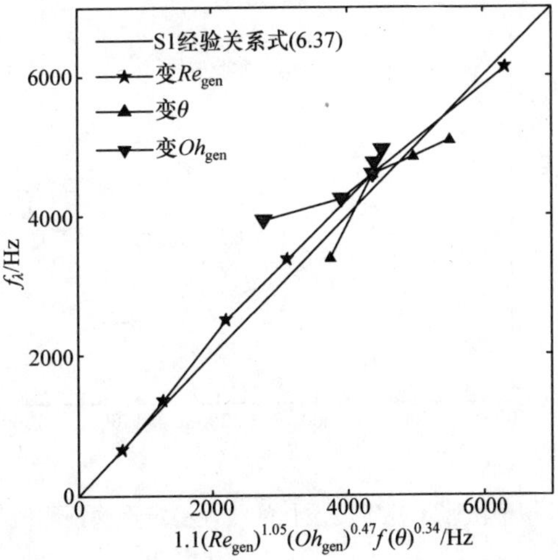

图 6.29　S1 凝胶模拟液雾化的不稳定波频率经验关系式(6.37)与实验结果的对比

6.3.6　液膜波长的线性稳定理论与实验结果的对比

根据线性稳定理论可知，液膜不稳定波波长与最大扰动波增长率所对应的扰动波数成反比，要得到液膜不稳定波波长，首先要得到 k_{dom}，其求解过程为设定一组变化的 k，利用数值迭代算法求解方程(6.8)，得到 $\beta_{i,nd}$ 及其对应的 k 值，进而得到 $\beta_{i,nd}$ 的最大值及其对应的 k_{dom}。

利用上述计算方法，得到的 S1 和 S2 凝胶模拟液液膜不稳定波波长的线性稳定理论预测值与实验结果的对比如图 6.30 及图 6.31 所示。由图可知，当液膜韦伯数较低时，线性稳定理论预测的液膜波长大于实验结果；随着液膜韦伯数的提高，理论预测值逐渐小于实验结果，但二者得到的液膜波长的变化趋势一致。

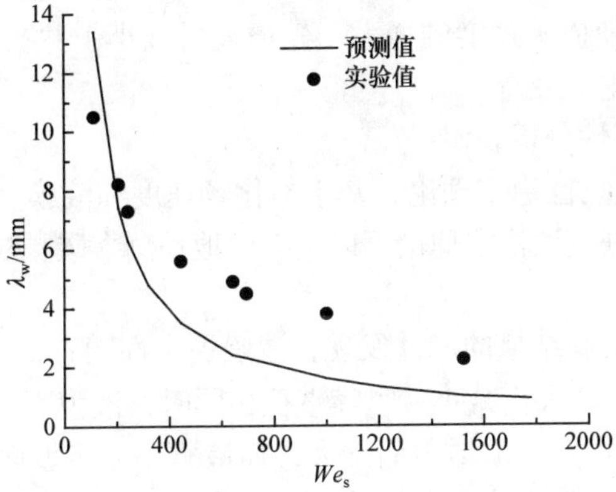

图 6.30　S1 凝胶模拟液液膜不稳定波波长的线性稳定理论预测值与实验结果的对比

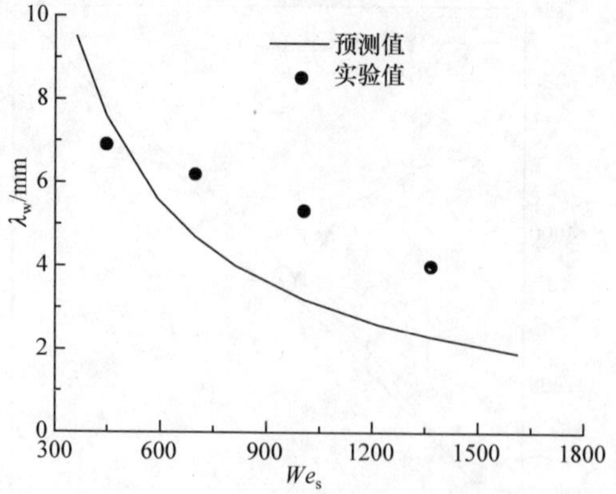

图 6.31　S2 凝胶模拟液液膜不稳定波波长的线性稳定理论预测值与实验结果的对比

6.4　小　结

本章利用理论和实验相结合的方式，系统研究凝胶推进剂液膜形状特性和破碎特性。

主要结论如下。

(1) 液膜形状特性分析表明：

① 凝胶推进剂液膜形状具有几何相似性，长宽比与撞击角度相关，撞击角度相同时，液膜长宽比不变；与牛顿流体形成的液膜相比，凝胶推进剂形成的液膜长宽比更大。

② 液膜的长度和宽度与射流韦伯数成正比，韦伯数越大，液膜的长度和宽度越大。

③ 在相同的韦伯数和喷嘴直径下，液膜的长宽比随撞击角度的增大而减小，液膜的表面积随撞击角度的增大，先增大后减小，并在 $\theta = 61°$ 时，液膜表面积最大，理论雾化率最高。

(2) 液膜破碎特性分析表明：

① 相对于传统线性稳定理论，基于雾化场速度和液膜参数计算结果，考虑射流撞击作用的改进线性稳定理论可以更准确地预测含碳颗粒凝胶推进剂液膜的破碎特性。

② 对第 3 章实验结果的统计发现，液膜稳定性随着 k、n、σ、ρ_1 及 h_s 的增大而增大，随 v_{jet} 的增大而减小；喷嘴直径相同时，液膜不稳定波波长随无量纲参数 Re_{gen}、Oh_{gen} 和 $f(\theta)$的增大而增大，而液膜不稳定波频率的变化趋势则相反；液膜破碎长度随广义雷诺数和射流角度的增大而减小，随喷嘴直径的增大而增加，液膜破碎频率的变化趋势与液膜破碎长度相反。

③ 通过改进液膜破碎长度的定义方式，线性稳定理论可以更准确地预测液膜破裂长度和不稳定波波长。

参 考 文 献

[1] TAYLOR G. Formation of thin flat sheets of water[J]. Proceedings of the Royal Society A, 1960, 259(1296): 1-17.

[2] IBRAHIM E A, PRZEKWAS A J. Impinging jets atomization[J]. Physics of Fluids A: Fluid Dynamics, 1998, 3(12): 2981-2987.

[3] RYAN H M, ANDERSON W E, PAL S, et al. Atomization characteristics of impinging liquid jets[J]. Journal of Propulsion and Power, 1995, 11(1): 135-145.

[4] YANG L, ZHAO F, FU Q, et al. Liquid sheet formed by impingement of two viscous jets[J]. Journal of Propulsion and Power, 2014, 30(4): 1016-1026.

[5] INAMURA T, SHIROTA M. Effect of velocity profile of impinging jets on sheet characteristics formed by impingement of two round liquid jets[J]. International Journal of Multiphase Flow, 2014, 60(2): 149-160.

[6] CHOJNACKI K T. Atomization and mixing of impinging non-Newtonian jets[D]. Huntsville: University of Alabama-Huntsville, 1997.

[7] 韩亚伟. 凝胶推进剂撞击式雾化的实验与 SPH 数值模拟方法研究[D]. 西安: 第二炮兵工程大学, 2014.

[8] NABER J D, SIEBERS D L. Effects of gas density and vaporation on penertration and dispersion of diesel sprags[J]. SAE Technical Papers, 1996, 105(3): 82-111.

[9] SQUIRE H B. Investigation of the instability of a moving liquid film[J]. British Journal of Applied Physics, 1953,4(6): 167-169.

[10] IBTAHIM E A, AKPAN E T. Three-dimensional instability of viscous liquid sheets[J]. Atomization and Sprays, 1996, 6: 649-665.

[11] DOMBROWSKI N, JOHNS W R. The aerodynamic instability and disintegration of viscous liquid sheets[J]. Chemical Engineering Science, 1963,18(3): 203-214.

[12] HEISLBETZ B, MADLENER K, CIEZKI H K. Breakup characteristics of a Newtonian liquid sheet formed by a doublet impinging jet injector[R]. AIAA 2007-5694, 2007.

[13] IBRAHIM E A. Comment on "atomization characteristics of impinging liquid jets"[J]. Journal of Propulsion and Power, 2009,25(6): 1361-1362.

[14] CHANG Q, ZHANG M, BAI F, et al. Instability analysis of a power law liquid jet[J]. Journal of Non-Newtonian Fluid Mechanics, 2013,198(8): 10-17.

[15] YANG L, QU Y, FU Q, et al. Linear stability analysis of a slightly viscoelastic liquid jet[J]. Aerospace Science and Technology, 2013,28(1): 249-256.

[16] YANG L, TONG M, FU Q. Linear stability analysis of a three-dimensional viscoelastic liquid jet surrounded by a swirling air stream[J]. Journal of Non-Newtonian Fluid Mechanics, 2013, 191: 1-13.

[17] MALLORY J A. Jet impingement and primary atomization of non-Newtonian liquids[D]. West Lafayette: Purdue University, 2012.

[18] 王枫, 富庆飞, 杨立军. 幂律流体液膜破碎的线性稳定性分析[J]. 航空动力学报, 2012,27(4): 876-881.

[19] YANG L, FU Q, QU Y, et al. Breakup of a power-law liquid sheet formed by an impinging jet injector[J]. International Journal of Multiphase Flow, 2012, 39: 37-44.

[20] YANG L, QU Y, FU Q. Linear instability analysis of planar non-Newtonian liquid sheets in two gas streams of unequal

velocities[J]. Journal of Non-Newtonian Fluid Mechanics, 2012, 167(3): 50-58.

[21] YANG L, QU Y, FU Q. Linear stability analysis of a non-Newtonian liquid sheet[J]. Journal of Propulsion and Power, 2010,26(6): 1212-1224.

[22] ALLEBORN N, RASZILLIER N, DURST F. Linear stability of non-Newtonian annular liquid sheets[J]. Acta Mechanica, 1999,137(1): 33-42.

[23] CHOJNACKI K T, FEIKEMA D A, CHOJNACKI K, et al. Study of non-Newtonian liquid sheets formed by impinging jets[R]. AIAA 97-3335, 1997.

[24] HUANG J. The break-up of axisymmetric liquid sheets[J]. Journal of Fluid Mechanics, 1970,43(2): 305-319.

[25] DOMBROWSKI N, HOOPER P C. The effect of ambient demity of drop formation in sprays[J]. Chemical Engineering Science, 1962, 17(4): 291-305.

[26] KROESSER F W, MIDDLEMAN S. Viscoelastic jet stability[J]. AIChE Journal, 1969, 15(3): 383-386.

[27] GRANT R P, MIDDLEMAN S. Newtonian jet stability[J]. AIChE Journal, 1966, 12(4): 669-678.

[28] SARCHAMI A, ASHGRIZ N, TRAN H N. An atomization model for splash plate nozzles[J]. AIChE Journal, 2009,56(4): 849-857.

[29] JUNG K, KHIL T, YOON Y, et al. The breakup characteristics of liquid sheets formed by like-doublet injectors[C]. AIAA/ASME/SAE/ASEE Joint propulsion Conference & Exhibit, San Jose, 2002.

第 7 章　凝胶推进剂雾化仿真基本理论

7.1 引　　言

凝胶推进剂经过雾化后可产生液膜、液丝以及液滴等多种结果，同时，液丝或液滴碰撞后还可发生聚合、反弹、缠绕以及破碎等不同现象，因为凝胶推进剂液柱的撞击及破碎涉及物质的自由表面流动、界面融合、界面分离等含大变形的复杂物理过程，所以大部分研究仅限于实验。数值模拟虽然可以有效计算流体间薄层的变化，但目前对于凝胶推进剂的碰撞及破碎的直接数值模拟研究较少。主要原因为采用网格方法模拟，界面追踪复杂，网格尺寸受限于颗粒尺寸，伴随着计算的进行，需要引入精度较高但计算量更大的网格自适应技术克服界面模糊的缺陷。同时，受单一网格仅能存在一个体积分数值的限制，计算得到的液膜或液丝的破碎主要由数值断裂造成，与实际不符。

SPH[1,2]作为无网格粒子方法，较容易处理二维或三维问题中各种不规则的、移动的甚至变形的界面，因而非常适用于求解流体碰撞、破碎以及雾化等涉及大变形的过程。本章首先对应用于雾化仿真的传统网格方法进行阐述，然后重点对 SPH 方法基本理论、SPH 固壁边界模型、基于连续表面力(continuum surface force, CSF)模型的表面张力算法、大密度差气液两相 SPH 方法、SPH 粒子优化算法、隐式时间积分格式、考虑蒸发与燃烧过程的 SPH 新方法等进行详细的介绍，为第 8 章进行复杂的凝胶推进剂雾化过程数值模拟提供可靠的方法和工具。

7.2 数值模拟方法在雾化仿真中的应用

随着现代计算机技术和数值计算方法的发展，数值模拟已经成为研究雾化问题的重要手段。采用传统网格法模拟射流的雾化过程时，如何准确、高效地追踪气液两相的相界面是数值求解的基础和关键。常见的界面追踪方法有 PIC[3]方法、标记网格(marker and cell, MAC)[4]方法、VOF[5]方法、Level-Set[6]方法以及 CLSVOF[7]方法。其中，最常用的为 VOF 方法和 CLSVOF 方法，同时这些方法均是基于 Euler 网格的数值方法。还有种方法则是为了克服网格方法在界面追踪上存在的不足，用一系列离散的粒子对计算域进行表征，自然地追踪物质界面，最典型的即 SPH 方法，下面对 VOF、CLSVOF 和 SPH 三种方法进行介绍。

7.2.1 VOF 方法

VOF 方法于 20 世纪 70 年代由 Debar[8]提出，并写在 KRAKEN 程序中，随后 Noh 等[9]也提出该方法，Rider 等[10]于 1998 年对该方法进行综述。VOF 方法的基本思想是采用体积率函数 $C(x)$ 描述网格单元中某一流体所占的体积率，当网格单元完全由某一种流体占据时，则 $C=1$，当网格单元中完全不含该流体时，则 $C=0$，对于两种流体的边界有 $0<C<1$，如图 7.1 所示。

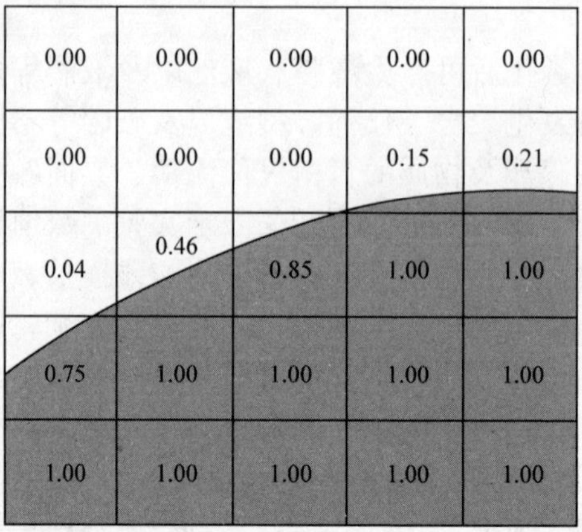

图 7.1　计算网格单元中的流体体积分数

由于体积分数的引入，VOF 函数 C 的守恒型控制方程可写为

$$\frac{\partial C}{\partial t}+\nabla\cdot(C\boldsymbol{u})=0 \tag{7.1}$$

其中，$\boldsymbol{u}$ 表示速度矢量。

计算网格中，混合流体的密度和黏度可表示为

$$\rho(C)=C\rho_1+(1-C)\rho_2 \tag{7.2}$$

$$\mu(C)=C\mu_1+(1-C)\mu_2 \tag{7.3}$$

其中，ρ_1、ρ_2、μ_1、μ_2 分别为第一流体和第二流体的密度及黏度。在高密度比或高黏度比的两相流动情况下，如果使用 $C(x,t)$ 直接计算流体的密度和黏度，会导致数值不稳定。一般需要将 VOF 函数 $C(x,t)$ 平滑处理为 $\tilde{C}(x,t)$，再进行计算，从而提高计算的稳定性，密度和黏度计算则变更为

$$\rho(\tilde{C})=\tilde{C}\rho_1+(1-\tilde{C})\rho_2 \tag{7.4}$$

$$\mu(\tilde{C})=\tilde{C}\mu_1+(1-\tilde{C})\mu_2 \tag{7.5}$$

函数 $\tilde{C}$ 由计算网格四个顶点(三维为八个顶点)的 C 构造计算得出，而四个顶点的 C 是通过计算网格中心点的 C 二次线性插值计算得出的。平滑处理后的两相界面将从线界面(三维为面界面)“加粗”为跨越三个计算网格的带界面(三维为曲面

壳体，厚度为三个网格)。平滑处理后的 VOF 函数会降低密度和黏度的计算精度，但是可以满足大部分计算要求。

VOF 方法计算主要分为两个部分：①界面重构，即对给定的界面 VOF 函数进行界面重构；②VOF 函数的输运计算，即计算下一时刻各网格单元中 VOF 函数的值。图 7.2 和图 7.3 分别为采用 VOF 方法计算的直流互击式喷注单元和两股射流互击式雾化结果图像，通过与实验结果对比，可以看出，计算的结果较为准确。

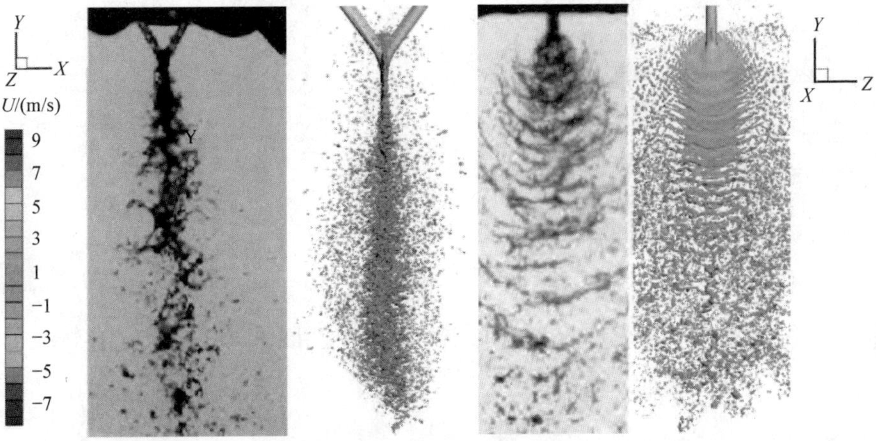

图 7.2　李佳楠等[11]采用 VOF 方法计算得到的直流互击式喷注单元雾化结果与实验结果对比

(射流速度均为 12.7544m/s，撞击角度为 60°)

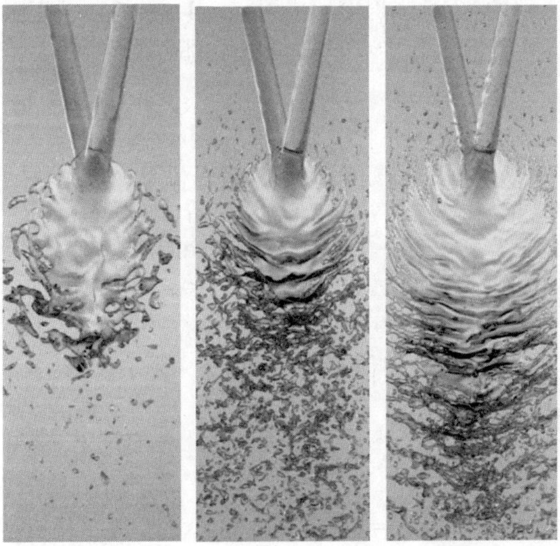

图 7.3　Chen 等[12]采用 VOF 方法计算得到的两股射流互击式雾化图像

(射流速度均为 18.5m/s，撞击角度为 60°)

2011 年，Ma 等[13]采用 VOF 方法和基于八叉树网格的 AMR 技术相结合，对双股牛顿及非牛顿流体射流撞击的一次雾化进行了数值模拟，其中非牛顿流体使用了 HB 本构模型，得到了非牛顿流体的两种雾化模式，采用 VOF 方法计算非牛顿射流撞击雾化时使用的 Euler 网格及仿真结果如图 7.4 所示，同时，其研究结果表明，黏性力和表面张力是导致液膜破碎的主要因素。

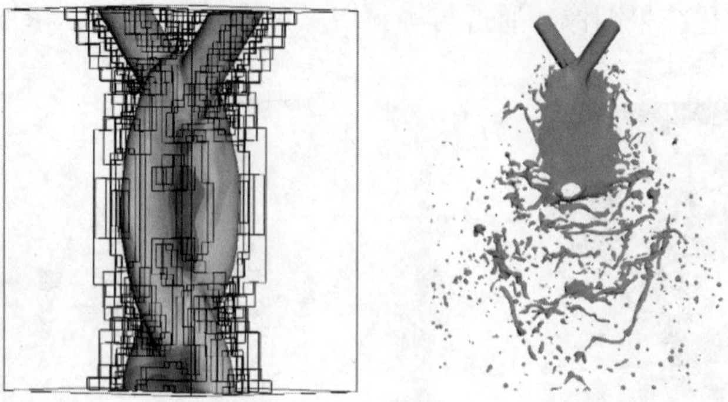

(a) Euler网格　　(b) 仿真结果

图 7.4　采用 VOF 方法计算非牛顿射流撞击雾化时使用的 Euler 网格及仿真结果[13]

7.2.2 CLSVOF 方法

CLSVOF 方法[7,14]是近年兴起的一类界面追踪耦合方法。该方法利用 Level-Set 函数计算 VOF 体积份额，克服了 VOF 方法难以准确计算界面的法向和曲率的缺点；同时，又利用 VOF 体积份额修正 Level-Set 函数，克服了 Level-Set 方法不是守恒方法，且在计算过程中有物理量损失的缺点。

1. Level-Set 方法

Level-Set 方法把随时间运动的物质界面看作某个函数 $\phi(x,t)$ 的零等值面，即构造函数 $\phi(x,t)$，使得在任意时刻，运动界面 $\Gamma(t)$ 恰好是 $\phi(x,t)$ 的零等值面，即

$$\Gamma(t)=\left\{x\in\Omega:\phi(x,t)=0\right\} \tag{7.6}$$

这里要求 $\phi(x,t)$ 满足在 $\Gamma(t)$ 附近法向单调，在 $\Gamma(t)$ 上为零。$\phi(x,0)$ 取为点 x 到界面的符合距离函数，记为

$$\phi(x,0)=\begin{cases} d\left(x,\Gamma(0)\right), & x\in\Omega_1 \\ 0, & x\in\Gamma(0) \\ -d\left(x,\Gamma(0)\right), & x\in\Omega_2 \end{cases} \tag{7.7}$$

其中，$d\left(x,\Gamma(0)\right)$表示点$x$到$\Gamma(0)$的距离函数；$\Omega_1$和$\Omega_2$分别代表第一种介质和第二种介质所处的区域。

在任意时刻t，对于运动界面$\Gamma(t)$上的任意点x，都要保证$\phi(x,t)=0$，从而函数$\phi(x,t)$需满足

$$\frac{\partial\phi}{\partial t}+\nabla\cdot(\boldsymbol{U}\phi)=0 \tag{7.8}$$

这个便是 Level-Set 方程，其中$\boldsymbol{U}=(u,v)$表示速度流场。

对于运动界面$\Gamma(t)$的法向$\boldsymbol{n}$以及曲率$\boldsymbol{\kappa}$，采用式(7.9)计算：

$$\boldsymbol{n}=\frac{\nabla\phi}{|\nabla\phi|},\quad \boldsymbol{\kappa}=\nabla\cdot\frac{\nabla\phi}{|\nabla\phi|} \tag{7.9}$$

由于在数值计算过程中易产生误差，根据式(7.8)计算得到的$\phi(x,t)$可能不再是t时刻点x到界面的距离了，这将失去$\phi(x,t)$的零等值面就是运动界面的意义，从而导致计算的不稳定性。因此，为了保持$\phi(x,t)$的符号距离性质，需对$\phi(x,t)$重新初始化，使其重新成为点x到界面$\Gamma(t)$的符号距离。重新初始化过程通过求解下面的初值问题来实现：

$$\begin{cases}\phi_\tau=\operatorname{sign}(\phi_0)\left(1-|\nabla\phi|\right)\\ \phi(x,0)=\phi_0\end{cases} \tag{7.10}$$

其中，τ为虚拟迭代时间。

2. CLSVOF 方法中的 VOF 计算

VOF 的控制方程为公式(7.1)，CLSVOF 通过 Level-Set 函数$\phi(x,y,t)$来定义 VOF 函数$F(\Omega,t)$，令液体区域中$\phi>0$，气体区域中$\phi<0$，则

$$F(\Omega,t)=\frac{1}{|\Omega|}\int_\Omega H\left(\phi(x,y,t)\right)\mathrm{d}x\mathrm{d}y \tag{7.11}$$

其中，H为 Heaviside 函数：

$$H(\phi)=\begin{cases}1, & \phi>0\\ 0, & 其他\end{cases} \tag{7.12}$$

3. 由 Level-Set 函数计算 VOF 体积份额

为了计算网格单元$\Omega_{i,j}$中的液体体积份额，首先将网格单元中所含的运动界面近似看作 1 条直线，这样就能将重构的 Level-Set 函数$\phi_{i,j}^R$用 1 个直线方程表示：

$$\phi_{i,j}^{R}=a_{i,j}\left(x-x_{i}\right)+b_{i,j}\left(y-y_{j}\right)+c_{i,j} \tag{7.13}$$

其中，系数 $a_{i,j}$ 和 $b_{i,j}$ 为运动界面法向量沿坐标系的2个分量，两者满足关系式：$a_{i,j}^2+b_{i,j}^2=1$；系数 $c_{i,j}$ 为点 $\left(x_i,y_j\right)$ 到运动界面的法向距离。

方程中系数 $a_{i,j}$、$b_{i,j}$、$c_{i,j}$ 需使 $\phi_{i,j}^{R}$ 与 Level-Set 函数 ϕ 的真实值尽可能接近，这样两者之间就有一个最小化的误差值 $E_{i,j}$：

$$E_{i,j}=\int_{x_{i-1/2}}^{x_{i+1/2}}\int_{y_{i-1/2}}^{y_{i+1/2}}\delta(\phi)\left(\phi-a_{i,j}\left(x-x_{i}\right)-b_{i,j}\left(y-y_{i}\right)-c_{i,j}\right)^{2}\mathrm{d}x\mathrm{d}y \tag{7.14}$$

采用 9 个网格单元模板对式(7.14)进行离散化处理：

$$E_{i,j}=\sum_{i'=i-1}^{i'=i+1}\sum_{j'=j-1}^{j'=j+1}\omega_{i'-1,j'-1}\delta_{\varepsilon}\left(\phi_{i',j'}\right)\left(\phi_{i',j'}-a_{i,j}\left(x_{i'}-x_{i}\right)-b_{i,j}\left(y_{j'}-y_{j}\right)-c_{i,j}\right)^{2} \tag{7.15}$$

其中，δ 为 Dirac δ 函数；δ_{ε} 为光滑化的 Dirac δ 函数，表达式为

$$\delta_{\varepsilon}(\phi)=\begin{cases}\left[1+\cos(\pi x/\varepsilon)\right]/(2\varepsilon), & |\phi|<\varepsilon \\ 0, & \text{其他}\end{cases},\quad \varepsilon=\sqrt{2}\Delta x \tag{7.16}$$

$\omega_{i'-1,j'-1}$ 为权重因子，对于 9 个网格单元模板，中心网格单元 (i,j)：$\omega=16$，其余 8 个周边网格单元：$\omega=1$。

要使式(7.15)中的 $E_{i,j}$ 最小化，系数 $a_{i,j}$、$b_{i,j}$、$c_{i,j}$，需满足以下条件：

$$\frac{\partial E_{i,j}}{\partial a_{i,j}}=\frac{\partial E_{i,j}}{\partial b_{i,j}}=\frac{\partial E_{i,j}}{\partial c_{i,j}}=0 \tag{7.17}$$

对于式(7.15)和式(7.17)的联立求解，建立一个 3×3 线性方程组：

$$\begin{bmatrix}\sum\sum\omega hX^{2} & \sum\sum\omega hXY & \sum\sum\omega hX \\ \sum\sum\omega hXY & \sum\sum\omega hY^{2} & \sum\sum\omega hY \\ \sum\sum\omega hX & \sum\sum\omega hY & \sum\sum\omega h\end{bmatrix}\begin{bmatrix}a_{i,j}\\ b_{i,j}\\ c_{i,j}\end{bmatrix}=\begin{bmatrix}\sum\sum\omega h\phi X\\ \sum\sum\omega h\phi Y\\ \sum\sum\omega h\phi\end{bmatrix} \tag{7.18}$$

其中，$\sum\sum\to\sum_{i'=i-1}^{i'=i+1}\sum_{j'=j-1}^{j'=j+1}$；$\omega h\to\omega_{i'-1,j'-1}\delta_{\varepsilon}\left(\phi_{i',j'}\right)$；$X\to\left(x_{i'}-x_{i}\right)$；$Y\to\left(y_{j'}-y_{j}\right)$；$\phi\to\phi_{i',j'}$。通过求解式(7.18)就能得到系数 $a_{i,j}$、$b_{i,j}$、$c_{i,j}$。

确定系数 $a_{i,j}$、$b_{i,j}$、$c_{i,j}$ 之后，网格单元中的 Level-Set 零等值面可通过式(7.13)得到，从而将网格单元中 VOF 体积份额的初始值通过式(7.11)计算出来，写成：

$$F_{i,j}=\frac{1}{\mathrm{d}x\mathrm{d}y}\int_{x_{i-1/2}}^{x_{i+1/2}}\int_{y_{i-1/2}}^{y_{i+1/2}}H_{a}\left(a_{i,j}\left(x-x_{i}\right)+b_{i,j}\left(y-y_{j}\right)+c_{i,j}\right)\mathrm{d}x\mathrm{d}y \tag{7.19}$$

式(7.19)的计算结果可以通过几何关系大致概算出来，如图 7.5 中所示的液体体积份额可由梯形区域 A1 与矩形区域 A2 相加得来。但要精确计算网格单元中的液体体积份额，这里需建立 1 种方法，通过对式(7.19)中的直线方程进行积分运算来实现。式(7.19)中的直线方程为 $aX+bY+c=0$，将其改写为 $Y=Ax+B$，这样 $\int Y$ 就可以得到精确解。但在具体积分求解时需先确定积分坐标系的原点(图 7.6)，在这里选择最小的坐标值，即 $\left(x_{i-1/2}, y_{i-1/2}\right)$。为确保运动界面的法向量指向坐标原点，使计算出来的体积份额为液体体积份额，需将原坐标系转换，同时修正 2 个系数 $a_{i,j}$、$b_{i,j}$ 的符号，得到新系数 $a'_{i,j}$、$b'_{i,j}$。最后，还需确定新系数 $c'_{i,j}$ 来获得新直线方程 $a'\left(x-x_{i-1/2}\right)+b'\left(y-y_{j-1/2}\right)+c'=0$。整个算法用式(7.20)表述：

$$\begin{cases} a_{i,j}\left(x-x_i\right)+b_{i,j}\left(y-y_j\right)+c_{i,j}=0 \Rightarrow a'_{i,j}\left(x-x_{i-1/2}\right)+b'_{i,j}\left(y-y_{j-1/2}\right)+c'_{i,j}=0 \\ a'_{i,j}=-a_{i,j}, \quad a_{i,j}>0 \\ b'_{i,j}=-b_{i,j}, \quad b_{i,j}>0 \\ c'_{i,j}=c_{i,j}-\left(a'_{i,j}0.5\mathrm{d}x+b'_{i,j}0.5\mathrm{d}y\right) \end{cases} \tag{7.20}$$

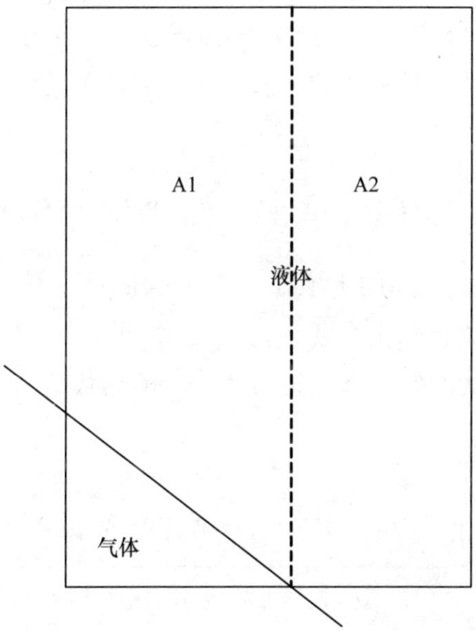

图 7.5　VOF 体积份额的几何构成

以图 7.5 中所示网格单元为例，整个积分区域为直线与网格单元四周边线所围成的区域，将其分成两部分分别进行积分运算，如图 7.6 所示，可得 VOF 体积份额的精确解：

$$F_{i,j}=\frac{1}{\mathrm{d}x\mathrm{d}y}\left(\left(AX^2+BX\right)\mathrm{d}x+X_0\mathrm{d}y\right) \tag{7.21}$$

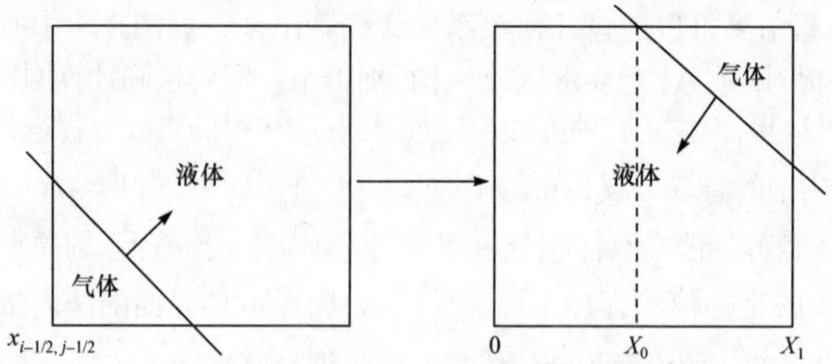

图 7.6 计算 VOF 体积份额时坐标系转换

其中，当 $b_{i,j} \neq 0$ 时，$A = \dfrac{-a'_{i,j}}{b'_{i,j}}$，$B = \dfrac{-c'_{i,j}}{b'_{i,j}}$；当 $a_{i,j} = 0$ 或 $b_{i,j} = 0$ 时，界面直线与网格单元边线平行，不需积分运算。

4. 由 VOF 体积份额修正 Level-Set 函数

对于任意时刻 n，某一网格单元内的液体体积份额可以利用 Level-Set 函数或者利用 VOF 方程计算出来，因为液体体积份额本身为一定值，所以两种方法所计算出来的结果理论上是一致的。假定此时网格单元液体体积份额为 $F_{i,j}^n$，则可用等式表示：

$$\frac{1}{\mathrm{d}x\mathrm{d}y}\int_{x_{i-1/2}}^{x_{i+1/2}}\int_{y_{i-1/2}}^{y_{i+1/2}} H_a\left(a_{i,j}\left(x-x_i\right)+b_{i,j}\left(y-y_j\right)+c_{i,j}\right)\mathrm{d}x\mathrm{d}y = F_{i,j}^n \tag{7.22}$$

其中，系数 $a_{i,j}$、$b_{i,j}$、$c_{i,j}$ 可由时刻 n 的 Level-Set 零等值面 $\phi_{i,j}^{R,n}$ 推算出来。

但在实际数值计算过程中，式(7.22)不一定成立。为解决这个问题，在网格单元界面法向方向不变的条件下，利用 Newton 迭代法对系数 $c_{i,j}$ 做如下校正，生成新系数 $c_{i,j}^{\text{new}}$：

$$c_{i,j}^{\text{new}} = c_{i,j} - \frac{\left(\dfrac{1}{\mathrm{d}x\mathrm{d}y}\displaystyle\int_{y_{i-1/2}}^{y_{i+1/2}}\int_{x_{i-1/2}}^{x_{i+1/2}} H_a\left(a_{i,j}\left(x-x_i\right)+b_{i,j}\left(y-y_j\right)+c_{i,j}\right)\mathrm{d}x\mathrm{d}y - F_{i,j}^n\right)}{\displaystyle\int_{y_{i-1/2}}^{y_{i+1/2}}\int_{x_{i-1/2}}^{x_{i+1/2}} \delta\left(a_{i,j}\left(x-x_i\right)+b_{i,j}\left(y-y_j\right)+c_{i,j}\right)\mathrm{d}x\mathrm{d}y}\mathrm{d}x\mathrm{d}y \tag{7.23}$$

5. Level-Set 与 VOF 耦合界面追踪算法的实现

这里给出 Level-Set 与 VOF 耦合界面追踪算法的主要流程。

(1) 已知当前时间步(第 n 步)Level-Set 零等值面函数 $\phi^n = 0$。

(2) 计算系数 $a_{i,j}$、$b_{i,j}$、$c_{i,j}$，确定 $\phi_{i,j}^{R,n} = 0$。

(3) 利用方程(7.19)计算 $F_{i,j}^n = 0$ 。

(4) Level-Set 函数 ϕ 和 VOF 函数 F 耦合离散。

① 交替计算 F^n 和 ϕ^n 在 x 、y 方向的对流通量，记为 $\widetilde{F}^n$ 和 $\widetilde{\phi}^n$ 。

② 计算系数 $a_{i,j}$ 、$b_{i,j}$ 、$c_{i,j}$ ；为减少守恒物理量的损失，利用式(7.23)计算新系数 $c_{i,j}^{\text{new}}$ ，从而得到 $\tilde{\phi}_{i,j}^{R,n}$ 。

③ 交替计算 $\widetilde{F}^n$ 和 $\tilde{\phi}_{i,j}^{R,n}$ 在 y 、x 方向的对流通量，记为 $\widetilde{F}^n$ 和 $\tilde{\phi}^n$ 。

④ 重复第②步和第③步，得到 $\tilde{\phi}_{i,j}^{R,n}$ 。

⑤ 利用分裂算符法计算得到下一时间步(第 $n+1$ 步)的 F^{n+1} 和 ϕ^{n+1} 。

⑥ 为避免液体体积份额为负或者溢出，对 F^{n+1} 按式(7.24)进行修正：

$$\begin{cases} F^{n+1} = 0, & F^{n+1} < 0 \quad 或 \quad \phi^{n+1} < -\mathrm{d}x \\ F^{n+1} = 1, & F^{n+1} > 1 \quad 或 \quad \phi^{n+1} > \mathrm{d}x \\ F^{n+1} = F^{n+1}, & 其他 \end{cases} \tag{7.24}$$

⑦ 再次计算系数 $a_{i,j}$ 、$b_{i,j}$ 、$c_{i,j}$ ，生成并修正 ϕ^{n+1} 。

⑧ 利用重新初始化算法得到最终的 ϕ^{n+1} 。

郑刚等[15]采用 CLSVOF 方法对射流撞击雾化过程进行数值模拟，对射流撞击雾化形态进行较好的捕捉，如图 7.7 所示为其计算得到的结果与实验结果的对比，可以看出计算得到的整个雾化过程以及液膜、液丝、液滴的形态与文献[15]实验观察到的射流撞击液膜形态一致，验证了 CLSVOF 方法的可靠性。

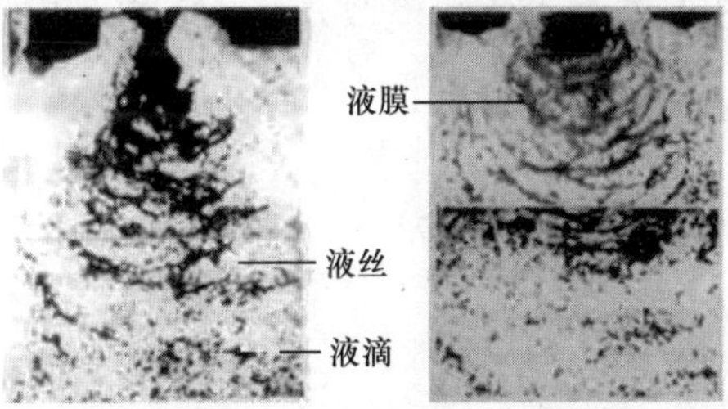

(a) 实验结果

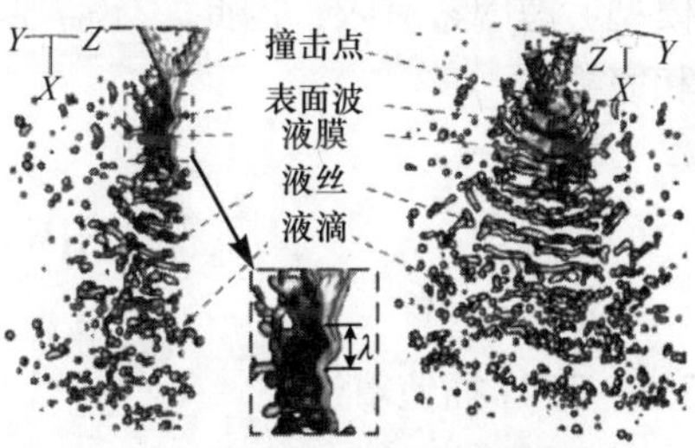

(b) CLSVOF方法数值模拟结果

图 7.7　郑刚等采用 CLSVOF 方法计算得到的射流撞击雾化结果与实验结果的对比

7.2.3　SPH 方法

SPH 方法为一种无网格方法，具有拉格朗日性、自适应性、粒子性等特点，在雾化仿真方面具有一定的优势，强洪夫等在该方面做了大量的工作[16-25]，获得的仿真结果与实验现象基本一致(图 7.8)，7.3 节将对 SPH 基本理论做全面重点介绍。

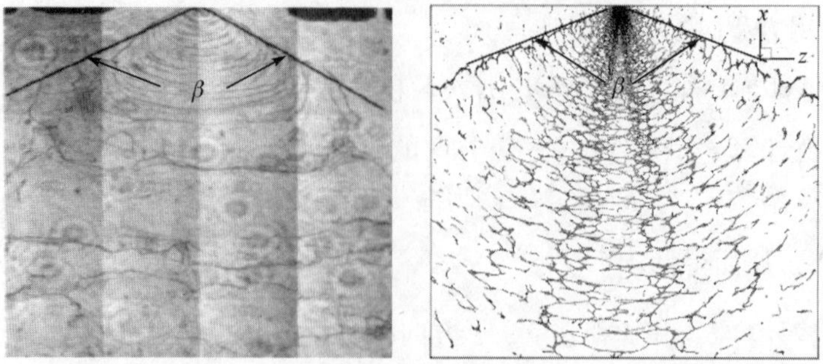

图 7.8　凝胶推进剂射流撞击实验结果与 SPH 方法仿真结果[17]

对上述基于 Euler 网格方法的 VOF 方法、CLSVOF 方法和无网格粒子 SPH 方法进行对比可以发现，作为传统的计算流体力学重要方法的 Euler 网格法，在计算雾化问题时，由复杂三维界面追踪所带来的计算方法复杂、计算量巨大的问题是难以克服的；更有效的处理方法是使用所谓 ELSA(Euler-Lagrange spray atomization)模型[26]，使用 Euler 网格法计算射流撞击形成液膜至液膜破碎形成液滴的过程，而液滴在雾化区的进一步运动则用 Lagrange 粒子表示及追踪，但是，由此带来的 Euler-Lagrange 体系的过渡及其他相关问题进一步增加了算法的复杂性及程序实现的难度，同时，ELSA 模型中，Lagrange 粒子描述下的液滴是刚性的，不能发生变形及破碎，因此，在 Euler-Lagrange 网格体系下进行二次雾化的仿真是困难的；SPH 方法为雾化问题的解决提供了一条新的途径，可以相对高效地仿真雾化场的基本特征，但是，SPH 方法作为一种新型算法，算法本身在计算精度、稳定性和计算效率等方面还存在一定问题，此外，在 SPH 计算中使用的雾化模型考虑因素有限，因此，还需要在 SPH 方法及雾化模型方面进行进一步的发展和完善。

7.3　SPH 方法基本理论

7.3.1　SPH 插值算法

在 SPH 方法中，计算域被离散为一系列相互作用的粒子，粒子既是插值点，又是物质点，承载着质量、密度、速度等物理量，粒子之间通过核函数相互作用。计算域内任意一点场变量的 SPH 计算式的构建主要分两步[27]：一是构建函数及其导数的核估计(kernel approximation)，即将场变量表示为在有限支持域内的核函数积分形式；二是粒子近似(particle approximation)，利用 SPH 粒子将核函数积分式转换为支持域内粒子承载物理量的求和式。下面分别对核估计及粒子近似的实施过程加以推导。

1. 函数的核估计

对于函数 $f(\boldsymbol{r})$，任一点处的函数值可以借助 Dirac δ 函数表示为如下积分形式：

$$f(\boldsymbol{r})=\int_{\Omega}f(\boldsymbol{r}')\delta(\boldsymbol{r}-\boldsymbol{r}')\mathrm{d}\boldsymbol{r}' \tag{7.25}$$

其中，$\boldsymbol{r}$ 为空间位置矢量；Ω 为包含 $\boldsymbol{r}$ 的积分体积；$\delta(\boldsymbol{r}-\boldsymbol{r}')$ 为 Dirac δ 函数：

$$\delta(\boldsymbol{r}-\boldsymbol{r}')=\begin{cases}1, & \boldsymbol{r}=\boldsymbol{r}'\\ 0, & \boldsymbol{r}\neq\boldsymbol{r}'\end{cases} \tag{7.26}$$

式(7.25)表明，函数 $f(\boldsymbol{r})$ 可以表示为定义域内的积分形式。Dirac δ 函数保证了当 $f(\boldsymbol{r})$ 在 Ω 内定义且连续时，式(7.25)所使用的积分表达式是精确、严密的。Dirac δ 函数的支持域仅为一个点，因此，为达到构建离散数值模型的目的，SPH 方法应用核函数(kernel function 或 smoothing function)代替 Dirac δ 函数，则式(7.25)可写作：

$$f(\boldsymbol{r})\approx\langle f(\boldsymbol{r})\rangle=\int_{\Omega}f(\boldsymbol{r}')W(\boldsymbol{r}-\boldsymbol{r}',h)\mathrm{d}\boldsymbol{r}' \tag{7.27}$$

式(7.27)即为函数的核估计式，其中，$W(\boldsymbol{r}-\boldsymbol{r}',h)$ 为核函数；h 为核函数的光滑长度；$\langle\ \rangle$ 表示核函数估计值。SPH 插值算法如图 7.9 所示。核函数 $W(\boldsymbol{r}-\boldsymbol{r}',h)$ 不是 Dirac δ 函数，因此，$f(\boldsymbol{r})\approx\langle f(\boldsymbol{r})\rangle$。核函数 $W(\boldsymbol{r}-\boldsymbol{r}',h)$ 可以看作是支持域扩大后的 Dirac δ 函数，一般情况下，核函数 $W(\boldsymbol{r}-\boldsymbol{r}',h)$ 必须满足以下条件。

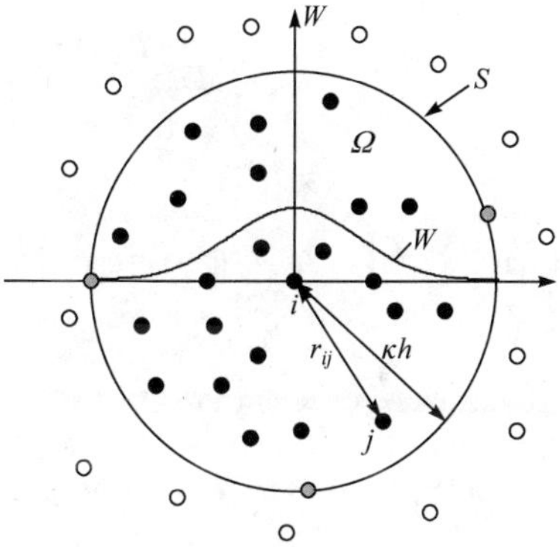

图 7.9　SPH 插值算法示意图

(1) 归一化条件，即核函数在支持域内的积分值为 1：

$$\int_{\Omega}W(\boldsymbol{r}-\boldsymbol{r}',h)\mathrm{d}\boldsymbol{r}'=1 \tag{7.28}$$

(2) 强尖峰性质，当光滑长度 h 趋近于 0 时，核函数 $W(\boldsymbol{r}-\boldsymbol{r}',h)$ 转换为 Dirac δ 函数：

$$\lim_{h\to 0}W(\boldsymbol{r}-\boldsymbol{r}',h)=\delta(\boldsymbol{r}-\boldsymbol{r}') \tag{7.29}$$

(3) 紧支性：

$$W(\boldsymbol{r}-\boldsymbol{r}',h)=0,\quad |\boldsymbol{r}-\boldsymbol{r}'|>\kappa h \tag{7.30}$$

其中，κh 表示核函数的支持域半径。

(4) 非负性：

$$W(\boldsymbol{r}-\boldsymbol{r}',h) \geqslant 0 \tag{7.31}$$

(5) 对称性：

$$W(\boldsymbol{r}-\boldsymbol{r}',h) = W(\boldsymbol{r}'-\boldsymbol{r},h) = W(|\boldsymbol{r}-\boldsymbol{r}'|,h) \tag{7.32}$$

早期的 SPH 研究中应用的大多是高斯型核函数[1]：

$$W(R,h) = \alpha_d \mathrm{e}^{-R^2} \tag{7.33}$$

其中，$R=|\boldsymbol{r}-\boldsymbol{r}'|$；系数 $\alpha_d = \left(\dfrac{1}{\pi^{1/2}h}\right)^d$；$d$ 为空间维度。Monaghan[28]曾经指出，高斯型核函数是理解 SPH 方法物理内涵的最佳选择。高斯型核函数是充分光滑的，具有很高的稳定性和计算精度，但是，在实际应用中，高斯型核函数的宽大支持域造成计算效率低下。目前，应用最广泛的核函数是 Monaghan 在三次样条函数基础上构建的 B-样条函数[29]，其他常用的核函数还有四次、五次样条函数[30]、Wendland 函数[31]等，B-样条函数的形式如下：

$$W(R,h) = \alpha_d \begin{cases} \dfrac{2}{3} - R^2 + \dfrac{1}{2}R^3, & 0 \leqslant R < 1 \\ \dfrac{1}{6}(2-R)^3, & 1 \leqslant R < 2 \\ 0, & R \geqslant 2 \end{cases} \tag{7.34}$$

其中，系数 α_d 在一维、二维、三维空间中分别为 $\dfrac{1}{h}$、$\dfrac{15}{7\pi h^2}$、$\dfrac{3}{2\pi h^3}$。

2. 函数导数的核估计

将式(7.27)中的 $f(\boldsymbol{r})$ 替换为 $\nabla f(\boldsymbol{r})$ 可得

$$\nabla f(\boldsymbol{r}) \approx \langle \nabla f(\boldsymbol{r}) \rangle = \int_\Omega [\nabla f(\boldsymbol{r}')] W(\boldsymbol{r}-\boldsymbol{r}',h) \mathrm{d}\boldsymbol{r}' \tag{7.35}$$

由分部积分公式可得

$$[\nabla f(\boldsymbol{r}')] W(\boldsymbol{r}-\boldsymbol{r}',h) = \nabla [f(\boldsymbol{r}') W(\boldsymbol{r}-\boldsymbol{r}',h)] - f(\boldsymbol{r}') \nabla W(\boldsymbol{r}-\boldsymbol{r}',h) \tag{7.36}$$

将式(7.36)代入式(7.35)可得

$$\langle \nabla f(\boldsymbol{r}) \rangle = \int_\Omega \nabla [f(\boldsymbol{r}') W(\boldsymbol{r}-\boldsymbol{r}',h)] \mathrm{d}\boldsymbol{r}' - \int_\Omega f(\boldsymbol{r}') \nabla W(\boldsymbol{r}-\boldsymbol{r}',h) \mathrm{d}\boldsymbol{r}' \tag{7.37}$$

式(7.37)右端第一项可运用散度定理将体积域 Ω 内的积分转化成面域 S 上的积分：

$$\int_{\Omega}\nabla\left[f(\boldsymbol{r}')W(\boldsymbol{r}-\boldsymbol{r}',h)\right]\mathrm{d}\boldsymbol{r}'=\int_{S}f(\boldsymbol{r}')W(\boldsymbol{r}-\boldsymbol{r}',h)\boldsymbol{n}\mathrm{d}S \tag{7.38}$$

式中，$\boldsymbol{n}$ 表示面域 S 的单位法向。由核函数的紧支性可得，当核函数的支持域位于问题域内部时，有 $W(\boldsymbol{r}-\boldsymbol{r}',h)=0$，因此，对于面域 S 上的积分，$\int_{S}f(\boldsymbol{r}')W(\boldsymbol{r}-\boldsymbol{r}',h)\boldsymbol{n}\mathrm{d}S=0$，则式(7.37)可化为

$$\langle\nabla f(\boldsymbol{r})\rangle=-\int_{\Omega}f(\boldsymbol{r}')\nabla W(\boldsymbol{r}-\boldsymbol{r}',h)\mathrm{d}\boldsymbol{r}' \tag{7.39}$$

式(7.39)即为函数导数的核估计式。

3. 粒子近似

粒子近似是将式(7.27)、式(7.39)表示的核估计式用粒子形式表示的过程。若使用粒子 j 的体积 ΔV_j 来近似积分中粒子 j 处的无穷小微元 $\mathrm{d}\boldsymbol{r}'$，则积分式(7.27)、式(7.39)可转化为如下粒子求和式：

$$\langle f(\boldsymbol{r})\rangle=\int_{\Omega}f(\boldsymbol{r})W(\boldsymbol{r}-\boldsymbol{r}',h)\mathrm{d}\boldsymbol{r}'\approx\sum_{j=1}^{N}f(\boldsymbol{r}_j)W(\boldsymbol{r}-\boldsymbol{r}_j,h)\Delta V_j \tag{7.40}$$

$$\langle\nabla f(\boldsymbol{r})\rangle=-\int_{\Omega}f(\boldsymbol{r}')\nabla W(\boldsymbol{r}-\boldsymbol{r}',h)\mathrm{d}\boldsymbol{r}'\approx-\sum_{j=1}^{N}f(\boldsymbol{r}_j)\nabla W(\boldsymbol{r}-\boldsymbol{r}_j,h)\Delta V_j \tag{7.41}$$

当计算所示粒子 i 承载物理量时，式(7.40)、式(7.41)化为

$$\langle f(\boldsymbol{r}_i)\rangle=\sum_{j=1}^{N}\frac{m_j}{\rho_j}f(\boldsymbol{r}_j)W_{ij} \tag{7.42}$$

$$\langle\nabla f(\boldsymbol{r}_i)\rangle=-\sum_{j=1}^{N}\frac{m_j}{\rho_j}f(\boldsymbol{r}_j)\nabla_j W_{ij}=\sum_{j=1}^{N}\frac{m_j}{\rho_j}f(\boldsymbol{r}_j)\nabla_i W_{ij} \tag{7.43}$$

其中，$W_{ij}=W(\boldsymbol{r}_i-\boldsymbol{r}_j,h)$，$\nabla_i W_{ij}=-\nabla_j W_{ij}=\frac{\boldsymbol{r}_i-\boldsymbol{r}_j}{r_{ij}}\frac{\partial W_{ij}}{\partial r_{ij}}=\frac{\boldsymbol{r}_{ij}}{r_{ij}}\frac{\partial W_{ij}}{\partial r_{ij}}$。

通过上述方法，把场函数及其空间导数的连续积分转换成对粒子的求和形式。在此过程中，SPH 方法克服了网格的约束，这也正是该方法的优势所在。

7.3.2 Navier-Stokes 方程及 SPH 离散

在凝胶推进剂雾化仿真过程中，不考虑热传导及化学反应，考虑流体的黏性及表面张力等作用，采用了如下形式的 Lagrange 描述的流体动力学 Navier-Stokes 方程：

$$\frac{\mathrm{d}\rho}{\mathrm{d}t}=-\rho\nabla\cdot\boldsymbol{v} \tag{7.44}$$

$$\frac{\mathrm{d}\boldsymbol{v}}{\mathrm{d}t} = -\frac{1}{\rho}\nabla p + \boldsymbol{F}^{(v)} + \boldsymbol{F}^{(s)} + \boldsymbol{g} \tag{7.45}$$

其中，$\frac{\mathrm{d}}{\mathrm{d}t}$ 为物质导数；p 为压力；$\boldsymbol{F}^{(v)}$ 为流体的黏性项；$\boldsymbol{F}^{(s)}$ 为表面张力项；$\boldsymbol{g}$ 为体积力项。

对于连续性方程(7.44)：

$$\frac{\mathrm{d}\rho}{\mathrm{d}t} = -\nabla \cdot (\rho \boldsymbol{v}) + \boldsymbol{v} \cdot \nabla \rho \tag{7.46}$$

对式(7.46)应用式(7.43)离散可得连续性密度方程：

$$\frac{\mathrm{d}\rho_i}{\mathrm{d}t} = \sum_{j=1}^{N} m_j \boldsymbol{v}_{ij} \cdot \nabla_i W_{ij} \tag{7.47}$$

对于动量方程(7.45)中的压力梯度项：

$$-\frac{1}{\rho}\nabla p = -\left(\frac{1}{\rho}\nabla p + \frac{p}{\rho}\nabla 1\right) \tag{7.48}$$

将式(7.48)代入动量方程(7.45)并进行 SPH 离散可得

$$\frac{\mathrm{d}\boldsymbol{v}_i}{\mathrm{d}t} = -\sum_{j=1}^{N} m_j \frac{p_i + p_j}{\rho_i \rho_j} \nabla_i W_{ij} + \boldsymbol{F}_i^{(v)} + \boldsymbol{F}_i^{(s)} + \boldsymbol{g}_i \tag{7.49}$$

式(7.49)即为动量方程的 SPH 离散式，其中黏性项 $\boldsymbol{F}_i^{(v)}$ 、表面张力项 $\boldsymbol{F}_i^{(s)}$ 的求解方法将分别在 7.3.4 小节、7.5 节中进行详细分析。在 SPH 方法中，粒子的运动方程为

$$\frac{\mathrm{d}\boldsymbol{r}_i}{\mathrm{d}t} = \boldsymbol{v}_i \tag{7.50}$$

式(7.47)、式(7.49)和式(7.50)共同构成了 SPH 形式的基本控制方程组，为使该方程组封闭，还需要求解出流场的压力值。

7.3.3　状态方程

本书中，算例均采用了弱可压缩(weakly compressible)SPH 方法。弱可压缩 SPH方法将所有理论上不可压缩的流体看作是弱可压缩的，采用状态方程显式求解流场压力，最常用的状态方程形式是

$$p = p_0\left[\left(\frac{\rho}{\rho_0}\right)^{\gamma} - 1\right] \tag{7.51}$$

其中，ρ_0 为流体的初始密度；p_0 为参考压强；γ 是常数，一般取 $\gamma = 7$，参考压

强 $p_0 = \dfrac{{c_s}^2 \rho}{\gamma}$，$c_s$ 为流场中的声速，在 SPH 方法中，声速 c_s 的选择是人工的，一般为流场的最大速度的 10 倍左右，以控制流体的密度振荡幅度在 1%以内。

7.3.4　黏性耗散

1. 物理黏性

物理黏性(physical viscosity)是指直接对动量方程中的黏性项进行离散和计算产生的黏性耗散。流体的黏性可表示为

$$\boldsymbol{F}^{(v)} = \boldsymbol{F}^{(pv)} = \frac{1}{\rho}\nabla \cdot \boldsymbol{\tau} \tag{7.52}$$

其中，$\boldsymbol{\tau}$ 为剪切应力张量：

$$\boldsymbol{\tau} = \eta(\dot{\gamma})\boldsymbol{\gamma} \tag{7.53}$$

其中，$\boldsymbol{\gamma} = \nabla \boldsymbol{v} + (\nabla \boldsymbol{v})^{\mathrm{T}}$ 为剪切速率张量；$\eta(\dot{\gamma})=K\dot{\gamma}^{n-1}$ 为广义黏度，K 为稠度系数，n 为流动指数。对于牛顿流体，$n=1$，$\eta(\dot{\gamma})=\mu$；对于幂律型流体，$n<1$，$\eta(\dot{\gamma})$ 随剪切速率 $\dot{\gamma}$ 的增大而减小。将式(7.53)及剪切速率表达式 $\boldsymbol{\gamma} = \nabla \boldsymbol{v} + (\nabla \boldsymbol{v})^{\mathrm{T}}$ 代入式(7.52)可得

$$\boldsymbol{F}^{(v)} = \frac{1}{\rho}\nabla \cdot \left\{\eta(\dot{\gamma})\left[\nabla \boldsymbol{v} + (\nabla \boldsymbol{v})^{\mathrm{T}}\right]\right\} \tag{7.54}$$

对于式(7.54)包含的速度二阶导数项，SPH 方法的处理方式有三种：一是直接将函数的二阶导数转换为核函数的二阶导数的方法求解(直接求导法)[32]；二是利用两次求解核函数一阶导数嵌套的方法求解(嵌套法求导法)[33]；三是利用有限差分等其他方法求解一阶导数，而后利用 SPH 方法再求导的方法求解(混合求导法)[34,35]。研究表明[36]，直接求导法和嵌套求导法对于粒子秩序非常敏感，不适于处理凝胶推进剂的撞击雾化这类粒子秩序较为混乱的问题，混合求导法在处理此类问题时更为有效。因此，本书中采用了 SPH 与有限差分相结合的方法求解式(7.52)中的黏性项：

$$\left(\frac{1}{\rho}\nabla \cdot \boldsymbol{\tau}\right)_i = \sum_{j=1}^{N} m_j \frac{\eta_i + \eta_j}{\rho_i \rho_j} \boldsymbol{v}_{ij} \frac{\boldsymbol{r}_{ij} \cdot \nabla_i W_{ij}}{{r_{ij}}^2} \tag{7.55}$$

对于非牛顿流体，式(7.55)中的广义黏度 η_i、η_j 随剪切速率的变化而变化，因此，必须首先计算出剪切速率，剪切速率中的速度梯度求解式为

$$(\nabla \boldsymbol{v})_i = \sum_j \frac{m_j}{\rho_j} \boldsymbol{v}_{ij} \nabla_i^C W_{ij} \tag{7.56}$$

式中，$\nabla_i^C W_{ij}$ 为修正核函数梯度[37]：

$$\nabla_i^C W_{ij} = L(\boldsymbol{r}_i)\nabla_i W_{ij} = \left[\sum_{j=1}^{N}\frac{m_j}{\rho_j}\nabla_i W_{ij}\otimes(\boldsymbol{r}_j-\boldsymbol{r}_i)\right]^{-1}\nabla_i W_{ij} \tag{7.57}$$

2. 人工黏性

与物理黏性不同，人工黏性(artificial viscosity)在动量方程中加入人工构造式模拟流场中的黏性耗散。目前，SPH 方法中常用的人工黏性有两类：一类是 Monaghan 等[38]于 1983 年提出的(以下称为 Monaghan1983 型人工黏性)：

$$\boldsymbol{F}^{(v)} = \boldsymbol{F}^{(pv)} = -\sum_{j=1}^{N} m_j \Pi_{ij}\nabla_i W_{ij} \tag{7.58}$$

$$\Pi_{ij} = -\frac{\alpha\bar{h}_{ij}c_s}{\bar{\rho}_{ij}}\frac{\boldsymbol{v}_{ij}\cdot\boldsymbol{r}_{ij}}{r_{ij}^{\ 2}+\varepsilon\bar{h}_{ij}^2} \tag{7.59}$$

其中，$\bar{h}_{ij}=\dfrac{h_i+h_j}{2}$；$\bar{\rho}_{ij}=\dfrac{\rho_i+\rho_j}{2}$；$\varepsilon=0.01$用于防止粒子相互靠近时产生的数值发散，常数 α 在模拟激波时一般设定为 1，在模拟流体撞击、振荡等问题时，α 最小为 0.02，可以保证计算稳定。

另一类人工黏性是 Monaghan 等于 1997 年提出的(以下称为 Monaghan1997 型人工黏性)：

$$\Pi_{ij} = -\frac{K v_{\text{sig}}}{\bar{\rho}_{ij}}\frac{\boldsymbol{v}_{ij}\cdot\boldsymbol{r}_{ij}}{r_{ij}} \tag{7.60}$$

其中，$v_{\text{sig}}=\dfrac{c_{si}+c_{sj}}{2}$。

在连续性限制条件下，Monaghan1983 型人工黏性和 Monaghan1997 型人工黏性都可以通过推导得到与流体的黏性项公式相等价的形式[39]。二者的主要区别在于应用领域的不同，Monaghan1983 型人工黏性一般直接选取适当的α，用于模拟高雷诺数的流动问题；而 Monaghan1997 型人工黏性一般用于直接代替物理黏性，模拟低雷诺数流动问题，对于本书中应用的 B-样条核函数，其常数 K 与流体的运动黏度 ν 具有以下关系：

$$\nu = \frac{15}{112}K v_{\text{sig}} h \tag{7.61}$$

7.3.5　人工应力

当应用 SPH 方法进行某些流体力学问题模拟时，在局部区应力为正时会出现粒子的非物理聚集，这种现象称为“张力不稳定”(tensile instability)。为解决这一问题，Monaghan[40]提出一种“人工应力”方法，该方法在粒子对之间施加一个短程的人工压力，以防止粒子的过度聚集，其具体形式为

$$\left(\frac{\mathrm{d}\boldsymbol{v}_i}{\mathrm{d}t}\right)_{\mathrm{as}}=-\sum_{j=1}^{N}m_j\left(f_{ij}^{n}R_{ij}\right)\nabla_iW_{ij}\tag{7.62}$$

其中，$\left(\frac{\mathrm{d}\boldsymbol{v}_i}{\mathrm{d}t}\right)_{\mathrm{as}}$ 表示人工应力对粒子 i 产生的加速度；$f_{ij}=W(r_{ij})/W(\Delta l)$，$r_{ij}$ 为粒子 i 和 j 的距离，Δl 为粒子初始间距，$n>0$。

$$R_{ij}=R_i+R_j\tag{7.63}$$

R_i 的计算式为

$$R_i=\begin{cases}-\varepsilon_1\dfrac{p_i}{\rho_i^{\ 2}}, & p_i<0\\ \varepsilon_2\dfrac{p_i}{\rho_i^{\ 2}}, & \text{其他}\end{cases}\tag{7.64}$$

同理可得 R_j。常数 ε_1、ε_2 一般取值在 0.2 左右，需要根据具体问题进行适当调整。

7.3.6　人工扩散——δ-SPH 方法

当弱可压缩 SPH 方法应用于流体的振荡、撞击等强作用问题时，压力场经常出现严重的数值振荡，采用 Antuono 等[41]、Marrone 等[42]提出的“δ-SPH 方法”解决这一问题。在弱可压缩 SPH 方法中，流场压力是通过密度场直接求解的(状态方程(7.51))，δ-SPH 方法采用直接在连续性方程中加入人工扩散项的方法对密度场进行光滑，以消除压力振荡。在 δ-SPH 方法中，连续性方程写作：

$$\frac{\mathrm{d}\rho_i}{\mathrm{d}t}=\sum_{j=1}^{N}m_j\boldsymbol{v}_{ij}\cdot\nabla_iW_{ij}+\delta\bar{h}_{ij}c_{\mathrm{s}}\sum_{j=1}^{N}\frac{m_j}{\rho_j}\boldsymbol{\psi}_{ij}\cdot\nabla_iW_{ij}\tag{7.65}$$

其中，右端第二项为扩散项，δ 为人工扩散系数，在计算中取 $\delta=0.1$，其他参数的定义如下：

$$\boldsymbol{\psi}_{ij}=2(\rho_i-\rho_j)\frac{\boldsymbol{r}_{ij}}{r_{ij}^{\ 2}}-\left[\left\langle\nabla\rho\right\rangle_i^L+\left\langle\nabla\rho\right\rangle_j^L\right]\tag{7.66}$$

$$\left\langle\nabla\rho\right\rangle_i^L=\sum_{i=1}^{N}\frac{m_j}{\rho_j}(\rho_j-\rho_i)\nabla_i^CW_{ij}\tag{7.67}$$

7.3.7　时间积分

传统 SPH 方法一般采用显式方法求解流体动力学方程，典型的显式方法包括 Leap-Frog 方法[43]、Verlet 方法[44]、Kick-Drift-Kick 方法[39,45]等。显式方法中，时间步长应当满足：

$$\Delta t = \min\left(0.25\Delta t_{\mathrm{CFL}}, 0.4\Delta t_{\mathrm{av}}, 0.125\Delta t_{\mathrm{pv}}, 0.25\Delta t_{\mathrm{g}}, 0.25\Delta t_{\mathrm{s}}\right) \tag{7.68}$$

其中，Courant-Friedrichs-Levy(CFL)条件：

$$\Delta t_{\mathrm{CFL}} = \min_i\left(\frac{h_i}{c_{\mathrm{s}}}\right) \tag{7.69}$$

黏性力条件：

$$\Delta t_{\mathrm{pv}} = \min_i\left(\frac{h_i^2}{\nu_i}\right) \tag{7.70}$$

$$\Delta t_{\mathrm{av}} = \min_i\left(\frac{h_i}{c_{\mathrm{s}} + 0.6\alpha_{\mathrm{av}} c_{\mathrm{s}}}\right) \tag{7.71}$$

体积力条件：

$$\Delta t_{\mathrm{g}} = \min_i\left(\frac{h_i}{|\boldsymbol{g}_{\mathrm{i}}|}\right)^{1/2} \tag{7.72}$$

表面张力条件：

$$\Delta t_{\mathrm{s}} = \min_i\left(\frac{\rho_i h_i^3}{2\pi\sigma}\right)^{1/2} \tag{7.73}$$

对于制备的含碳颗粒凝胶推进剂模拟液，当剪切速率较低时，表观黏度很高，因此，应用显式 SPH 方法进行幂律型凝胶推进剂雾化仿真时，低剪切速率下的高黏度性质成为制约时间步长的关键因素。为了更有效地求解凝胶推进剂雾化问题，发展了一种隐式 SPH 方法，该算法将动量方程写作：

$$\left\{\frac{1}{\Delta t} - \sum_j\left[\frac{m_j}{\rho_i\rho_j}\frac{(\eta_i+\eta_j)\boldsymbol{r}_{ij}\cdot\nabla_i^C W_{ij}}{r_{ij}^2}\right]^n\right\}\boldsymbol{v}_i^{n+1} - \sum_j\left[\frac{m_j}{\rho_i\rho_j}\frac{(\eta_i+\eta_j)\boldsymbol{r}_{ij}\cdot\nabla_i^C W_{ij}}{r_{ij}^2}\right]^n\boldsymbol{v}_j^{n+1}$$

$$= \frac{\boldsymbol{v}_i^n}{\Delta t} - \left[\sum_j m_j\left(\frac{p_i}{\rho_i^2} + \frac{p_j}{\rho_j^2} + f_{ij}^n R_{ij}\right)\nabla_i W_{ij}\right]^n + \boldsymbol{F}_i^{(s)} + \boldsymbol{g}^n \tag{7.74}$$

其中，$[\ ]^n$ 表示第 n 个时间步的值；$\boldsymbol{v}_i^{n+1}$、$\boldsymbol{v}_j^{n+1}$ 分别为第 n+1 个时间步粒子 i、j 的速度值。该隐式 SPH 方法将在 7.8 节详细介绍。

7.4　SPH 固壁边界施加模型

7.4.1　基于镜像粒子和虚粒子法的固壁边界施加模型

1. 改进的非滑移边界施加方法

对于低雷诺数流动问题，SPH 流体粒子与壁面粒子之间的切向作用力不能忽略，此时，必须施加非滑移边界条件。在前人研究[46-49]的基础上，本书作者提出了改进的非滑移边界施加方法，具体算法如下。

在对求解的问题进行 SPH 离散时，固壁边界处需要设置 3 种类型的虚粒子：边界粒子(BP)、镜像粒子(MP)以及与之对应的虚粒子(IP)，如图 7.10 所示。其中，边界粒子位于固壁边界上，边界粒子的尺寸与流体粒子一致，对每一个边界粒子，都在计算域的外部设定两个镜像粒子，同时在计算域内部设定两个虚粒子，镜像粒子与虚粒子一一对应，且与边界粒子的距离相等，二者的连线与边界垂直。

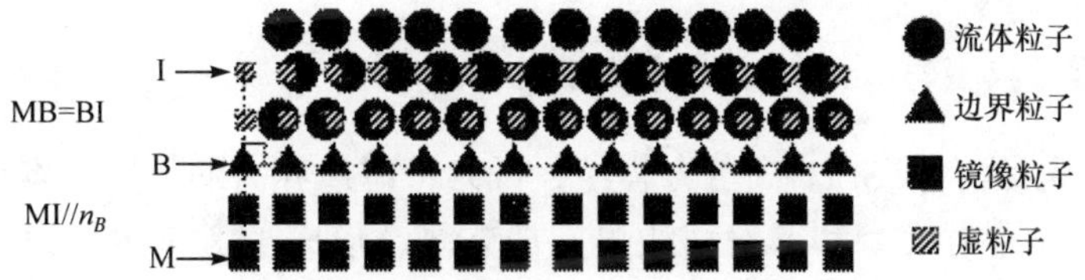

图 7.10　SPH 方法离散时粒子的设置方法

对于边界粒子，其密度和动力黏度通过移动最小二乘法(MLS)插值获得，表达式为

$$f_i = \sum_j \frac{m_j}{\rho_j} f_j W_{ij}^{\text{MLS}} \tag{7.75}$$

其中，W_{ij}^{MLS} 为修正核函数。对二维问题，W_{ij}^{MLS} 的表达式为

$$W_{ij}^{\text{MLS}} = \left[\beta_0 + \beta_x\left(x_i - x_j\right) + \beta_y\left(y_i - y_j\right)\right]W_{ij} \tag{7.76}$$

$$\begin{bmatrix} \beta_0 \\ \beta_1 \\ \beta_2 \end{bmatrix} = \left(\sum_j W_{ij} \boldsymbol{A} \frac{m_j}{\rho_j}\right)^{-1} \begin{bmatrix} 1 \\ 0 \\ 0 \end{bmatrix} \tag{7.77}$$

$$\boldsymbol{A} = \begin{bmatrix} 1 & x_i - x_j & y_i - y_j \\ x_i - x_j & \left(x_i - x_j\right)^2 & \left(x_i - x_j\right)\left(y_i - y_j\right) \\ y_i - y_j & \left(x_i - x_j\right)\left(y_i - y_j\right) & \left(y_i - y_j\right)^2 \end{bmatrix} \tag{7.78}$$

在获得边界粒子的信息后，可通过对边界粒子及流体粒子插值得到虚粒子的密度、速度及动力黏度。在此基础上，通过式(7.79)得到镜像粒子的速度、密度及动力黏度。

$$\begin{cases}\rho_{\mathrm{MP}} = 2\rho_{\mathrm{BP}} - \rho_{\mathrm{IP}} \\ \boldsymbol{v}_{\mathrm{MP}} = 2\overline{\boldsymbol{v}}_{\mathrm{BP}} - \boldsymbol{v}_{\mathrm{IP}} \\ \eta_{\mathrm{MP}} = 2\eta_{\mathrm{BP}} - \eta_{\mathrm{IP}}\end{cases} \tag{7.79}$$

其中，$\overline{\boldsymbol{v}}_{\mathrm{BP}}$ 表示边界的运动速度，$\overline{\boldsymbol{v}}_{\mathrm{BP}}$ 为已知量。

上述方法的主要优势体现在：无论流体粒子如何运动，虚粒子始终均匀分布在计算域内，确保了计算精度，进而保证了镜像粒子的插值精度。

值得注意的是，与 Fan 等[50]的方法相比，上述方法可精确施加非滑移边界条件；与 Liu 等[49]的方法相比，上述方法给出了边界粒子与流体粒子动力黏度之间的关系，可用于非牛顿流体流动的求解。此外，本节方法的边界粒子位于壁面上，与 Marrone 等[42]的方法相比，在求解低雷诺数流动时可精确施加 Dirichlet 边界条件。

2. 排斥力模型与非滑移边界的结合

传统的无黏流体 SPH 离散方程组，没有考虑边界力的作用。本小节在动量方程中引入排斥力模型和非滑移边界施加方法，形成了考虑边界力和流体黏性的动量方程 SPH 离散形式：

$$\frac{\mathrm{d}\boldsymbol{v}_i}{\mathrm{d}t} = -\sum_{j=1}^{N} m_j \left(\frac{p_i + p_j}{\rho_i \rho_j} + \Pi_{ij} \right) \cdot \nabla_i W_{ij} + \boldsymbol{g} + \sum_{j=1}^{N} \frac{m_j}{\rho_i \rho_j} \frac{(\eta_i + \eta_j)\boldsymbol{x}_{ij} \cdot \nabla_i W_{ij}}{r_{ij}^2} \boldsymbol{v}_{ij} + \omega \sum_{j \in B} \boldsymbol{f}_{ij}^{B} \tag{7.80}$$

其中，ω 为控制参数，对低雷诺数流动($Re<0.1$)，取 $\omega=0$，此时不考虑边界对流体粒子的排斥力；当 $Re \geqslant 0.1$ 时，取 $\omega=1$，此时考虑边界对流体粒子的作用力。式(7.80)用来控制流体粒子的运动，对靠近边界的流体粒子，若在其支持域内存在边界粒子和镜像粒子，则边界粒子和镜像粒子参与式(7.80)的计算，而虚粒子仅用来更新镜像粒子的信息。

对边界粒子，施加的运动条件为

$$\boldsymbol{v}_{i,\mathrm{BP}} = \overline{\boldsymbol{v}}_{\mathrm{BP}} \tag{7.81}$$

对于镜像粒子和虚粒子，在整个计算过程中，位置保持不变。

上述方法可以实现 SPH 固壁边界条件的精确施加，但是镜像粒子的引入，造成了计算量的增加、程序实现的困难，以及较难应用于几何边界特别复杂的情况。为克服上述问题，刘虎等[51]提出一种改进模型——基于虚粒子法的固壁边界施加模型，下面将对该模型进行介绍。

7.4.2 基于虚粒子法的固壁边界施加模型

1. 流体-固壁作用方程

从物理原理上看，固壁边界对流体的作用力应该满足：①作用力的方向必须沿界面的法线方向；②边界与流体之间只存在斥力作用；③对于滑移边界条件，当流体沿壁面切线方向运动时，边界与流体之间没有相互作用。

本小节介绍的基于虚粒子法的固壁边界施加模型可完全满足上述条件。该方法的基本配置及原理(图 7.11)为根据流体粒子光滑长度，在流体外部沿边界曲线布置 3～4 层虚粒子，虚粒子具有与流体粒子相同的几何尺寸，固壁边界位于最内侧虚粒子与流体粒子中间；虚粒子可以看作流体粒子的扩展，有条件地参与连续性方程的计算，当流体粒子与边界虚粒子沿边界法线方向发生靠近或远离时，流体粒子的密度相应升高或降低，密度变化通过弱可压缩状态方程作用于流体的压力场，而后，通过对流体压力场进行插值得到虚粒子的压力，当流体与固壁边界有相对靠近的趋势时，虚粒子通过压力梯度对流体粒子施加斥力，防止流体粒子对固壁边界的穿透。

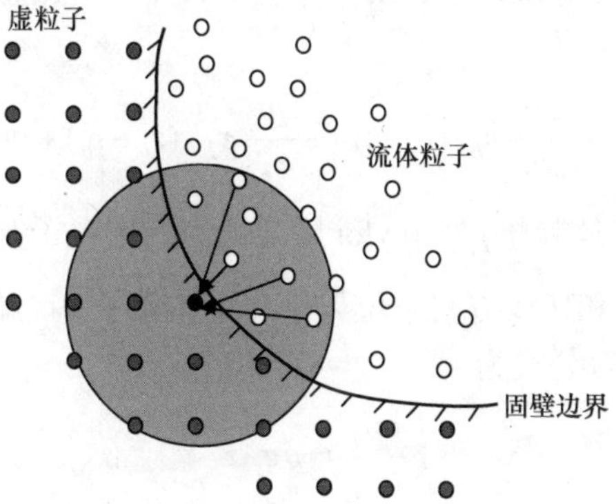

图 7.11　基于虚粒子法的配置及与流体粒子作用示意图

流体-固壁作用方程为

$$\left(\frac{\mathrm{d}\rho_i}{\mathrm{d}t}\right)_b=\begin{cases}m_b\boldsymbol{v}_{ib}\cdot\nabla_i W_{ib}, & \boldsymbol{v}_{ib}\cdot\boldsymbol{n}_b\neq 0\\ 0, & \text{其他}\end{cases}\tag{7.82}$$

$$\left(\frac{\mathrm{d}\boldsymbol{v}_i}{\mathrm{d}t}\right)_b=\begin{cases}\left[-m_b\left(\dfrac{p_i+p_b}{\rho_i\rho_b}\right)\boldsymbol{n}_b\cdot\nabla_i W_{ib}\right]\boldsymbol{n}_b, & (P_i+P_b)>0\\ 0, & \text{其他}\end{cases}\tag{7.83}$$

其中，式(7.82)、式(7.83)分别是对连续性方程、动量方程的改进，$\left(\dfrac{\mathrm{d}\rho_i}{\mathrm{d}t}\right)_b$、

$\left(\dfrac{\mathrm{d}\boldsymbol{v}_i}{\mathrm{d}t}\right)_b$ 分别表示流体粒子 i 受到的边界虚粒子 b 的作用而产生的密度、速度的增量；$\boldsymbol{n}_b$ 表示虚粒子 b 的单位法向；$\boldsymbol{v}_{ib}=\boldsymbol{v}_i-\boldsymbol{v}_b$。

由式(7.82)可得，当流体粒子 i 沿边界虚粒子 b 的切线方向运动时，虚粒子 b 对流体粒子 i 的密度变化不产生影响；由式(7.83)可得，当流体粒子 i 与边界虚粒子 b 的压力和为正时，虚粒子通过压力梯度对流体粒子施加 $\boldsymbol{n}_b$ 方向的斥力作用，防止流体粒子 i 穿透壁面；反之，当二者压力和为负时，虚粒子对流体不施加作用力。式(7.82)和式(7.83)的物理意义是明确的，当流体沿边界切线方向运动时，边界对流体密度及压力场不产生影响，流体的运动状态不会因边界作用而发生改变；而当流体出现靠近边界的运动时，流体的密度会增大，压力升高，边界附近出现局部的正压力区，边界粒子会通过式(7.83)对流体施加法向斥力作用，防止流体穿透边界。

2. 虚粒子物理量求解

考虑相互作用的边界虚粒子 b 及流体粒子 j，将 b 点的压力在 j 点处 Taylor 展开可得

$$\langle p_b\rangle_j=P_j+\frac{\partial p_j}{\partial n_i}\boldsymbol{n}_b\cdot(\boldsymbol{r}_j-\boldsymbol{r}_b)+\frac{\partial p_j}{\partial \tau_b}\boldsymbol{\tau}_b\cdot(\boldsymbol{r}_j-\boldsymbol{r}_b)+o(\|\boldsymbol{r}_j-\boldsymbol{r}_b\|^2) \tag{7.84}$$

其中，$\langle p_b\rangle_j$ 表示在流体粒子 j 处 Taylor 展开得到的虚粒子 b 的估计压力值；$\boldsymbol{n}_b$、$\boldsymbol{\tau}_b$ 为虚粒子 b 的法线和切线方向单位矢量。流体粒子 j 在虚粒子 b 的法线及切线方向的压力梯度的求解公式为

$$\frac{\partial p_j}{\partial \tau_b}=\rho\boldsymbol{g}\cdot\boldsymbol{\tau}_b \tag{7.85}$$

$$\frac{\partial p_j}{\partial n_b}=-\rho\left(\boldsymbol{g}\cdot\boldsymbol{n}_b+\frac{c_{\mathrm{s}}(\boldsymbol{v}_j\cdot\boldsymbol{n}_b)}{(\boldsymbol{r}_j-\boldsymbol{r}_b)\cdot\boldsymbol{n}_b}\right) \tag{7.86}$$

将式(7.85)和式(7.86)代入式(7.84)得

$$\langle p_b\rangle_j=p_j-\rho c_{\mathrm{s}}\boldsymbol{v}_j\cdot\boldsymbol{n}_b-\rho\boldsymbol{g}\cdot\left(\boldsymbol{r}_j-\boldsymbol{r}_b\right) \tag{7.87}$$

边界虚粒子的压力最终通过对各点估计的 CSPM[52]插值获得

$$p_b=\frac{\sum_{j=1}^{N}\dfrac{m_j}{\rho_j}\langle p_b\rangle_j W_{bj}}{\sum_{j=1}^{N}\dfrac{m_j}{\rho_j}W_{bj}} \tag{7.88}$$

在弱可压缩 SPH 方法中，密度的主要作用是求解压力场，对于边界虚粒

子，压力通过流体粒子插值后，密度变化对计算影响不大，因此，将边界虚粒子的密度设为定值，一般与流体密度相同。

对于非滑移边界，需要考虑边界虚粒子的速度场，首先，将流体粒子的速度插值到边界虚粒子上：

$$\langle \boldsymbol{v}_b \rangle = \frac{\sum_{j=1}^{N} \frac{m_j}{\rho_j} \boldsymbol{v}_j W_{bj}}{\sum_{j=1}^{N} \frac{m_j}{\rho_j} W_{bj}} \tag{7.89}$$

而后，得到边界虚粒子的速度：

$$\boldsymbol{v}_b = 2\boldsymbol{v}_{\text{wall}} - \langle \boldsymbol{v}_b \rangle \tag{7.90}$$

其中，$\boldsymbol{v}_{\text{wall}}$ 为指定的边界运动速度。

7.4.3 算例验证

1. 旋转流体静止

旋转流体静止是指圆柱形容器中的旋转流体在壁面黏性力的作用下逐渐减速直至静止的过程。该算例常用来检验边界施加方法的正确性。

在黏性力的作用下，径向速度 $v(r)$ 随时间的变化可表示为

$$v(r) = -2\vartheta R \sum_j \frac{\mathrm{J}_1(\lambda_j r / R)}{\lambda_j \mathrm{J}_0(\lambda_j)} \exp\left(-\frac{\lambda_j^2 \eta t}{\rho_0 R^2} \right) \tag{7.91}$$

其中，R 为圆柱半径；ϑ 为角速度；J_0 和 J_1 分别为零阶和一阶贝赛尔函数；λ_j 为 J_1 的第 j 个零点。

本算例的计算参数设置为 $\vartheta = 1\mathrm{s}^{-1}$，$R = 1\mathrm{m}$，$\rho_0 = 10^3\,\mathrm{kg/m^3}$，$c_0 = 12\,\mathrm{m/s}$，$\eta = 10.0\mathrm{Pa \cdot s}$，$|\boldsymbol{g}| = 0\mathrm{m/s^2}$，$R/\Delta l = 16$，$h/\Delta l = 1.2$，$\Delta t = 1.0\times 10^{-3}\mathrm{s}$。

初始时刻 SPH 粒子的设置方法为根据 Δl 将半径 R 均分为若干等距的圆环，再根据圆环的周长进一步等分，从而形成具有相同粒子间距的初始分布，每个圆环上的粒子数目为 $2\pi r/\Delta l$。

采用 7.4.1 小节方法施加固壁边界，对控制参数 ω，分别设置为 $\omega=1$ 和 $\omega=0$，从而验证排斥力模型的有效性。

图 7.12 给出了控制参数 ω 对 SPH 粒子分布和速度分布的影响，图中第 1 列为采用新型排斥力模型所得的结果，第 2 列为不施加排斥力而仅考虑边界黏性的作用所得的结果。从图可知：采用新型排斥力模型时，在整个计算过程中，SPH

流体粒子的秩序良好，数值稳定性和计算精度都较高；反之，靠近边界处的流体粒子会在离心力的作用下非物理穿透边界，进而导致圆柱的中心处形成空腔，且随着时间的增加，空腔面积持续增大，非物理穿透边界的流体粒子的数目也不断增加。

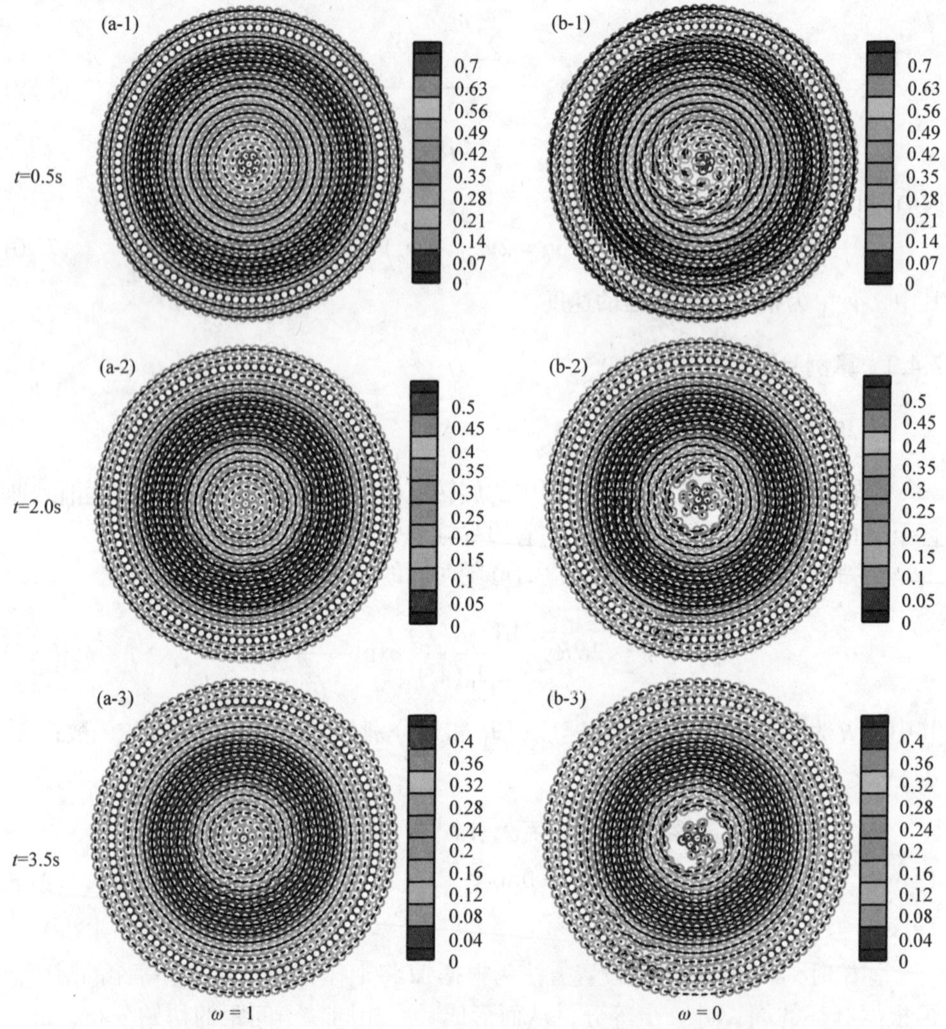

图 7.12　控制参数 ω 对 SPH 粒子分布和速度分布的影响

图 7.13 给出了 t=0.5s、2.0s、3.5s 三个时刻本书阐述的方法所得的径向速度分布与解析解的对比。从中可以看出，本书方法所得的数值解与解析解吻合良好，证明了新型排斥力模型在求解该问题时的有效性。

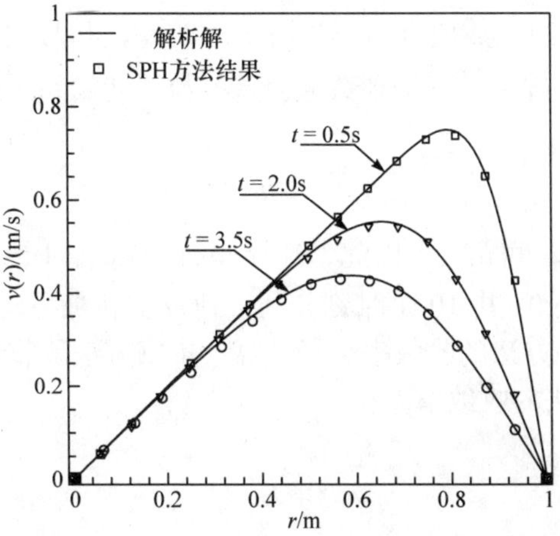

图 7.13　t=0.5s、2.0s、3.5s 三个时刻 SPH 方法模拟得到的径向速度分布与解析解的对比

为研究 7.4.1 小节方法的收敛性，将粒子初始间距分别设置为 $R/\Delta l = 32$ 和 $R/\Delta l = 64$ 进行计算。图 7.14 给出了 t=3.5s 时 3 种粒子初始间距对 SPH 方法计算精度的影响，由图可知，随着粒子初始间距的减小，数值解的精度不断提高。SPH 方法数值解的收敛性可通过借鉴 Shao[53]的思想进行计算，为此，将 t 时刻粒子初始间距为 Δl 的 SPH 方法数值解的误差定义为

$$E_{\Delta l} = \left(\frac{1}{N} \sum_{j=1}^{N} \left| v_{\mathrm{e}}\left(r_j, t\right) - v_{\Delta l}\left(r_j, t\right) \right|^2 \right)^{1/2} \tag{7.92}$$

其中，$v_{\mathrm{e}}\left(r_j, t\right)$ 为 t 时刻位置 r_j 处的解析解；$v_{\Delta l}\left(r_j, t\right)$ 为 t 时刻位置 r_j 处的数值解。

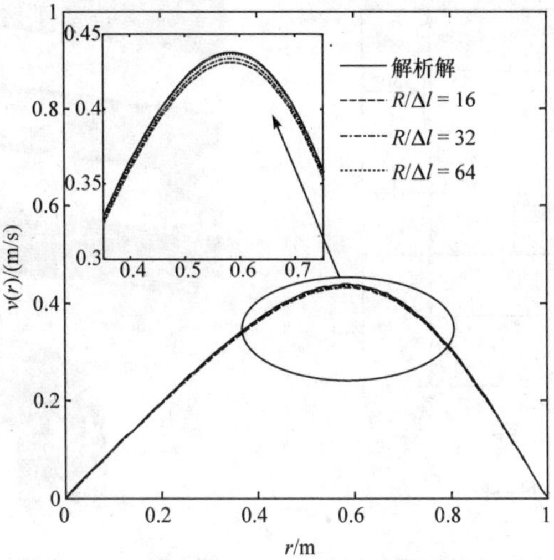

图 7.14　粒子初始间距对 SPH 方法计算精度的影响(t=3.5s)

根据文献[53]可知，数值解与解析解之间的差值与$(\Delta l)^m$成正比，其中，m为收敛阶数。在此基础上，可得到数值误差与粒子初始间距的表达式：

$$\frac{E_{\Delta l=R/16}-E_{\Delta l=R/32}}{E_{\Delta l=R/32}-E_{\Delta l=R/64}}\approx\left(\frac{R/16-R/32}{R/32-R/64}\right)^m\approx 2^m \tag{7.93}$$

数值误差$E_{\Delta l}$与时间相关，因此，选择 0.5s、1.0s、1.5s、2.0s、2.5s、3.0s、3.5s、4.0s、4.5s 和 5.0s 共 10 个时刻分别得到m值，最后，再将这 10 个值进行平均，从而得到本书方法的收敛率。经计算，本书方法的收敛率为 1.59，略大于文献[53]中 ISPH 方法的收敛率 1.1。

2. 三维充型过程

为验证 7.4.2 小节方法在求解三维问题时的有效性，此处对三维 S 形型腔填充过程进行了数值模拟。S 形型腔的几何形状及参数如图 7.15 所示，该型腔由一系列的拐角构成，z 方向的厚度为 2mm，入口宽度为 45mm，水从入口处以U=8.7m/s 的速度进入型腔，进而逐渐填满其中。

本算例中，流体粒子的属性设置为$\rho_0=10^3\,\text{kg/m}^3$，$\eta=0.001\text{Pa}\cdot\text{s}$，其他参数设置为$c_0=15U$，$|\boldsymbol{g}|=0\text{m/s}^2$，$h/\Delta l=1.3, \Delta t=2.0\times10^{-6}\text{s}$。初始时刻，流体粒子均匀分布在型腔入口，粒子初始间距为$\Delta l=0.05\text{mm}$。为减少计算量，流体粒子在入口处动态生成，生成的频率根据入口速度和时间步长确定。S 形型腔入口边界粒子的分布如图 7.16 所示。

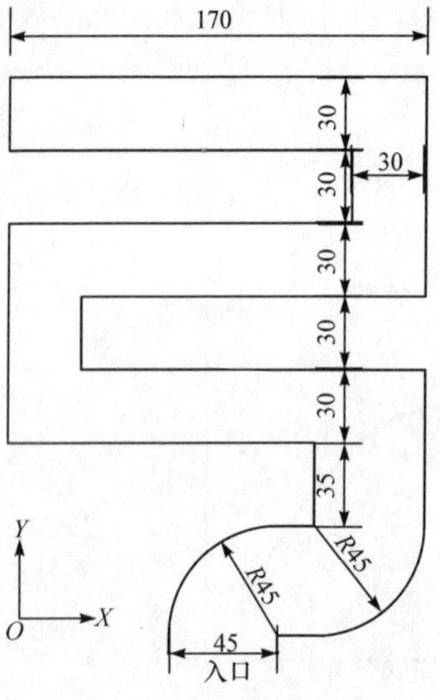

图 7.15　S 形型腔几何形状及参数(单位：mm)

图 7.16　S 形型腔入口边界粒子分布

图 7.17 给出了 4 个不同时刻采用 SPH 方法的计算结果与 Schmid 等[54]的实验结果的对比，图中第 1 行为实验结果，第 2 行为 SPH 方法数值模拟结果。由图 7.17 可知，在 $t = 7.15\text{ms}$ 时，数值模拟很好地捕捉到射流撞击壁面之后所形成的流动状态，与实验结果吻合良好。在 $t = 25.03\text{ms}$ 时，成功预测到 S 形型腔右下角所产生的空腔，但空腔尺寸小于实验值，且流动前缘没有出现射流破碎现象。到 $t = 39.34\text{ms}$ 时，再次成功预测了流动前缘、第 2 垂直转角、第 2 水平部分等处的流动过程细节特性。当 $t = 53.64\text{ms}$ 时，流动前缘到达 S 形型腔的顶部，在第 3 个垂直拐角处可以看到一些气泡的存在，数值模拟得到的这些特征与实验结果基本吻合。

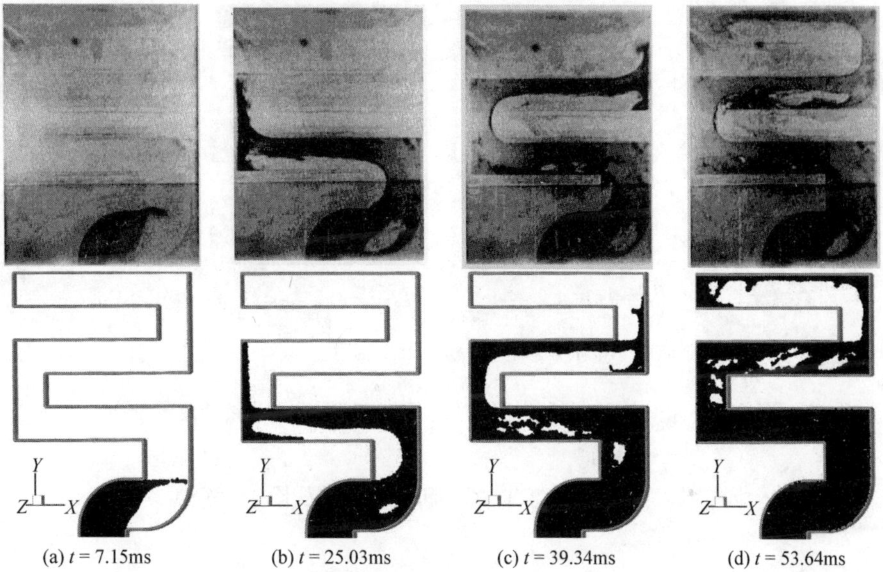

图 7.17　S 形型腔充型过程的 SPH 方法数值模拟结果与实验结果的对比

图 7.18 给出了 SPH 方法计算所得的 4 个不同时刻无量纲压强(第 1 行)和无量纲速度(第 2 行)的分布。当 $t = 7.15\text{ms}$ 时，射流从入口进入型腔进而撞击壁面，在边界力的作用下，射流运动方向改变，在撞击点附近的流体速度降低，压强增大；而在流体的前端，压强趋于 0，速度则大于初始入口速度。在 $t = 25.03\text{ms}$ 时，撞击所产生的高压区扩展到整个拐角处，边界排斥力的作用使得撞击点附近流体速度降低，压力升高。从 $t = 39.34\text{ms}$ 到 $t = 53.64\text{ms}$，流体逐渐充满型腔的中下部，高压区域也逐渐扩展到此区域，而流场速度则随之降低。观察数值模拟结果可知，计算所得的压力场和速度场始终比较光滑，粒子秩序良好，没有出现数值振荡和流体粒子非物理穿透壁面的状况。

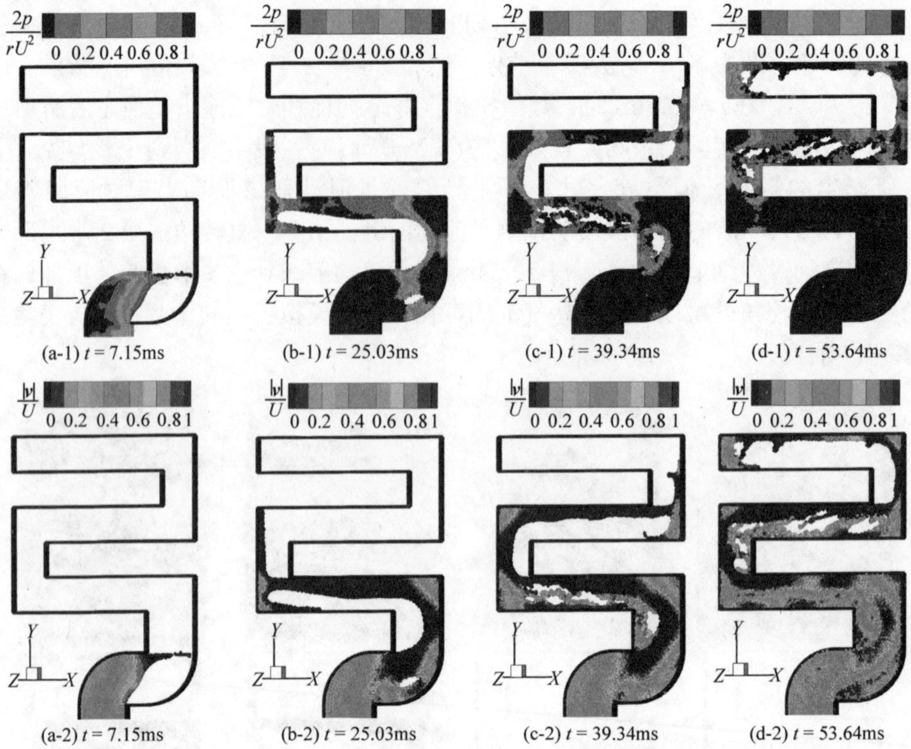

图 7.18　SPH 方法所得的不同时刻无量纲压强和无量纲速度的分布

7.5　基于 CSF 模型的表面张力算法

7.5.1　CSF 模型

CSF 模型由 Brackbill 等[55]提出，将表面张力描述为通过界面的三维连续的作用力，界面厚度有限，在界面内色函数连续地变化。

CSF 模型表面张力的思想是从定义色标函数出发，通过色函数计算得到表面法向及表面曲率，将单元表面张力转换为单元体积力，之间保持转化的动量守恒。

在表面张力系数为常量的条件下，在有限的界面厚度范围内，单元体积力 $\boldsymbol{F}_s$ 记为

$$\boldsymbol{F}_s = \boldsymbol{f}_s \delta_s \tag{7.94}$$

其中，δ_s 为正则化函数，处于界面时为 1，通常取为 $|\boldsymbol{n}|$；$\boldsymbol{f}_s$ 为单元表面力，其公式

$$\boldsymbol{f}_s = \sigma k(x) \hat{\boldsymbol{n}} \tag{7.95}$$

其中，σ 为表面张力系数；$k(x)$ 为界面 x 处的曲率；$\hat{\boldsymbol{n}}$ 为界面的单位法向。法向 $\boldsymbol{n}$ 为

$$\boldsymbol{n} = \frac{\nabla c(x)}{[\nabla c(x)]} \tag{7.96}$$

其中，$c(x)$ 为区分每种流体的色函数；$[\nabla c(x)]$ 为界面处色函数的阶跃，曲率 k 计算式为

$$k = -(\nabla \cdot \hat{\boldsymbol{n}}) \tag{7.97}$$

7.5.2　CSPM 修正的表面张力算法

采用 CSF 模型对 SPH 表面张力进行推导计算，应重点从精确定位表面、精确计算法向、精确计算曲率等三个关键因素出发把握最终结果的计算精度。基于这三个因素逐一分析，并对相关参数进行修正。

表面的选取关系着法向的计算精度，进而影响曲率的计算精度。使用传统光滑的色函数定义方法[56]：

$$\overline{c}_i = \sum_j \frac{m_j}{\rho_j} c_j W_{ij} \tag{7.98}$$

其中，c_j 是粒子 j 的色标，在定义的流体区域内初始设为 1，在流体区域外时初始设为 0。

Monaghan[57]利用变分原理得到法向 $\boldsymbol{n}$ 的计算式：

$$\boldsymbol{n}_i = \sum_j \frac{m_j}{\rho_j} \overline{c}_j \nabla_i W_{ij} \tag{7.99}$$

利用表达式(7.99)计算曲率时会遇到在远离边界内部出现不稳定的离散点，直接导致数值结果失真，并且精度不高。Morris[56]采用以下方法对法线方向的计算进行光滑处理：

$$\boldsymbol{n}_i = \sum_j \frac{m_j}{\rho_j} (\overline{c}_j - \overline{c}_i) \nabla_i W_{ij} \tag{7.100}$$

此方法包含了邻近粒子色函数之间的差异，精度较高。采用 Chen 等[52]的 CSPM 方法对式(7.99)进行修正，其核心思想是采用基于 Taylor 级数展开的校正核估计代替传统方法中的核估计来离散控制方程组，修正后的法向分量计算式(二维)为

$$n_{\alpha i} = \left[\sum_{j=1}^{N} (\overline{c}_j - \overline{c}_i) W_{ij,\beta} \frac{m_j}{\rho_j} \right] \left[\sum_{j=1}^{N} (x_j^{\alpha} - x_i^{\alpha}) W_{ij,\beta} \frac{m_j}{\rho_j} \right]^{-1} \tag{7.101}$$

其中，α、β 取值为 1 或 2，表示坐标方向；$n_{\alpha i}$ 表示粒子 i 在 α 方向的法向分量；$\overline{c}_i$、$\overline{c}_j$ 由式(7.98)得出，$W_{ij}=W(x_j-x_i,h)$；$W_{ij,\beta}=\partial W_{ij}/\partial x_j^\beta$。此方法在处理尖角等粒子缺失严重的边界问题时，将得到比式(7.100)精度更高的结果。

曲率即法向的散度，传统计算式[56]为

$$k_i=-(\nabla\cdot\hat{\boldsymbol{n}})_i=-\sum_j\frac{m_j}{\rho_j}\hat{\boldsymbol{n}}_j\cdot\nabla_i W_{ij} \tag{7.102}$$

Monaghan[57]提出了一种更精确的散度计算式，即

$$k_i=-(\nabla\cdot\hat{\boldsymbol{n}})_i=-\sum_j\frac{m_j}{\rho_j}(\hat{\boldsymbol{n}}_j-\hat{\boldsymbol{n}}_i)\cdot\nabla_i W_{ij} \tag{7.103}$$

但此计算式在边缘转换区域由于正则化法向 $\hat{\boldsymbol{n}}$ 逐渐变小，会产生错误的法线方向，导致数值离散，Morris[56]提出采用 $|\boldsymbol{n}|$ 阈参数的方法，对于远离边界的法向，判定其是否对于曲率的计算有影响，即

$$N_i=\begin{cases}1, & |\boldsymbol{n}_i|>\xi\\ 0, & \text{其他}\end{cases} \tag{7.104}$$

且

$$\hat{\boldsymbol{n}}_i=\begin{cases}\boldsymbol{n}_i/|\boldsymbol{n}_i|, & N_i=1\\ 0, & \text{其他}\end{cases} \tag{7.105}$$

当法向的模小于阈参数 ξ 时，法向的模与单位法向量置零，即认为其对于曲率的计算无贡献。ξ 通常取 $0.01/h$。同法向的修正，采用 CSPM[52]方法对曲率进行修正，修正后的曲率分量计算式(二维)为

$$\hat{n}_{\gamma,\alpha i}=\left[\sum_{j=1}^{N}(\hat{n}_{\gamma j}-\hat{n}_{\gamma i})W_{ij,\beta}\frac{m_j}{\rho_j}\right]\left[\sum_{j=1}^{N}(x_j^\alpha-x_i^\alpha)W_{ij,\beta}\frac{m_j}{\rho_j}\right]^{-1} \tag{7.106}$$

代入曲率计算公式：

$$k_i=-(\nabla\cdot\hat{\boldsymbol{n}})_i=-\left(\frac{\partial\hat{n}_{xi}}{\partial x}+\frac{\partial\hat{n}_{yi}}{\partial y}\right)=\hat{n}_{x,xi}+\hat{n}_{y,yi} \tag{7.107}$$

其中，α、β、γ 取值为 1 或 2，表示坐标方向；$\hat{n}_{\gamma i}$、$\hat{n}_{\gamma j}$ 为粒子 i、j 在 γ 方向的法向分量，由式(7.103)～式(7.105)得出；$\hat{n}_{\gamma,\alpha i}$ 为粒子 i 的法向分量 $\hat{n}_\gamma$ 在 α 方向的偏导数。

Brackbill 等[55]提出在计算单位质量表面张力公式时，为防止表面层厚度发生改变，使表面张力不仅依赖于密度本身，更依赖于密度梯度，使密流体与稀流体受到相同的加速度，提出的公式为

$$(\boldsymbol{f}_s)_i = -\frac{\sigma}{\langle \rho \rangle}(\nabla \cdot \hat{\boldsymbol{n}})_i \boldsymbol{n}_i \tag{7.108}$$

其中，$\langle \rho \rangle = (\rho_0 + \rho_1)/2$，$\rho_0$、$\rho_1$ 分别为界面两边流体的密度。对于单一流体而言，式(7.108)可写为

$$(\boldsymbol{f}_s)_i = -\frac{2\sigma}{\rho_i}(\nabla \cdot \hat{\boldsymbol{n}})_i \boldsymbol{n}_i \tag{7.109}$$

而对于两种流体，在 SPH 方法中，若使用式(7.108)计算表面张力，两流体界面上的每个 SPH 粒子将受到相同的表面张力作用，界面将变得非常模糊，分析原因为 VOF 方法为欧拉方法，界面的确定由流入界面网格的流体体积决定，必须保证界面两端所受作用力相同才会使界面厚度不发生改变，界面清晰。而 SPH 方法为纯拉格朗日方法，界面的追踪与每个粒子所受的作用力有关，在计算时必须保证界面两端所受作用力不相等才能使界面变得清晰，将两种流体区分开。因此，SPH 方法中含外部流体情形下单位质量表面张力公式为

$$(\boldsymbol{f}_s)_i = -\frac{\sigma}{\rho_i}(\nabla \cdot \hat{\boldsymbol{n}})_i \boldsymbol{n}_i \tag{7.110}$$

7.5.3　算例验证

为了验证新算法在含密度差的两种流体界面上应用的可行性，为实际工程应用提供可靠性依据，将假设的初始方形液滴置于溶液中进行算例验证[24]。几何物理模型如图 7.19 所示，其中边界层厚度为 25μm，粒子数为 1420 个，溶液物质为水，几何参数为长 330μm×宽 330μm，粒子数为 3454 个，方形液滴物质为油，水与油物质参数见表 7.1，几何参数为长 150μm×宽 150μm，粒子数为 900 个。

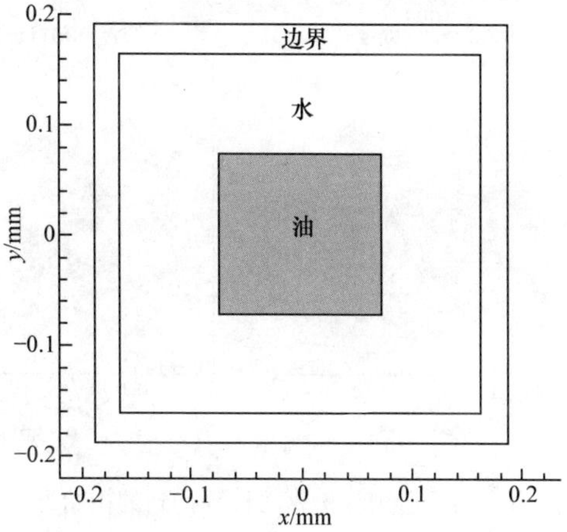

图 7.19　水溶液中初始方形油滴自然变化算例物理模型

表 7.1　算例中物质参数列表

物质	密度/(kg/m^3)	界面张力系数/(N/m)	黏度系数/($N \cdot s/m^2$)	粒子间距/m	h/m	H/m
油	819.0	0.050475	3.16×10^{-3}	5×10^{-6}	7.5×10^{-6}	1.5×10^{-5}
水	1000		1.002×10^{-3}	5×10^{-6}	7.5×10^{-6}	1.5×10^{-5}

图 7.20 和图 7.21 为两个周期内运用修正算法和有限体积 FVM 方法在不同时刻所得到的初始方形液滴的形态。两组图中的四个时刻均为周期内的极限时刻，即在 t=0.08ms 时方形液滴的四个尖角收缩到极限状态呈菱形，然后开始反弹，在 t=0.16ms 时回到初始方形状态，同样在 t=0.32ms 时完成第二个周期的振荡。由于振荡中黏性耗散的作用，动能逐渐减小为零，最终液滴稳定在圆形状态。从两个周期内液滴形状对比可以得出，修正算法在稳定性方面较好，能够保持振荡极限时尖角的形状，粒子秩序较好；在时间周期上与网格法完全吻合，算法精度较高。为更全面地对比两种方法，选取一个变化周期内三个典型时刻的速度场分布情况进行对比，如图 7.22 和图 7.23 所示，从图中可以看出两个速度场基本一致，吻合度较好，表明修正算法计算过程准确。

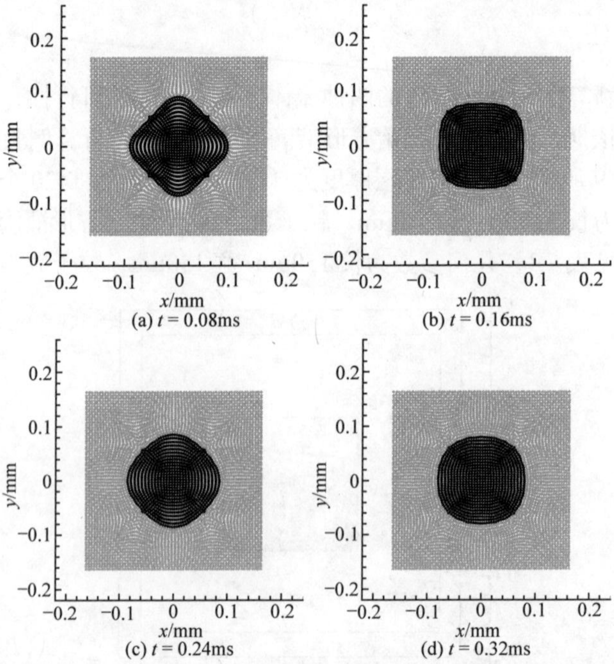

图 7.20　表面张力作用下运用修正算法计算得到的初始方形液滴变化过程

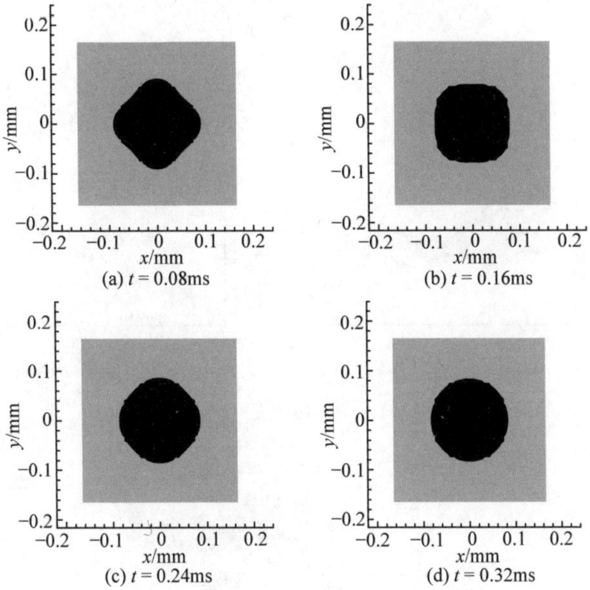

图 7.21　表面张力作用下运用 FVM 方法得到的初始方形液滴变化过程

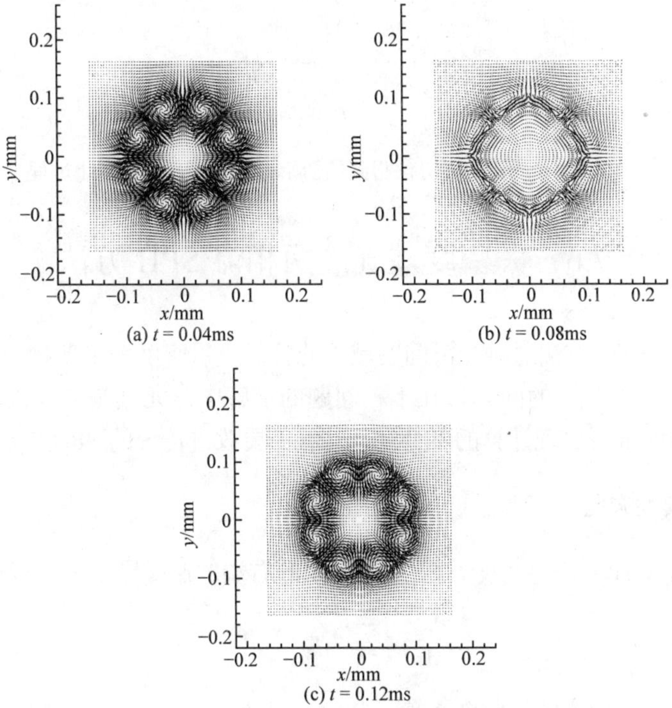

图 7.22　运用修正算法得到的初始方形液滴速度场变化过程

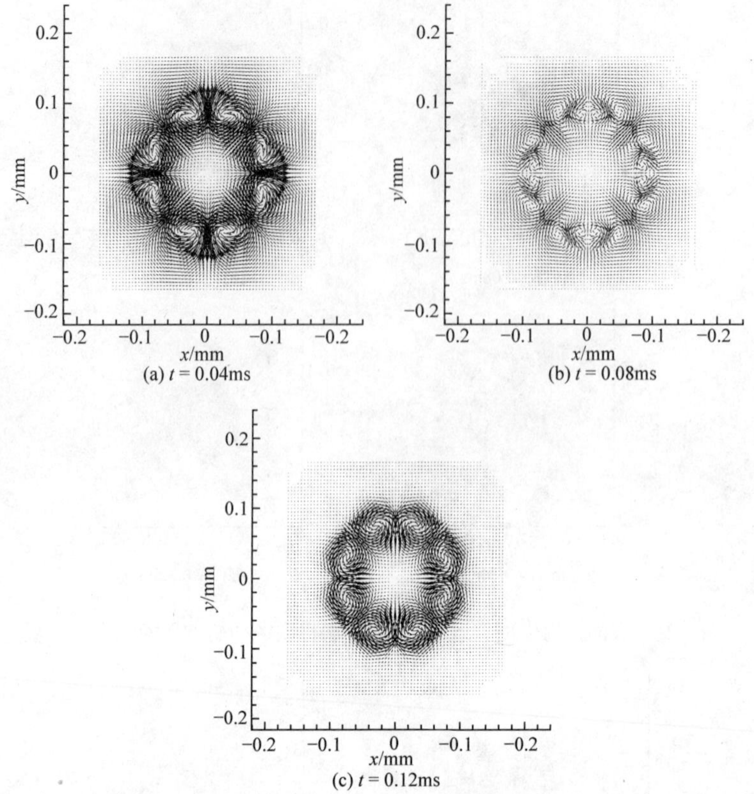

图 7.23　运用 FVM 方法得到的初始方形液滴速度场变化过程

7.6　大密度差气液两相流 SPH 方法

传统的 SPH 方法通过光滑问题域内的粒子质量密度来更新物理量，导致其只适合求解单一介质的问题。在多相问题的求解中，尤其是涉及大密度差的气液两相问题时常会出现计算的不稳定，这就需要改进传统的 SPH 方法。

7.6.1　连续性方程

传统的 SPH 方法对密度方程(7.44)等式的右端的速度导数项进行离散，可得

$$\frac{\mathrm{d}\rho_i}{\mathrm{d}t}=\sum_{j=1}^{N} m_j \boldsymbol{v}_{ij}\cdot\nabla_i W_{ij} \tag{7.111}$$

此为最常用的连续性密度方程，其中相对速度 $\boldsymbol{v}_{ij}=\boldsymbol{v}_i-\boldsymbol{v}_j$ 。因为式(7.111)是通过计算粒子间的相对速度来估计粒子密度变化率，所以可以有效降低粒子的

非连续性(边界或界面)产生的误差，边缘效应小。

Ott 等[58]提出的修正多相流 SPH 方程组可以有效模拟多相流问题，用粒子数密度代替质量密度，形式如下：

$$\frac{\mathrm{d}\rho_i}{\mathrm{d}t} = m_i \sum_{j=1}^{N} \boldsymbol{v}_{ij} \cdot \nabla_i W_{ij} \tag{7.112}$$

该方程即为修正后的连续性方程，其与传统 SPH 方法中的连续性方程(7.111)的区别在于粒子质量在求和之前，用粒子自身的质量来更新密度。这一做法有效地保证了不同物质在交界面处的密度间断性。

7.6.2　动量方程中的压力项

对动量方程(7.45)等号右端的压力项采用传统方法离散有

$$\left(-\frac{1}{\rho}\nabla p\right)_i = \sum_{j=1}^{N} m_j \left(\frac{p_i}{\rho_i^2} + \frac{p_j}{\rho_j^2}\right) \nabla_i W_{ij} \tag{7.113}$$

由于该式的对称形式保持了线动量和角动量的守恒性而得到广泛应用。但是，该式在求解多相流问题，尤其是涉及大密度差时，容易造成界面附近两相粒子加速度的不一致，从而造成计算不稳定。

鉴于此，Adami 等[59]提出改进的压力项离散方程：

$$\left(-\frac{1}{\rho}\nabla p\right)_i = -\frac{1}{m_i} \sum_j \left(V_i^2 + V_j^2\right) \tilde{p}_{ij} \nabla_i W_{ij} \tag{7.114}$$

其中

$$\tilde{p}_{ij} = \frac{\rho_i p_j + \rho_j p_i}{\rho_i + \rho_j} \tag{7.115}$$

对于相互作用的同相粒子，$\tilde{p}_{ij}$ 表示两粒子的平均压力，而对于不同相之间相互作用的粒子，方程(7.115)的计算可以保证 $\nabla p/\rho$ 在界面处的连续[60]。$V = m/\rho$，表示粒子的体积。

7.6.3　动量方程中的黏性项

对于牛顿流体，其物理黏性项可表示为

$$\frac{1}{\rho}\nabla \cdot \boldsymbol{\tau} = \frac{1}{\rho}\nabla \cdot \mu\dot{\boldsymbol{\gamma}} \tag{7.116}$$

其中，μ为流体的动力黏度系数；$\dot{\boldsymbol{\gamma}}$ 为剪切速率，定义式为

$$\dot{\boldsymbol{\gamma}} = \nabla \boldsymbol{v} + \nabla \boldsymbol{v}^{\mathrm{T}} - \nabla \cdot \boldsymbol{v} \boldsymbol{I} \tag{7.117}$$

将式(7.117)代入式(7.116)，黏性项可转化为

$$\frac{1}{\rho} \nabla \cdot \boldsymbol{\tau} = \frac{\mu}{\rho} \nabla^2 \boldsymbol{v} \tag{7.118}$$

对于式(7.118)涉及速度的二阶导数，主要有三种处理方法：直接求导法、两次求导法以及有限差分与 SPH 相结合的方法。对于这三种方法，刘开[61]进行详细的论述和推导，并提出鲁棒性和精确性更好的黏性项计算公式：

$$\left(\frac{1}{\rho} \nabla \cdot \boldsymbol{\tau}\right)_i = \sum_{j=1}^{N} m_j \frac{\mu_i + \mu_j}{\rho_i \rho_j} \boldsymbol{v}_{ij} \frac{\boldsymbol{r}_{ij} \cdot \nabla_i W_{ij}}{r_{ij}^2} \tag{7.119}$$

但是，式(7.119)在处理涉及大密度差多相流问题时，同样会出现两相粒子加速度不一致的情况，从而造成计算的不稳定，Adami 等[59]提出的改进的黏性项公式可以有效解决这一问题：

$$\left(\frac{1}{\rho} \nabla \cdot \boldsymbol{\tau}\right)_i = \frac{1}{m_i} \sum_j \frac{2\mu_i \mu_j}{\mu_i + \mu_j} \left(V_i^2 + V_j^2\right) \boldsymbol{v}_{ij} \left(\frac{1}{r_{ij}} \frac{\partial W_{ij}}{\partial r_{ij}}\right) \tag{7.120}$$

7.6.4 人工黏性

为了消除由于数值不稳定造成的粒子间的非物理穿透现象，需要引入人工黏性。Monaghan 型的人工黏性[28]应用最为广泛，方程如下：

$$\frac{\mathrm{d}\boldsymbol{v}_i}{\mathrm{d}t} = -\sum_j m_j \Pi_{ij} \nabla_i W_{ij} \tag{7.121}$$

$$\Pi_{ij} = \begin{cases} \left(-\alpha \overline{c}_{ij} \phi_{ij} + \beta \phi_{ij}^2\right) \Big/ \overline{\rho}_{ij}, & \boldsymbol{v}_{ij} \cdot \boldsymbol{x}_{ij} < 0 \\ 0, & \boldsymbol{v}_{ij} \cdot \boldsymbol{x}_{ij} \geqslant 0 \end{cases} \tag{7.122}$$

$$\phi_{ij} = \left[h_{ij} \boldsymbol{v}_{ij} \cdot \boldsymbol{x}_{ij}\right] \Big/ \left[\left|\boldsymbol{x}_{ij}\right|^2 + \varphi\right] \tag{7.123}$$

其中，$\boldsymbol{v}$ 为粒子的速度矢量；c 为粒子声速；$\boldsymbol{x}$ 为粒子位置矢量；$\boldsymbol{x}_{ij}=\boldsymbol{x}_i - \boldsymbol{x}_j$；$\overline{c}_{ij} = (c_i + c_j)/2$；$\overline{\rho}_{ij} = (\rho_i + \rho_j)/2$；$h_{ij} = (h_i + h_j)/2$；$\varphi = 0.1 h_{ij}$。

由于气液之间密度相差较大，在粒子的“空间分辨率”(即粒子体积)一定的情况下，两相粒子的质量也相差很大，因而式(7.121)的计算会导致加速度相差很大，此时引入“人工黏性”反而会造成界面处计算的不稳定。基于此，对该人工黏性做出适当改进，用 V_j 代替 $m_j / \overline{\rho}_{ij}$：

$$\frac{\mathrm{d}\boldsymbol{v}_i}{\mathrm{d}t} = -\sum_j V_j \Pi_{ij} \nabla_i W_{ij} \tag{7.124}$$

$$\Pi_{ij} = \begin{cases} -\alpha \bar{c}_{ij} \phi_{ij} + \beta \phi_{ij}^2, & \boldsymbol{v}_{ij} \cdot \boldsymbol{x}_{ij} < 0 \\ 0, & \boldsymbol{v}_{ij} \cdot \boldsymbol{x}_{ij} \geqslant 0 \end{cases} \tag{7.125}$$

其中，α 和 β 为常数，与模拟的问题有关，需要在保证计算稳定性前提下尽量减小人工黏性的影响。

7.6.5　人工应力

为有效消除计算中出现的拉伸不稳定现象，Monaghan[40]和 Gray 等[62]提出人工应力的方法，即在两个相近的粒子之间施加一个小的排斥力以避免其过于靠近甚至聚集，方程表述为

$$\frac{\mathrm{d}\boldsymbol{v}_i}{\mathrm{d}t} = -\sum_j m_j f_{ij}^n R_{ij} \nabla_i W_{ij} \tag{7.126}$$

其中，f_{ij} 是一个随距离减小的函数，Monaghan 取 $f_{ij} = W(r_{ij})/W(\Delta p)$，$r_{ij}$ 为粒子 i 和 j 的距离，Δp 为粒子初始间距；$n > 0$；$R_{ij} = R_i + R_j$，R_i 为压力和密度的函数，当 $p_i < 0$ 时，$R_i = -\varepsilon_1 p_i / \rho_i^2$，否则 $R_i = \varepsilon_2 p_i / \rho_i^2$，同理可得 R_j。

与人工黏性类似，式(7.126)的计算同样会导致两相粒子加速度的不一致。由于 R_i 为压力和密度的函数，可以被看作“人工压力”[40]，因此，借鉴 7.3.2 小节对压力项的推导，推导适用于大密度差多相流的人工应力：

$$\frac{\mathrm{d}\boldsymbol{v}_i}{\mathrm{d}t} = -\frac{1}{m_i} \sum_j \left(V_i^2 + V_j^2 \right) f_{ij}^n \tilde{R}_{ij} \nabla_i W_{ij} \tag{7.127}$$

$$\tilde{R}_{ij} = \frac{\rho_i S_j + \rho_j S_i}{\rho_i + \rho_j} \tag{7.128}$$

其中，当 $p_i < 0$ 时，$S_i = -\varepsilon_1 p_i$；否则 $S_i = \varepsilon_2 p_i$，同理可得 S_j。

7.6.6　验证算例

基于前述气液两相 SPH 方法，本节采用经典的二维溃坝流动问题进行验证，该算例已经成为 SPH 方法研究和代码开发的一个标准算例。在该算例中，韦伯数较大，空气和水之间的表面张力对结果的影响不大，因此可以忽略。溃坝流动实验模型的几何尺寸如图 7.24 所示，其中 $d_0 = 15\mathrm{cm}$ 为溃坝水流初始高度，$d = 38\mathrm{mm}$ 为右边水池初始高度。为了能够得到与实验一致的仿真结果，

在这一算例中必须考虑闸门的开启过程。初始时闸门从完全关闭开始，以 $V_{\text{gate}} = 1.5\text{m/s}$ 的速度向上运动逐渐打开，溃坝水流在重力作用下($g = -9.8\text{m/s}$)逐渐坍塌。

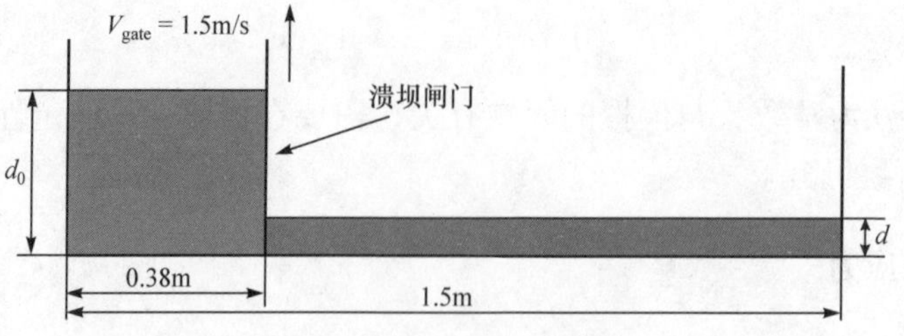

图 7.24 溃坝流动实验模型几何尺寸

计算共 80000 个粒子，其中水流粒子 25840 个，空气粒子 54160 个，粒子初始间距 $\Delta l = 2\text{mm}$，水初始密度 $\rho_{\text{w}} = 1000\text{kg/m}^3$，空气初始密度 $\rho_{\text{g}} = 1.293\text{kg/m}^3$，密度比达到 $\rho_{\text{w}}/\rho_{\text{g}} = 773.4$。壁面边界条件采用 Monaghan[63]提出的 Lennard-Jones 排斥力方法，在固定边界上分布一组虚粒子，虚粒子对邻近边界的粒子作用一个强排斥力，以阻止邻近边界的粒子非物理穿越边界。闸门也采用虚粒子法，并以速度 $V_{\text{gate}} = 1.5\text{m/s}$ 向上运动。

图 7.25 为闸门开启后，溃坝水流仿真与实验对比图。图中左侧为仿真结果，白色部分代表水流，黑色部分代表空气，右侧为实验结果图。对比可以看出，闸门开启后，水流在重力作用下逐渐流出，计算得到的卷浪过程位置与实验结果非常吻合，由此可充分验证这里的气液两相 SPH 方法的正确性。

图 7.26 比较了溃坝过程中，水流底部三个不同位置的速度随时间的变化，图中横坐标表示时间，纵坐标表示速度，其中速度值经过 SPH 核函数插值式得到，即 $v(x) = \sum_{j=1}^{N} m_j/\rho_j v_j W_{ij}$。图中，$x = 0.2\text{m}$ 处位于闸门之前，$x = 0.5\text{m}$ 和 $x = 0.8\text{m}$ 位于闸门之后。通过比较可以看出，在 $x = 0.2\text{m}$ 处，随着池中水流的坍塌，水流速度逐步上升，到 $t = 0.4\text{s}$ 以后趋于平缓有下降趋势；而在闸门后 $x = 0.5\text{m}$ 和 $x = 0.8\text{m}$ 处，随着溃坝水流的冲击，该处速度急速上升到达顶点，之后又缓慢下降，并且距离闸门越远，池底水流所能达到的最大速度越小。

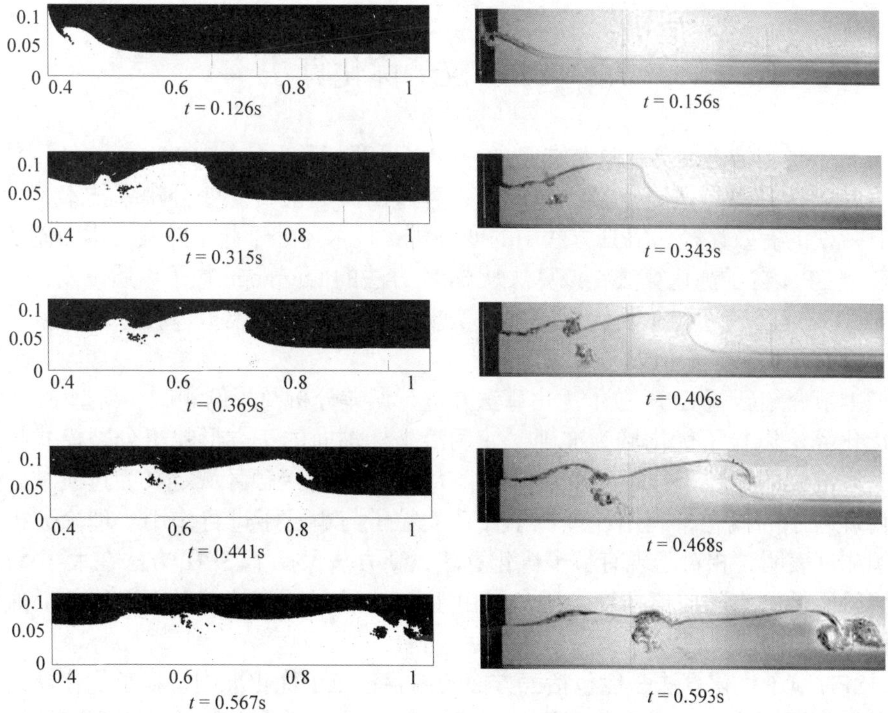

图 7.25　溃坝水流仿真结果与实验结果对比

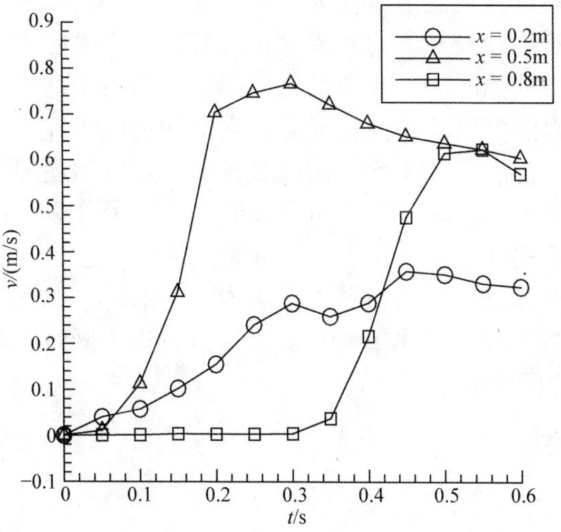

图 7.26　溃坝过程中水流底部不同位置的速度随时间变化图

7.7 SPH 粒子优化算法

对于凝胶推进剂雾化这类典型的三维多尺度问题，传统 SPH 方法使用单一精度对整个计算域进行离散，造成了计算量的巨大浪费。变分辨率技术是提高计算效率的有效途径，SPH 方法中的变分辨率技术还处于起步阶段。本节阐述一种新型 SPH 粒子优化算法，该算法从 SPH 方法的 Lagrange 粒子本质出发，通过对某一关键区域进行粒子优化的手段实现变分辨率数值模拟，在保证计算精度的同时有效提高了数值模拟效率。

本节介绍新型 SPH 粒子优化算法并进行误差分析及算例测试。新型 SPH 粒子优化算法以粒子优化域为准则，使用沿坐标轴向的正方形粒子分裂模式将满足分裂准则的大粒子分裂为小粒子，将大-小粒子的接触区域定义为过渡域，引入代理粒子的概念，利用代理粒子代替大粒子与小粒子进行作用。理论分析及算例测试表明，相对于现有粒子优化算法，新方法保持了 SPH 方法在大-小粒子的接触区域的空间插值精度，避免了由于大-小粒子的直接接触而造成的插值误差和数值振荡。

SPH 粒子优化算法一般包括三方面的内容：粒子优化准则、粒子优化模式和粒子间作用算法。粒子优化准则是指候选大粒子分裂为小粒子时需要满足的条件。现有的 SPH 粒子优化算法大多使用优化域作为粒子优化准则，即在模拟开始前，提前划定一定的关键区域作为粒子优化域，在模拟过程中进入该区域的大粒子将会被分裂为小粒子。这里阐述的 SPH 粒子优化算法也应用了这一准则。从理论上讲，其他的一些粒子优化准则都可以用于这里的粒子优化算法，如速度阈值、应力阈值以及其他粒子需要满足的物理条件等。粒子优化准则一般根据具体问题进行设置，在此不做过多讨论。这里阐述的新型粒子优化算法是通过粒子分裂实现的，即将计算精度较低的大粒子分裂为计算精度较高的小粒子，粒子优化模式规定了大粒子如何分裂成为小粒子，粒子间作用算法规定了粒子之间(尤其是不同大小的粒子之间)如何相互作用，这两个部分构成了新型 SPH 粒子优化算法的核心，本节将对此做重点讨论，同时，本节还介绍了新型 SPH 粒子优化算法的基本流程。

7.7.1 粒子分裂模型

如图 7.27 所示，采用了沿坐标轴方向的正方形粒子分裂模型。该粒子分裂模型将大粒子分裂为四个小粒子，小粒子分布在以大粒子为中心的正方形的四个角上，正方形的边与坐标轴平行。为保证在粒子分裂过程中的质量、动量及动能守恒，参照 Feldman[64]的研究成果，对分裂后形成小粒子的质量、密度及速度做如下规定：

$$m_{\mathrm{f}}=\frac{1}{4}m_{\mathrm{c}} \tag{7.129}$$

$$\rho_{\mathrm{f}}=\rho_{\mathrm{c}} \tag{7.130}$$

$$\boldsymbol{v}_{\mathrm{f}}=\boldsymbol{v}_{\mathrm{c}} \tag{7.131}$$

其中，下标 c 、f 分别代表大粒子和小粒子的相关物理量。大粒子与分裂形成的小粒子之间的间距 Δx 、Δy 及小粒子的光滑长度 h_{f} 设定为

$$\Delta x=\Delta y=0.5\varepsilon\cdot\Delta l_{\mathrm{c}} \tag{7.132}$$

$$h_{\mathrm{f}}=\alpha h_{\mathrm{c}} \tag{7.133}$$

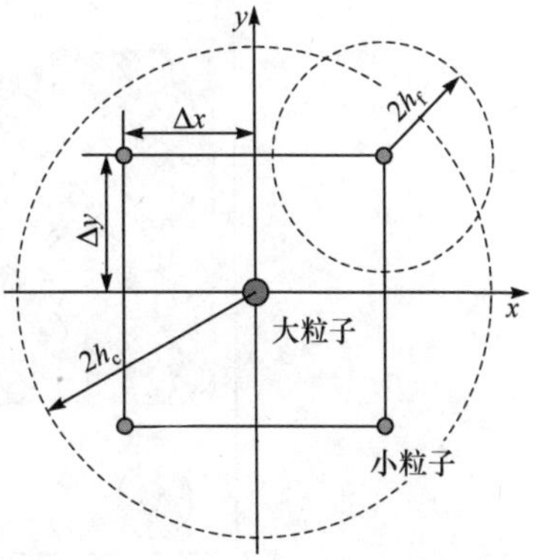

图 7.27　粒子分裂模型

其中，Δl_{c} 表示大粒子的粒子初始间距；h_{c} 为大粒子的光滑长度；α 、ε 分别称为光滑比(smoothing ratio)和分离系数(separation parameter)，它们定义了大-小粒子的光滑长度之比和大-小粒子间的水平和竖直距离。

与 Reyes López 等[65]使用的沿坐标轴向的正方形粒子分裂模型相比，本节的粒子分裂模型的分离系数 ε 固定为 0.5，这样做有以下两方面的优势：第一，$\varepsilon=0.5$ 有助于减少粒子分裂后小粒子之间的重叠，改善粒子秩序；第二，ε 取固定值后，在数值模拟过程中，唯一需要调整的参数只有光滑比 α ，这大大提高了粒子优化算法的实用性。这里粒子优化算法的光滑比 α 的取值范围为[0.5,0.75]，具体原因将在 7.7.4 小节进行详细讨论。

7.7.2　混合粒子作用格式

一般认为，传统 SPH 方法在粒子均匀分布的计算域内部可以达到 C^1 阶连续[43]。但是，当粒子优化算法被引入 SPH 计算框架后，SPH 方法的连续性将会下降。因此，为保证粒子优化算法的计算精度，防止由于大-小粒子的直接作用产生计算误差，新型 SPH 粒子优化算法中引入了一种新型粒子——代理粒子，并基于代理粒子提出了一种大-小粒子的混合作用格式。

SPH 粒子优化算法中共有三种类型的粒子：大粒子、小粒子及代理粒子。三种类型的粒子配置如图 7.28 所示。代理粒子是与大粒子相关联的，每个大粒子都关联着四个代理粒子，代理粒子的大小、位置及相关物理参数按照 7.7.1 小节介绍的粒子分裂模型规定。因此，代理粒子的质量及粒子间距与粒子分裂时产生的小粒子相同，即

$$m_{\mathrm{r}}=m_{\mathrm{f}}=\frac{1}{4}m_{\mathrm{c}} \tag{7.134}$$

$$\Delta l_{\mathrm{r}}=\Delta l_{\mathrm{f}} \tag{7.135}$$

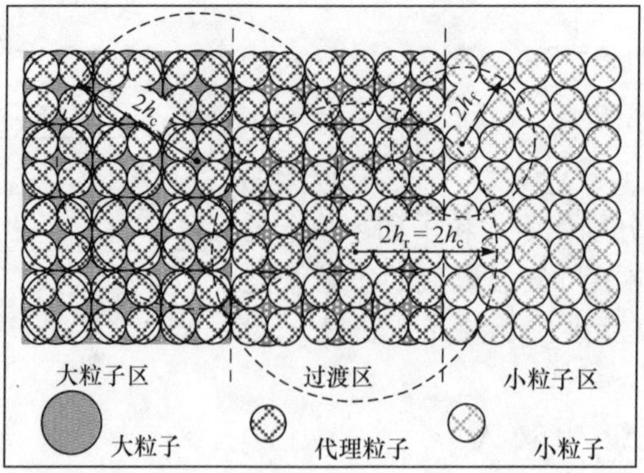

图 7.28　新型粒子优化算法的粒子配置

其中，下标 r 表示代理粒子的相关物理量；m_r 是代理粒子的质量；Δl_r、Δl_f 分别为代理粒子与小粒子的粒子初始间距。在数值模拟过程中，当大粒子与小粒子发生作用时，大粒子的关联代理粒子将取代大粒子并与小粒子相互作用。基于这一考虑，规定代理粒子的密度、速度、压力、光滑长度等参数与其关联的大粒子相同，即

$$\rho_r = \rho_c \tag{7.136}$$

$$\boldsymbol{v}_r = \boldsymbol{v}_c \tag{7.137}$$

$$p_r = p_c \tag{7.138}$$

$$h_r = h_c \tag{7.139}$$

由图 7.28 可以看出，在本节阐述的粒子优化算法中，整个计算域可以划分为三个子区域，分别为大粒子区、过渡区及小粒子区。三个子区域的定义及相互作用方式如下。

(1) 大粒子区：由不与小粒子发生作用的大粒子构成的区域。如图 7.29(a)所示，该区域内粒子的邻近粒子只能是大粒子。当该区域内某一粒子 i 的邻近粒子 j 位于过渡区时，j 粒子以大粒子形式参与 i 粒子相关物理量的计算。该区域内的流场信息由光滑长度为 h_c 的核函数插值计算。

(2) 过渡区：由与小粒子发生作用的大粒子构成的区域。如图 7.29(b)所示，过渡区内的流场信息通过大粒子的代理粒子计算。代理粒子的邻近粒子只能是小粒子或大粒子代理粒子。当过渡区外大粒子 j 位于过渡区内代理粒子 i 的支持域内时，j 粒子的代理粒子参与计算代理粒子 i 的相关物理量。该区域内的流场信息由光滑长度为 $h_r = h_c$ 的核函数插值计算。

(3) 小粒子区：由小粒子构成的区域，这些小粒子可以是建模时指定的，也可以是模拟过程中由大粒子分裂产生的。如图 7.29(c)所示，小粒子的邻近粒子只

能是小粒子或过渡区的代理粒子。该区域内的流场信息由光滑长度为 $h_f = \alpha h_c$ 的核函数插值计算。

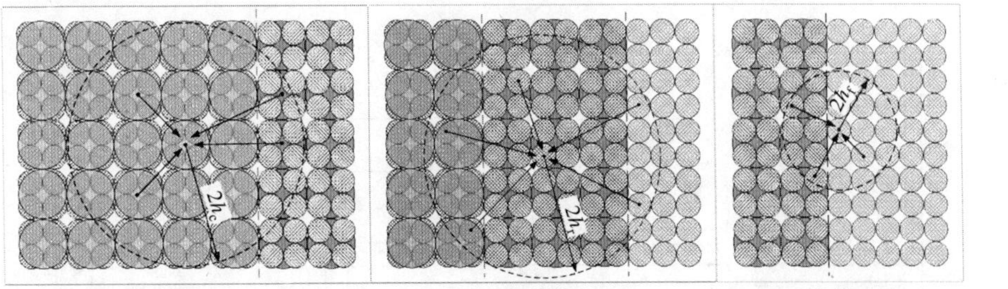

(a) 大粒子区　(b) 过渡区　(c) 小粒子区

图 7.29　新型粒子优化算法的子区域

由以上分析可以看出，在粒子优化算法中，过渡区的粒子可以看作是混合粒子：当与大粒子区的粒子相互作用时，该区域内的粒子是大粒子；当与小粒子发生作用或过渡区内粒子自身相互作用时，过渡区内的代理粒子将代替大粒子参与流场计算。这种处理方法防止了由于大-小粒子直接相互作用而带来的计算误差和数值不稳定。因此，将以上不同子区域内的粒子相互作用方式称为混合粒子作用格式。

7.7.3　粒子优化计算流程

新型 SPH 粒子优化算法的计算流程如图 7.30 所示。在每个时间步的开始，所有符合粒子优化准则的大粒子将被分裂为小粒子，而后，其余大粒子关联的代理粒子的密度 ρ 、速度 $\boldsymbol{v}$ 、能量 e 、压力 p 、位置 $\boldsymbol{r}$ 等参数将按式(7.136)～式(7.139)进行重置。接下来进行粒子对搜索：按不同子区域的规定搜索相应粒子对，然后，遍历找到的粒子对，确定当前时间步粒子所属的子区域。粒子属于哪一个子区域的信息将会用于下一时间步的粒子对搜索及粒子信息计算。当求解完成连续性方程、动量方程及能量方程后，可以获得大粒子区内大粒子、过渡区内代理粒子及小粒子区内的小粒子所承载的 $\mathrm{d}\rho$ 、$\mathrm{d}\boldsymbol{v}$ 、$\mathrm{d}e$ 等相关参量。随后，过渡区内代理粒子的 $\mathrm{d}\rho$ 、$\mathrm{d}\boldsymbol{v}$ 、$\mathrm{d}e$ 等参量将进行平均并传递给其关联的大粒子，即

$$\mathrm{d}\psi_{ct} = \frac{1}{4}\sum \mathrm{d}\psi_{rt} \tag{7.140}$$

其中，ψ_{ct} 、ψ_{rt} 代表过渡区大粒子及其关联的代理粒子的相关参量，如密度 ρ 、速度 $\boldsymbol{v}$ 、能量 e 等。而后，更新大粒子及小粒子的密度 ρ 、速度 $\boldsymbol{v}$ 、能量 e 、位置 $\boldsymbol{r}$ 等相关参数，当前时间步计算结束。

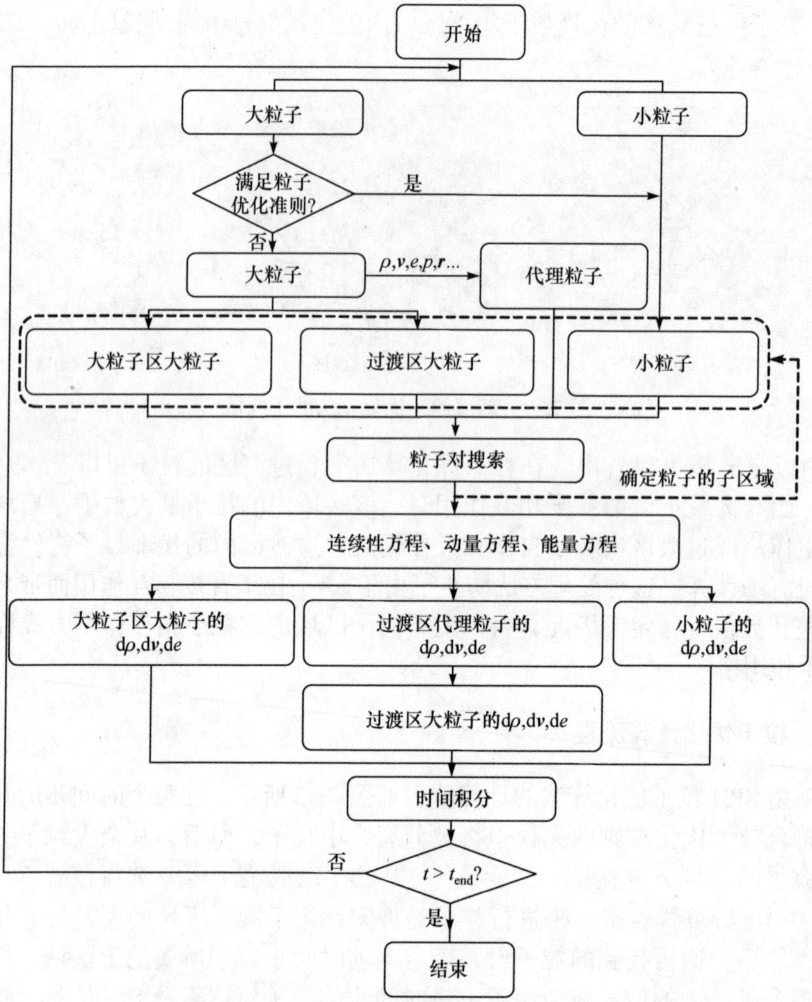

图 7.30 新型 SPH 粒子优化算法的计算流程

7.7.4 粒子优化算法误差分析

在提高计算效率的同时，SPH 粒子优化算法将会不可避免地影响数值模拟的计算精度及稳定性。本节主要对 SPH 粒子优化算法的计算误差进行分析。由于与现有粒子优化算法在粒子配置及作用方式等方面存在着本质的区别，现有的误差分析方法[64,66]并不适用于本章的粒子优化算法。本节从粒子的作用方式出发，对新型 SPH 粒子优化算法的计算精度及稳定性进行了分析。

由 7.3.1 小节可知，SPH 粒子之间通过核函数进行作用，核函数直接影响 SPH 核估计和粒子近似的精度。因此，首先对大-小粒子相互作用时的核函数进行了分析。如图 7.31(a)所示，在 Vacondio 等[66]和 Reyes López 等[65,67]粒子优化算法中，大-小粒子直接通过“复合核函数”相互作用，“复合核函数”是指由两个或多个不同光滑长度计算出的核函数组合而成的核函数。“复合核函数”与传统 SPH 方法应用的核函数有着本质区别：传统 SPH 核函数是光滑的，而“复合核函数”存在一个或多个阶跃。因此，“复合核函数”不具备传统 SPH 核函数应该满足的所有性质，如归一化条件、强尖峰性质、对称性等(7.3.1 小节)。例如，对于图 7.31(a)所示大粒子 i 而言：

$$\sum_j \frac{m_j}{\rho_j} W_{ij} \neq 1 \tag{7.141}$$

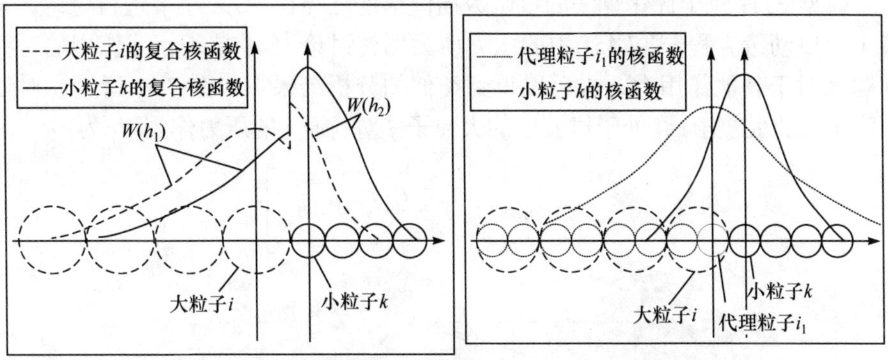

(a) Vacondio等[66]和Reyes López等[65]算法中的复合核函数　　(b) 本章算法中的核函数

图 7.31　粒子均匀分布情况下不同粒子优化算法中大-小粒子作用的核函数

式(7.141)表明，在大粒子 i 处，SPH 插值不能再生常数，即不具备 C^0 阶连续性。式(7.141)对于图 7.31(a)所示大-小粒子交界处的所有粒子都是成立的。因此，Vacondio 等[66]和 Reyes López 等[65,67]粒子优化算法并不具备 C^0 阶连续性。

对于 SPH 粒子优化算法，大-小粒子作用时使用的函数如图 7.31(b)所示。当大粒子 i 与小粒子 k 成为邻近粒子对时，大粒子 i 与小粒子 k 并不能直接发生作用，大粒子 i 关联的代理粒子，如代理粒子 i_1，将会用来代替大粒子 i 参与计算。在此情况下，小粒子 k 的支持域内所有粒子都具有相同的质量和初始粒子间距，并且通过具有相同光滑长度 h_{f} 的核函数 $W(h_{\mathrm{f}})$ 插值出小粒子 j 承载的流场信息，即

$$\sum_j \frac{m_j}{\rho_j} W_{i_1 j} = \sum_j \frac{m_j}{\rho_j} W(h_{\mathrm{f}}) = 1 \tag{7.142}$$

同样，对于代理粒子 i_1：

$$\sum_j \frac{m_j}{\rho_j} W_{c_{1r}j} = \sum_j \frac{m_j}{\rho_j} W(h_c) = 1 \tag{7.143}$$

式(7.142)和式(7.143)表明，SPH 粒子优化算法可以在大-小粒子接触区域保持 C^0 阶连续性。虽然式(7.142)和式(7.143)只对图 7.31 所示的粒子均匀分布情况成立，但是，在粒子分布不均、粒子秩序较差等更为普遍的情况下，本章算法仍具有比现有 SPH 粒子优化算法更高的计算精度和稳定性，这将在 7.7.6 小节的数值算例中加以证明。

7.7.5　相互作用的对称化与光滑长度

新型 SPH 粒子优化算法的核函数插值精度已经在 7.7.4 小节进行讨论，本小节主要以动量方程(式(7.45))中的压力项为例，讨论大-小粒子相互作用的对称性问题。对于其他作用力，也可以得到类似的分析结果。如图 7.32 所示，对处于大粒子区的大粒子 i，处于过渡区的大粒子 j 对粒子 i 的压力作用 f_{ji} 为

$$f_{ji} = m_i \cdot \left[m_j \frac{p_i + p_j}{\rho_i \rho_j} \nabla_i W_{ij}(h_c) \right] \tag{7.144}$$

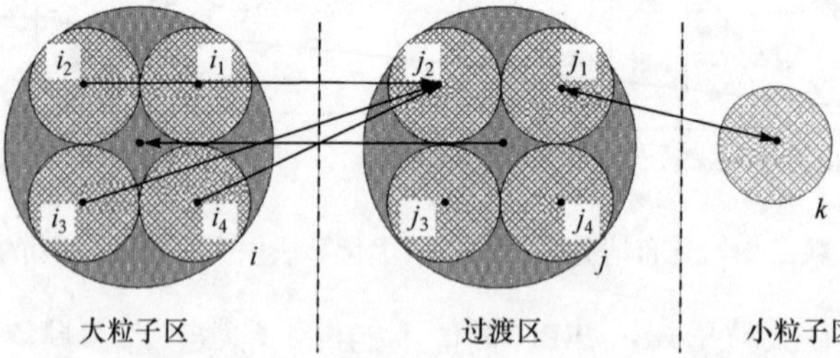

图 7.32　不同子区域的粒子之间的相互作用

由于大粒子 j 处于过渡区，大粒子 i 对大粒子 j 的压力作用 f_{ij} 是通过代理粒子计算的，即

$$f_{ij} = \sum_{m=1}^{4} m_{j_m} \sum_{n=1}^{4} m_{i_n} \frac{p_{j_m} + p_{i_n}}{\rho_{j_m} \rho_{i_n}} \nabla_{j_m} W_{j_m i_n}(h_r) \tag{7.145}$$

由于 $m_{i_m} = m_{i_n} = \frac{1}{4} m_i = \frac{1}{4} m_j$、$p_{j_m} = p_j$、$p_{i_n} = p_i$、$\rho_{j_m} = \rho_j$、$\rho_{i_n} = \rho_i$，式(7.145)可化为

$$\begin{aligned} f_{ij} &= \sum_{m=1}^{4} \frac{1}{4} m_j m_i \frac{p_j + p_i}{\rho_j \rho_i} \frac{1}{4} \left(\sum_{n=1}^{4} \nabla_{j_m} W_{j_m i_n}(h_r) \right) \\ &\approx \sum_{m=1}^{4} \frac{1}{4} m_j m_i \frac{p_j + p_i}{\rho_j \rho_i} \nabla_j W_{ji}(h_r) = m_j m_i \frac{p_j + p_i}{\rho_j \rho_i} \nabla_j W_{ji}(h_r) \end{aligned} \tag{7.146}$$

同理，大粒子 j 与小粒子 k 之间的压力作用可写作：

$$f_{jk}=m_k\sum_{n=1}^{4}m_{j_n}\frac{p_k+p_{j_n}}{\rho_k\rho_{j_n}}\nabla_k W_{kj_n}(h_{\mathrm{f}})=m_k m_j\frac{p_k+p_j}{\rho_k\rho_j}\left(\frac{1}{4}\sum_{n=1}^{4}\nabla_k W_{kj_n}(h_{\mathrm{f}})\right) \tag{7.147}$$

$$f_{kj}=\sum_{n=1}^{4}m_{j_n}m_k\frac{p_k+p_{j_n}}{\rho_k\rho_{j_n}}\nabla_{j_n} W_{j_n k}(h_{\mathrm{r}})=m_k m_j\frac{p_k+p_j}{\rho_k\rho_j}\left(\frac{1}{4}\sum_{n=1}^{4}\nabla_{j_n} W_{j_n k}(h_{\mathrm{r}})\right) \tag{7.148}$$

由式(7.144)、式(7.146)～式(7.148)可得，只有当 $\alpha=1$ 、$h_{\mathrm{c}}=h_{\mathrm{r}}=h_{\mathrm{f}}$ 时，有 $f_{ij}+f_{ji}\approx 0$ 、$f_{jk}+f_{kj}=0$ 。而 $\alpha=1$ 所造成的小粒子光滑长度的过大将导致计算量急剧上升，这是有悖于粒子优化算法的基本出发点的。按照 Reyes López 等[65,67]的理论，对于一个实用的、应用正方形分裂模式的 SPH 粒子优化算法而言，光滑比 α 应该在“理想值”0.5 附近。遵循这一基本原则，本章阐述的新型 SPH 粒子优化算法中，大粒子与代理粒子、代理粒子与小粒子之间的作用力难以同时达到平衡。为解决这一问题，设定 $h_{\mathrm{r}}=h_{\mathrm{c}}$ 以平衡大粒子与代理粒子之间的作用力。令 $\alpha<1$ 并采取以下两个措施减小由于代理粒子与大粒子间作用力的不平衡对计算精度和稳定性造成的影响。

(1) 适当限制过渡区的宽度以减小粒子不对称作用的范围。通过数值测试，建议过渡区的宽度小于等于三层大粒子的宽度。对于图 7.32 所示情况，若过渡区由三层大粒子构成且粒子均匀分布，则大粒子 i 与小粒子 k 之间的最小距离 $L_{ik\min}$ 应当满足

$$L_{ik\min}=3.75\Delta l_{\mathrm{c}}>2h_{\mathrm{c}} \tag{7.149}$$

即 $\dfrac{h_{\mathrm{c}}}{\Delta l_{\mathrm{c}}}\leqslant 1.875$ 。

(2) 适当增大小粒子的光滑长度以减小粒子不对称作用的强度。本章算例测试表明，当 $0.5\leqslant\alpha\leqslant 0.75$ 时，可以保证新型 SPH 粒子优化算法在不显著增加计算量的情况下产生良好的计算效果。

7.7.6 算例验证

本节应用四个典型数值算例验证新型 SPH 粒子优化算法的有效性。这四个算例是在一维、二维情况下对函数及函数导数的插值问题，方形水槽中的水在重力作用下的压力振荡问题，水中的初始方形油滴在表面张力作用下的变形问题和刚性小球落水问题。本节详细对比分析了传统单精度 SPH 方法、现有粒子优化算法及新型 SPH 粒子优化算法的计算精度、计算效率和稳定性等。为保证计算效率对比结果的有效性，本节所有算例测试都是基于同一个 SPH 程序在同一个计算平台上完成的。

1. 函数插值

本节设计的一维及二维函数插值算例的粒子配置如图 7.33 所示，中心区域为粒子优化域。整个计算域在建模时用大粒子进行离散，大粒子的粒子初始间距 $\Delta l_c = 5\times10^{-2}$，计算开始时，分别采用不同的粒子优化算法将中间区域的大粒子分裂为小粒子。本节测试了粒子优化算法及 Reyes López 算法[67]对 $f(x)=\mathrm{e}^{-x^2}$、$f(x,y)=\mathrm{e}^{-\left(x^2+y^2\right)}$ 及其一阶导数的插值计算效果。

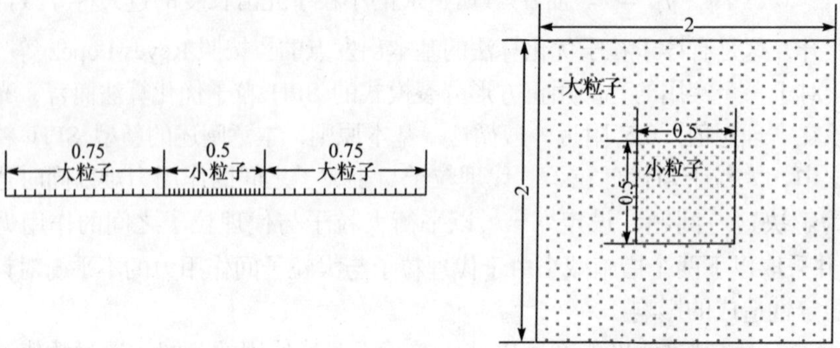

(a) 一维函数插值　　(b) 二维函数插值

图 7.33　一维、二维函数插值算例粒子配置示意图

在一维算例中，大粒子的光滑长度 $h_c = 1.2\Delta l_c$，Reyes López 等的研究表明，$\varepsilon = 0.5$、$\alpha = 0.5$ 有助于提高计算稳定性，因此，Reyes López 算法和本章算法中的 ε 和 α 都采用了以上取值。在二维算例中，大粒子光滑长度 $h_c = 1.2\Delta l_c$。本章算法中，$\varepsilon = 0.5$、$\alpha = 0.5$；Reyes López 算法中，$\varepsilon = 0.5$，$\alpha = 0.5$、0.58。

图 7.34～图 7.36 为 $f(x)=\mathrm{e}^{-x^2}$、$f(x,y)=\mathrm{e}^{-\left(x^2+y^2\right)}$ 及其一阶导数的精确解与不同粒子优化算法的插值结果对比。可以看出，除去由边界部位的粒子缺失而造成的插值精度下降外，算法的对函数及其导数的插值结果均与精确解非常一致，而 Reyes López 算法在大-小粒子相接触的部位存在严重误差。为进一步对计算结果进行定量对比，定义函数及其导数的插值相对误差 E 为

$$E = \left|\frac{f_{\mathrm{intp}} - f_{\mathrm{exact}}}{f_{\mathrm{exact}}}\right| \tag{7.150}$$

其中，下标 intp、exact 分别表示插值结果与精确解。不同粒子优化算法的计算误差对比见表 7.2，可以看出，本章算法的计算精度明显高于 Reyes López 算法。

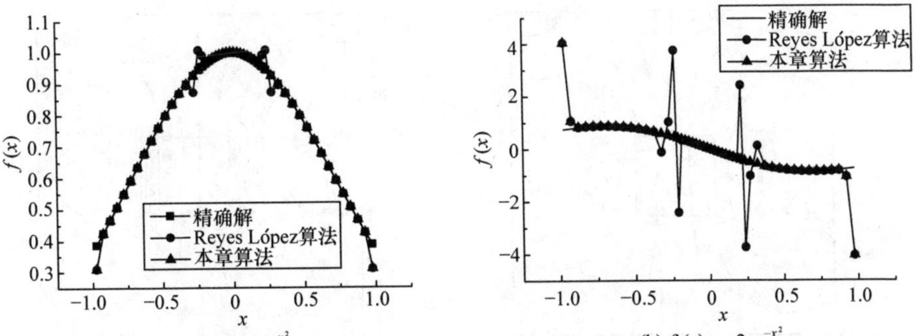

(a) $f(x)=e^{-x^2}$　　(b) $f'(x)=-2xe^{-x^2}$

图 7.34　一维函数及一阶导数插值结果对比

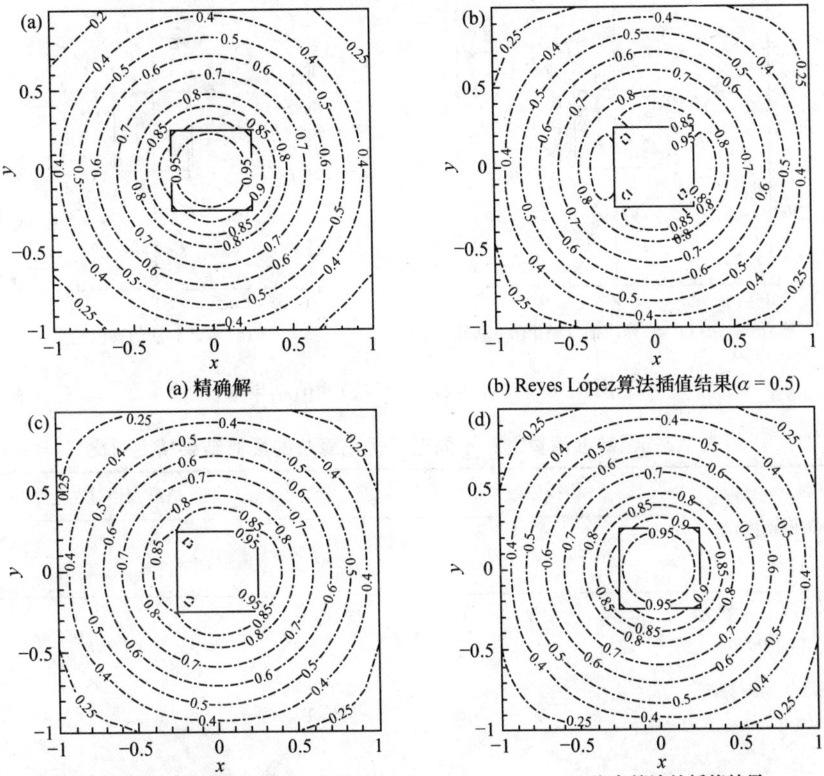

(a) 精确解　　(b) Reyes López算法插值结果($\alpha=0.5$)

(c) Reyes López算法插值结果($\alpha=0.58$)　　(d) 本章算法的插值结果

图 7.35　二维函数插值结果对比

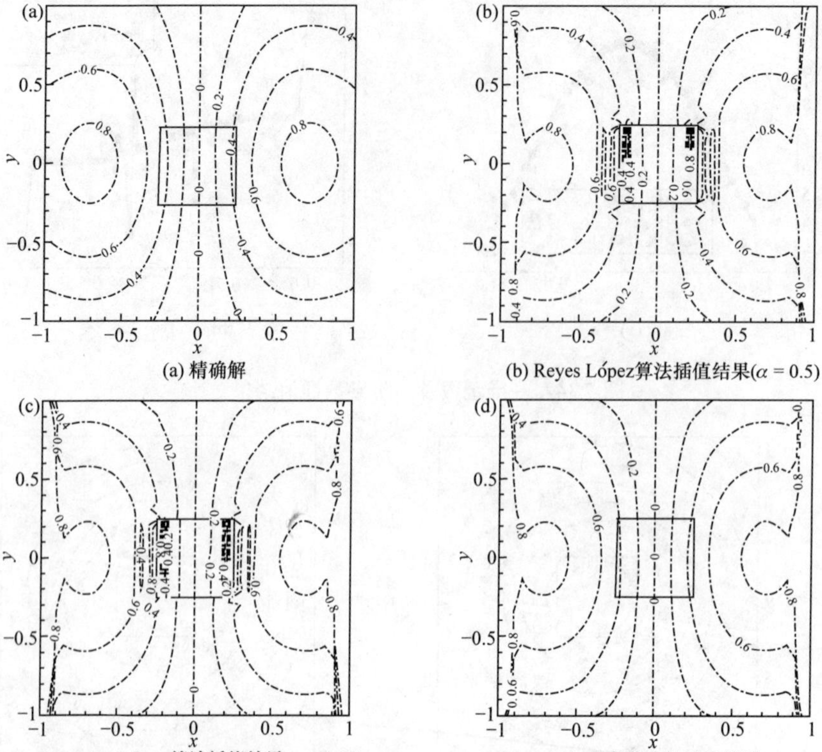

(a) 精确解　　(b) Reyes López算法插值结果($\alpha = 0.5$)

(c) Reyes López 算法插值结果($\alpha = 0.58$)　　(d) 本章算法的插值结果

图 7.36　二维函数一阶导数插值结果对比

表 7.2　函数插值算例：不同粒子优化算法的插值结果精度对比　　(单位：%)

粒子优化算法	一维插值最大相对误差		二维插值最大相对误差	
	$f(x)=\mathrm{e}^{-x^2}$	$f'(x)=-2x\mathrm{e}^{-x^2}$	$f(x,y)=\mathrm{e}^{-\left(x^2+y^2\right)}$	$\dfrac{\partial f(x,y)}{\partial x}=-2x\mathrm{e}^{-\left(x^2+y^2\right)}$
Reyes López 算法 ($\alpha=0.5$)	6.64	734	9.67	956.46
Reyes López 算法 ($\alpha=0.58$)	—	—	6.28	995.31
本章算法	0.15	2.27	0.25	2.74

注：本表不包括粒子缺失的边界区域

2. 水槽振荡

本节计算弱可压缩条件下，水槽中初始静止的水在重力作用下的振荡并稳定的过程[31]，验证粒子优化算法对于自由表面流动问题的有效性。水槽振荡算

例模型及粒子配置如图 7.37(a)所示，模型参数为水槽边长 L=2.0m，水深 D=0.9m，水的密度 ρ_w=1000kg/m^3，重力加速度 g= −9.81m/s^2，雷诺数 $Re=\rho(gD)^{1/2}D/\mu=100$，动力黏度 μ=26.74 Pa·s，声速 $c_s=10(|g|D)^{1/2}$=29.71m/s。水槽壁及水初始时刻完全用大粒子离散，大粒子的粒子初始间距为$\Delta l_c=2\times10^{-2}$m。在计算开始前，将某一深度区间的水分裂为小粒子，本节分别考虑了将深度分别为0～0.2m、0.5～0.7m、0.7～0.9m的水分裂为小粒子的情况，分别记作工况 1～工况 3，图 7.37 为工况 1(小粒子深度 0～0.2m)的粒子配置，工况 2 和工况 3 的粒子配置类似。本节计算中，大粒子光滑长度 $h_c=1.2\Delta l_c$。分别测试了本章粒子优化算法、Reyes López 算法[67]及 Vacondio 算法[66]对于水槽振荡算例的计算效果，根据各算法的要求将优化参数选取为本章算法：$\varepsilon=0.5$，$\alpha=0.5$；Reyes López 算法：$\varepsilon=0.5$，$\alpha=0.5$(测试表明，Reyes López 算法在本算例中采用$\varepsilon=0.55$，$\alpha\in(0.5,0.7)$时的结果与采用$\varepsilon=0.5$，$\alpha=0.5$时结果类似)；Vacondio 算法：$\varepsilon=0.4$，$\alpha=0.9$。本章算法及 Reyes López 算法均采用了轴向正方形粒子分裂模式(一个大粒子分裂为四个小粒子)，而 Vacondio 算法采用了六边形分裂模式(一个大粒子分裂为七个小粒子)，如图 7.37(b)和(c)所示，Vacondio 算法产生的小粒子存在一定重叠，本章及 Reyes López 算法的粒子秩序相对较好。

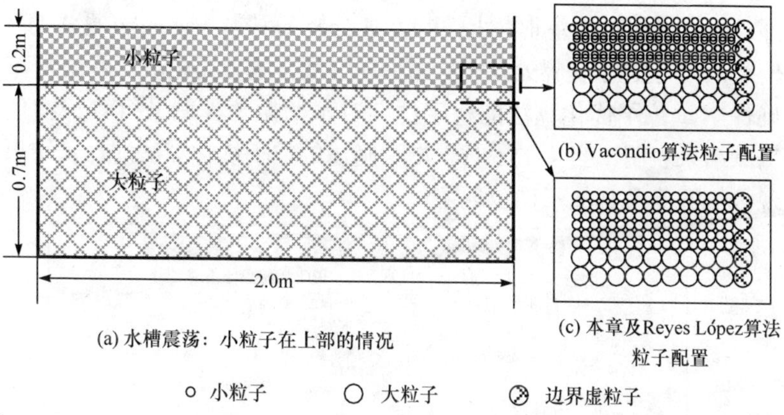

图 7.37　水槽振荡算例粒子配置示意图：小粒子在上部的情况

表 7.3 为不同粒子优化算法的计算效率对比，可以看出，因为 Vacondio 算法采用了一个大粒子分裂为七个小粒子的分裂模式及大-小粒子基本一致的光滑长度，所以 Vacondio 算法的粒子及粒子对数目最多，计算效率相对最低。本章算法与 Reyes López 算法的粒子数目相同，但是本章算法的粒子对数目大于 Reyes López 算法，因此，本章方法的计算效率略低于 Reyes López 算法。

表 7.3　水槽振荡算例：不同粒子优化算法的计算效率对比

粒子优化算法	粒子优化算法参数	流体粒子数目	粒子对数目(大概值)	单个时间步 CPU 耗时 / s
Reyes López 算法	$\varepsilon=0.5, \alpha=0.5$	7500	8.7×10^4	0.097
Vacondio 算法	$\varepsilon=0.4, \alpha=0.9$	10500	$(3.6\sim4.0)\times10^5$	0.199
本章算法	$\varepsilon=0.5, \alpha=0.5$	7500	1.65×10^5	0.144

为对不同方法的计算效果进行定量对比，定义水槽中的水振荡并达到稳定时的压力相对误差为

$$E_\mathrm{p}=\frac{p_\mathrm{s}-p_\mathrm{e}}{p_\mathrm{e}} \tag{7.151}$$

式中，下标 s 、e 分别表示压力的仿真值与理论值；$p_\mathrm{e}=\rho gH$，H 为水深。

图 7.38～图 7.40 分别为水槽中的水振荡达到稳定时(t=3.0s)，工况 1(小粒子在上部)、工况 2(小粒子在中部)、工况 3(小粒子在底部)中不同粒子优化算法计算得到的粒子分布及压力相对误差。图 7.41 为 x=1.0m 中轴线上的压力计算结果与精确解的对比。可以看出，本章算法的计算结果相当稳定，大-小粒子的分布规则，除上表面外，压力场相对误差非常小；Reyes López 算法及 Vacondio 算法的计算结果则相对较差，大-小粒子交界处粒子分布秩序混乱，压力场相对误差较大。

为确保本章粒子优化算法的稳定性，对水槽振荡算例进行较长物理时间的测试，测试结果表明，当 t=15s 时，本章阐述的粒子优化算法的计算结果稳定，没有出现数值振荡及其他不稳定现象。

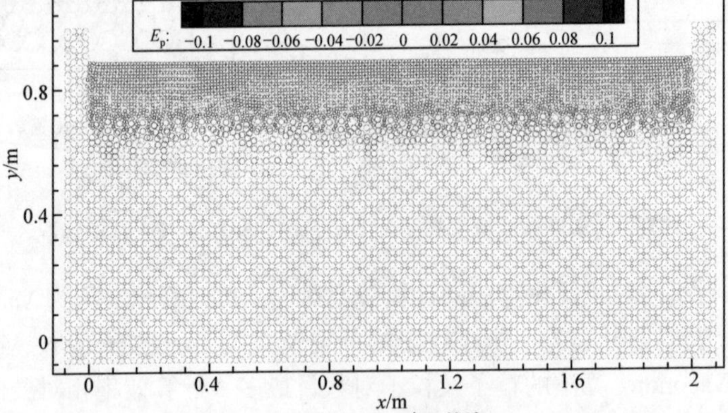

(a) Reyes López算法

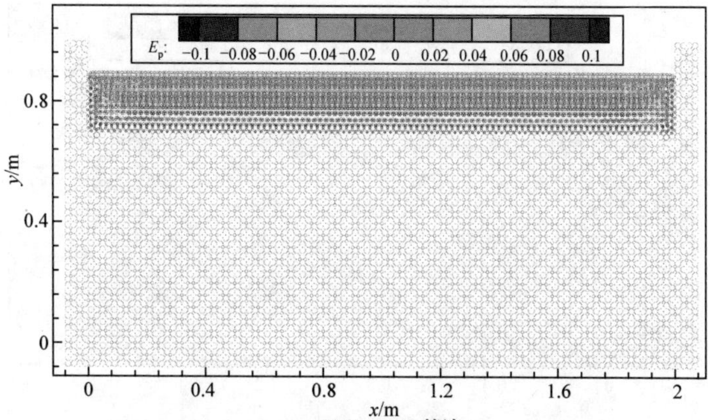

(b) Vacondio算法

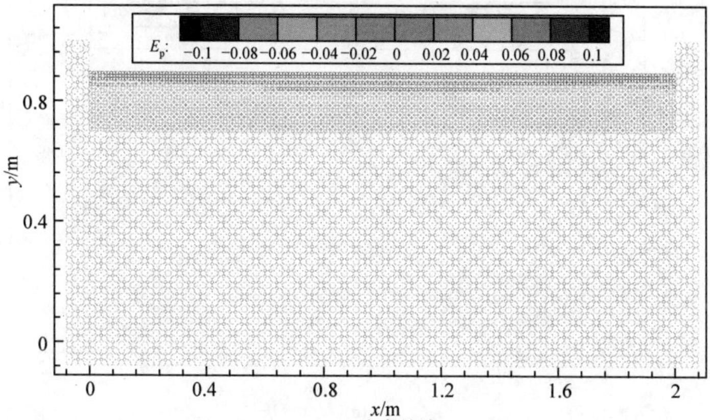

(c) 本章算法

图 7.38　工况 1：不同粒子优化算法得到的粒子分布及压力相对误差(t=3.0s)

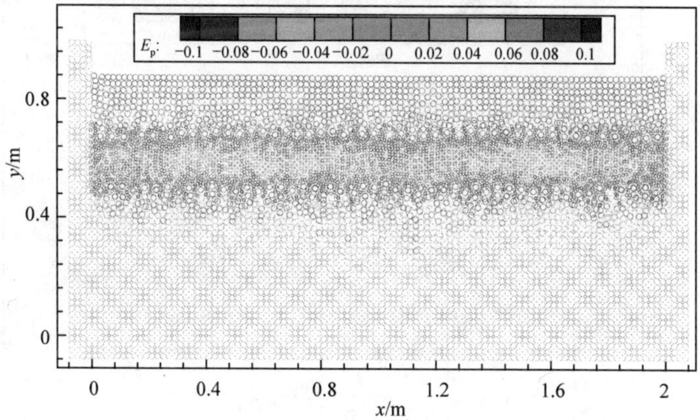

(a) Reyes López算法

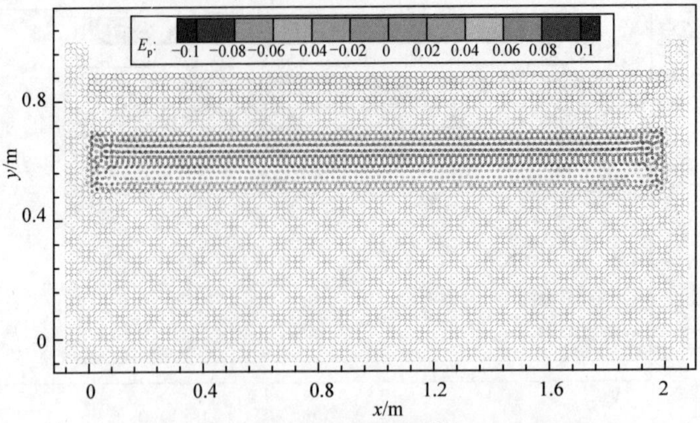

(b) Vacondio算法

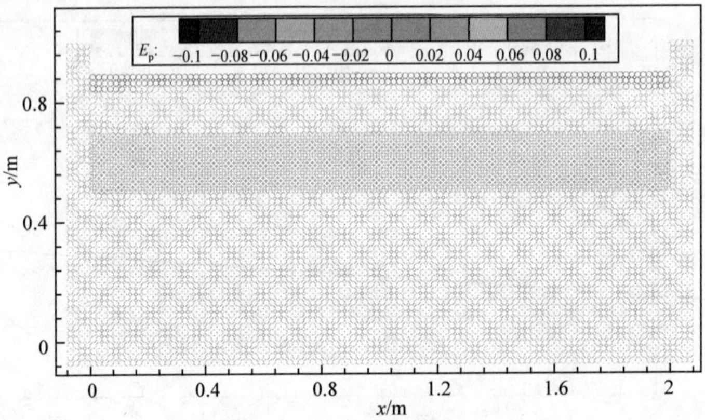

(c) 本章算法

图 7.39　工况 2：不同粒子优化算法得到的粒子分布及压力相对误差(t=3.0s)

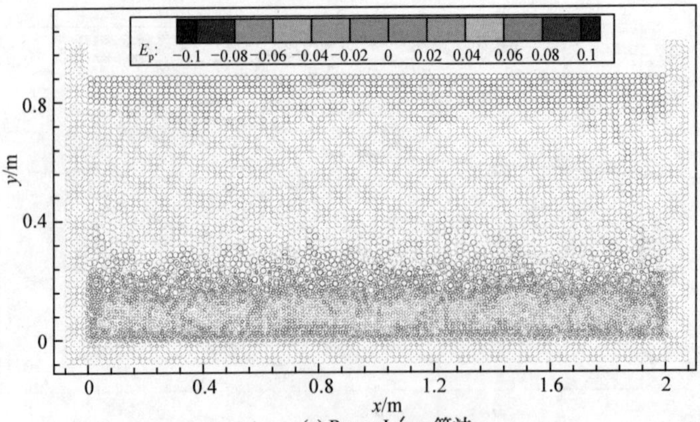

(a) Reyes López算法

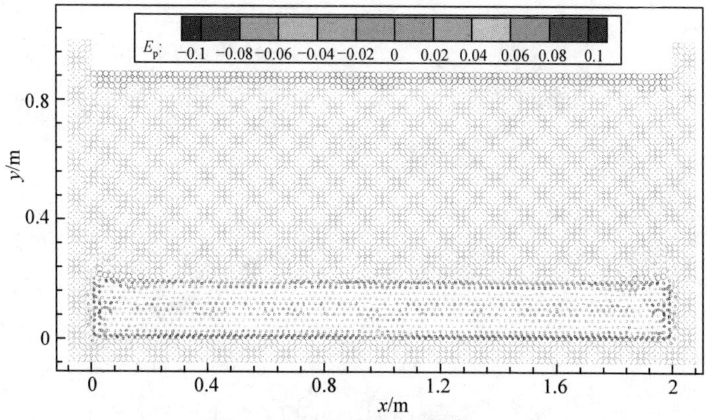

(b) Vacondio算法

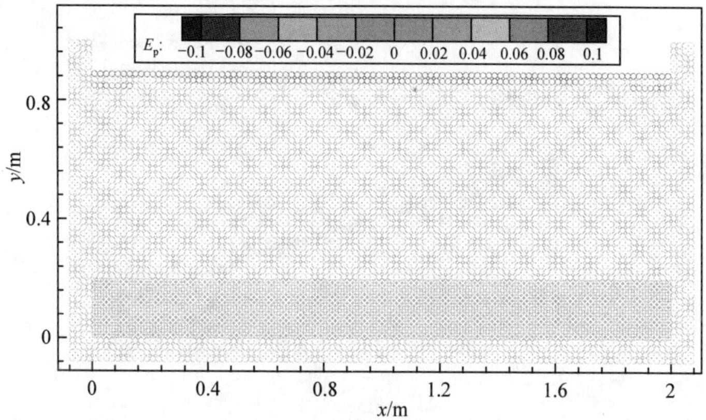

(c) 本章算法

图 7.40　工况 3：不同粒子优化算法得到的粒子分布及压力相对误差(t=3.0s)

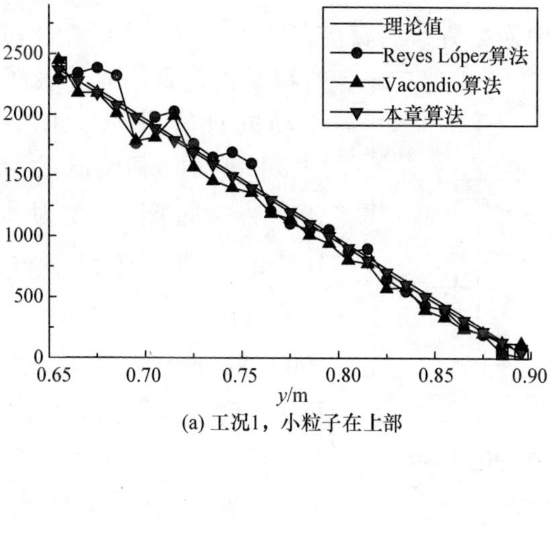

(a) 工况1，小粒子在上部

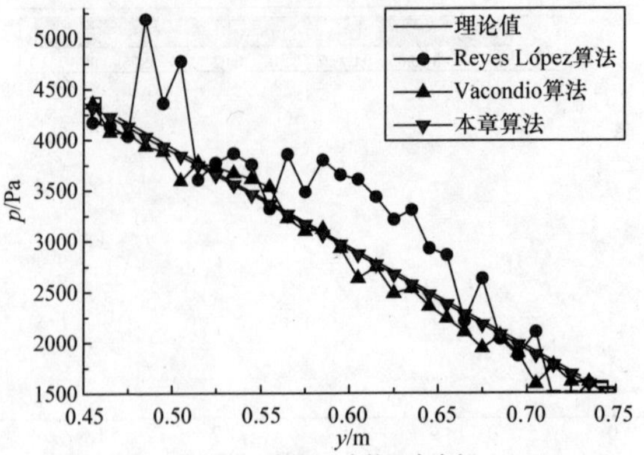

(b) 工况2，小粒子在中部

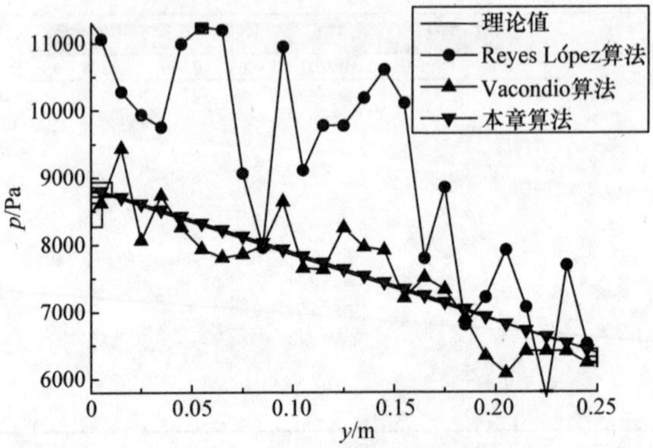

(c) 工况3，小粒子在下部

图 7.41　x=1.0m 中轴线上的压力计算结果与精确解的对比(t–3.0s)

3. 方形液滴变圆

本节应用水中初始方形油滴在表面张力作用下的变化过程，测试本章阐述的粒子优化算法对于表面张力作用下的两相流动的计算效果。该算例的粒子配置如图 7.42 所示，初始正方形油滴的边长 $l = 1.5\times10^{-4}\text{m}$，周围介质为水，边长 $L = 3.6\times10^{-4}\text{m}$。油滴密度 $\rho_\text{o} = 819.0\text{kg/m}^3$，黏度 $\mu_\text{o} = 3.16\times10^{-3}\text{N}\cdot\text{s/m}^2$；水的密度 $\rho_\text{w} = 1000.0\text{kg/m}^3$，黏度 $\mu_\text{w} = 1.0\times10^{-3}\text{N}\cdot\text{s/m}^2$，水和油之间的界面张力系数 $\sigma_\text{ow} = 0.05\text{N/m}$。初始时刻，油滴与水均采用大粒子建模，粒子初始间距 $\Delta l_\text{c} = 5.0\times10^{-6}\text{m}$；当计算开始时，

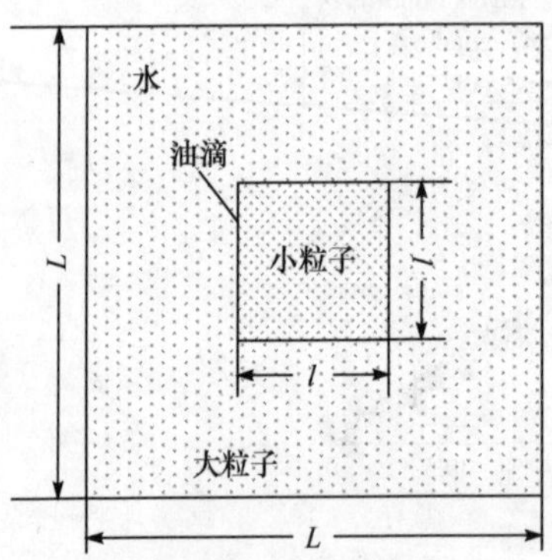

图 7.42　方形液滴变化算例的粒子配置示意图

油滴粒子分裂为小粒子。计算中大粒子的光滑长度 $h_c = 1.2\Delta l_c$ 。

本节测试了以下粒子优化算法的计算效果：Reyes López 算法，$\varepsilon = 0.5$，$\alpha = 0.7$；Vacondio 算法，$\varepsilon = 0.4$，$\alpha = 0.9$；本章算法，$\varepsilon = 0.5$，$\alpha = 0.5$、0.6、0.7、0.75 。此外，作为对照，本节应用传统 SPH 方法计算了整个计算域用小粒子离散时的情况，小粒子的粒子初始间距 $\Delta l_f = 2.5\times10^{-6}$m 、光滑长度 $h_f = 1.68\Delta l_f$ 。

测试结果表明，Reyes López 算法、Vacondio 算法均无法正确计算油水界面处的法向和曲率(图 7.43(c)和(d))，造成表面张力计算错误，无法获得正确的液滴变化过程。纯小粒子与 $\alpha = 0.7$ 时，本章阐述的粒子优化算法的法向与曲率计算结果对比见图 7.43(a)和(b)，不同时刻液滴形态及速度场的变化过程对比见图 7.44 和图 7.45。可以看出，本章粒子优化算法的计算结果与纯小粒子时的计算结果非常一致。$\alpha = 0.5$、0.6、0.75 时，本章算法的计算结果与 $\alpha = 0.7$ 时基本一致。本节进一步分析了液滴变形过程中的动能随时间的变化，如图 7.46 所示，本章粒子优化算法计算得到的液滴动能随时间的变化趋势、变化周期及量值均与纯小粒子时计算结果非常一致。在变形初期，液滴的振荡相对剧烈，而后，随着振荡过程中的能量不断耗散，液滴的振荡动能逐渐减小，在大约 t=0.4ms 之后，液滴的振荡动能非常小，液滴已经变为圆形，振荡基本停止。液滴动能的振荡变化过程也证明了本章粒子优化算法的稳定性。同时，表 7.4 表明，与使用纯小粒子离散计算域相比，使用本章粒子优化算法的计算效率更高。

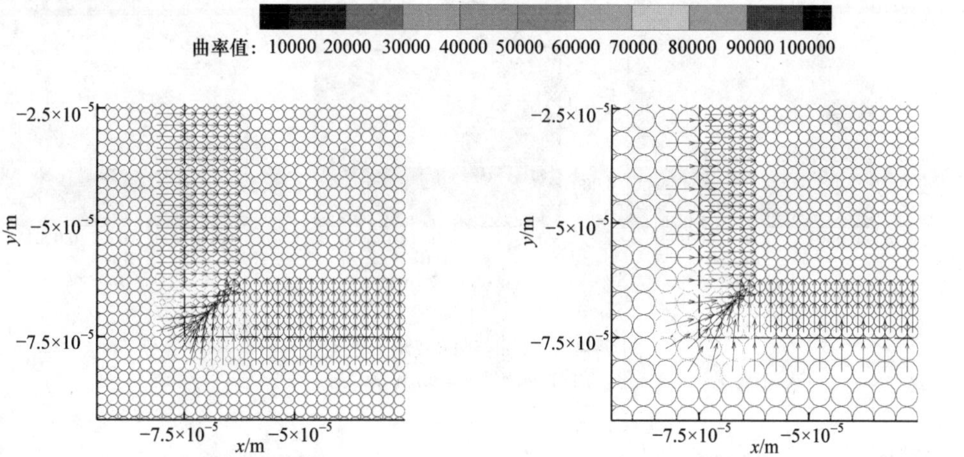

(a) 纯小粒子的情况　　(b) 本章算法，$\varepsilon = 0.5$, $\alpha = 0.7$

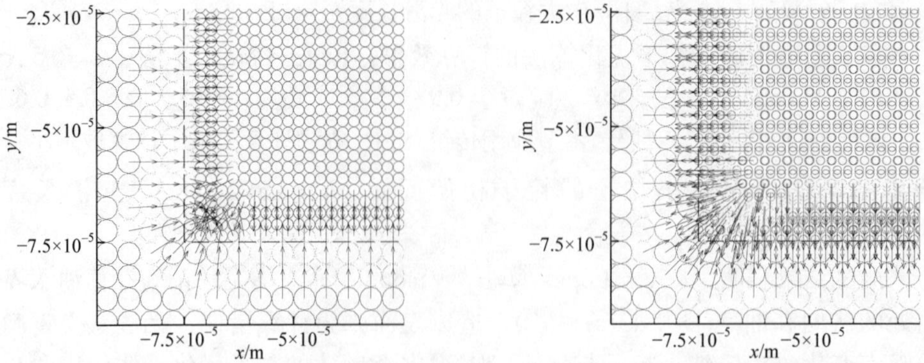

(c) Reyes López算法，
$\varepsilon = 0.5, \alpha = 0.7$

(d) Vacondio算法，
$\varepsilon = 0.4, \alpha = 0.9$

图 7.43　不同方法获得的单位法向及曲率对比

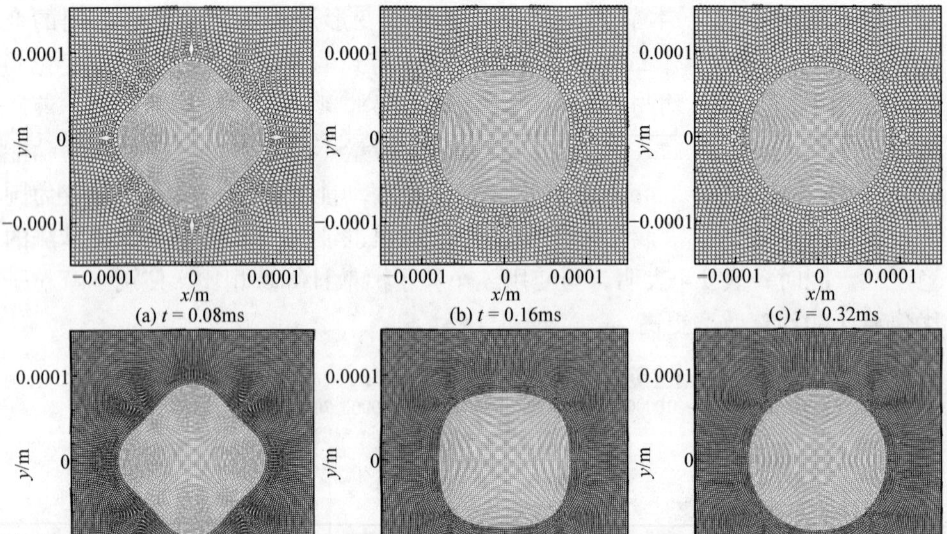

(a) $t = 0.08$ms　(b) $t = 0.16$ms　(c) $t = 0.32$ms

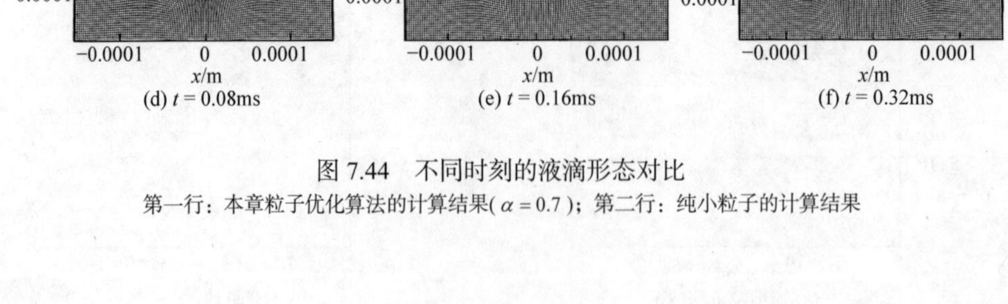

(d) $t = 0.08$ms　(e) $t = 0.16$ms　(f) $t = 0.32$ms

图 7.44　不同时刻的液滴形态对比

第一行：本章粒子优化算法的计算结果($\alpha = 0.7$)；第二行：纯小粒子的计算结果

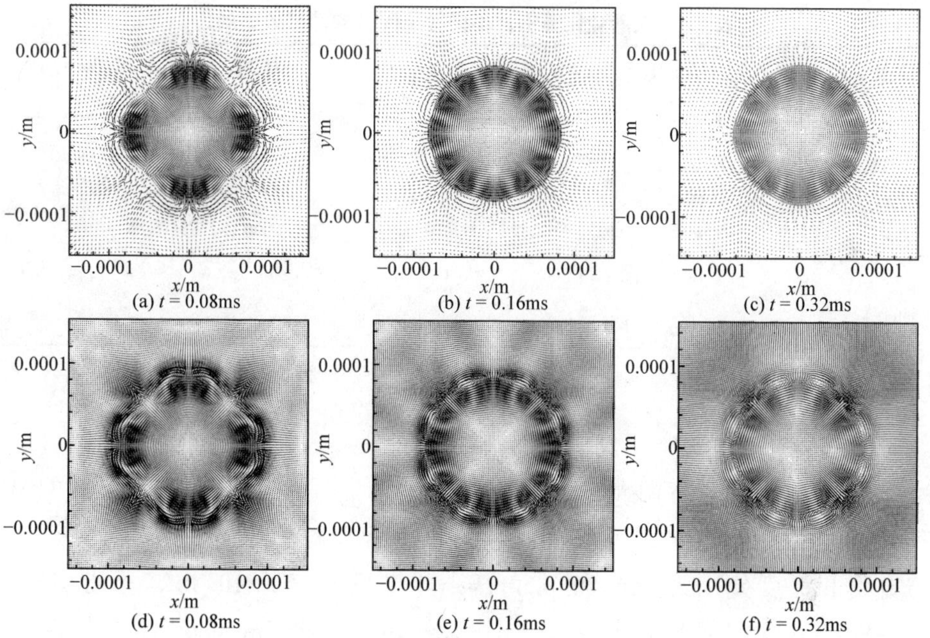

图 7.45　不同时刻的液滴速度场对比

第一行：本章粒子优化算法的计算结果($\alpha = 0.7$)；第二行：纯小粒子的计算结果

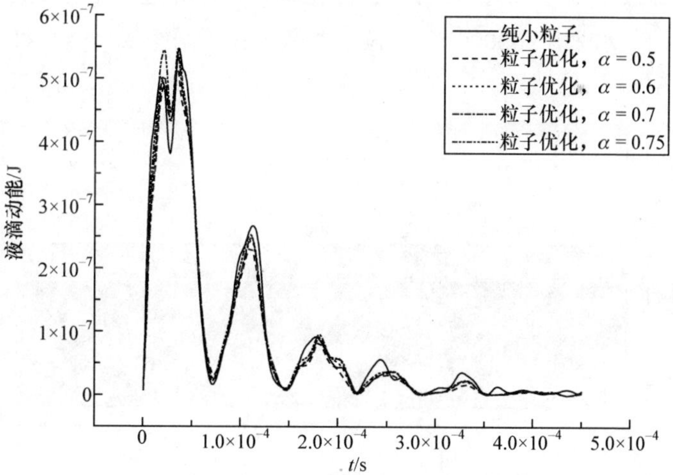

图 7.46　不同粒子配置及参数时液滴动能随时间的变化

表 7.4　液滴变化算例：不同粒子配置的计算效率对比

算例	粒子优化算法参数	流体粒子数 N	粒子对数目(大概值)	单个时间步 CPU 耗时/s
纯小粒子	—	20736	480000	0.412
本章算法	$\varepsilon = 0.5, \alpha = 0.5$	7884	150000	0.152
	$\varepsilon = 0.5, \alpha = 0.6$	7884	157000	0.160
	$\varepsilon = 0.5, \alpha = 0.7$	7884	178000	0.173
	$\varepsilon = 0.5, \alpha = 0.75$	7884	180000	0.174

4. 小球落水

本节用小球落水算例测试粒子优化算法对于包含流体与刚体相互作用及自由表面流动问题的计算效果。小球落水算例的模型及粒子配置如图 7.47 所示，水的宽度和深度分别为 2m 和 0.5m，小球直径 $R = 5.5\times10^{-2}\text{m}$，重力加速度 $g = -9.81\text{m/s}^2$。计算开始时，小球刚刚接触水面，根据 Greenhow 等[68]的实验数据，此时小球速度为 $v_0 = 2.955\text{m/s}$，声速 $c_s = 10v_0 = 29.55\text{m/s}$，人工黏性参数 $\alpha_{av} = 0.05$。小球落水问题的关键是小球与水之间接触力的计算，因此，本节以小球为中心，设置了边长为 $6R$ 的粒子优化域，在计算过程中，优化域随着小球的运动而移动。水采用 40000 个大粒子离散，粒子间距 $\Delta l_c = 5.0\times10^{-3}\text{m}$，光滑长度 $h_c = 1.1\Delta l_c$。

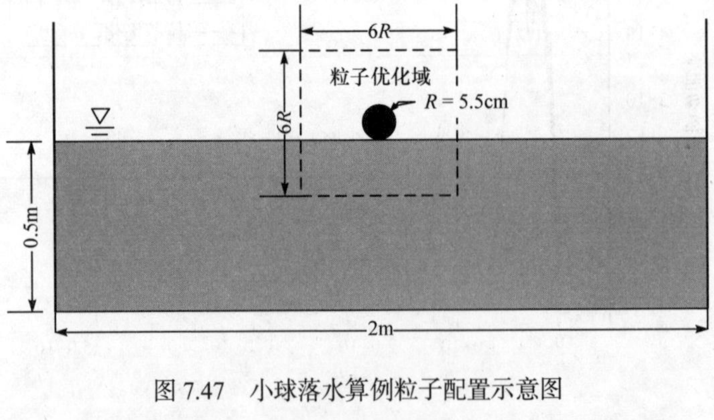

图 7.47　小球落水算例粒子配置示意图

本节分别对比了以下粒子配置时的计算效果：粒子优化算法，$\varepsilon = 0.5$，$\alpha = 0.5$、0.6、0.7、0.75；Reyes López 算法，$\varepsilon = 0.5$，$\alpha = 0.7$；Vacondio 算法，$\varepsilon = 0.4$，$\alpha = 0.9$；传统单精度 SPH 方法，流体粒子数 N=4096、10000、40000、160000。

图 7.48 为小球入水深度 H_p 的计算结果与实验结果的对比，可以看出，传统单精度 SPH 方法的计算结果随着粒子数 N 的增大而逐渐接近实验值。$\alpha=0.7$、0.75 时，粒子优化算法的计算结果与 N=160000 时单精度 SPH 方法的计算结果非常接近。由于优化域随着小球的运动而移动，计算过程中的粒子数随着粒子改善而不断增加，因此，本节对比了不同粒子配置情况下，计算 50000 个时间步的 CPU 总耗时(表 7.5)。由表 7.5 可以看出，本章与 Reyes López 算法的流体粒子数均在 60000 以下，与 N=160000 时单精度 SPH 方法相比，本章与 Reyes López 算法节省了 60%以上的计算时间。

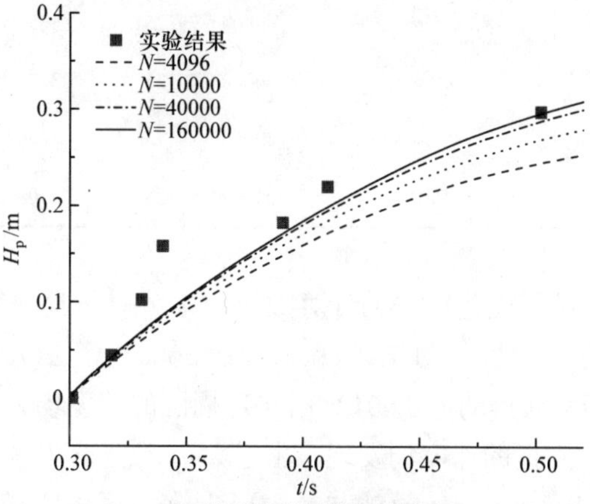

(a) 粒子数对计算结果的影响

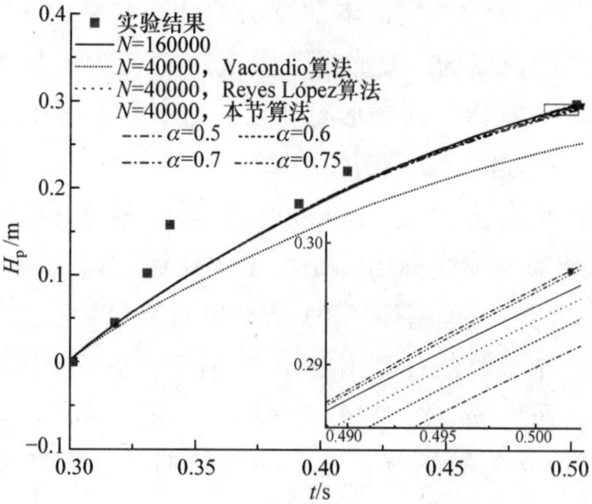

(b) 粒子优化算法对计算结果的影响

图 7.48　小球入水深度 H_p 的计算结果与实验结果对比

表 7.5　小球落水算例：不同粒子配置的计算效率对比

算例	粒子优化算法参数	流体粒子数目 N	粒子对数目(大概值)	50000 个时间步 CPU 耗时/h
传统单精度 SPH 方法：N=40000	—	40000	280000	6.83
传统单精度 SPH 方法：N=160000	—	160000	1120000	21.85
Reyes López 算法	$\varepsilon=0.5,\alpha=0.7$	40000～59227	357000	7.35
Vacondio 算法	$\varepsilon=0.4,\alpha=0.9$	40000～76162	683000	10.41
本章算法	$\varepsilon=0.5,\alpha=0.5$	40000～59125	335000	7.23
	$\varepsilon=0.5,\alpha=0.6$	40000～59125	367000	7.51
	$\varepsilon=0.5,\alpha=0.7$	40000～59125	389000	8.03
	$\varepsilon=0.5,\alpha=0.75$	40000～59125	410000	8.16

为进一步讨论粒子优化算法的计算效果，本节对仿真获得的小球落水过程中的流场形态进行了分析。图 7.49 为 Reyes López 算法($\alpha=0.7$)及本章算法($\alpha=0.5$、0.6、0.7、0.75)获得的 t=0.6012s 时小球周围的速度场矢量图。通过对比优化域下端 $y=-0.45$ 附近的速度场发现，由于大-小粒子交界区域插值误差及作用力不对称的存在，Reyes López 算法与 $\alpha=0.5$ 时本章算法计算出的速度场存在一定的振荡，随着光滑比 α 的增大，本章算法的计算结果中速度振荡消失，小粒子区域到大粒子区域的速度场过渡光滑。图 7.50 为传统单精度 SPH 方法在流体粒子数 N=160000 时计算出的流场形态和压力与本章算法在 N=40000、$\alpha=0.7$ 时的计算结果对比，每幅图像的左边为传统单精度 SPH 方法使用 160000 个流体粒子时的仿真结果；右边为使用 40000 个流体粒子和新型粒子优化算法($\alpha=0.7$)时的仿真结果，虚线标出的是粒子优化域，可以看出，在小球落水的各个时刻，本章算法与传统单精度 SPH 方法的计算结果在流场形态、压力波形态等方面非常一致，本章算法计算出的压力场在大-小粒子区域之间过渡平滑。当光滑比 α 变化时，压力场与图 7.49 速度场的变化一致，$\alpha=0.5$ 的计算结果在大-小粒子接触区域存在轻微振荡，$\alpha=0.6$、0.75 时的计算结果与 $\alpha=0.7$ 时的计算结果基本一致。

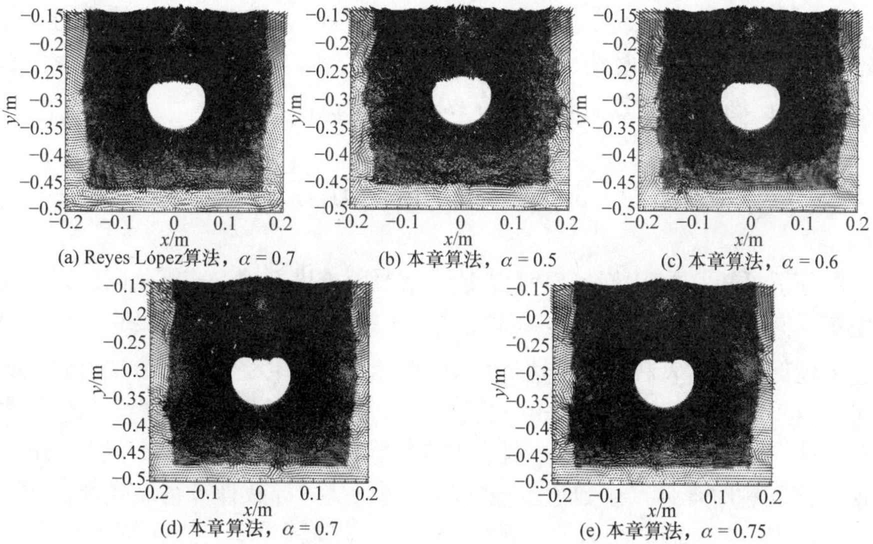

图 7.49　t=0.6012s 时小球周围的速度场矢量图

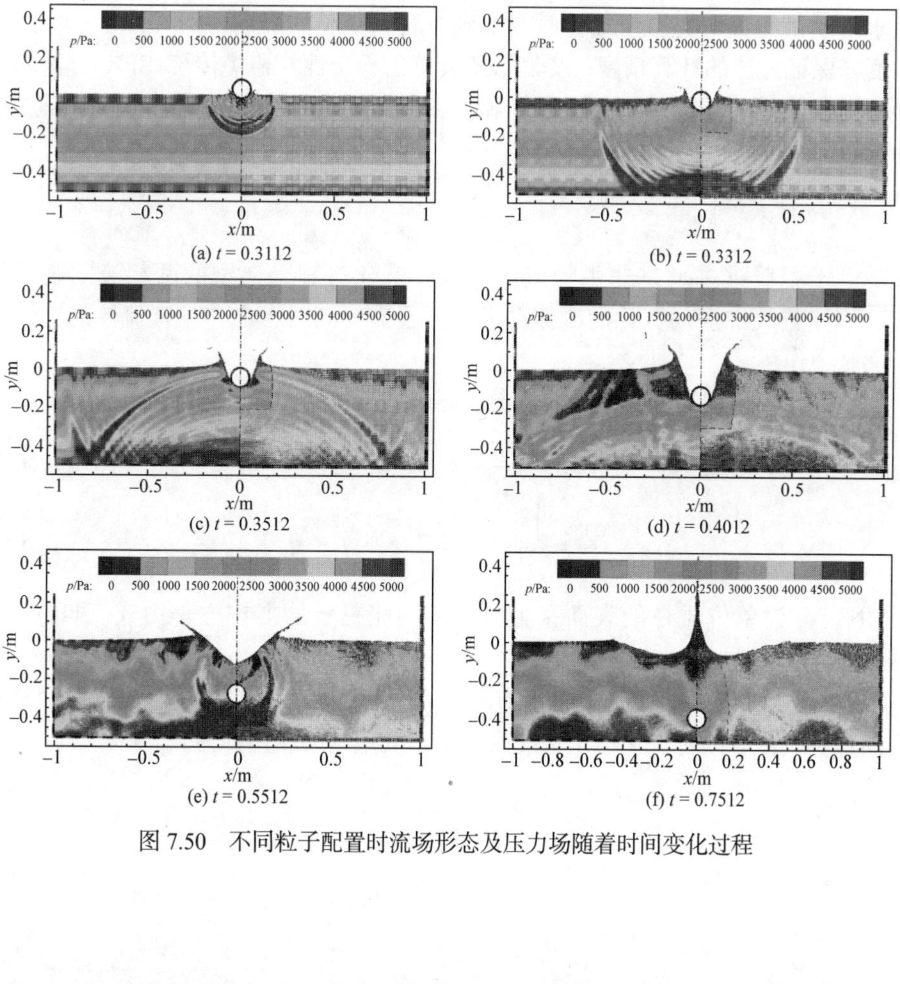

图 7.50　不同粒子配置时流场形态及压力场随着时间变化过程

由以上分析可以认为，对于小球落水问题，$\alpha=0.7$ 时，本章算法的计算效率略低于 Reyes López 算法，但是，$\alpha=0.6$、0.7、0.75 时，本章算法在小球落水深度及压力场、速度场等方面的计算结果更为准确。

7.8 隐式时间积分方法

由分析可知，采用传统 SPH 方法求解凝胶推进剂撞击式雾化问题时存在诸多困难。首先，凝胶推进剂是幂律流体，由推进剂的流变特性实验可知，当剪切速率较低时，其表观黏度可达 $10^2\sim10^3\,\mathrm{Pa\cdot s}$，采用传统 SPH 方法求解此类问题时，由于黏性时间准则的约束，传统 SPH 方法的时间步长很小，从而极大地限制了计算效率的提高；其次，凝胶推进剂雾化时流场速度较高，传统 SPH 方法求解该问题时容易产生数值不稳定的问题，从而导致计算精度降低，甚至会使计算过程中断。因此，为求解凝胶推进剂雾化问题，本节针对传统 SPH 方法存在的困难，阐述了一种隐式时间步多相流 SPH(IM-SPH)方法。该方法通过隐式求解动量方程，克服了黏性时间准则对时间步长的限制；引入修正的核函数梯度来保证方法的计算精度；提高数值计算的稳定性，避免传统 SPH 方法的拉伸不稳定问题，还改进了人工黏性和人工应力的计算格式，同时引入了密度重构思想。

1. 控制方程

由于凝胶推进剂是非牛顿流体，且其雾化过程是典型的两相流问题，因此，描述凝胶推进剂雾化的流体动力学方程需要同时考虑非牛顿流体的黏性与表面张力作用。

拉格朗日描述的凝胶推进剂撞击式雾化的流体动力学方程为

$$\frac{\mathrm{d}\rho}{\mathrm{d}t}=-\rho\nabla\cdot\boldsymbol{v} \tag{7.152}$$

$$\frac{\mathrm{d}\boldsymbol{v}}{\mathrm{d}t}=\frac{1}{\rho}\left[-\nabla P+\nabla\cdot\boldsymbol{\tau}\right]+\boldsymbol{f}_{\mathrm{s}}+\boldsymbol{g} \tag{7.153}$$

其中，$\boldsymbol{f}_{\mathrm{s}}$ 为单位质量的表面张力，偏应力张量 $\boldsymbol{\tau}$ 的本构方程由式(7.116)～式(7.118)共同确定。

Colagrossi 等[46]提出通过密度重构来光滑密度场和压力场的分布，进而达到提高计算精度和改善计算稳定性的目的，密度重构的表达式为

$$\rho_i=\sum_{j=1}^{N}m_jW_{ij}^{\mathrm{MLS}} \tag{7.154}$$

其中，W_{ij}^{MLS} 由式$W_{ij}^{\mathrm{MLS}}=\left[\beta_0+\beta_x\left(x_i-x_j\right)+\beta_y\left(y_i-y_j\right)\right]W_{ij}$决定。

式(7.154)仅适用于单相流动问题，对这里要求解的两相流动问题，该式在两相界面处求得的密度分布存在较大误差，作如下改进[69]：

$$\rho_{i,i\in A}=\frac{\sum\limits_{j\in A}m_jW_{ij}}{\sum\limits_{j\in A}\rho_jW_{ij}} \tag{7.155}$$

其中，A 为某种流体粒子的集合，式(7.155)中仅当粒子 j 与粒子 i 属于同一流体时才参与计算，否则，不参与求解。在实际求解过程中，并不需要每一步都进行密度重构，10～15 个时间步进行一次计算即可，因此增加的计算量很小。

2. 改进的人工黏性和人工应力

为提高数值稳定性，传统 SPH 方法引入了人工黏性，其表达式为

$$\varPi_{ij}=\begin{cases}\dfrac{-\alpha\bar{c}_{ij}\mu_{ij}+\beta\mu_{ij}^2}{\bar{\rho}_{ij}}, & \boldsymbol{v}_{ij}\cdot\boldsymbol{r}_{ij}<0\\ 0, & \boldsymbol{v}_{ij}\cdot\boldsymbol{r}_{ij}\geqslant 0\end{cases} \tag{7.156}$$

但是，该表达式是针对单相流动问题提出的，对两相流问题，其表达需要进行如下改进：

$$\boldsymbol{\varUpsilon}_i=\alpha h_ic_0\sum_j\frac{m_j}{\rho_j}\pi_{ij}\nabla_iW_{ij} \tag{7.157}$$

其中，$\boldsymbol{\varUpsilon}_i$ 为修正的人工黏性；$\pi_{ij}=\dfrac{\boldsymbol{v}_{ij}\cdot\boldsymbol{x}_{ij}}{\left|\boldsymbol{x}_{ij}\right|^2}$。

为避免传统 SPH 方法的拉伸不稳定问题，Monaghan[40]提出在动量方程右侧中加入人工应力项$\boldsymbol{\varTheta}_i$，其表达式为

$$\boldsymbol{\varTheta}_i=-\sum_{j=1}^{N}m_jf_{ij}^nR_{ij}\nabla_iW_{ij} \tag{7.158}$$

其中，$f_{ij}=W\left(r_{ij}\right)/W\left(\Delta l\right)$，$r_{ij}$ 为粒子 i 和粒子 j 的距离，Δl 为粒子初始间距；$R_{ij}=R_i+R_j$，当 $p_i<0$ 时，$R_i=-\varepsilon_1p_i/\rho_i^2$，否则 $R_i=\varepsilon_2p_i/\rho_i^2$；同理可得 R_j。

上述方法用于求解单相流动问题时比较有效，但对两相流动问题，人工应力项需要克服材料界面处密度不连续的问题，否则就会由于两种流体密度差过大而导致计算终止。为此，对人工应力进行如下改进：

$$\boldsymbol{\Theta}_i = -\frac{1}{m_i}\sum_j \left(V_i^2 + V_j^2\right) f_{ij}^n \tilde{R}_{ij} \nabla_i W_{ij} \tag{7.159}$$

$$\tilde{R}_{ij} = \frac{\rho_i S_j + \rho_j S_i}{\rho_i + \rho_j} \tag{7.160}$$

$$\begin{cases} S_i = -\varepsilon_1 p_i, & p_i < 0 \\ S_i = \varepsilon_2 p_i, & \text{其他} \end{cases} \tag{7.161}$$

其中，S_j 的取值方法与 S_i 相同，n =4.0；ε_1 和 ε_2 的取值范围为0～0.2。

3. IM-SPH 方法离散方程组

综合上述方法并借鉴 Colagrossi 等[46]的思想，给出连续方程和动量方程的离散形式为

$$\frac{\mathrm{d}\rho_i}{\mathrm{d}t} = m_i \sum_{j=1}^{N} \boldsymbol{v}_{ij} \cdot \nabla_i W_{ij}^C \tag{7.162}$$

$$\frac{\mathrm{d}\boldsymbol{v}_i}{\mathrm{d}t} = -\sum_j m_j \left(\frac{p_i + p_j}{\rho_i \rho_j}\right) \nabla_i W_{ij}^C + \sum_j \frac{m_j}{\rho_i \rho_j} \frac{\left(\eta_i + \eta_j\right) \boldsymbol{x}_{ij} \cdot \nabla_i W_{ij}^C}{r_{ij}^2} \boldsymbol{v}_{ij} + \boldsymbol{f}_\mathrm{s} + \boldsymbol{g} + \boldsymbol{\Upsilon}_i + \boldsymbol{\Theta}_i \tag{7.163}$$

其中，$\boldsymbol{f}_\mathrm{s}$、$\boldsymbol{\Upsilon}_i$ 和 $\boldsymbol{\Theta}_i$ 分别采用式(7.95)、式(7.157)和式(7.159)得到，在计算 $\boldsymbol{f}_\mathrm{s}$ 的法向和曲率时，核函数梯度不修正，而在计算 $\boldsymbol{\Upsilon}_i$ 和 $\boldsymbol{\Theta}_i$ 时，采用修正的核函数梯度形式。密度重构过程在计算步的开始执行，每隔10～15个时间步执行一次。

式(7.163)给出了动量方程的显式表达式，由引言的分析可知，对幂律流体，采用显式方法求解该式时，时间步长很小。为克服该问题，提出了隐式时间步方法。

将式(7.163)的左侧进行微分并将右侧的黏性项左移可得

$$\begin{aligned} &\frac{\boldsymbol{v}_i^{n+1}}{\Delta t} - \sum_j \left\{ \frac{m_j}{\rho_i \rho_j} \frac{\left(\eta_i + \eta_j\right) \boldsymbol{x}_{ij} \cdot \nabla_i W_{ij}}{r_{ij}^2} \right\}^n \left(\boldsymbol{v}_i^{n+1} - \boldsymbol{v}_j^{n+1}\right) \\ &= \frac{\boldsymbol{v}_i^n}{\Delta t} - \left\{ \sum_j m_j \left(\frac{p_i + p_j}{\rho_i \rho_j}\right) \nabla_i W_{ij} \right\}^n + \left\{ \boldsymbol{g} + \boldsymbol{f}_\mathrm{s} + +\boldsymbol{\Upsilon}_i + \boldsymbol{\Theta}_i \right\}^n \end{aligned} \tag{7.164}$$

其中，上标 n 和 n+1 分别表示 t_n 时刻和 t_{n+1} 时刻。将式(7.164)变形可得

$$\left(\frac{1}{\Delta t}-\sum_j\left\{\frac{m_j}{\rho_i\rho_j}\frac{(\eta_i+\eta_j)}{r_{ij}}\frac{\partial W_{ij}}{\partial r_{ij}}\right\}^n\right)\boldsymbol{v}_i^{n+1}+\sum_j\left\{\frac{m_j}{\rho_i\rho_j}\frac{(\eta_i+\eta_j)}{r_{ij}}\frac{\partial W_{ij}}{\partial r_{ij}}\right\}^n\boldsymbol{v}_j^{n+1}$$

$$=\frac{\boldsymbol{v}_i^n}{\Delta t}-\left\{\sum_j m_j\left(\frac{p_i+p_j}{\rho_i\rho_j}\right)\nabla_i W_{ij}-\boldsymbol{b}_i\right\}^n+\left\{\boldsymbol{g}+\boldsymbol{f}_{\mathrm{s}}++\boldsymbol{\varUpsilon}_i+\boldsymbol{\varTheta}_i\right\}^n \tag{7.165}$$

式(7.165)构成了 SPH 粒子速度的线性方程组，求解该方程组可得 t_{n+1} 时刻的速度场分布，且由于 $\partial W_{ij}/\partial r_{ij}\leqslant 0$，从而可得

$$\frac{1}{\Delta t}-\sum_j\left\{\frac{m_j}{\rho_i\rho_j}\frac{(\eta_i+\eta_j)}{r_{ij}}\frac{\partial W_{ij}}{\partial r_{ij}}\right\}^n>\left|\sum_j\left\{\frac{m_j}{\rho_i\rho_j}\frac{(\eta_i+\eta_j)}{r_{ij}}\frac{\partial W_{ij}}{\partial r_{ij}}\right\}^n\right| \tag{7.166}$$

因此，式(7.165)构成的线性方程组正定。对该方程组可采用稳定双共轭梯度法求解。

对于边界条件的施加，隐式方法与显式方法不同，需要通过边界运动条件对线性方程组施加约束。当采用 7.4.1 小节的方法施加固壁边界时，边界粒子(BP)的约束条件为

$$\boldsymbol{v}_{i,\mathrm{BP}}=\overline{\boldsymbol{v}}_{\mathrm{BP}} \tag{7.167}$$

镜像粒子的约束条件为

$$\boldsymbol{v}_{i,\mathrm{MP}}+\sum_{j\in\mathrm{FP}\cup\mathrm{BP}}\frac{m_j}{\rho_j}\boldsymbol{v}_j W_{ij}^{\mathrm{MLS}}=2\overline{\boldsymbol{v}}_{\mathrm{BP}} \tag{7.168}$$

式(7.168)中，邻近粒子求和仅包含流体粒子和边界粒子，不包含镜像粒子和虚粒子。

7.9　SPH 蒸发燃烧模型

在凝胶发动机和液体火箭发动机燃烧室的工作过程中，推进剂燃料经过雾化后进入燃烧室内，以液滴或液滴群的方式参与蒸发燃烧。研究表明，在燃料液滴的气-液分界面上，没有燃烧反应的发生，即液滴燃烧常常是先蒸发，然后在气相中燃烧，这是一种典型的扩散燃烧过程。液滴的整个燃烧过程包括蒸发过程、扩散混合过程以及化学反应过程。

7.9.1　SPH 蒸发模型

在液滴的蒸发过程中，外界高温环境不断向液滴传递热量，液滴表面分子

受热能量升高，进而发生相变，产生的蒸气再从液滴表面向周围环境扩散。蒸发的静态特性包括蒸发潜热、饱和蒸气压等热力学性质，蒸发速率则取决于传热和传质。基本的单液滴蒸发理论模型是在 20 世纪 50 年代由 Godsave[70]、Spalding[71]等建立的，其中最重要的结论就是著名的"D^2 定律"，即蒸发过程满足液滴直径的平方随着时间线性减小。随后的实验研究和数值仿真研究都能很好地吻合这一定律。目前为数不多的采用数值模拟方法研究液滴的蒸发过程，都是基于网格的数值方法，网格方法虽然发展相对成熟，然而，在求解涉及大变形、高度非线性、自由表面等问题时，也存在自身的局限性。

SPH 方法作为一种新兴的纯拉格朗日、无网格粒子法，在处理自由表面以及液滴在气流场中变形运动这类问题时具有天然的优势。从目前已知的文献来看，还未有采用 SPH 方法模拟液滴的蒸发过程见诸报道。研究的难点在于，需要同时考虑液滴的蒸发过程，物质的相变和液滴在表面张力以及气动力的作用下的变形过程，而且，液滴和外部环境之间的密度差非常大，很容易引起数值不稳定。此外，对于非牛顿流体液滴，在流场中运动时，其自身的黏性本构也是不容忽视的关键因素。

基于 7.6 节建立的大密度差气液两相 SPH 方法，本节探索建立了 SPH 蒸发模型，并将其应用于液滴蒸发过程的数值模拟研究，验证 SPH 方法在该问题上的有效性，拓展 SPH 方法在蒸发燃烧领域的应用。

1. 液滴准定常蒸发理论模型

在目前的分析中，假设液滴表面温度接近液滴沸点，不考虑液滴的初始加热过程，环境向液滴表面的热传导速率决定了液滴的蒸发速率。图 7.51 为球形液滴蒸发模型示意图，坐标原点在液滴中心，r_s 为气液界面处的半径，无穷远处($r \to \infty$)的温度为 T_∞。

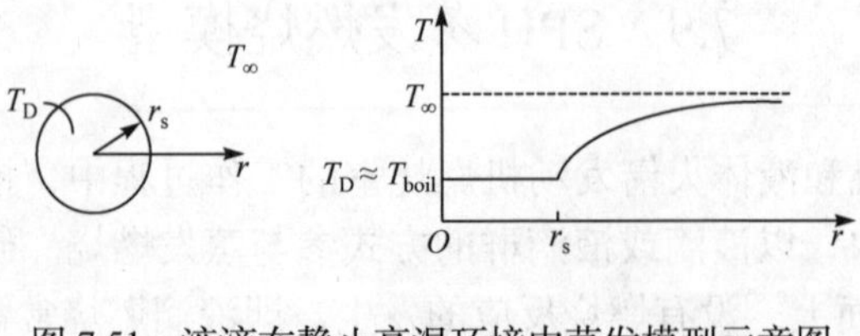

图 7.51　液滴在静止高温环境中蒸发模型示意图

针对热气体中液滴蒸发经常进行下述假设，能够使问题大大简化。

(1) 液滴在静止、无穷大的介质中蒸发。

(2) 燃料是单组分液体，且对任何气体的溶解度都为零。

(3) 蒸发过程是准稳态的。

(4) 假设液滴温度正好处于沸点，且其内部温度分布均匀一致。

(5) 假设液滴所有的热物性参数均为常数，不随温度变化。

就蒸发机理而言，液滴从周围高温环境得到热量，当吸收的热量达到其蒸发潜热时，就会有单位质量的液体发生相变，产生的蒸气从液滴表面扩散到周围空气中。随着蒸发的进行，液滴质量不断减少，不断有气相成分向周围扩散，在这个过程中，液滴半径随时间不断减小，直至完全蒸发($r_s=0$)。在以上假设的基础上，液滴蒸发满足质量守恒、能量守恒以及在气液界面处的能量平衡，同时结合气相温度边界条件，求解质量蒸发率 $\dot{m}$ 和液滴半径随时间的关系 $r_s(t)$ 。

(1) 气相质量守恒方程：

$$\frac{\mathrm{d}(\rho v_r r^2)}{\mathrm{d}r}=0 \tag{7.169}$$

(2) 气相能量守恒方程：

$$\frac{\mathrm{d}\left(r^2\dfrac{\mathrm{d}T}{\mathrm{d}r}\right)}{\mathrm{d}r}=\frac{\dot{m}c_{pg}}{4\pi k}\frac{\mathrm{d}T}{\mathrm{d}r} \tag{7.170}$$

(3) 气液界面能量平衡方程：

$$4\pi k_g {r_s}^2\left.\frac{\mathrm{d}T}{\mathrm{d}r}\right|_{r_s}=\dot{m}h_{fg} \tag{7.171}$$

(4) 液相质量守恒方程：

$$\frac{\mathrm{d}m_d}{\mathrm{d}t}=-\dot{m} \tag{7.172}$$

联合求解以上方程，得到：

$$\dot{m}=\frac{4\pi k_g r_s}{c_{pg}}\ln[B_q+1] \tag{7.173}$$

其中， $B_q=\dfrac{c_{pg}(T_\infty-T_{boil})}{h_{fg}}$ 。

由此进一步推导得到

$$\frac{\mathrm{d}D^2}{\mathrm{d}t}=-\frac{8k_g}{\rho_l c_{pg}}\ln(B_q+1). \tag{7.174}$$

式(7.174)表明，液滴直径的平方对时间的导数为常数，此即为著名的“ D^2 定律”， D^2 随时间线性变化，斜率定义为蒸发常数 K ，即

$$K=\frac{8k_g}{\rho_l c_{pg}}\ln(B_q+1) \tag{7.175}$$

大量实验证明，在液滴经历短暂的初始加热过程后，D^2 定律都适用。由此，可以得到 D^2 随时间变化的一般关系式：

$$D^2(t) = D_0^2 - Kt \tag{7.176}$$

同时，液滴寿命计算可得

$$t_{\mathrm{d}} = D_0^2 / K \tag{7.177}$$

通过式(7.176)和式(7.177)可以在理论上直接预测液滴的蒸发。以上分析基于常物性假设，鉴于实际中，从液滴表面到远离表面的气流，物性存在一定的变化，因此 Law 等[72]在关于液滴燃烧的论述中提出，气相比热容 c_{pg} 和导热系数 k_{g} 可以用以下方法近似：

$$c_{\mathrm{pg}} = c_{\mathrm{pF}}(\overline{T}) \tag{7.178}$$

$$k_{\mathrm{g}} = 0.4k_{\mathrm{F}}(\overline{T}) + 0.6k_{\infty}(\overline{T}) \tag{7.179}$$

其中，下标 F 代表燃料蒸气；k_{∞} 为外界环境的热传导系数；$\overline{T}$ 可通过式(7.180)计算，代表液滴沸点和无穷远处环境温度的平均值，即：

$$\overline{T} = (T_{\mathrm{boil}} + T_{\infty})/2 \tag{7.180}$$

2. 热传导项的 SPH 离散

对于能量方程中的热传导项 $\nabla \cdot (k\nabla T)$，括号中是标准的傅里叶热传导方程，描述的是热量朝着温度的负梯度方向流动。考虑到界面处热传导系数的不连续，采用以下 SPH 离散方程：

$$\nabla \cdot (k\nabla T) = \sum_j \frac{m_j}{\rho_i \rho_j} \frac{4k_i k_j}{(k_i + k_j)} (T_i - T_j) \frac{1}{r_{ij}} \frac{\partial W_{ij}}{\partial r_{ij}} \tag{7.181}$$

3. 组分守恒方程的 SPH 离散

对于不考虑热扩散和压力扩散的情形，二元混合物中常规的扩散(仅仅由浓度梯度引起)可以用菲克定律描述，因此，组分守恒方程中的右边第一项可以表示为

$$-\nabla \cdot (\rho Y_{\mathrm{s}} \boldsymbol{V}_{\mathrm{s}}) = \nabla \cdot (\rho D_{AB} \nabla Y_{\mathrm{s}}) \tag{7.182}$$

其中，D_{AB} 表示二元扩散系数，对于多元组分，可以当作二元扩散来处理。方程(7.182)的右式在形式上与热传导项一致，说明组分从高浓度的区域向低浓度的区域流动，类似于热量从高温向低温的传递过程。因此，借鉴热传导项的 SPH 离散过程，方程(7.182)最终离散为

$$\nabla\cdot(\rho D_{AB}\nabla Y_{\mathrm{s}})=\sum_j\frac{m_j}{\rho_i\rho_j}\frac{4\rho_iD_i\rho_jD_j}{(\rho_iD_i+\rho_jD_j)}(Y_{si}-Y_{sj})\frac{1}{r_{ij}}\frac{\partial W_{ij}}{\partial r_{ij}} \tag{7.183}$$

4. SPH 中相变的处理

采用 SPH 方法模拟液滴蒸发问题，由于液滴蒸发是一个从外界吸热并发生连续相变的过程，而 SPH 方法的本质是将连续的物质离散为有限个粒子，包含 Lagrange 粒子属性。因此，如何通过有限个离散的粒子来模拟连续的相变过程，既能遵循客观的蒸发物理规律，又能保证整个系统的质量守恒、动量守恒以及能量守恒，是本节研究的一个重点。

蒸发是一个典型的吸热过程，液体燃料分子从外界吸收热量，自身能量发生跃迁，转变为气体分子，并向周围扩散。蒸发的静态特性包括蒸发潜热 h_{fg}，定义为在恒定温度下，使单位质量的某种物质由液相转变为气相所需要的热量。蒸发潜热是一个与物质蒸发相关的属性参数，不仅与物质的本性有关，也是温度的函数。

采用 SPH 方法来处理相变过程时，一种简便的方法是单个液相 SPH 粒子包含一定的质量 m_{p}，当 SPH 粒子从外界吸收的热量达到 $Q=m_{\mathrm{p}}h_{\mathrm{fg}}$ 时，恰好会使该 SPH 粒子完全发生“气化”。此时，在算法中人为改变该粒子的属性，使之从液相转变为气相，从而实现相变。

然而，这样处理看似简单，实则会带来一定的问题。实际计算过程中，在经历一个时间步后，单个 SPH 粒子吸收的热量，远远小于恰好能够使其自身发生相变的热量 Q，即该粒子尚未完全发生相变。那么，在下一个时间步内，该粒子如果继续以液相状态参与计算，整个蒸发过程就会表现为阶跃式的“间断”相变过程：最外层的 SPH 粒子首先发生吸热相变，间隔若干时间步后，下一层粒子再发生吸热相变。这样处理不仅与液滴受热连续蒸发的物理过程不相符，而且在整个过程中，不能保证能量始终守恒。

基于此，借鉴 VOF 方法的思想，在算法中引入了 SPH 粒子的液相质量分数 α 这一参数，$\alpha=1$ 代表该 SPH 粒子是纯液相；$\alpha=0$ 代表该 SPH 粒子是纯气相；α 介于 0～1 时，代表该 SPH 粒子处于吸热相变过程中，α 通过式(7.184)计算：

$$\nabla\alpha=\nabla Q/(m_{\mathrm{p}}h_{\mathrm{fg}}) \tag{7.184}$$

与此同时，该 SPH 粒子密度、热传导系数和扩散系数等属性参数也会随着质量分数的变化而进行相应的改变($\hat{\rho}=\alpha\rho$、$\hat{k}=\alpha k$、$\hat{D}=\alpha D$)，以此来保证质量、动量和能量的守恒。

上述计算是基于 7.6 节提出的大密度差气液两相 SPH 方法，在处理密度相差很大的界面时依然有优势。因此，经过上述计算，SPH 粒子的密度、质量等属性参数即使发生大的改变，依然不会对算法的有效性和稳定性带来影响。另外，在实际计算中，为了避免属性参数过小带来的计算不稳定，设置相变阈值为 0.0001，当 α <0.0001 时，即认定该 SPH 粒子已经完全发生相变。

5. 静止液滴蒸发过程算例验证

首先，考虑一个直径为 200 μm 的正己烷(C_6H_{14})液滴，在静止热氮气中蒸发，液滴蒸发过程的相关物性参数如表 7.6 所示。

表 7.6　液滴蒸发过程的相关物性参数

物质	密度/(kg/m^3)	温度/K	热导率/[W/(m·K)]	扩散系数/(m^2/s)	蒸发潜热/(J/kg)	比定压热容/[J/(kg·K)]
正己烷	659.0	342	0.0495	2.3×10^{-5}	3.35×10^{5}	2827
氮气	0.4267	850	0.0444	2.3×10^{-5}	—	—

静止单液滴蒸发物理模型如图 7.52 所示，总计包含 SPH 粒子 44944 个，其中液滴粒子 1264 个，粒子初始间距为 $\Delta l = 5\mu m$，光滑长度取 1.5 倍的粒子间距，即 $h = 1.5\Delta l$，边界采用无反射边界条件模拟无限大区域。初始时刻，正己烷液滴处于其沸点($T_{boil} = 342K$)，并且液滴内部温度均匀，整个数值模拟过程遵循的假设与液滴准定常蒸发理论模型计算的假设相同。液滴从外部热氮气中吸收热量，并逐步发生相变，相变后的气相分子向周围扩散，与此同时，液滴直径逐步减小，直至最终全部蒸发。

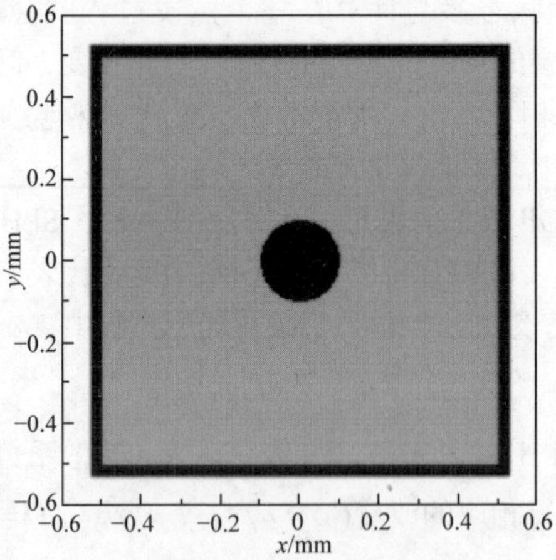

图 7.52　静止单液滴蒸发物理模型

静止正己烷液滴蒸发数值模拟结果如图 7.53 和图 7.54 所示，分别为 0.03s 和 0.09s 时刻的计算结果。其中，图 7.53(a)和图 7.54(a)表示的是当前时刻的液滴形态，图 7.53(b)和图 7.54(b)为当前时刻的正己烷气体组分分布图，图 7.53(c)和图 7.54(c)则表示相应时刻液滴周围的温度分布。

结合图 7.53 和图 7.54 可以直观地看出，随着蒸发的不断进行，液滴直径不断减小，同时，液滴外正己烷组分质量分数随着到液滴中心距离的增大而减小，液滴周围温度随着到液滴中心距离的增大而增大，这与图 7.51 所示的温度分布相一致。

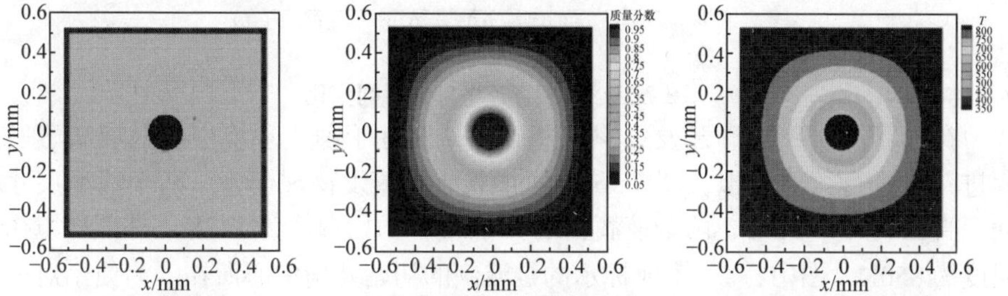

(a) 液滴形态　(b) 正己烷气体组分分布　(c) 液滴周围的温度分布

图 7.53　静止正己烷液滴蒸发数值模拟结果(0.03s)

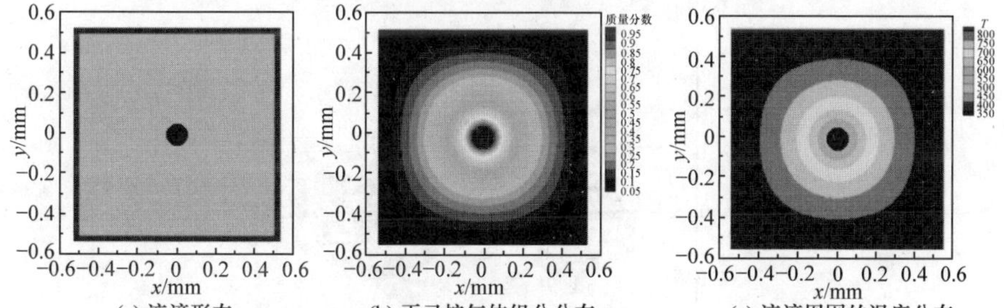

(a) 液滴形态　(b) 正己烷气体组分分布　(c) 液滴周围的温度分布

图 7.54　静止正己烷液滴蒸发数值模拟结果(0.09s)

图 7.55 给出了 SPH 方法数值计算得到的液滴直径平方随时间变化情况，并与理论计算结果进行了对比(图中黑色实线)。从图中可以看出，理论计算得到液滴生存时间为 0.12s，SPH 方法计算得到的液滴直径平方随时间变化与理论结果近似一致，即充分满足 D^2 定律。另外，从图中可以发现，在接近蒸发终点时，数值计算与理论存在一定的偏差，这是因为随着相变的发生，SPH 粒子数目在不断减少，由于 SPH 方法是一种基于粒子的插值方法，当表征物体的 SPH 粒子数目很少时，就难免会出现插值误差，所以导致计算结果的不精确。

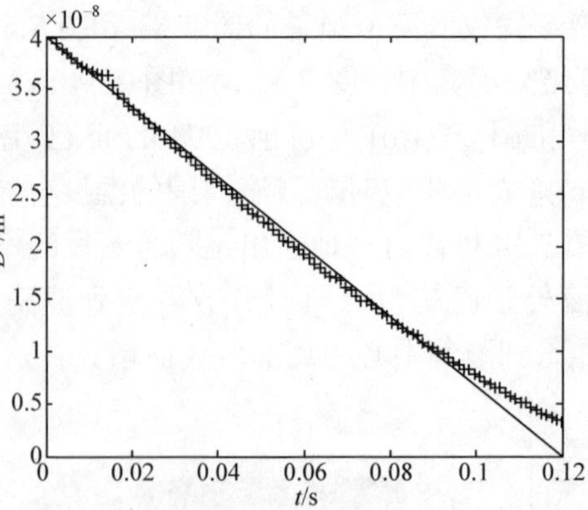

图 7.55　液滴直径平方随时间变化

在计算静止单液滴蒸发过程的基础上，对处于静止环境中的双液滴蒸发过程进一步进行数值模拟，图 7.56 为静止双液滴蒸发物理模型。两个液滴尺寸相同，直径均为 200 μm，两个液滴相距 300 μm，初始温度为 342K，外部环境初始温度为 850K，图中，"+"所标示的是液滴的初始几何中心所在。为便于对比，静止双液滴蒸发计算的相关条件与静止单液滴的完全相同，计算的相关物性参数见表 7.6。

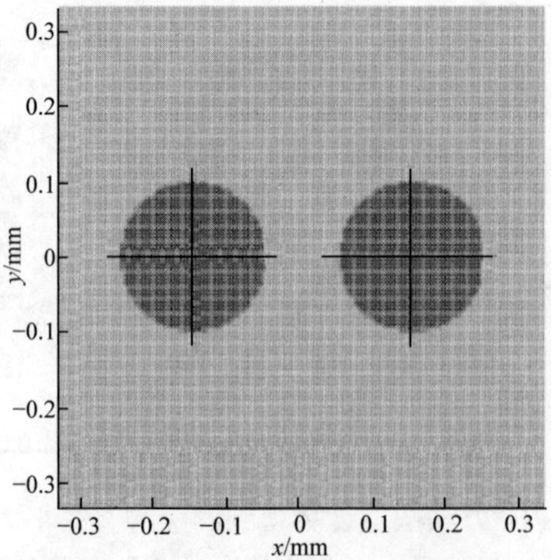

图 7.56　静止双液滴蒸发物理模型

图 7.57 所示为 0.06s 时刻，高温环境下静止双液滴蒸发的计算结果，其中图 7.57(a)表示的是 0.06s 时刻液滴的形态，图 7.57(b)为该时刻下的燃料蒸气组分分布，图 7.57(c)为该时刻下的温度分布。从图 7.57(a)可以看出，从液滴形态上来说，此时的液滴都已不是轴对称的球形，而是类似于哑铃的两边，而且从"+"所标记位置来看，此时的液滴中心也早已经偏离。这充分说明，由于液

滴相互之间存在影响，两个液滴相靠近的内侧蒸发较慢，而外侧蒸发较快。这一点，从图 7.57(b)和(c)也可以得到解释：一方面，两个液滴相靠近的内侧温度相对较低，液滴吸收不到足够的热量；另一方面，该处的蒸气浓度又相对较高，蒸发产生的燃料蒸气又难以向该处扩散。

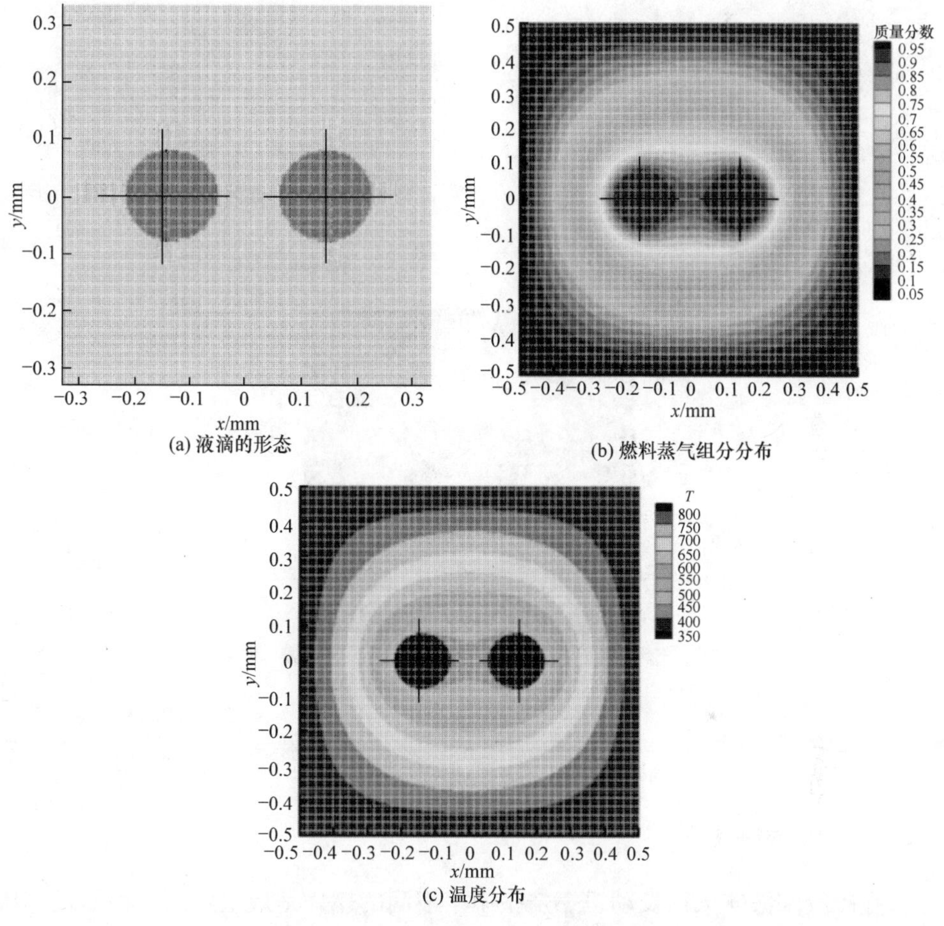

图 7.57　0.06s 静止双液滴蒸发结果

图 7.58 为 0.12s 时刻静止双滴蒸发的计算结果，从图中可以看出，液滴虽然整体尺寸在逐步变小，但其几何中心却更加偏离初始的位置(图 7.58(a))。而且，对比单液滴的蒸发，在同样的物性参数和计算条件下，相同尺寸的单液滴生存时间为 0.12s，而该时刻下的双液滴还远远未蒸发结束。这也充分说明，对于高温环境中的双液滴蒸发过程，两个液滴不仅会相互影响，导致外侧蒸发速率快而内侧蒸发速率慢，而且两个液滴整体的蒸发速率也会降低，液滴生存时间变长。图 7.58(b)和(c)同样为该时刻下的燃料蒸气组分分布和温度场分布。

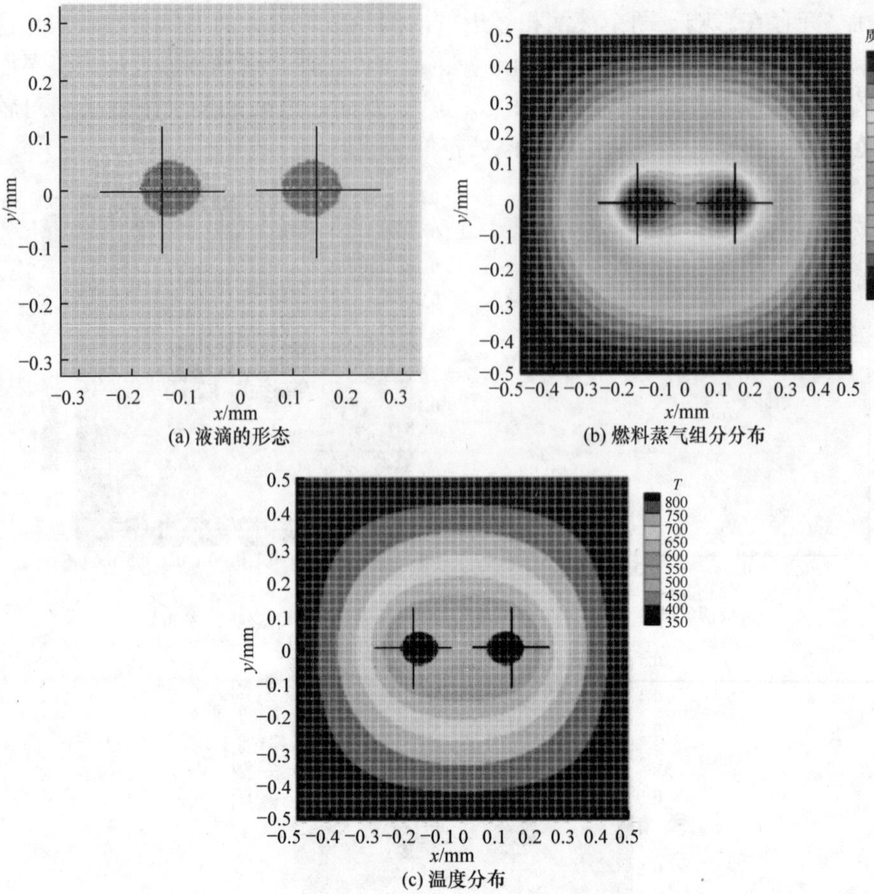

图 7.58　0.12s 静止双液滴蒸发结果

7.9.2　SPH 燃烧模型

在凝胶和液体火箭发动机燃烧室中，液滴的燃烧是最主要的一种形式。从本质上讲，液滴的燃烧过程属于扩散燃烧，液滴从外界吸收热量，自身发生相变，液体燃料转变为气体，燃料蒸气向周围扩散，与外界氧化剂接触，达到燃烧条件后，发生化学反应，燃料和氧化剂质量消耗后转化为化学反应产物，同时伴随着热量的释放。其中既包含传热传质过程，又伴随着物质的产生与消亡，是一个复杂的物理化学过程。

研究的难点在于如何选取合适的化学反应模型，在化学反应过程中既保证质量和动量的守恒，同时又能高效准确地模拟化学反应过程。另外，对于反应过程中产生的多组分混合气体的状态参数的表征，也是一个极为重要的问题。

在 7.9.1 小节中，引入的蒸发模型，很好地解决相变和传热传质问题，本节在此基础上，在 SPH 方法中引入有限速率基元反应模型，用来表征化学反应过程。采用新方法，对流场中静止的单个、多个液滴的燃烧过程进行数值模拟，并与实验结果对比，得到了液滴燃烧的相关规律。

1. 液滴燃烧理论模型

对于单个液滴燃烧建立理论模型，一般要从以下五个方面建立关系式：①在液滴表面处满足能量平衡；②在火焰面处满足能量平衡；③在火焰外部氧化剂分布满足组分守恒；④在火焰内部燃料蒸气分布满足组分守恒；⑤在气液界面处燃料表面的液体和蒸气保持平衡。通过联立求解这五个关系式，得到液滴质量燃烧率 $\dot{m}_F$、火焰半径 r_f、火焰温度 T_f、液滴表面温度 T_s 以及液滴表面的燃料蒸气质量分数 $Y_{F,s}$。

为建立液滴燃烧模型，首先进行如下假设。

(1) 燃烧液滴存在于静止、无限大区域内，燃烧过程为准稳态。

(2) 燃料液滴是单组分，且不存在气相溶解。

(3) 化学反应速率无限大，此时火焰表现为无限薄的面，且在火焰处，燃料与氧化剂以化学当量参与反应。

(4) 不考虑辐射散热。

液滴燃烧的基本模型如图 7.59 所示，其中，下标 s 表示液滴表面，f 表示火焰面，P_r 表示产物，F 表示燃料。火焰面处发生化学反应，释放热量，温度最高，并分别向液滴方向和无穷远处传热。在火焰面和燃料液滴表面的内区，只存在燃料和燃烧产物，燃料从液滴表面向火焰面处扩散，在火焰面处为 0，而燃烧产物在火焰面处为 1，从火焰面向内扩散；在火焰面以外的区域，只存在氧化剂和燃烧产物，氧化剂从无穷远处向内扩散，同样在火焰面处达到 0，而燃烧产物则从火焰面向外扩散。依据以上假设，在内区和外区，气体组分的扩散分别可以看作二元扩散过程。

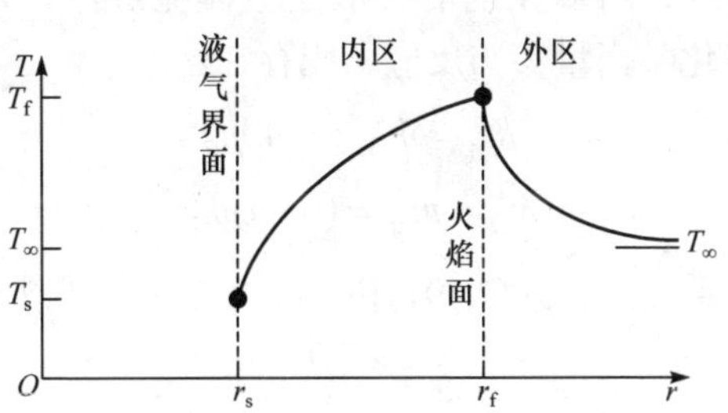

(a) 温度分布

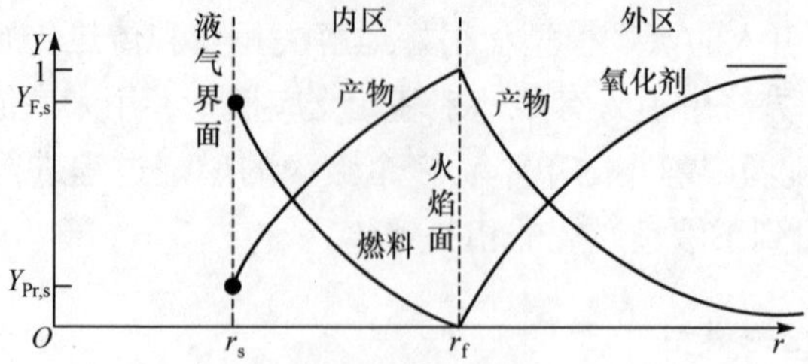

(b) 组分分布

图 7.59　液滴燃烧模型

1) 质量守恒

气相质量守恒方程可以表述为

$$\dot{m}(r) = \dot{m}_{\mathrm{F}} = 常数 \tag{7.185}$$

式(7.185)表明，在任何地方的燃料蒸气流量都等于液滴的质量蒸发率。

2) 组分守恒

(1) 内区。在内区，依据菲克定律，对燃料蒸气的扩散建立方程，即

$$\dot{m}''_A = Y_A(\dot{m}''_A + \dot{m}''_B) - \rho D_{AB} \nabla Y_A \tag{7.186}$$

其中，A、B 分别代表燃料和产物，且：

$$\dot{m}''_A = \dot{m}''_{\mathrm{F}} = \dot{m}_{\mathrm{F}} / (4\pi r^2) \tag{7.187}$$

$$\dot{m}''_B = \dot{m}''_{\mathrm{pr}} = 0 \tag{7.188}$$

将式(7.187)和式(7.188)代入式(7.186)可得

$$\dot{m}_{\mathrm{F}} = -4\pi r^2 \frac{\rho D}{1 - Y_{\mathrm{F}}} \frac{\mathrm{d}Y_{\mathrm{F}}}{\mathrm{d}r} \tag{7.189}$$

此为一阶常微分方程，且满足边界条件：液滴表面气液平衡以及在火焰处完全燃烧，即：

$$Y_{\mathrm{F}}(r_{\mathrm{s}}) = Y_{\mathrm{F,s}}(T_{\mathrm{s}}), \quad Y_{\mathrm{F}}(r_{\mathrm{f}}) = 0 \tag{7.190}$$

(2) 外区。在外区，对氧化剂的扩散建立菲克定律，根据假设，在火焰面处，燃料与氧化剂以化学当量参与反应，则存在：

$$\dot{m}''_A = \dot{m}''_{\mathrm{OX}} = -\upsilon \dot{m}''_{\mathrm{F}} \tag{7.191}$$

$$\dot{m}''_B = \dot{m}''_{\mathrm{pr}} = (\upsilon + 1) \dot{m}''_{\mathrm{F}} \tag{7.192}$$

其中，υ 为化学当量系数，将式(7.191)和式(7.192)代入式(7.186)可得

$$\dot{m}_{\mathrm{F}} = 4\pi r^2 \frac{\rho D}{\upsilon + Y_{\mathrm{OX}}} \frac{\mathrm{d}Y_{\mathrm{OX}}}{\mathrm{d}r} \tag{7.193}$$

满足边界条件：

$$Y_{\mathrm{OX}}(r_{\mathrm{f}})=0,\quad Y_{\mathrm{OX}}(r\to\infty)=1 \tag{7.194}$$

3) 能量守恒

(1) 液滴表面能量平衡。在液滴表面处，液滴从外界吸收热量，并用于蒸发燃料，传热过程可以用傅里叶定律来描述，则液滴表面能量平衡方程为

$$-\left(-k4\pi r^2\frac{\mathrm{d}T}{\mathrm{d}r}\bigg|_{r_{\mathrm{s}}}\right)=\dot{m}_{\mathrm{F}}h_{\mathrm{fg}} \tag{7.195}$$

其中，k 为热传导系数；h_{fg} 为蒸发潜热。

(2) 火焰面处能量平衡。在火焰面处，化学反应释放热量，并分别向内区、外区传递，其数学描述为

$$\dot{m}_{\mathrm{F}}\Delta h_{\mathrm{c}}=k4\pi r^2\frac{\mathrm{d}T}{\mathrm{d}r}\bigg|_{r_{\mathrm{f}}^-}-k4\pi r^2\frac{\mathrm{d}T}{\mathrm{d}r}\bigg|_{r_{\mathrm{f}}^+} \tag{7.196}$$

其中，Δh_{c} 表示单位质量燃料的化学反应生成热。

4) 气液界面相平衡

在气液界面处，经典的克劳修斯-克拉珀龙方程可以用来描述相平衡，即

$$P_{\mathrm{F,s}}=A\exp(-B/T_{\mathrm{s}}) \tag{7.197}$$

其中，$P_{\mathrm{F,s}}$ 表示液滴表面的泡和蒸气压；A、B 都为克劳修斯-克拉珀龙方程中的常数，对于不同的燃料取不同的参数值。

联立以上方程组，即可对液滴燃烧过程进行理论计算，通过进一步求解，并参照 7.9.1 小节对蒸发过程的描述，可以定义燃烧速率常数 K 为

$$K=\frac{8k}{\rho_{\mathrm{l}}c_{\mathrm{pg}}}\ln(1+B_{\mathrm{o,q}}) \tag{7.198}$$

其中，$B_{\mathrm{o,q}}$ 为传递数，定义为

$$B_{\mathrm{o,q}}=\frac{\Delta h_{\mathrm{c}}/\upsilon+c_{\mathrm{pg}}(T_\infty-T_{\mathrm{s}})}{h_{\mathrm{fg}}} \tag{7.199}$$

由此可得，对于液滴燃烧，同样存在 D^2 定律：

$$D^2(t)=D_0^2-Kt \tag{7.200}$$

2. 有限速率基元化学反应模型

最简单的化学反应模型即为一步化学反应模型，该模型考虑简单的一步总包反应，正向不可逆，同时化学反应速率无限大。这种类似于“黑箱”的处理方法，针对某些特定的问题是有效的，如只关注最终的反应生成热、反应物的

消耗率以及产物生成率等这类问题。目前应用比较广泛的还有有限速率基元反应模型。对于包含 L 个基元反应的反应机理，可以用式(7.201)来表达：

$$\sum_{j=1}^{N} \upsilon'_{ji} X_j \underset{k_{ri}}{\overset{k_{fi}}{\Leftrightarrow}} \sum_{j=1}^{N} \upsilon''_{ji} X_j, \quad i = 1,2,\cdots,L \tag{7.201}$$

其中，N为反应过程中的组分总数；下标 j 和 i 分别代表组分和基元反应；υ' 代表化学反应方程左边反应物的化学当量系数；υ'' 代表生成物的化学当量系数；k_{fi} 和 k_{ri} 分别代表第 i 个基元反应的正、逆化学反应速率。

化学反应速率可以用经验的阿伦尼乌斯形式(Arrhenius form)来表示，即

$$k_i(T) = A_i T^{b_i} \exp\left(-\frac{E_i}{R_u T}\right) \tag{7.202}$$

其中，$A_i T^{b_i}$ 被称作指前因子或频率因子；E_i 为活化能；R_u 为通用气体常数。A_i、b_i 和 E_i 是三个经验参数，对于给定的化学反应，它们的值与基元反应的特性有关，而与反应温度、反应物浓度等无关。相对应的逆反应的化学反应速率可由式(7.202)求出，也可以由式(7.203)求出：

$$k_{ri} = \frac{k_{fi}}{k_{ci}} \tag{7.203}$$

其中，k_{ci} 为第 i 个反应的化学平衡常数。

j 组分在多步反应机理中的净生成率表示为

$$\dot{\omega}_j = \sum_{i=1}^{L} \upsilon_{ji} q_i, \quad j = 1,2,\cdots,N \tag{7.204}$$

其中

$$\upsilon_{ji} = (\upsilon'_{ji} - \upsilon''_{ji}) \tag{7.205}$$

$$q_i = k_{fi} \prod_{j=1}^{N} [X_j]^{\upsilon'_{ji}} - k_{ri} \prod_{j=1}^{N} [X_j]^{\upsilon''_{ji}} \tag{7.206}$$

3. 多组分气体的基本关系式

对于一个多组分气体的微元 s，定义如下物理量：质量密度 ρ_s、摩尔浓度 n_s、摩尔质量 M_s 以及气体分压 p_s。其中，气体总的质量密度为各组分质量密度之和，即

$$\rho = \sum_s \rho_s \tag{7.207}$$

s 组分的质量分数和摩尔分数可以分别定义为

$$Y_s = \frac{\rho_s}{\rho}, \quad X_s = \frac{n_s}{n} \tag{7.208}$$

根据道尔顿分压定律，混合气体的总压应当是各个组分的分压之和，即

$$p = \sum_s p_s \tag{7.209}$$

组分 s 的质量分数和摩尔分数之间的关系为

$$\rho_s = n_s M_s \tag{7.210}$$

而混合气体总的质量密度和摩尔数之间的关系为

$$\rho = nM \tag{7.211}$$

在大多数的燃烧和化学反应过程中，可以认为各个组分及其总的混合气体都满足理想气体状态方程，即

$$p_s = \rho_s \frac{R_{\mathrm{u}}}{M_s} T = n_s R_{\mathrm{u}} T \qquad p = \rho \frac{R_{\mathrm{u}}}{M} T = nR_{\mathrm{u}} T \tag{7.212}$$

由此得到

$$X_s = \frac{n_s}{n} = \frac{p_s}{p} \tag{7.213}$$

和

$$\rho = \sum_s \rho_s = \sum_s n_s M_s = nM \tag{7.214}$$

从而能够推导出混合气体平均摩尔质量与各组分摩尔质量、质量分数以及摩尔分数的关系式：

$$M = \sum_s X_s M_s \quad 或 \quad M = \left(\sum_s \frac{Y_s}{M_s} \right)^{-1} \tag{7.215}$$

$$X_s = Y_s \frac{M}{M_s} = \frac{Y_s / M_s}{\sum_s Y_s / M_s} \tag{7.216}$$

当燃烧和化学反应同时发生时，流场中不仅包含燃料和氧化剂，还包含反应产物以及各种中间产物，是典型的多组分混合气体。而且，在多组分反应流体中，混合气体的热力学参数和输运参数等，不仅是温度和压力的函数，也与混合气体的组分密切相关，因此，采用上述关系式，能够更准确地描述气体的性质，从而更精确地通过数值计算模拟仿真燃烧和化学反应过程。

4. 静止液滴燃烧算例验证

采用 SPH 方法对一个正己烷(C_6H_{14})液滴在静止空气中燃烧的过程进行数值模拟。液滴直径为 $100\,\mu\mathrm{m}$，燃烧过程涉及的正己烷液滴和空气的参数如表 7.7 所示。燃烧的化学反应总的方程式为

$$C_6H_{14} + \frac{19}{2}O_2 \longrightarrow 6CO_2 + 7H_2O \tag{7.217}$$

表 7.7　液滴燃烧过程相关物性参数

物质	密度/(kg/m^3)	温度/K	热导率/[$W/(m \cdot K)$]	扩散系数/(m^2/s)	蒸发潜热/(J/kg)	比定压热容/[$J/(kg \cdot K)$]
正己烷	659.0	850	0.0495	2.3×10^{-5}	3.35×10^{5}	2827
空气	1.293	342	0.023	2.3×10^{-5}	—	—

经过计算，正己烷的燃烧热Δh_c为 45104.82kJ/kg，由于氧化剂是空气，空气中还包含氮气等不参与反应的成分，因此，计算得到化学反应当量系数υ=15.14。

液滴的燃烧过程属于典型的扩散燃烧，首先经历受热蒸发过程，蒸发产生的燃料蒸气向外界扩散，与此同时，外部空气向液滴方向扩散，当燃料蒸气与空气相接触时，化学反应发生，二者以化学反应当量比参与燃烧。在化学反应过程中，燃料蒸气与氧气质量消耗，依据化学反应质量守恒，相应质量的反应产物生成，同时，伴随燃烧热的产生，生成的热量分别向液滴和外部传递，传递至液滴的热量用于进一步蒸发，直至整个燃料液滴消耗殆尽。

建立的静止单液滴燃烧模型与 7.9.1 小节蒸发模型类似，见图 7.56。总计包含 SPH 粒子 160000 个，其中液滴粒子 342 个，粒子初始间距$\Delta l = 5\mu m$，光滑长度取 1.5 倍的粒子初始间距，即$h=1.5\Delta l$，边界采用无反射边界条件模拟无限大区域，计算中时间步长取3.0×10^{-8} s。

静止单液滴燃烧数值模拟的结果如图 7.60 所示，图 7.60(a)和(b)分别为 6ms 时刻，流场内的温度分布和燃料蒸气组分分布云图。从图 7.60(a)可以看出，流场内温度最高在 1330K，温度最高的区域(图中箭头所示)即为火焰面所在之处。这是由于 SPH 方法是把计算域离散为任意分布的粒子，SPH 粒子自身携带有质

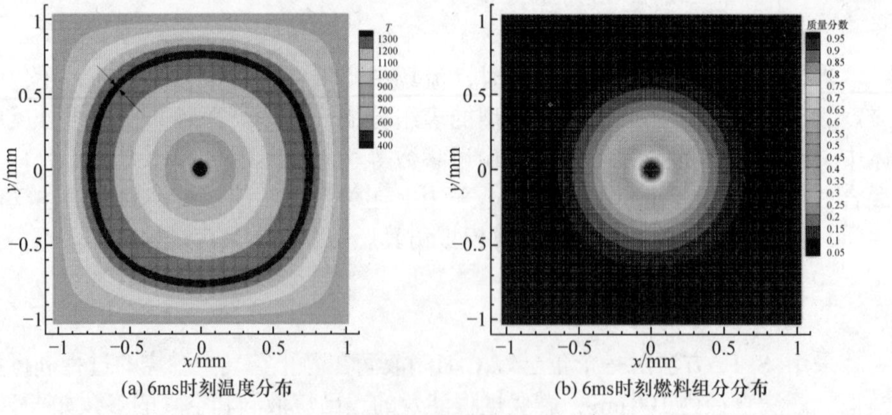

(a) 6ms时刻温度分布　　(b) 6ms时刻燃料组分分布

图 7.60　静止单液滴燃烧结果

量、密度以及温度等参数，由于化学反应中流场包含多种组分，SPH 粒子不再具有单一的属性，而是代表混合组分，当 SPH 粒子所包含的燃料蒸气和氧化剂正好以化学当量比参与反应时，此时释放的热量最多。因此，在流场中，温度最高的区域代表火焰面的位置。这也正好反映了 SPH 方法应用于燃烧问题的一大优势，即能够自动追踪火焰面的位置以及气液界面。

图 7.61 为流场内的温度、燃料蒸气质量分数以及氧化剂质量分数随着到液滴中心距离 r 的径向分布情况。图 7.61(a)为温度的径向分布情况，图中黑色箭头所示位置即为火焰面所在位置，火焰面位置在距离液滴中心 0.8mm 的位置。图 7.61(b)为流场区域内的燃料蒸气分布情况，可以看出，燃料蒸气质量分数在液滴表面位置最大，随着 r 的增加，单调递减至火焰面位置为零，黑色箭头所示为火焰面位置，在火焰面位置之外的区域，燃料蒸气始终为零。图 7.61(c)为氧化剂质量分数随 r 的分布情况，可以看出，氧化剂主要存在于火焰面外侧区域(黑色箭头所示为火焰面)，氧化剂质量分数从无穷远处开始，递减到火焰面位置为零。

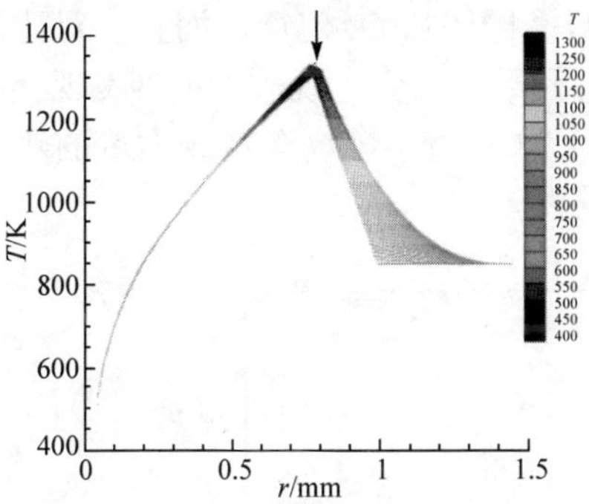

(a) 温度分布

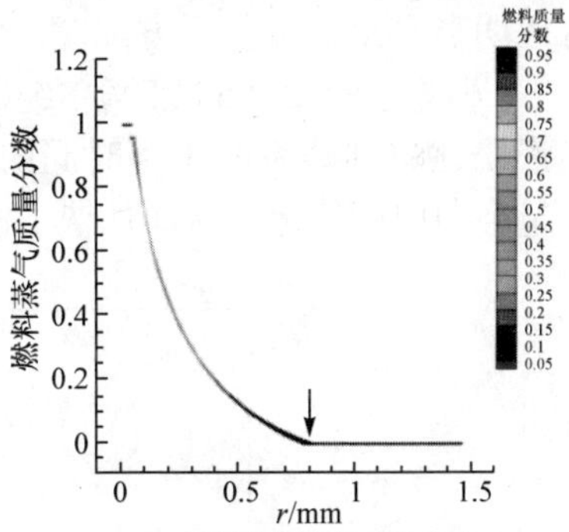

(b) 燃料蒸气质量分数分布

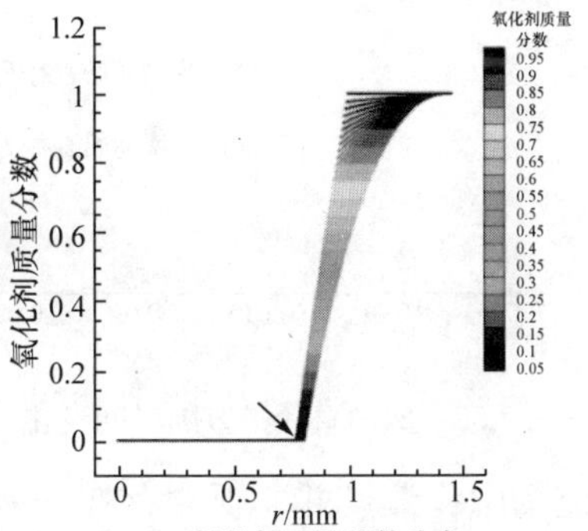

(c) 氧化剂质量分数分布

图 7.61　6ms 时刻液滴燃烧结果径向分布

从图 7.61 可以看出，火焰面的位置均在 0.8mm 处，也就是说，在流场区域温度最大的位置，燃料蒸气的质量分数和氧化剂的质量分数均为零，二者正好在此处以化学当量比发生反应，这个结论与前述分析相符，流场中温度最高的区域即为火焰面位置所在。

另外，对比图 7.61 燃烧数值计算结果与图 7.59 燃烧理论模型，可以看出，不管是温度分布(图 7.61(a)与图 7.60(a))还是燃料蒸气分布和氧化剂分布(图 7.61(b)和(c)与图 7.60(b))，数值计算结果与理论模型的结果都近似一致：温度在火焰面处最大，分别向内区、外区递减；燃料蒸气只存在于内区，且从气液界面向火焰面递减；氧化剂只存在于外区，且从无穷远处向火焰面递减；在火焰面处，燃料蒸气质量分数和氧化剂质量分数均为零。数值模拟得到火焰半径为 0.8mm，对应此时刻的液滴半径为 0.0443mm，由此得到无量纲火焰半径为 0.8/0.0443≈18，而理论模型计算得到的液滴无量纲火焰半径为 21，二者基本相当。

除此之外，本节对液滴直径为 0.2mm 的正己烷液滴燃烧过程也进行了数值模拟。图 7.62 为两个不同初始直径的燃烧液滴直径平方随时间的变化图，从图中可以明显看出，直径平方随时间线性递减，即服从 D^2 定律。而且，对比该图与 7.9.1 小节中的图 7.55 液滴单纯蒸发时直径平方的变化规律，不难发现，液滴发生燃烧比单纯蒸发时生存时间明显缩短，这是由于燃烧会释放大量的热，这些热量会向内侧传递，从而加快了液滴的蒸发。

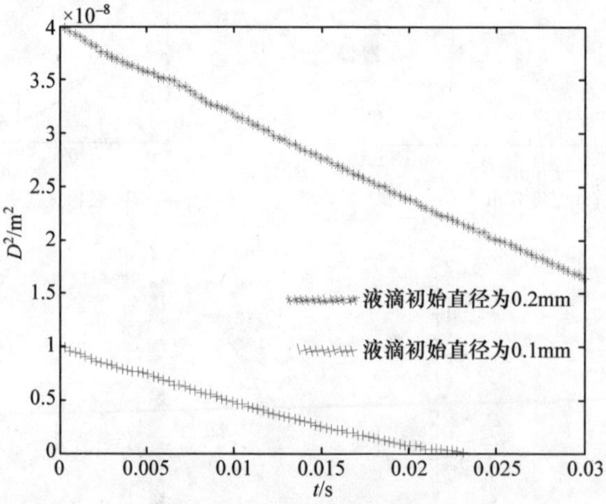

图 7.62　液滴直径平方随时间变化

同样，在喷雾燃烧流场中，液滴并非孤立存在，液滴之间难免会产生相互的影响，本节在单液滴燃烧数值模拟的基础上，研究多个液滴在静止环境中的燃烧过程，探究液滴之间相互影响的规律。

流场中两个相同大小的液滴，直径均为 100 μm，液滴间距为 200 μm。液滴与周围空气的物性参数见表 7.7。模型中包含 SPH 粒子 160000 个，其中液滴粒子 684 个，粒子初始间距 $\Delta l = 5\mu m$ ，光滑长度 $h = 1.5\Delta l$ ，边界采用无反射边界条件，计算中时间步长取 3.0×10^{-8} s。

图 7.63 和图 7.64 分别为静止双液滴在空气中燃烧的数值模拟结果，图 7.63 表示的是流场内温度分布，图 7.64 为燃料蒸气组分的分布情况。从图中可以看出，在初始时刻，两个液滴相距较近，液滴之间的温度场和组分分布界线比较模糊(图 7.63(a)和图 7.64(a))，两个液滴近乎以一个大液滴的形式参与燃烧，拥有共同的火焰面；随着蒸发燃烧的进行，两个液滴逐渐变小，而且液滴的间距逐渐开始变大。此时，两个液滴周围的温度分布和组分分布相互之间的影响也逐渐变小(图 7.63(b)和图 7.64(b))。随着燃烧进一步进行，液滴半径更加减小，相应的液滴间距增大到当前液滴直径的 3 倍以上时(图 7.63(c)和图 7.64(c))，两个液滴的周围温度分布和组分分布几乎不受相互之间的影响。但是，由于在燃烧过程中，火焰半径差不多在液滴半径的 10 倍以上，二者相差一个数量级，因此，从火焰面的角度来看，两个液滴仍然会形成同一个火焰面，相当于是以一个液滴的形式参与燃烧。图 7.65 同样为流场内的温度分布、燃料蒸气质量分数随着到流场中心距离 r 的分布情况。从图中也可以看出，温度分布和燃料组分分布与图 7.64 单个液滴的燃烧过程的模拟结果接近，由此也可以说明，在初始间距不大的情况下，两个液滴的燃烧过程可以在一定程度上当作一个液滴来近似处理。

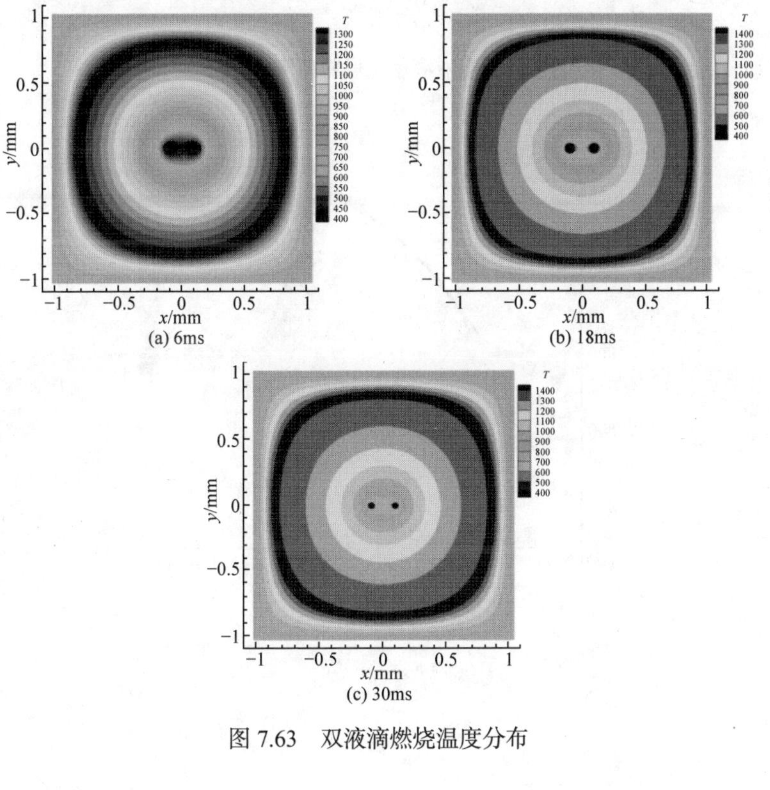

图 7.63 双液滴燃烧温度分布

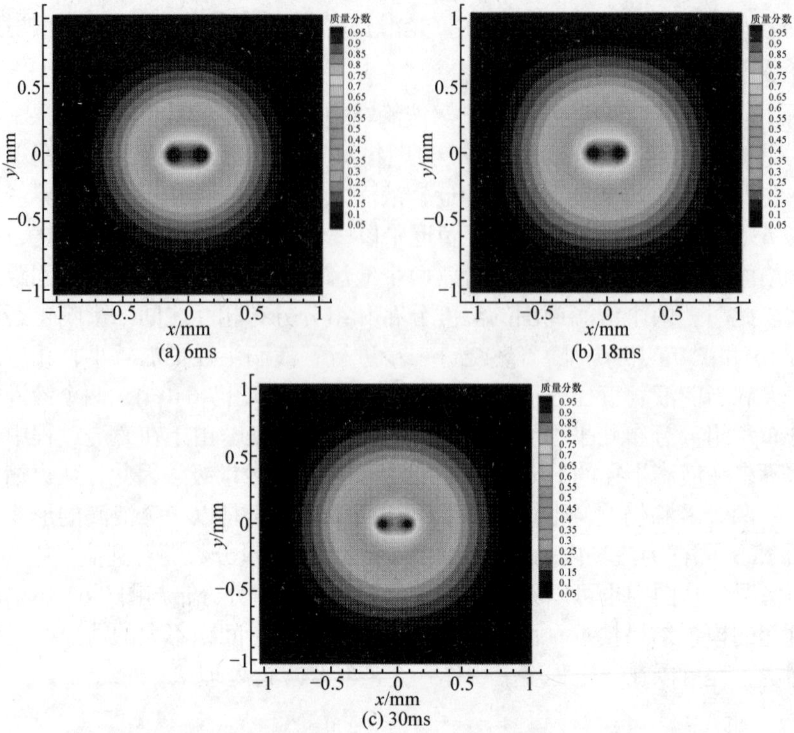

图 7.64　双液滴燃烧燃料蒸气组分分布

(a) 温度分布

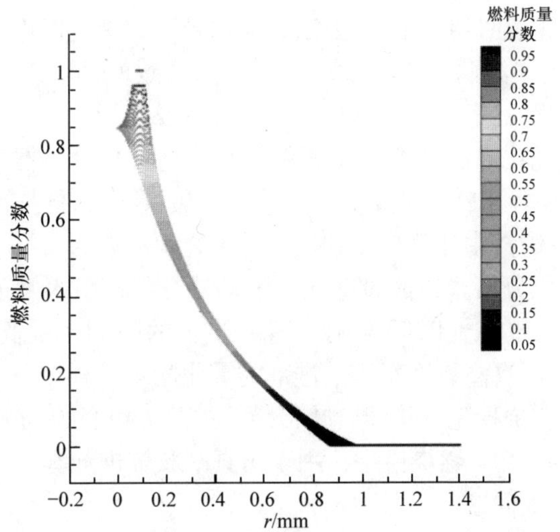

(b) 组分分布

图 7.65　30ms 时刻双液滴燃烧结果径向分布

7.10　小　　结

本章旨在阐述构建凝胶推进剂雾化数值模拟的 SPH 方法基础。一方面，介绍传统网格方法、SPH 新方法在雾化仿真中的应用，重点介绍 SPH 的基本理论；另一方面，介绍应用于雾化仿真时对 SPH 方法进行的理论和算法创新，包括固壁边界模型、表面张力模型、大密度差多相流方法、粒子优化算法、隐式时间积分方法及蒸发燃烧模型等方面。

本章主要内容及结论如下。

(1) 凝胶推进剂雾化数值模拟研究还处于起步阶段，基于传统 Euler 网格及新型无网格 SPH 方法均可获得典型的雾化过程，相比较而言，SPH 方法在处理自由表面、破碎等方面的优势，使其更适用于凝胶推进剂雾化仿真。

(2) 针对凝胶推进剂雾化仿真的需要，从以下六个方面改进了传统 SPH 方法。

① 新型 SPH 固壁边界施加模型，利用虚粒子或虚粒子与镜像粒子相结合的方式施加固壁边界条件，边界力施加准确、使用范围广，适用于处理凝胶推进剂喷注雾化过程中的流体与壁面作用问题。

② CSPM 修正的基于 CSF 模型的表面张力算法，利用 CSPM 算法对表面法向和曲率计算进行修正，有效减小由于粒子缺少、秩序不良等因素造成的表面张力计算误差，以便更好地计算凝胶推进剂雾化过程中因表面张力造成的液膜、液丝及液滴的变形、断裂、撞击和破碎等问题。

③ 大密度差气液两相流 SPH 方法，应用粒子数密度对连续性方程和动量方程进行修正，解决气液两相界面由于密度差异导致的计算不稳定问题，在凝胶推进剂雾化这一典型的多相流问题仿真中发挥重要作用。

④ SPH 粒子优化算法，将高分辨率技术引入 SPH 计算框架，在保证计算精度的同时，有效提高 SPH 数值模拟的效率，解决凝胶推进剂雾化仿真这一三维、多尺度问题在仿真中计算精度和仿真效果之间的矛盾。

⑤ 隐式时间积分格式，通过隐式求解动量方程，引入修正核函数梯度、密度重构等技术，克服黏性时间准则对时间步长的限制，提高计算精度和稳定性，高效、精确地仿真高黏度凝胶推进剂的雾化问题。

⑥ SPH 蒸发燃烧模型，构建含热传导、扩散、相变的 SPH 蒸发模型和含有限速率化学反应的 SPH 燃烧模型，用于仿真凝胶推进剂雾化燃烧中的蒸发、扩散混合和化学反应等问题。

参考文献

[1] GINGOLD R A, MONAGHAN J J. Smoothed particle hydrodynamics: theory and application to non-spherical stars[J]. Monthly Notices of the Royal Astronomical Society, 1977, 181(3): 375-389.

[2] LUCY L B. A numerical approach to the testing of the fission hypothesis[J]. The Astronomical Journal, 1977,82:1013-1024.

[3] HARLOW F H. The particle-in-cell method for numerical solution of problems in fluid dynamics[J]. Proceedings of the Symposium on Applied Mathematics, 1963, 15: 269-288.

[4] HARLOW F H, WELCH E. Numerical calculation of time-dependent viscous incompressible flow of fluid with free surfaces [J]. Physics of Fluids, 1965, 8: 2182- 2188.

[5] HIRT C W, NICHOLLS B D. Volume of fluid (VOF) method for the dynamics of free boundaries[J]. Journal of Computational Physics, 1981, 39: 201-221.

[6] OSHER S, SETHIAN J A. Fronts propagating with curvature-dependent speed: algorithms based on Hamilton-Jacobi formulations[J]. Journal of Computational Physics, 1988, 79: 12-49.

[7] BOSURLIOUX A. A coupled level-set volume-of-fluid algorithm for tracking material interfaces [C]. Proceedings of the Sixth International Symposium on Computational Fluid Dynamics, Lake Tahoe, CA, USA, 1995, 6: 15-22.

[8] DEBAR R. Fundamentals of the KRAKEN code [R]. Technical Report, 1974, UCID-17366.

[9] NOH W F, WOODWARD P. SLIC (simple line interface calculation) [C]. Proceedings of the Fifth International Conference on Numerical Methods in Fluid Dynamics, University of Twente, Enschede, Netherlands, 1976.

[10] RIDER W J, KOTHE D B. Reconstructing volume tracking [J]. Journal of Computational Physics, 1998, 141: 112-152.

[11] 李佳楠, 费俊, 杨伟东,等. 直流互击式喷注单元雾化特性准直接数值模拟[J]. 推进技术, 2016, 37(4): 713-725.

[12] CHEN X D, MA D J, YANG V, et al. High-fidelity numerical simulations of impinging jet atomization[J]. Atomization & Sprays, 2013, 23(12): 1079-1101.

[13] MA D J, CHEN X D, KHARE P, et al. Atomization patterns and breakup characteristics of liquid sheets formed by two impinging jets[R]. AIAA 2011-97, 2011.

[14] 廖斌, 陈善群. 基于 CLSVOF 方法的界面追踪耦合[J]. 中国海洋大学学报(自然科学版), 2013, 43(9):106-111.

[15] 郑刚, 聂万胜, 何博, 等. 撞击角对撞击式喷嘴雾化特性影响研究[J]. 推进技术, 2015, 36(4): 608-613.

[16] 强洪夫, 刘虎, 陈福振, 等. 基于 SPH 方法的射流撞击仿真[J]. 推进技术, 2012,33(3): 424-429.

[17] 强洪夫, 刘虎, 韩亚伟, 等. 基于 SPH 方法的凝胶推进剂一次雾化仿真研究[J]. 固体火箭技术, 2013,36(1): 61-66.

[18] 韩亚伟, 强洪夫, 刘虎. 双股液体射流撞击雾化的 SPH 方法数值模拟[J]. 工程力学, 2013, 30(3): 17-23.

[19] 强洪夫, 韩亚伟, 王广, 等. 幂律型流体雾化 SPH 方法数值分析[J]. 推进技术, 2013, 34(2): 240-247.

[20] 强洪夫. 光滑粒子流体动力学新方法及其应用[M]. 北京：科学出版社, 2017.

[21] MONAGHAN J J. Smoothed particle hydrodynamics and its diverse applications[J]. Annual Review of Fluid Mechanics, 2012,44:323-346.

[22] HAN Y, QIANG H, HUANG Q, et al. Improved implicit SPH method for simulating free surface flows of power law fluids[J]. Science China-Technological Sciences, 2013, 56(10): 2480-2490.

[23] QIANG H F, CHEN F Z, GAO W R. Modified algorithm for surface tension with smoothed particle hydrodynamics and its applications[J]. CMES - Computer Modeling in Engineering and Sciences, 2011, 77: 239-262.

[24] 强洪夫, 陈福振, 高巍然. 修正表面张力算法的 SPH 方法及其实现[J]. 计算物理, 2011, 28(3): 375-384.

[25] 强洪夫, 韩亚伟, 王坤鹏, 等. 基于罚函数 SPH 新方法的水模拟充型过程的数值分析[J]. 工程力学, 2011,28(1):245-250.

[26] HOYAS S, GIL A, MARGOT X, et al. Evaluation of the Eulerian-Lagrangian spray atomization (ELSA) model in spray simulations: 2D cases[J]. Mathematical and Computer Modelling, 2011,57(7-8): 1686-1693.

[27] LIU G R, LIU M B. 光滑粒子流体动力学:一种无网格粒子法 [M]. 韩旭, 杨刚, 强洪夫, 译. 长沙: 湖南大学出版社, 2005.

[28] MONAGHAN J J. Smoothed particle hydrodynamics [J]. Annual Review of Astronomy and Astrophysics, 1992, 30: 543-574.

[29] MONAGHAN J J. Particle methods for hydrodynamics[J]. Computer Physics Reports, 1985,3(2): 71-124.

[30] MORRIS J P. Analysis of smoothed particle hydrodynamics with applications[D]. Melbourne: Monash Univeristy, 1996.

[31] MONAGHAN J J, KAJTAR J B. SPH particle boundary forces for arbitrary boundaries[J]. Computer Physics Communications, 2009,180(10): 1811-1820.

[32] TAKEDA H, MIYAMA S M, SEKIYA M. Numerical simulation of viscous flow by smoothed particle hydrodynamics[J]. Progress of Theoretical Physics, 1994,92(5): 939-960.

[33] FLEBBE O, MUNZEL S, HEROLD H, et al. Smoothed particle hydrodynamics: physical viscosity and the simulation of accretion disks[J]. The Astrophysical Journal, 1994, 431: 754-760.

[34] VIOLEAU D, ISSA R. Numerical modelling of complex turbulent free-surface flows with the SPH method: an overview[J]. International Journal for Numerical Methods in Fluids, 2007,53(2): 277-304.

[35] CLEARY P W. Modelling confined multi-material heat and mass flows using SPH[J]. Applied Mathematical Modelling, 1998,22(12): 981-993.

[36] BASA M, QUINLAN N J, LASTIWKA M. Robustness and accuracy of SPH formulations for viscous flow[J]. International Journal for Numerical Methods in Fluids, 2009,60(10): 1127-1148.

[37] BONET J, LOK T S L. Variational and momentum preservation aspects of smooth particle hydrodynamic formulations[J]. Computer Methods in Applied Mechanics and Engineering, 1999,180(1): 97-115.

[38] MONAGHAN J J, GINGOLD R A. Shock simulation by thc particle method SPH[J]. Journal of Computational Physics, 1983,52(2): 374-389.

[39] MONAGHAN J J. Smoothed particle hydrodynamics[J]. Reports on Progress in Physics, 2005,68(8): 1703-1759.
[40] MONAGHAN J J. SPH without a tensile instability[J]. Journal of Computational Physics, 2000,159(2): 290-311.
[41] ANTUONO M, MARRONE S, COLAGROSSI A, et al. Energy balance in the δ-SPH scheme[J]. Computer Methods in Applied Mechanics and Engineering, 2015, 289: 209-226.
[42] MARRONE S, ANTUONO M, COLAGROSSI A, et al. δ-SPH model for simulating violent impact flows[J]. Computer Methods in Applied Mechanics and Engineering, 2011,200: 1526-1542.
[43] LIU M B, LIU G R. Smoothed particle hydrodynamics (SPH): an overview and recent developments[J]. Archives of Computational Methods in Engineering, 2010,17(1): 25-76.
[44] MONAGHAN J J, RAFIEE A. A simple SPH algorithm for multi-fluid flow with high density ratios[J]. International Journal for Numerical Methods in Fluids, 2013,71(5): 537-561.
[45] ADAMI S, HU X Y, ADAMS N A. A transport-velocity formulation for smoothed particle hydrodynamics[J]. Journal of Computational Physics, 2013,241(5): 292-307.
[46] COLAGROSSI A, LANDRINI M. Numerical simulation of interfacial flows by smoothed particle hydrodynamics[J]. Journal of Computational Physics, 2003, 191(2): 448-475.
[47] LIU G R, GU Y T. A local point interpolation method for stress analysis of two dimensional solids[J]. Structural Engineering and Mechanics, 2001, 246(1): 29-46.
[48] LIU M B, LIU G R, LAM K Y. Investigations into water mitigation using a meshless particle method[J]. Shock Waves, 2002, 12(3): 181-195.
[49] LIU M B, SHAO J R, CHANG J Z. On the treatment of solid boundary in smoothed particle hydrodynamics[J]. Science China-Technological Sciences, 2012, 55(1): 244-254.
[50] FAN X J, TANNER R I, ZHENG R. Smoothed particle hydrodynamics simulation of non-Newtonian moulding flow[J]. Journal of Non-Newtonian Fluid Mechanics, 2010, 165(5): 219-226.
[51] 刘虎, 强洪夫, 陈福振, 等. 一种新型光滑粒子动力学固壁边界施加模型[J]. 物理学报, 2015,64(9): 375-388.
[52] CHEN J K, BERAUN J E, CARNEY T C. A corrective smoothed particle method for boundary value problems in heat conduction [J]. International Journal for Numerical Methods in Engineering, 1999, 46(2): 231-252.
[53] SHAO S. Incompressible SPH flow model for wave interactions with porous media[J]. Coastal Engineering, 2010, 57(3): 304-316.
[54] SCHMID M, KLEIN F. Fluid flow in mould cavities-experimental and numerical simulation[C]. 18 th International Die Casting Congress and Exposition, Indianapolis, Indiana, 1995: 19951002-19951005.
[55] BRACKBILL J U, KOTHE D B, ZEMACH C. A continuum method for modeling surface tension[J]. Journal of Computational Physics, 1992, 100: 335-354.
[56] MORRIS J P. Simulating surface tension with smoothed particle hydrodynamics[J]. International Journal for Numerical Methods in Fluids, 2000, 33(3): 333-353.
[57] MONAGHAN J J. An SPH formulation of surface tension[R]. Applied Mathematics Reports and Preprints, Monash University, 1995: 95/44.
[58] OTT F, SCHNETTER E. A modified SPH approach for fluids with large density differences[J]. Computational Physics, 2003, 3: 3112.
[59] ADAMI S, HU X Y, ADAMS N A. A new surface-tension formulation for multi-phase SPH using a reproducing divergence approximation[J]. Journal of Computational Physics, 2010, 229(13): 5011-5021.
[60] HU X Y, ADAMS N A. An incompressible multi-phase SPH method[J]. Journal of Computational Physics, 2007,

227(1): 264-278.

[61] 刘开. 液滴在气固交界面变形运动的 SPH 方法数值模拟[D]. 西安: 第二炮兵工程大学, 2012.

[62] GRAY J P, MONAGHAN J J, SWIFT R P. SPH elastic dynamics[J]. Computer Methods in Applied Mechanics and Engineering, 2001, 190(49): 6641-6662.

[63] MONAGHAN J J. Simulation free surface flows with SPH[J]. Journal of Computational Physics, 1994, 110(2): 399-406.

[64] FELDMAN J. Dynamic refinement and boundary contact forces in smoothed particle hydrodynamics with applications in fluid flow problems[D]. Swansea: University of Wales Swansea, 2006.

[65] REYES LÓPEZ Y, ROOSE D, RECAREY MORFA C. Dynamic particle refinement in SPH: application to free surface flow and non-cohesive soil simulations[J]. Computational Mechanics, 2013,51(5): 731-741.

[66] VACONDIO R, ROGERS B D, STANSBY P K, et al. Variable resolution for SPH: a dynamic particle coalescing and splitting scheme[J]. Computer Methods in Applied Mechanics and Engineering, 2013,256:132-148.

[67] REYES LÓPEZ Y, ROOSE D. Dynamic refinement for fluid flow simulations with SPH[J]. Particle-Based Method II. Fundamentals and Applications, 2011, 2003(6): 942-953.

[68] GREENHOW M, WOEI-MIN L. Nonlinear free surface effects: experiments and theory[R]. Massachusetts Institute of Technology, Cambridge, Department of Ocean Engineering, 1983.

[69] 韩亚伟, 强洪夫. 改进的物理黏性 SPH 方法及其在溃坝问题中的应用[J]. 计算物理, 2012, 29(5): 693-699.

[70] GODSAVE G A E. Studies of the combustion of drops in a fuel spray—the burning of single drops of fuel[J]. Symposium on Combustion, 1953, 4(1): 818-830.

[71] SPALDING D B. The combustion of liquid fuels[J]. Symposium on Combustion, 1953, 4(1): 847-864.

[72] LAW C K, WILLIAMS F A. Kinetics and convection in the combustion of alkane droplets[J]. Combustion & Flame, 1972, 19(3): 393-405.

第 8 章　凝胶推进剂喷注雾化过程的 SPH 数值模拟

8.1　引　言

本章以第 7 章构建的 SPH 方法为基础，对凝胶推进剂雾化过程中的喷注、射流撞击(一次雾化)、液滴碰撞(二次雾化)及蒸发燃烧等典型问题进行数值模拟，以进一步揭示凝胶推进剂在喷注雾化过程中的物理现象及内在机理。

本章设计六种不同结构类型的喷嘴并进行喷注过程的数值模拟，分析不同凝胶推进剂在不同类型喷嘴中的流动特性；采用第 7 章构建的 SPH 方法数值模拟牛顿流体的撞击式雾化问题，将数值模拟结果与实验结果进行对比，验证该方法在求解牛顿流体雾化问题时的有效性，同时，采用 SPH 方法求解幂律流体的撞击式雾化问题，进一步验证该方法在求解幂律流体雾化问题时的有效性；在上述研究的基础上，数值分析射流速度、撞击角度和物性参数对凝胶推进剂撞击式雾化的影响，并与实验结果进行对比；针对双组元凝胶推进剂撞击式雾化问题进行数值分析；进行含碳颗粒凝胶推进剂一次雾化的数值模拟，获得在不同撞击角度、射流速度及流变参数条件下的典型雾化现象，分析含碳颗粒凝胶推进剂的雾化机理；进行凝胶推进剂液滴碰撞的数值模拟，对比研究水滴及凝胶推进剂液滴在不同碰撞参数条件下的碰撞现象，讨论黏性作用对凝胶液滴碰撞的影响，进行液滴在气体流场中的变形破碎过程数值模拟研究；对凝胶单滴蒸发与燃烧过程进行数值模拟，针对不考虑胶凝剂壳体的凝胶液滴在强迫对流环境下的蒸发和燃烧分别进行仿真，对考虑胶凝剂壳体的液滴变形与破碎过程进行研究。

8.2　凝胶推进剂喷注过程仿真

8.2.1　喷嘴结构及喷注仿真模型

本节阐述所设计的六种类型的喷嘴，如图 8.1 所示，喷嘴进出口均为直圆管，中部为收敛段，六种喷嘴的主要区别在于收敛角及出口直管段长度不同。六种喷嘴的进口直管直径 $D = 3\text{mm}$ ，出口直管(喷口)直径 $d = 1\text{mm}$ 、长度

L=0mm、2mm、6mm，收敛角$\alpha = 20°$、$40°$、$60°$。喷嘴 1 没有出口直管段，喷嘴 6 为第 3 和 4 章雾化实验中采用的喷嘴，没有中部收敛段，可以看作收敛角$\alpha = 180°$的情况。

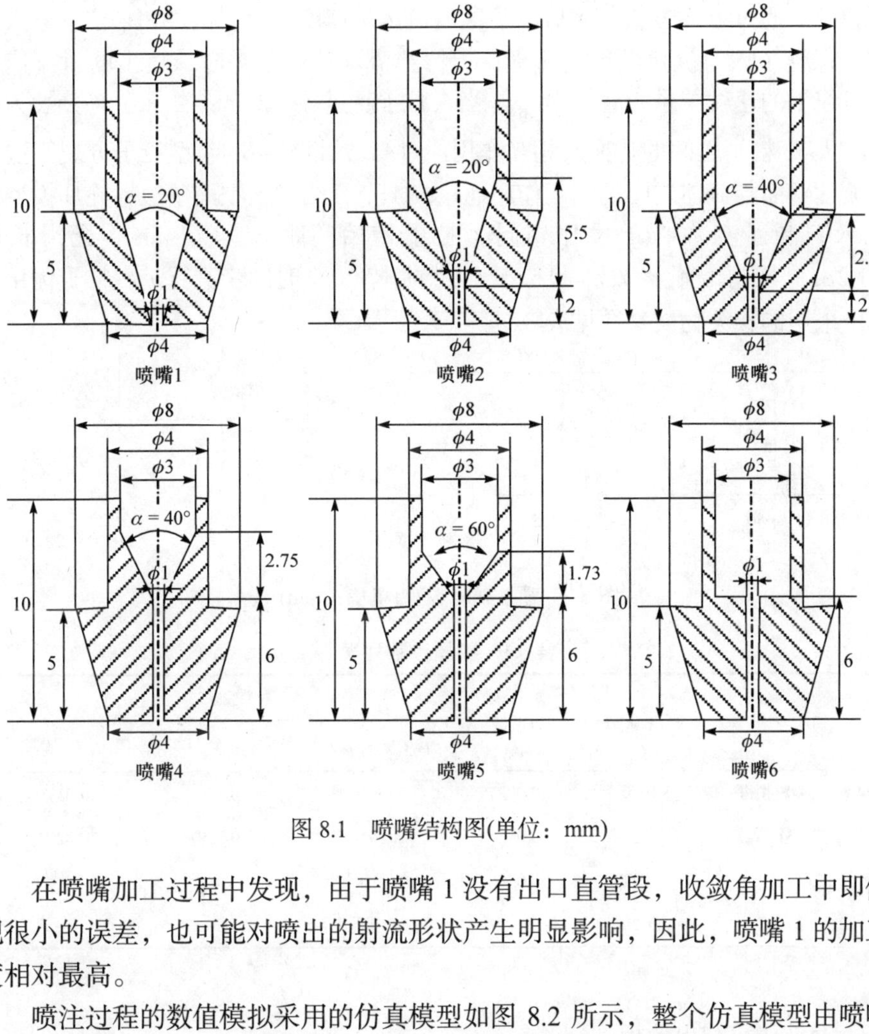

图 8.1　喷嘴结构图(单位：mm)

在喷嘴加工过程中发现，由于喷嘴 1 没有出口直管段，收敛角加工中即使出现很小的误差，也可能对喷出的射流形状产生明显影响，因此，喷嘴 1 的加工难度相对最高。

喷注过程的数值模拟采用的仿真模型如图 8.2 所示，整个仿真模型由喷嘴壁面、内部流体(凝胶推进剂模拟液)及空气构成，流体由左侧入口产生、流经喷嘴后喷出进入空气场，内部流体由三个区域构成：入口粒子区、大粒子区及小粒子区。对于图 8.1 中的喷嘴 1～喷嘴 6，在建模时设定喷嘴出口截面均为x=2mm，大粒子区范围x=−50～−25mm，入口粒子区范围为x=−50.4～−50mm。SPH 方法的 Lagrange 粒子特性导致无法在入口处直接施加压力边界条件，这里采取以下处理方法：计算过程中，入口粒子速度v_{in}保持不变，压力、密度、表观黏度等物理量通过对周围邻近真实 SPH 粒子(大粒子区粒子)插值获得，入口粒子参与大粒子区粒子物理量的计算；当入口粒子越过 x=–50mm 截面时，一方面将这些入口粒子转化为真实 SPH 粒子；另一方面将这些粒子复制并左移 0.4mm 形成新的入口粒子。通过上述方法，入口粒子区以恒定的速度产生新的 SPH 粒子进入计算域，保证了入口流量的恒定。理论上，当流动达到稳定时，喷出的射流速度与入口粒子的速度关系为 $v_{\text{jet}} = 3v_{\text{in}}$。当大粒子越过 x=–25mm 截面时将分裂为小粒子，大-小粒子之间的转换及相互作用通过第 7 章介绍的新型粒子分裂算法实施；喷嘴壁面与流体之间的相互作用通过 7.4 节介绍的新型固壁边界施加模型施加。入口粒子与大粒子尺寸相同，粒子初始间距 $\Delta l_c = 0.1\text{mm}$，光滑长度 $h_c = 1.2\Delta l_c$，粒子优化参数 $\varepsilon = 0.5, \alpha=0.5$，每隔 20 个时间步进行一次粒子优化。计算中采用的相关物质参数见表 8.1。

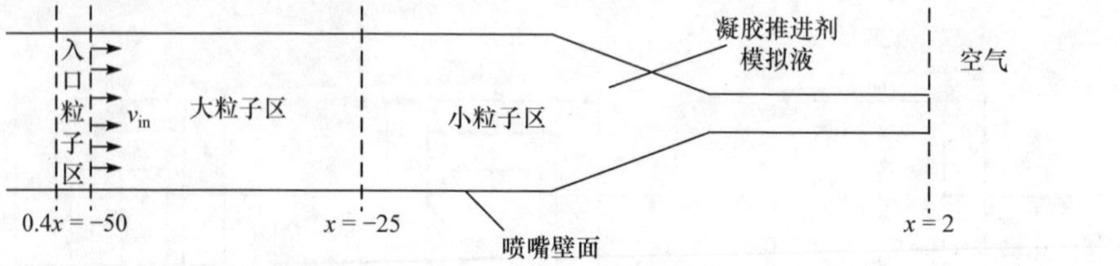

图 8.2　喷注仿真模型(单位：mm)

表 8.1　物质参数列表

物质	密度/(kg/m³)	表面张力系数/(N/m)	黏性参数		
			$K/(\text{Pa}\cdot\text{s}^n)$	n	$\eta_\infty/(\text{Pa}\cdot\text{s})$
SC1 模拟液模拟液	1010.3	0.073	6.66	0.379	0.0176
SC2 模拟液模拟液	1036.3	0.073	14.99	0.329	0.0201
水	1000	0.073	1.002×10^{-3}	1	—
空气	1.293	—	1.7×10^{-5}	1	—

8.2.2　喷注仿真结果分析

利用 3.2 节的雾化实验系统对制备的六种喷嘴进行了流量-压力测量实验，控制喷嘴内流速为 3.3m/s(射流喷出速度约为 10m/s)，测量得到喷注压力，图 8.3 为实验与仿真获得的喷注压力对比。喷注压力的实验及仿真结果均表明，在流量(流速)相同时，随着收敛角的增大及直圆管段的增长，喷嘴的喷注压力增大。

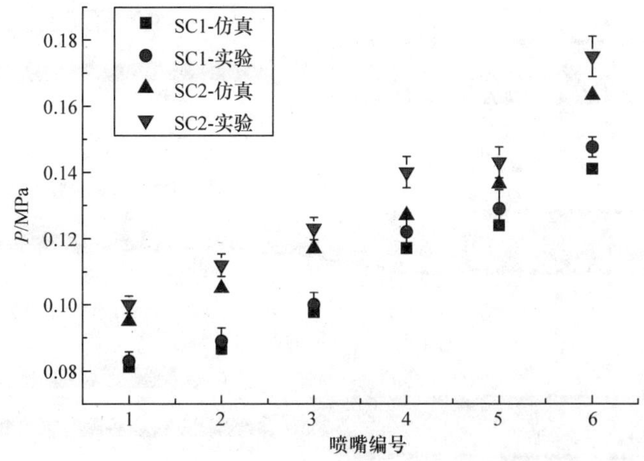

图 8.3 实验与仿真获得的喷注压力对比(v_{in}=3.33m/s)

喷注过程的仿真结果进一步揭示了凝胶推进剂在喷注过程中的流动状态，图 8.4 和图 8.5 分别为入口速度 $v_{in} = 3.33$m/s 时，SC1 凝胶模拟液流经六种喷嘴并达到稳定状态时的速度场及黏度场。总体上看，凝胶推进剂在喷嘴中的流动可以分为三个阶段，入口直管段内的流体处于低速、高黏度流动阶段；进入收敛段，流动明显加速，流体剪切速率提高，“稀化”作用加强，表观黏度降低；出口直管段，流动进一步加速、黏度进一步下降。喷嘴 6 没有收敛段，其入口直管段与出口直管段的连接 x=25mm 截面两侧存在着明显的低速滞流区。射流喷出后平均直径略小于喷口直径，实际射流速度略高于理论速度；射流喷出后的黏度迅速上升。图 8.6 为 $v_{in} = 3.33$m/s 时，SC1 凝胶模拟液、SC2 凝胶模拟液经喷嘴 3 喷出后不同截面的速度及黏度分布，其他喷嘴类型的速度及黏度分布情况与喷嘴 3 类似。其中，x=2mm 为喷嘴出口截面，x=15mm、25mm 为喷出后截面，x=1mm 为出口直管中线截面，x= –2.8mm、–1.4mm、0mm 分别为收敛段入口、中线及出口，x=–7.3mm 为入口段截面。由图 8.6(a)和(c)可以看出，在喷嘴内流动阶段，模拟液的流速基本呈现中间速度高、两侧速度低的“柱塞”形分布；流体的加速过程自收敛段入口截面 x=–2.8mm 开始，至喷嘴出口截面 x=2mm 结束；从喷嘴喷出后，流体加速过程结束，x=15mm、x=25mm 截面的速度差异很小，射流速度基本恒定且截面各点速度基本相同；在各流动截面上，SC1 凝胶模拟液、SC2 凝胶模拟液的速度分布无明显差异。由图 8.6(b)和(d)可以看出，在入口直管段，模拟液的黏度分布呈现中间黏度高、两侧黏度低的趋势；由入口段 x=–7.3mm 进入收敛段 x=–2.8mm 后，模拟液黏度迅速降低，在收敛段出口 x=0mm 截面，流体的黏度最低；进入出口直管段后，模拟液的黏度略有上升。射流喷出后，黏度随着喷出距离的增大而迅速升高，截面各点处的黏度渐趋一致；SC2 凝胶模拟液在各截面的黏度明显高于 SC1 凝胶模拟液。

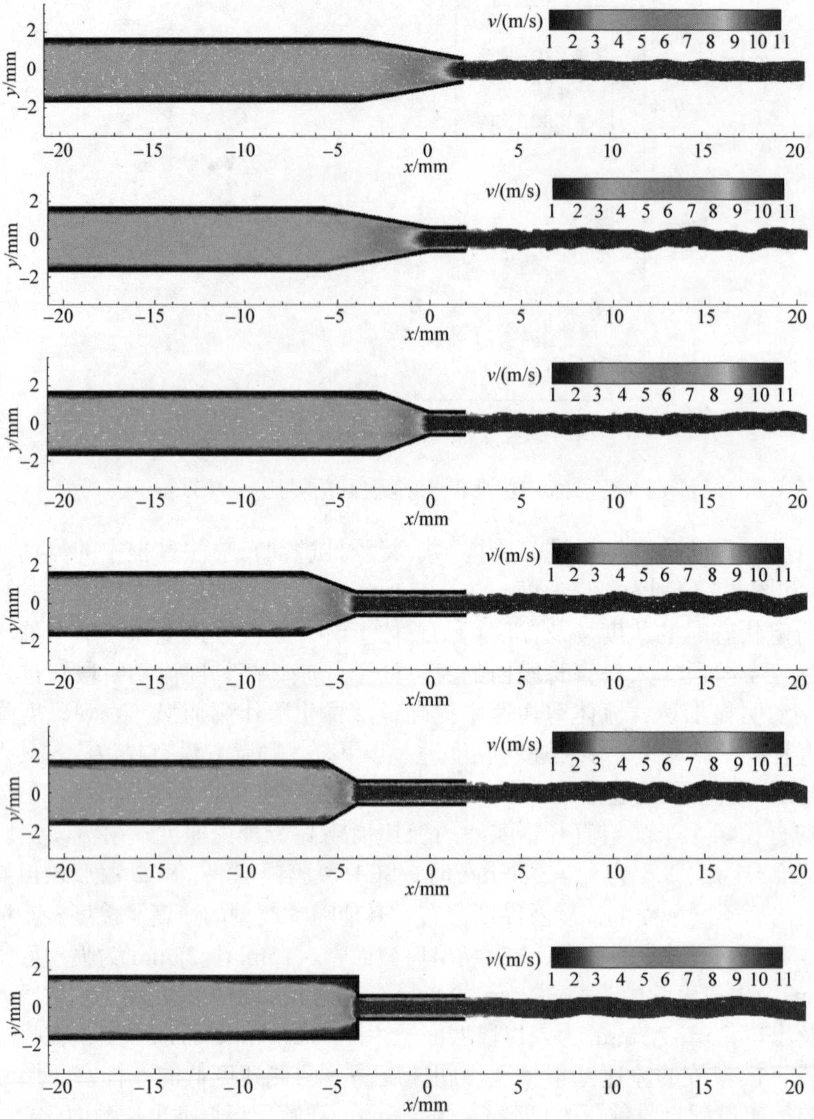

图 8.4　喷注过程速度场(SC1，v_{in}=3.33m/s，自上而下分别为喷嘴 1～喷嘴 6)

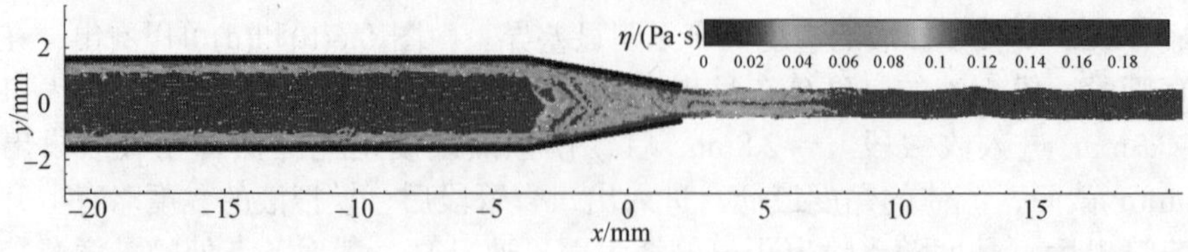

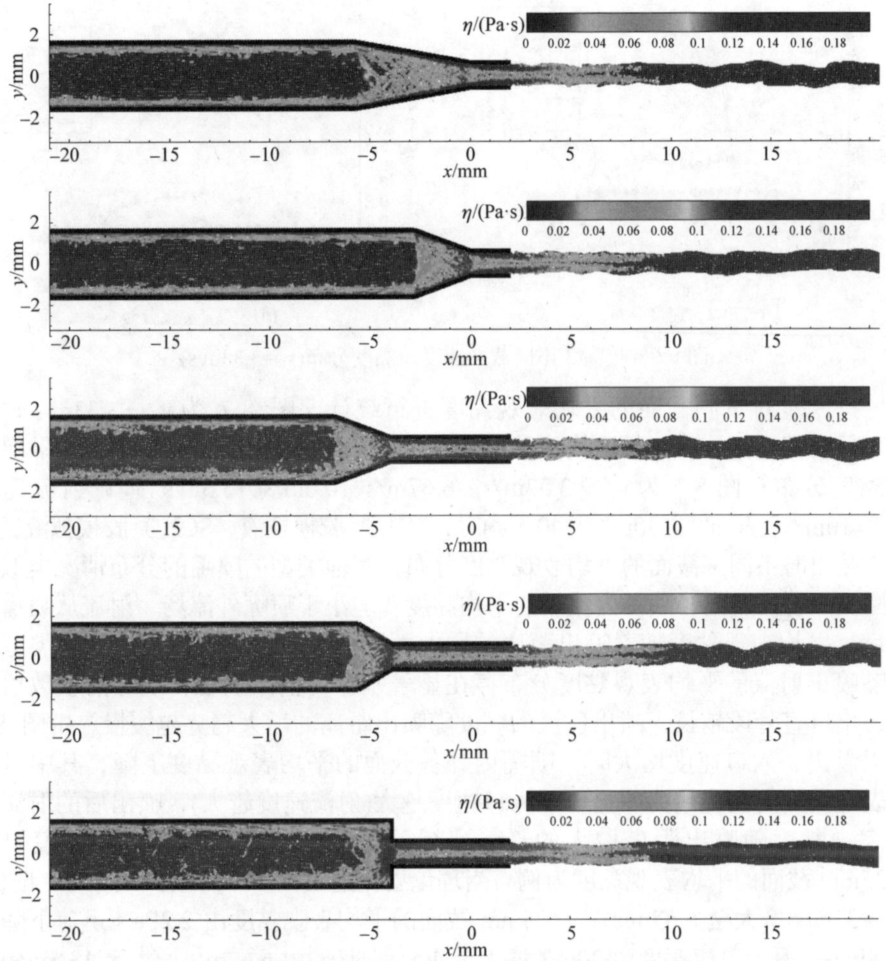

图 8.5　喷注过程表观黏度场(SC1，v_{in}=3.33m/s，自上而下分别为喷嘴 1～喷嘴 6)

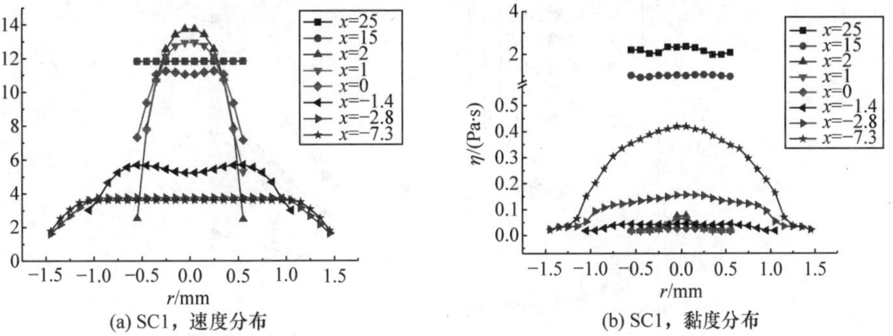

(a) SC1，速度分布　　(b) SC1，黏度分布

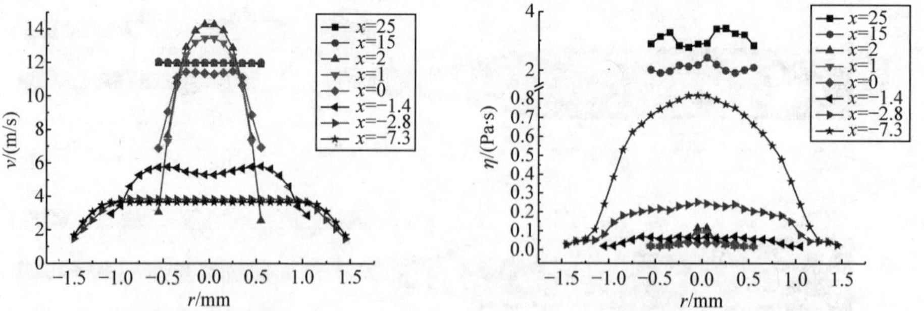

(c) SC2，速度分布　　　　(d) SC2，黏度分布

图 8.6　喷嘴 3 不同截面速度及黏度分布(v_{in}=3.33m/s)

进一步对不同截面的平均表观黏度进行统计，图 8.7 为 $v_{in}=3.33$m/s 时，SC1 凝胶模拟液、SC2 凝胶模拟液经喷嘴 1～喷嘴 6 喷出时不同 x 截面的平均表观黏度分布；图 8.8 为 v_{in} = 3.33m/s、6.67m/s、10.0m/s、13.3m/s (理论射流速度 v_{jet} =10m/s、20m/s、30m/s、40m/s)时，SC1 凝胶模拟液、SC2 凝胶模拟液经喷嘴 2 喷出时不同 x 截面的平均表观黏度分布，其他类型的喷嘴的分布情况类似。由图 8.7 可以看出，喷嘴内流场的平均黏度普遍小于喷嘴外流场，射流从喷嘴喷出后，平均表观黏度随着喷出距离的增大而近似呈线性增大，不同结构类型的喷嘴喷出射流的平均表观黏度分布存在显著差异，整体上看，喷嘴的收敛角越大，出口直管段越长，喷出射流的黏度随喷出距离的增大趋势越缓慢。由图 8.8 可以看出，入口速度增大时，喷嘴内外各截面的平均表观黏度下降，其中以射流表观黏度的变化最为明显，且入口速度越大(射流速度越大)，喷出后的射流平均表观黏度随喷出距离增大的趋势变缓。以图 8.8(a)所示 SC1 凝胶模拟液 x=25mm 截面的平均表观黏度为例，当理论射流速度由 10m/s 增大到 20m/s 时(v_{in} 由 3.33m/s 增大至 6.67m/s)，x=25mm 截面的平均表观黏度由 2.2Pa·s 迅速下降至 0.65Pa·s，而当射流速度由 20m/s 增大至 40m/s 时(v_{in} 由 6.67m/s 增大至 13.3m/s)，平均表观黏度的下降趋势放缓，由 0.65Pa·s 下降至 0.38Pa·s。

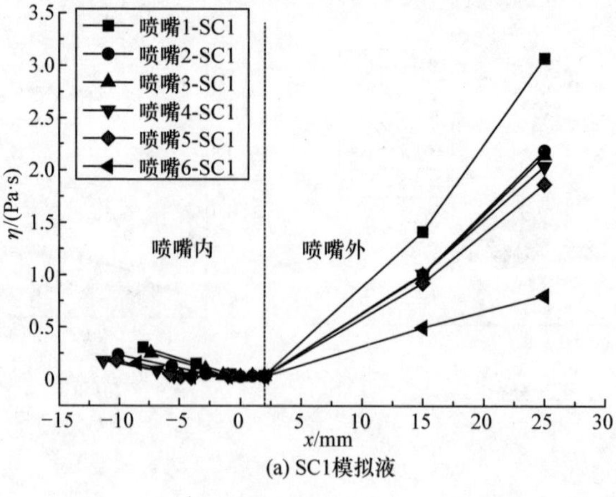

(a) SC1模拟液

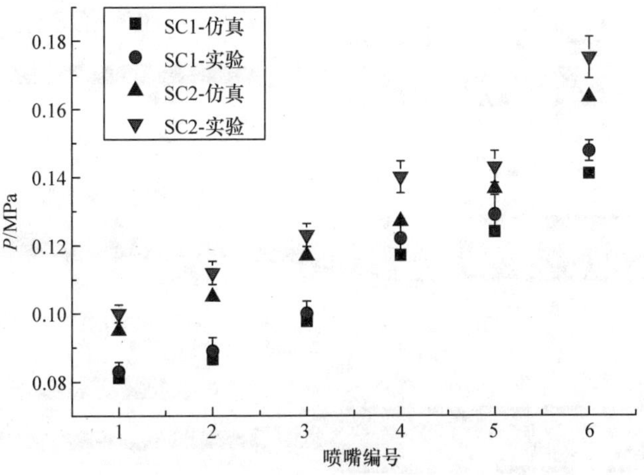

图 8.3　实验与仿真获得的喷注压力对比(v_{in}=3.33m/s)

喷注过程的仿真结果进一步揭示了凝胶推进剂在喷注过程中的流动状态，图 8.4 和图 8.5 分别为入口速度 $v_{in}=3.33$m/s 时，SC1 凝胶模拟液流经六种喷嘴并达到稳定状态时的速度场及黏度场。总体上看，凝胶推进剂在喷嘴中的流动可以分为三个阶段，入口直管段内的流体处于低速、高黏度流动阶段；进入收敛段，流动明显加速，流体剪切速率提高，“稀化”作用加强，表观黏度降低；出口直管段，流动进一步加速、黏度进一步下降。喷嘴 6 没有收敛段，其入口直管段与出口直管段的连接 x=25mm 截面两侧存在着明显的低速滞流区。射流喷出后平均直径略小于喷口直径，实际射流速度略高于理论速度；射流喷出后的黏度迅速上升。图 8.6 为 $v_{in}=3.33$m/s 时，SC1 凝胶模拟液、SC2 凝胶模拟液经喷嘴 3 喷出后不同截面的速度及黏度分布，其他喷嘴类型的速度及黏度分布情况与喷嘴 3 类似。其中，x=2mm 为喷嘴出口截面，x=15mm、25mm 为喷出后截面，x=1mm 为出口直管中线截面，x= −2.8mm、−1.4mm、0mm 分别为收敛段入口、中线及出口，x=−7.3mm 为入口段截面。由图 8.6(a)和(c)可以看出，在喷嘴内流动阶段，模拟液的流速基本呈现中间速度高、两侧速度低的“柱塞”形分布；流体的加速过程自收敛段入口截面 x=−2.8mm 开始，至喷嘴出口截面 x=2mm 结束；从喷嘴喷出后，流体加速过程结束，x=15mm、x=25mm 截面的速度差异很小，射流速度基本恒定且截面各点速度基本相同；在各流动截面上，SC1 凝胶模拟液、SC2 凝胶模拟液的速度分布无明显差异。由图 8.6(b)和(d)可以看出，在入口直管段，模拟液的黏度分布呈现中间黏度高、两侧黏度低的趋势；由入口段 x=−7.3mm 进入收敛段 x=−2.8mm 后，模拟液黏度迅速降低，在收敛段出口 x=0mm 截面，流体的黏度最低；进入出口直管段后，模拟液的黏度略有上升。射流喷出后，黏度随着喷出距离的增大而迅速升高，截面各点处的黏度渐趋一致；SC2 凝胶模拟液在各截面的黏度明显高于 SC1 凝胶模拟液。

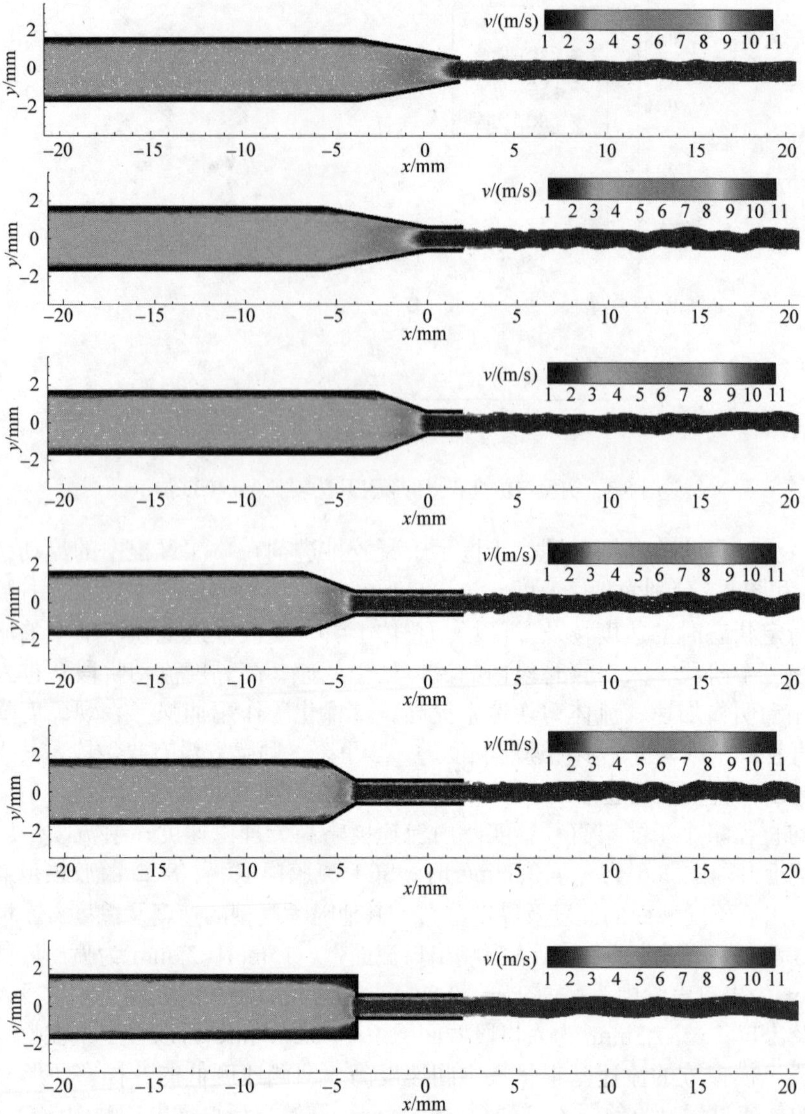

图 8.4　喷注过程速度场(SC1，v_{in}=3.33m/s，自上而下分别为喷嘴 1～喷嘴 6)

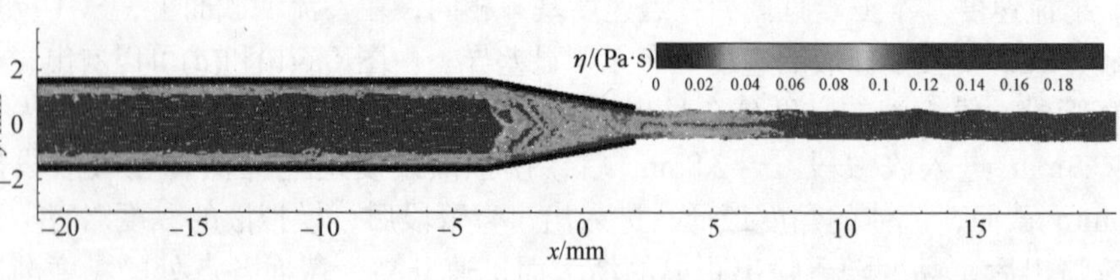

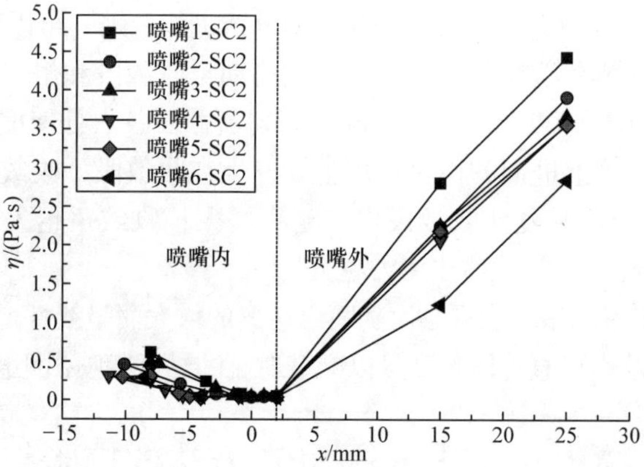

(b) SC2模拟液

图 8.7　喷嘴 1～喷嘴 6 不同截面的平均表观黏度分布(v_{in}=3.33m/s)

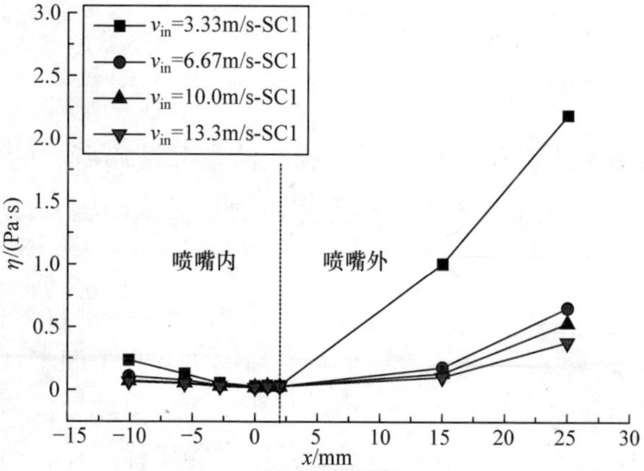

(a) SC1模拟液

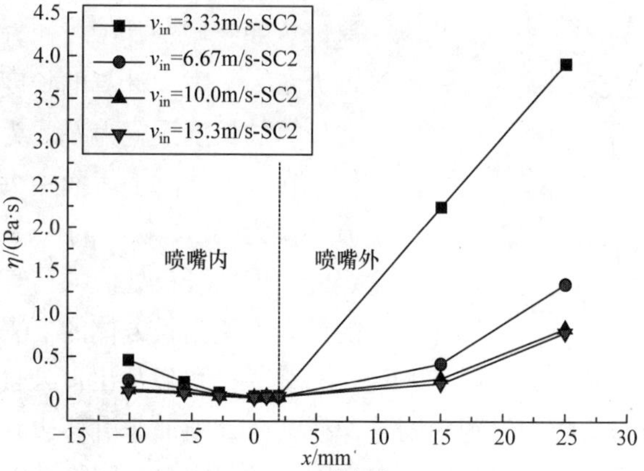

(b) SC2模拟液

图 8.8　不同速度时喷嘴 2 的截面平均表观黏度分布

将上述对喷注压力、速度及表观黏度的分析进行总结，可以获得以下结论。

(1) 凝胶推进剂在喷嘴内呈“柱塞”状流动，收敛段和出口直管段表现出加速流动，射流喷出后速度基本不变，喷出后射流截面各点处速度基本相同。

(2) 喷嘴对凝胶推进剂的稀化作用主要发生在收敛段，收敛角越小，稀化作用越强，出口直管段黏度比收敛段出口略有增大；收敛角越大，出口直管段越长，达到相同射流速度时的喷注压力越大。

(3) 射流喷出后的平均表观黏度随喷出距离的增大而呈线性增大，增大射流速度、喷嘴收敛角及出口直管段长度可以减缓射流的黏度随喷出距离的增大趋势。

8.3　撞击式雾化过程 SPH 方法的校验与验证

本节采用牛顿流体和幂律流体射流撞击作为验证算例，验证第 7 章构建的 SPH 方法在求解撞击式雾化问题时的有效性。

8.3.1　计算模型与步骤

凝胶推进剂撞击式雾化过程中，液膜、液丝和液滴所在的平面与射流所在平面垂直，因此，凝胶推进剂撞击式雾化问题是三维问题，数值模拟时必须建立三维模型。

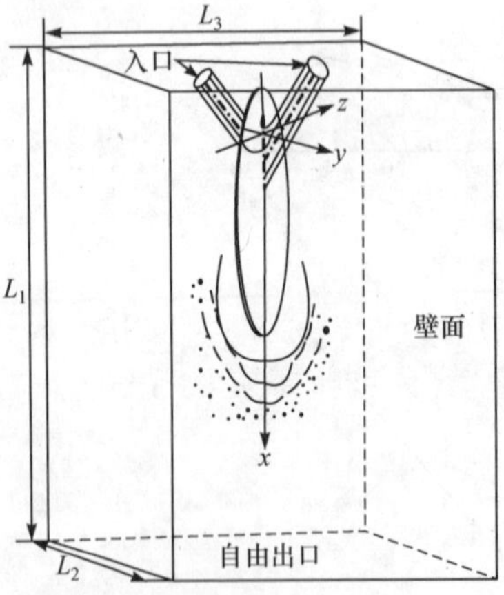

图 8.9　撞击式喷嘴雾化数值计算模型

本节采用的三维计算模型如图 8.9 所示，喷嘴位于 x-y 平面上，流体从喷嘴入口流入并在喷嘴出口处形成两股射流，射流的撞击点定义为坐标原点，形成的雾化场位于 x-z 平面。图 8.9 中的长方体为 SPH 方法数值计算的区域，其中，x 方向计算的长度设置为 L_1；y 方向计算的长度设置为 L_2；z 方向计算的长度设置为 L_3。为合理施加入口条件，在长方体的上表面中央设置两个圆形开口，作为 SPH 粒子的入口，SPH 粒子以给定的速度从开口处流入计算区域。边界条件的设置方法为长方体的下表面为自由出口，当 SPH 液体粒子从入口进入计算域时，气体粒子可以从出口处自由流出；除下表面外，长方体的其余面均设置为固壁，在壁面处施加非滑移边界条件。若在计算过程中，气体粒子从自由出口处流出，则通过程序自动删除该粒子，也就是说，数值计算过程仅限于长方体内部。

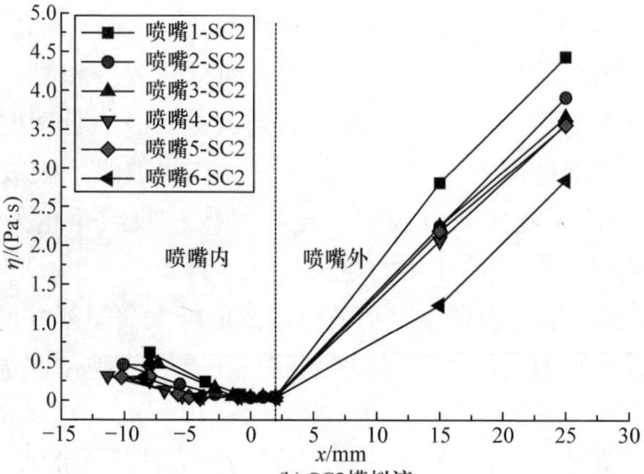

(b) SC2模拟液

图 8.7　喷嘴 1～喷嘴 6 不同截面的平均表观黏度分布(v_{in}=3.33m/s)

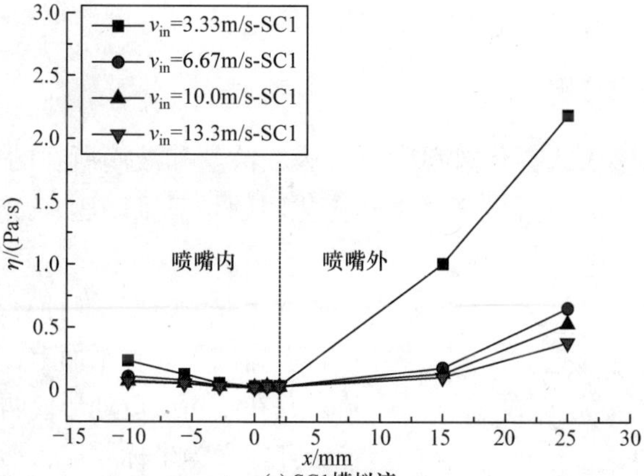

(a) SC1模拟液

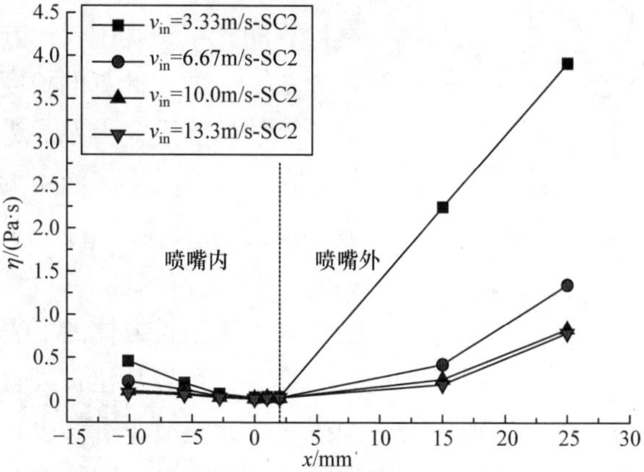

(b) SC2模拟液

图 8.8　不同速度时喷嘴 2 的截面平均表观黏度分布

将上述对喷注压力、速度及表观黏度的分析进行总结，可以获得以下结论。

(1) 凝胶推进剂在喷嘴内呈“柱塞”状流动，收敛段和出口直管段表现出加速流动，射流喷出后速度基本不变，喷出后射流截面各点处速度基本相同。

(2) 喷嘴对凝胶推进剂的稀化作用主要发生在收敛段，收敛角越小，稀化作用越强，出口直管段黏度比收敛段出口略有增大；收敛角越大，出口直管段越长，达到相同射流速度时的喷注压力越大。

(3) 射流喷出后的平均表观黏度随喷出距离的增大而呈线性增大，增大射流速度、喷嘴收敛角及出口直管段长度可以减缓射流的黏度随喷出距离的增大趋势。

8.3　撞击式雾化过程 SPH 方法的校验与验证

本节采用牛顿流体和幂律流体射流撞击作为验证算例，验证第 7 章构建的 SPH 方法在求解撞击式雾化问题时的有效性。

8.3.1　计算模型与步骤

凝胶推进剂撞击式雾化过程中，液膜、液丝和液滴所在的平面与射流所在平面垂直，因此，凝胶推进剂撞击式雾化问题是三维问题，数值模拟时必须建立三维模型。

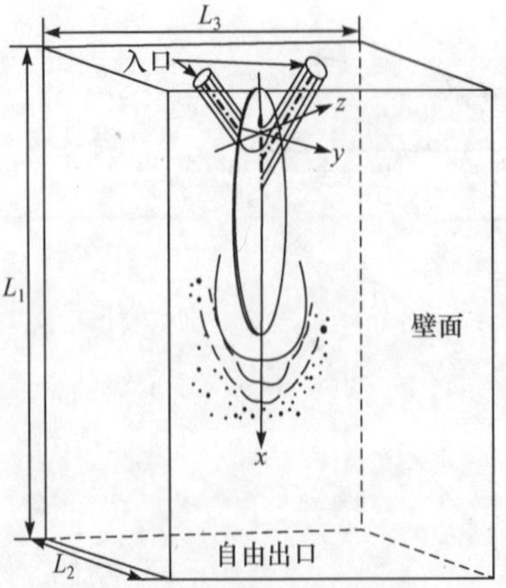

图 8.9　撞击式喷嘴雾化数值计算模型

本节采用的三维计算模型如图 8.9 所示，喷嘴位于 x-y 平面上，流体从喷嘴入口流入并在喷嘴出口处形成两股射流，射流的撞击点定义为坐标原点，形成的雾化场位于 x-z 平面。图 8.9 中的长方体为 SPH 方法数值计算的区域，其中，x 方向计算的长度设置为 L_1；y 方向计算的长度设置为 L_2；z 方向计算的长度设置为 L_3。为合理施加入口条件，在长方体的上表面中央设置两个圆形开口，作为 SPH 粒子的入口，SPH 粒子以给定的速度从开口处流入计算区域。边界条件的设置方法为长方体的下表面为自由出口，当 SPH 液体粒子从入口进入计算域时，气体粒子可以从出口处自由流出；除下表面外，长方体的其余面均设置为固壁，在壁面处施加非滑移边界条件。若在计算过程中，气体粒子从自由出口处流出，则通过程序自动删除该粒子，也就是说，数值计算过程仅限于长方体内部。

初始时刻 SPH 粒子的设置方法为壁面粒子依据 7.4 节的方法进行；气体粒子均匀分布在长方体计算域内；液体粒子在长方体上表面的入口处动态生成。SPH 粒子的尺寸均设定为 Δl 。

假定射流速度为 v_{jet} ，时间步长为 Δt ，射流直径为 d_0 ，当前计算的步数为 m ，对应的时刻为 t_m ，那么，当计算时间步 m 满足式(8.1)时，在长方体上表面的两个入口处各生成一组液体 SPH 粒子。式(8.1)中符号“%”表示求余运算，符号“⌈ ⌉”表示向上取整运算。在每个圆形入口确定液体 SPH 粒子分布的方法与 7.4.3 小节中旋转流体算例的设定方法一致。

$$m\%\left\lceil \frac{\Delta l}{v_{\text{jet}}\Delta t} \right\rceil = 0 \tag{8.1}$$

通过上述过程，可以确保液体 SPH 粒子的动态生成，而不必在初始时刻就生成所有粒子，从而减小了计算量。

采用基于 MPI 的区域分解方法来实现并行计算，该算法的基本思想为初始时刻，对求解的问题域进行分割，并给每个进程分配一个特定的子域，在某一时刻，各个进程仅计算对应子域内的粒子及其邻近粒子。一般而言，单个进程分配的粒子数目 n_{p} 满足 $10^4 \leqslant n_{\text{p}} \leqslant 10^5$ ，这样可以减少进程之间数据传递所导致的效率降低问题。

尽管所求解的雾化问题为三维问题，但是，为更方便地说明区域分解算法的计算流程，本节针对二维问题给出了相应的区域分解方法(图 8.10)。三维问题的区域分解方法可依此法推得。

具体执行步骤为以下所列。

(1) 根据 SPH 粒子的位置信息获取计算域的范围在 x 和 y 方向分别为($x_{\min}$ ， $x_{\max}$)及($y_{\min}$ ， $y_{\max}$)。

(2) 根据事先确定的进程数目和拓扑结构将计算域平均分配到各个进程。此时，各个进程都拥有一定的计算域，但计算域内的粒子数目可能有较大差异。

(3) 对于进程中的每个粒子，首先判断该粒子的支持域是否与其他进程的计算域存在交集。若不存在交集(如图 8.10 中 k 粒子)，则粒子 k 在该进程内部搜索邻近粒子；若存在交集(如图 8.10 中 i 粒子)，则把该粒子信息传递到与之有交集的进程中，并搜索邻近粒子。

(4) 在计算粒子之间力的相互作用时，对传递到其他进程的粒子，需要将其获得的作用力重新传递到该粒子所在的进程，从而保证粒子受力的正确性。

(5) 粒子在外力的作用下运动，在每个时间步结束时，需要判断该粒子是否进入了其他进程的计算域，若进入了其他进程的计算域，将该粒子信息从当前进程中删除，同时将其传递到其对应的进程。

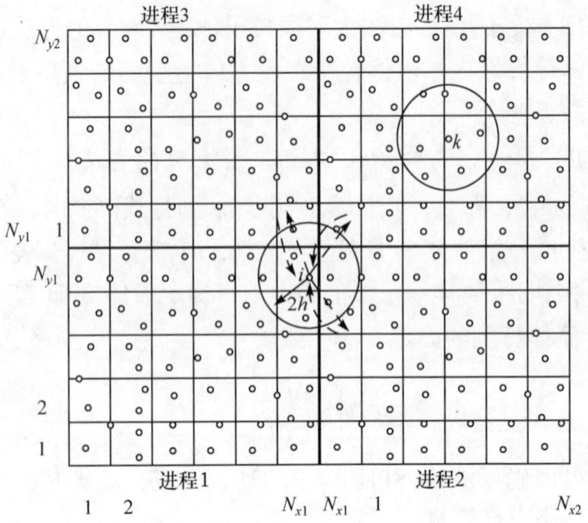

图 8.10 二维问题的区域分解方法及粒子信息传递过程

8.3.2 牛顿流体撞击式雾化的数值模拟与验证

本节首先以 Ryan 等[1]的实验为基础，对牛顿流体撞击式雾化问题进行数值模拟。计算条件为喷嘴直径 d_0 =0.635mm，气体密度 ρ_g =1.228kg/m^3、黏度 $\eta_g=1.8\times10^{-5}\,\mathrm{Pa\cdot s}$，液体密度 ρ_1 =998kg/m^3、黏度 $\eta_1=1.0\times10^{-3}\,\mathrm{Pa\cdot s}$，射流速度 v_{jet} =18.5m/s，撞击角度 2θ=60°，气液界面的表面张力系数为 0.073N/m。

SPH 方法的计算模型参数为 $L_1\times L_2\times L_3=30\mathrm{mm}\times6\mathrm{mm}\times30\mathrm{mm}$，粒子初始间距 $\Delta l=d_0/5$，光滑长度 h=1.3Δl，$|\boldsymbol{g}|=0$，初始声速 $c_0=15v_{jet}$，ω=1，α=0.1，$\varepsilon_1=0.1$，$\varepsilon_2=0.1$，$\Delta t=1.0\times10^{-7}\mathrm{s}$。为了便于对比分析，基于 CLSVOF 方法[2]对该过程进行了数值模拟，为得到较为精确的结果，网格尺寸设置为 $d_0/40$，物性参数与 SPH 方法保持一致。

图 8.11 给出了 CLSVOF 方法及 SPH 方法的数值模拟结果与实验结果的对比，为方便对比，将数值模拟得到的图像逆时针旋转 90°。由图可知，两种数值方法求解得到的喷雾角与实验比较一致。但是，在细节特征方面，两种方法各有优缺点。CLSVOF 方法获得的雾化图像液滴较多，且均匀分布在整个视场内，这一点与实验结果较为接近，但是在雾化场的下游，实验结果呈现出更多细长的液丝，而 CLSVOF 方法并没有捕捉到这一特征；SPH 方法很好地获得了雾化场下游的液丝分布状态，但是，得到的液滴较少，这可能与人工黏性的使用有关。

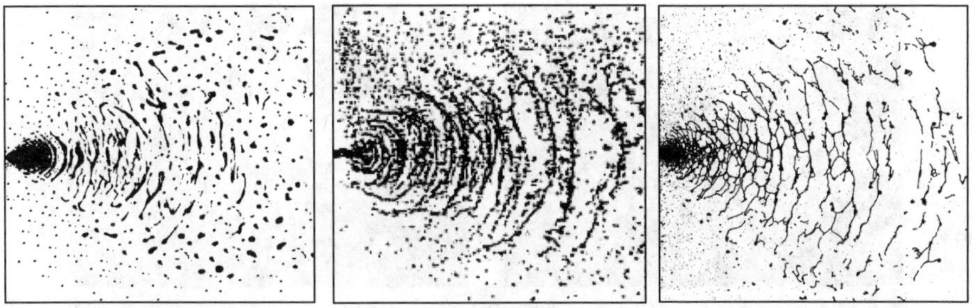

(a) CLSVOF方法　(b) 实验结果[1]　(c) SPH方法

图 8.11　CLSVOF 方法及 SPH 方法的数值模拟结果与实验结果的对比

由于牛顿流体的雾化模式与射流速度紧密相关，射流速度的变化将导致雾化模式产生很大变化。为验证不同射流速度下 SPH 方法的有效性，又以 Kline 等[3]的实验为基础，对 $v_{\rm jet}$ =13.6m/s 和 32.6m/s 两种工况进行了数值分析，此时喷嘴直径 d_0 =2mm，其他参数设置与上述算例相同。

图 8.12 给出了射流速度为 13.6m/s 时，SPH 方法数值模拟结果与实验结果的对比，图中第 1 行为侧视图，第 2 行为正视图。与射流速度为 18.5m/s 时的雾化图像相比，在撞击点附近液膜的存在形式发生了较大变化，此时液膜的不稳定波较弱，喷雾场左上角的液滴数目较少，且存在的液滴尺寸也较大，说明此时的雾化效果较差。通过 SPH 方法的数值模拟结果与实验对比可知：SPH 所得的液滴分布与实验结果基本一致；撞击点附近的液膜不稳定波数目减少，强度减弱，这与实验结果一致。与实验不同的是，实验图像只能呈现雾化场的二维状态，而数值模拟结果却可以体现雾化场的三维特性。图 8.13 为射流速度 $v_{\rm jet}$ =13.6m/s 时，z=0 截面的流场分布状态，从图 8.13 可以看到 3 个明显的分区，Ⅰ区为不稳定波状区，Ⅱ区为不稳定波到液膜破碎的过渡区域，Ⅲ区为完全雾化区，这 3 个分区的特征与文献[4]所得的结论基本一致。图中Ⅰ区的 $\lambda_{\rm w}$ 表示数值模拟得到的不稳定波波长。

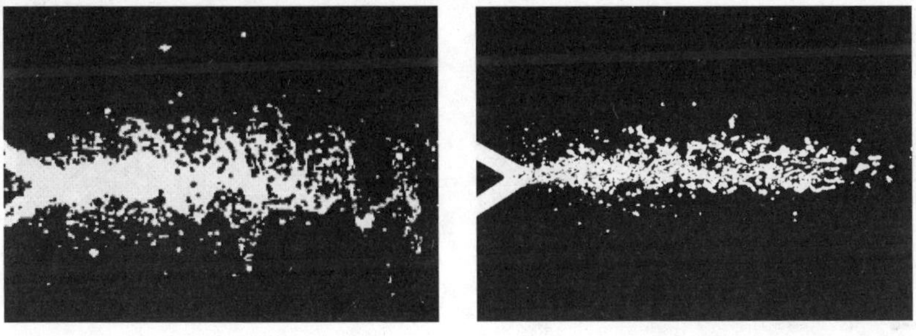

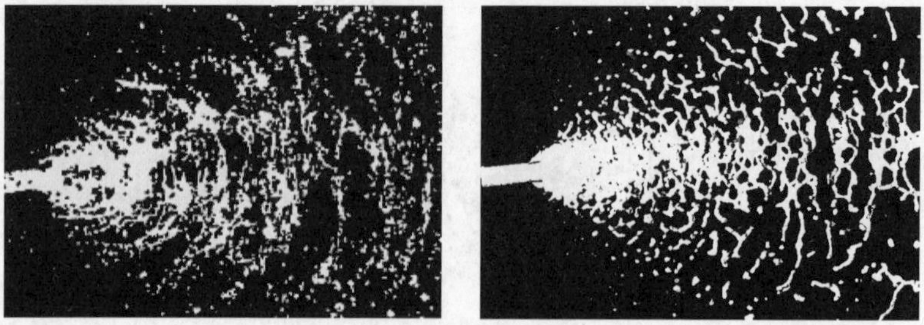

图 8.12　射流速度 v_{jet} =13.6m/s 时的 SPH 方法数值模拟结果与实验结果的对比

注：第 1 列为实验结果；第 2 列为 SPH 方法数值模拟结果

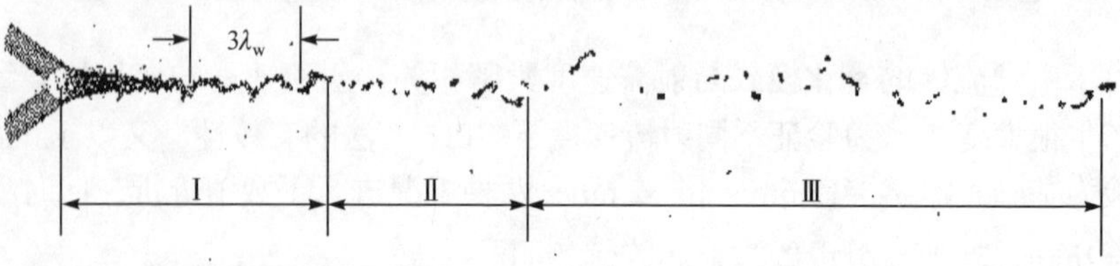

图 8.13　射流速度 v_{jet} =13.6m/s 时，z=0 截面的流场分布状态

图 8.14 给出了速度为 32.6m/s 时，实验结果与数值模拟结果的对比。从实验结果可以看出，由于射流速度的增大，雾化模式发生了较大的改变，雾化场主要由液滴构成，且液滴尺寸更小。数值模拟结果的雾化形式和实验比较吻合，但液滴破碎不够均匀。

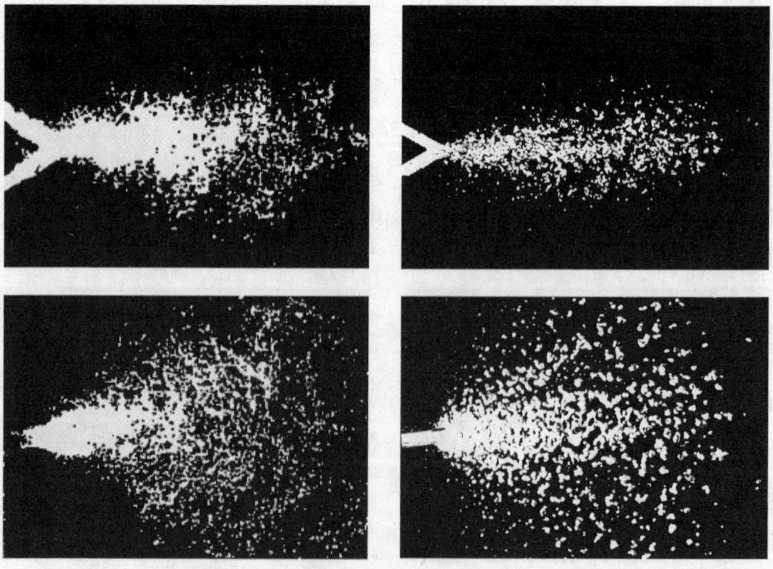

图 8.14　射流速度 v_{jet} =32.6m/s 时的数值模拟结果与实验结果的对比

注：第 1 列为实验结果；第 2 列为 SPH 方法数值模拟结果

8.3.3　幂律流体撞击式雾化的数值模拟与验证

凝胶推进剂是一种典型的幂律流体，幂律流体的黏度较大且随剪切速率增大而减小，因此，幂律流体的雾化模式与牛顿流体存在很大差异。为检验 SPH 方法的有效性，本节针对第 2 章制备的 S1 凝胶模拟液撞击式雾化的两种工况进行数值模拟。计算条件与 S1 凝胶模拟液撞击式雾化的实验条件相同：喷嘴直径 d_0=1.0mm，气体密度 ρ_g=1.228kg/m^3，黏度 $\eta_g = 1.8\times10^{-5}\,\text{Pa}\cdot\text{s}$，S1 凝胶模拟液的流变模型采用幂律模型，密度 ρ_l=1001.7kg/m^3，稠度系数 $K = 7.98\text{Pa}\cdot\text{s}^n$，流动指数 $n = 0.36$，极限剪切黏度 $\eta_\infty = 0.005\text{Pa}\cdot\text{s}$，撞击角度 2θ=60°，气液界面的表面张力系数为 0.073N/m。

SPH 方法的模型参数为 $L_1 \times L_2 \times L_3 = 160\text{mm} \times 4\text{mm} \times 120\text{mm}$，粒子初始间距 $\Delta l = d_0/5$，光滑长度 h=1.3Δl，$|\boldsymbol{g}| = 0$，初始声速 $c_0 = 15v_{\text{jet}}$，ω=1，$\alpha = 0.1$，$\varepsilon_1 = 0.1$，$\varepsilon_2 = 0.1$，$\Delta t = 1.0\times10^{-7}\text{s}$。

图 8.15 给出了射流速度 v_{jet}=10.1m/s 时 SPH 方法的数值模拟结果与实验结果的对比，图 8.15(a)为实验结果，图 8.15(b)为 SPH 方法数值模拟结果。由图可知，射流速度较小时，S1 凝胶模拟液撞击式雾化呈现出边缘闭合型雾化模式，从数值模拟结果可以得出，SPH 方法也得到了这种雾化模式。对比二者的液膜形状可以发现，数值模拟得到的液膜形状与实验结果相似。数值模拟得到的液膜宽度为 2.05mm，与实验得到的液膜宽度(1.9mm)基本吻合；液膜长度为 11.55mm，略大于实验得到的液膜长度(10.5mm)。

(a) 实验结果　　(b) SPH方法数值模拟结果　　(c) 尺寸标定

图 8.15　射流速度为 10.1m/s 时 SPH 方法的数值模拟结果与实验结果的对比

图 8.16 给出了射流速度为 30.4m/s 时 SPH 方法的数值模拟结果与实验结果的对比。由于射流速度的增大，SPH 方法数值模拟得到的 S1 凝胶模拟液的雾化模式发生了较大变化，液膜不再闭合，在撞击点附近，液丝开始从液膜分离，并随着雾化场的发展逐渐形成细长的横向液丝，之后液丝与液膜完全分离，形成了一些尺寸较大的液滴。总体来说，SPH 方法数值模拟得到的雾化模式与实验结果比较一致。

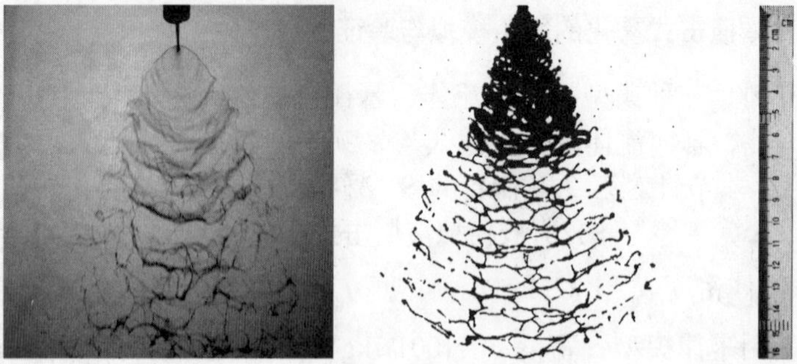

(a) 实验结果　　(b) SPH方法　　(c) 尺寸标定

图 8.16　射流速度为 30.4m/s 时 SPH 方法的数值模拟结果与实验结果的对比

8.4　凝胶推进剂撞击式雾化影响因素数值分析

8.3 节主要通过对比雾化图像的方法定性分析 SPH 方法的有效性，本节在上述研究的基础上，对第 2 章制备的 S1 凝胶模拟液的撞击式雾化过程进行数值分析，得到液膜宽度、液膜破碎长度、液膜破碎频率及液膜不稳定波波长和液膜不稳定波频率与无量纲参数 Re_{gen} 、Oh_{gen} 和撞击角度的定量关系，并与相应工况时的实验结果进行了对比。

8.4.1　射流速度对雾化影响的数值分析

当射流速度变化时，与之对应的无量纲数主要表现为 Re_{gen} 的变化，因此，本节主要给出了液膜特征参数随 Re_{gen} 变化的数值分析结果。图 8.17 给出了监测点 X_2=26mm 处 SPH 方法得到的 S1 凝胶模拟液液膜宽度与实验结果的对比。由

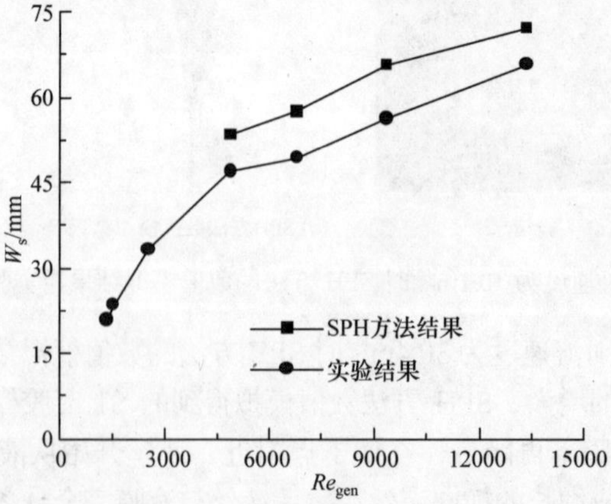

图 8.17　射流速度变化时 SPH 方法获得的液膜宽度与实验结果的对比(监测点: X_2 =26mm)

图可知，数值模拟得到的液膜宽度随着射流速度的增加而增大，液膜宽度的变化趋势与实验结果一致，但略大于实验值，与实验结果的最大误差为 16.4%。

图 8.18 为 SPH 方法数值模拟得到的 S1 凝胶模拟液液膜破碎长度(图 8.18(a))和液膜破碎频率(图 8.18(b))与实验结果的对比。由图可知，数值模拟得到的液膜破碎长度随 Re_{gen} 的变化趋势与实验结果比较吻合，但在射流速度较低(<25m/s，即 $Re_{\text{gen}} < 6790$)或较高时(>35m/s，即 $Re_{\text{gen}} > 11790$)，SPH 方法得到的液膜破碎长度大于实验值，在射流速度为 30m/s($Re_{\text{gen}} = 9156$)时，数值分析结果则小于实验值，数值解的最大误差为 10.5%；液膜破碎频率的数值分析结果与实验结果的变化趋势非常吻合，最大误差为 11.2%。

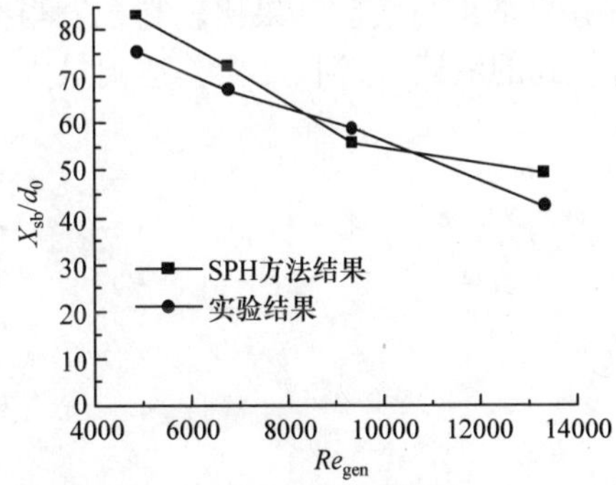

(a) Re_{gen}与X_{sb}/d_0关系

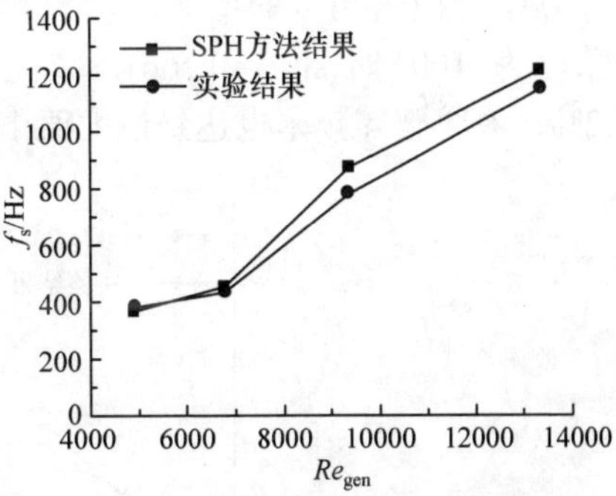

(b) d_0 = 1mm, Re_{gen}与f_s关系

图 8.18　射流速度变化时 SPH 方法得到的液膜破碎特性与实验结果的对比(S1 凝胶模拟液)

图 8.19 为 S1 凝胶模拟液液膜不稳定波波长(图 8.19(a))和不稳定波频率(图 8.19(b))的数值分析结果与实验结果的对比。由图可知，数值分析结果与实验结果相当吻合，数值模拟得到的液膜不稳定波波长的最大误差为 4.4%，不稳定波频率的最大误差为 10.1%。

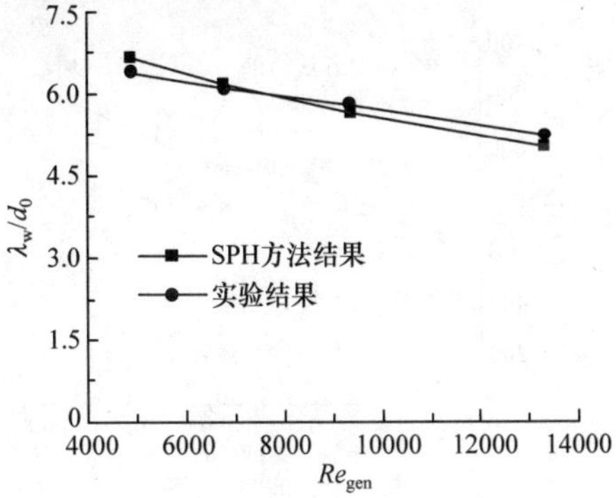

(a) Re_{gen}与λ_{w}/d_0关系

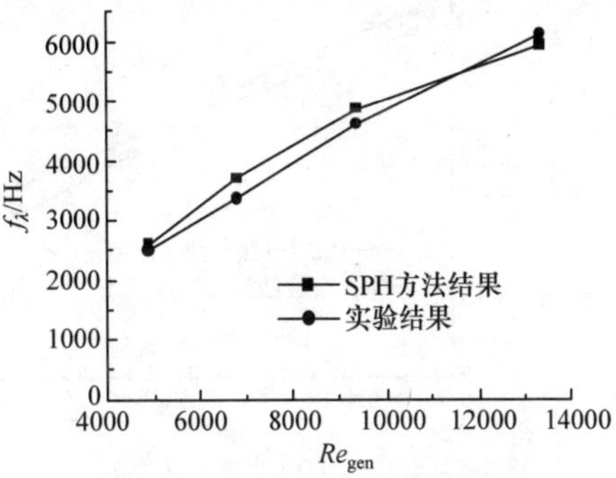

(b) Re_{gen}与f_λ关系

图 8.19　射流速度变化时 SPH 方法得到的液膜不稳定波特性与实验结果的对比(S1 凝胶模拟液)

8.4.2　撞击角度对雾化影响的数值分析

3.5.2 小节通过实验方法研究撞击角度对凝胶模拟液雾化的影响，本节则通过数值分析得到 S1 凝胶模拟液雾化特性随撞击角度的变化关系，并将数值分析结果与实验结果进行对比。

图 8.20 给出了监测点 X_2=26mm 处数值模拟得到的 S1 凝胶模拟液的液膜宽度与实验结果的对比。由图可知，数值模拟得到的液膜宽度呈现先快速增大而后缓慢增大的特点，而实验结果则基本呈现线性增大的特点。数值模拟得到的液膜宽度的最大误差为 11.7%。图 8.21 为数值分析得到的 S1 凝胶模拟液液膜破碎特性与实验结果的对比，图中液膜破碎长度随撞击角度的增大而减小，液膜破碎频率随撞击角度的增大而增大，数值分析结果与实验结果比较吻合。当撞击角度为 100° 时($\sin\theta$=0.766)，数值分析得到的液膜破碎长度误差达到最大值 17.2%，液膜破碎频率也达到最大值 11.8%。

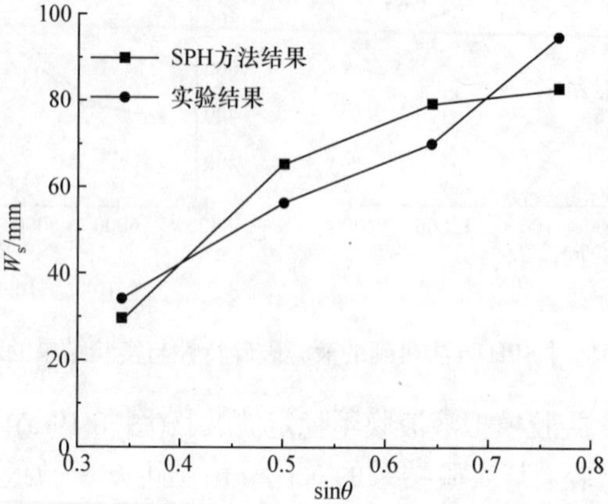

图 8.20　撞击角度变化时 SPH 方法获得的液膜宽度与实验结果的对比(监测点: X_2 =26mm)

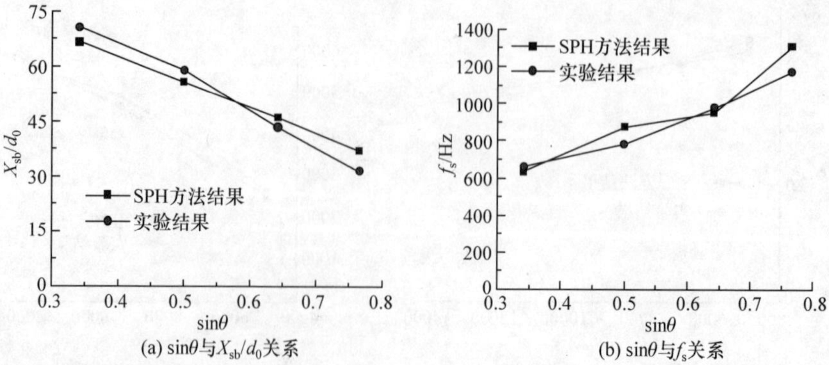

图 8.21　撞击角度变化时 SPH 方法得到的液膜破碎特性与实验结果的对比(凝胶模拟液)

图 8.22 给出了数值分析得到的液膜不稳定波波长(图 8.22(a))和不稳定波频率(图 8.22(b))与实验结果的对比。由图可知，当撞击角度增大时，数值分析获得的液膜不稳定波波长减小，这与实验结果相当吻合；但液膜不稳定波频率的变化趋势与实验结果存在一定差异，数值分析得到的撞击角度为 80° 时($\sin\theta=0.64$)的不稳定波频率略小于撞击角度 60°($\sin\theta=0.5$)的值，这与实验结果不一致。

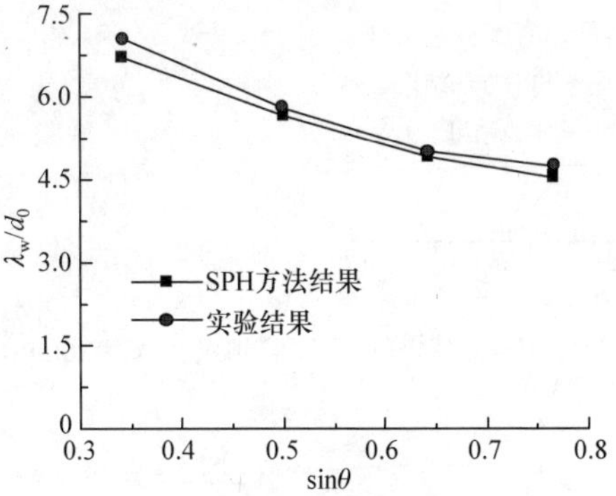

(a) sinθ与λ_w/d_0关系

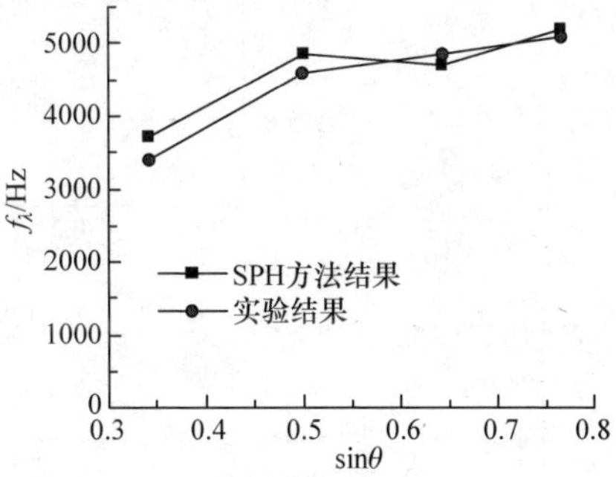

(b) sinθ与f_λ关系

图 8.22　撞击角度变化时 SPH 方法得到的液膜不稳定波特性与实验结果的对比(S1 凝胶模拟液)

8.4.3　喷嘴直径对雾化影响的数值分析

由 3.5.3 小节可知，凝胶推进剂雾化特性与喷嘴直径的关系可通过无量纲数 Oh_{gen} 来表征。图 8.23 给出了数值分析得到的 S1 凝胶模拟液液膜宽度与实验结果的对比，图中的 5 个工况从左至右分别对应的喷嘴直径为 0.5mm、0.8mm、1.0mm、1.2mm 和 1.5mm。由图可知，数值分析结果的变化趋势与实验一致，但在喷嘴直径为 1.0mm 时，液膜宽度的误差达到最大值 16.5%，其他工况下的数值误差都小于 10%。

图 8.24 为液膜破碎长度(图 8.24(a))和液膜破碎频率(图 8.24(b))的数值分析结果与实验结果的对比，曲线上的点从左往右分别为 d_0=0.8mm、1.0mm、1.2mm 和 1.5mm。液膜破碎长度的数值分析结果与实验结果的变化趋势吻合，但数值分析结果始终大于实验结果，d_0=1.5mm 时误差最大，最大值为 15.5%。液膜破碎频率的数值分析值与实验结果也比较一致，当 d_0=1.0mm 时，数值分析得到的液膜破碎频率误差最大，最大值为 11.2%。

图 8.25 给出了数值分析得到的液膜不稳定波长(图 8.25(a))和不稳定波频率(图 8.25(b))与实验结果的对比。由图可知，二者变化趋势一致，数值分析的最大误差分别为 14.0%和 16.1%。

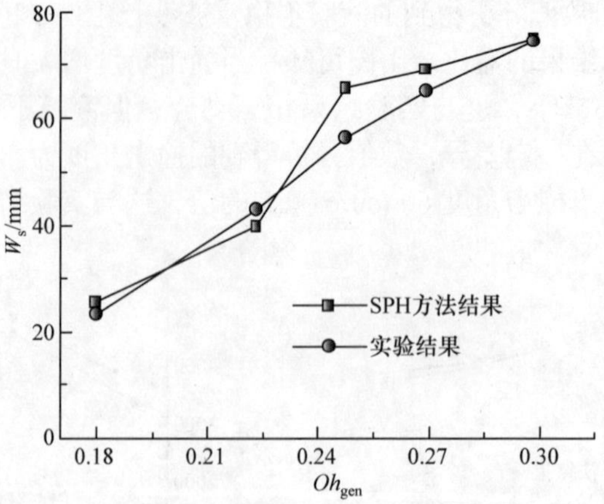

图 8.23　喷嘴直径变化时 SPH 方法得到的液膜宽度与实验结果的对比(监测点：X_2 =26mm)

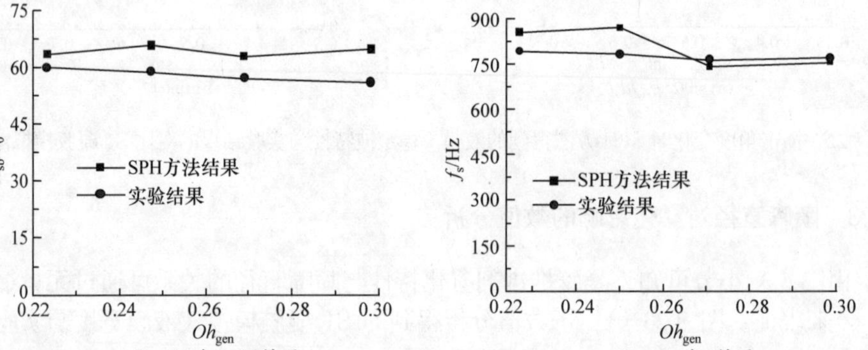

(a) Oh_{gen}与X_{sb}/d_0关系　　(b) Oh_{gen}与f_s关系

图 8.24　喷嘴直径变化时 SPH 方法数值模拟得到的液膜破碎特性与实验结果的对比(S1 凝胶模拟液)

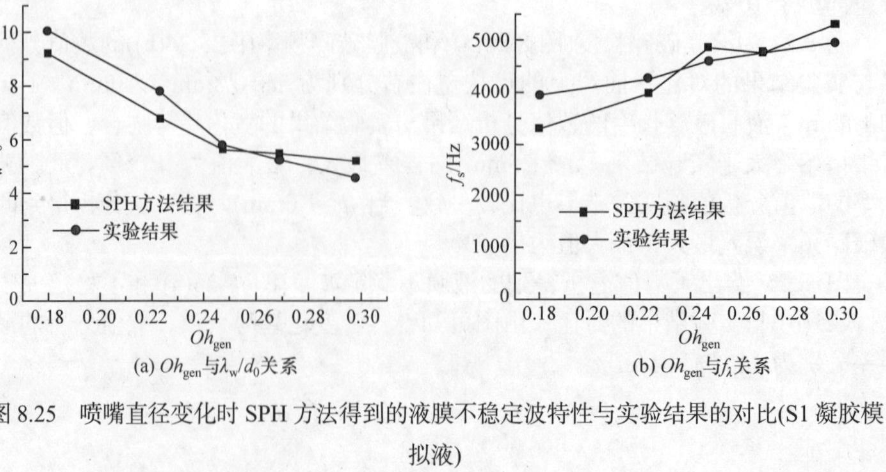

(a) Oh_{gen}与λ_w/d_0关系　　(b) Oh_{gen}与f_λ关系

图 8.25　喷嘴直径变化时 SPH 方法得到的液膜不稳定波特性与实验结果的对比(S1 凝胶模拟液)

8.5　双组元凝胶推进剂撞击式雾化的数值分析

前面所研究的撞击式雾化问题大都是针对同种凝胶推进剂展开的，但对真实的凝胶推进剂发动机，一般是用两种凝胶推进剂进行撞击式雾化，其中一种是凝胶氧化剂，另一种是凝胶燃料，这两种凝胶推进剂的密度不同，流变模型参数也有很大差异。对实验研究而言，采用凝胶氧化剂和凝胶燃料进行撞击雾化实验具有很大的危险性，且实验数据难以获取，因此，本节数值模拟了双组元凝胶推进剂的撞击雾化过程，对揭示其雾化规律具有一定的指导意义。双组元凝胶推进剂撞击雾化数值模拟采用的计算参数及物性参数见表 8.2 和表 8.3。

表 8.2　双组元凝胶推进剂撞击雾化数值模拟采用的计算参数

名称	参数值
孔径	0.5mm
射流速度	20m/s，25m/s，30m/s 三种工况
撞击角度	60°，75°，90° 三种

表 8.3　双组元凝胶推进剂撞击雾化数值模拟采用的物性参数

名称	密度/ (kg/m^3)	K/ (Pa·s^n)	n	σ / (N·m)	η_∞ / (Pa·s)
凝胶氧化剂	1539.5	32.1	0.28	0.065	0.007
凝胶燃料	827.7	7.5	0.25	0.054	0.006

SPH 方法的模型参数为 $L_1 \times L_2 \times L_3 = 120\text{mm} \times 4\text{mm} \times 120\text{mm}$，粒子初始间距 $\Delta l = d_0/5$，光滑长度 h=1.3Δl，$|\boldsymbol{g}| = 0$，初始声速 $c_0 = 12v_{\text{jet}}$，ω=1，$\alpha = 0.1$，$\varepsilon_1 = 0.1$，$\varepsilon_2 = 0.1$，$\Delta t = 1.0 \times 10^{-7}$s。

凝胶燃料和凝胶氧化剂的密度存在很大差异，因此，二者撞击雾化与同种凝胶推进剂雾化存在差异。如图 8.26 所示，二者密度不同导致射流 OB 和 OC 撞击后的雾化区域与轴线 OA 形成了合成动量角 χ，双组元凝胶推进剂撞击所产生的液膜、液丝和液滴主要在以撞击点为顶点的锥面上运动。

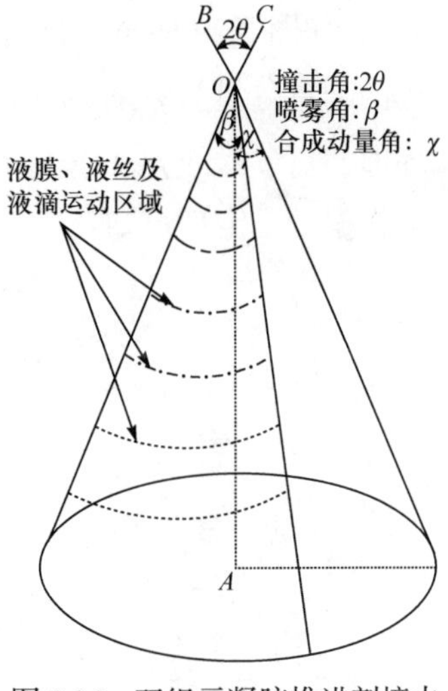

图 8.26　双组元凝胶推进剂撞击雾化过程示意图

图 8.27 为射流速度 20m/s，撞击角 60° 时从不同角度观察所得的雾化图像，图 8.27(a)为沿 x 轴观察所得的雾化图；图 8.27(b)为沿 z 轴观察所得的雾化图。从图 8.27(a)可以清晰地看到撞击

所形成的曲面；从图 8.27(b)可以看到雾化面与轴线所形成的夹角。

(a) 沿x轴观察所得的雾化图　　(b) 沿z轴观察所得的雾化图

图 8.27　射流速度 20m/s 时从不同角度观察所得的雾化图像

将雾化后的流体所在曲面投影到 x-z 平面所得到的图像如图 8.28 所示，从上到下依次为撞击角度保持不变，射流速度为 20m/s，25m/s，30m/s 的对比图；从左到右依次为撞击速度保持不变，撞击角度为 60°，75°，90°的情形。从图 8.28 中可以看出，与同种凝胶推进剂撞击式雾化相同，随着撞击角度的增大，喷雾角越大，液丝破碎程度越剧烈，雾化效果也更好；射流速度的增加也具有相同的作用，到 $v_{\text{jet}} = 30\,\text{m/s}$,$\theta = 45^{\circ}$ 时，在雾化场的两侧，形成了大量短小的液丝和液滴。

由图 8.27 可知，双组元凝胶推进剂撞击式雾化会形成合成动量角，下面给出合成动量角的理论计算方法。

假设两种流体的密度分别为 ρ_A 和 ρ_B ，且 $\rho_A \geqslant \rho_B$ ，二者的初始速度相同且为 v_{jet} ，如图 8.29 所示。初始时刻 A、B 两种流体位于 x-y 平面内，在 y 方向，A 流体的动量分量为 $\rho_A v_{\text{jet}} \sin\theta$ ，B 流体的动量分量为 $\rho_B v_{\text{jet}} \sin\theta$ ；在 x 方向，A 流体的动量分量为 $\rho_A v_{\text{jet}} \cos\theta$ ，B 流体的动量分量为 $\rho_B v_{\text{jet}} \cos\theta$ 。

根据动量定理可知：

$$\tan\chi = \frac{(\rho_A - \rho_B) v_{\text{jet}} \sin\theta}{(\rho_A + \rho_B) v_{\text{jet}} \cos\theta} = \frac{(\rho_A - \rho_B)}{(\rho_A + \rho_B)} \tan\theta \tag{8.2}$$

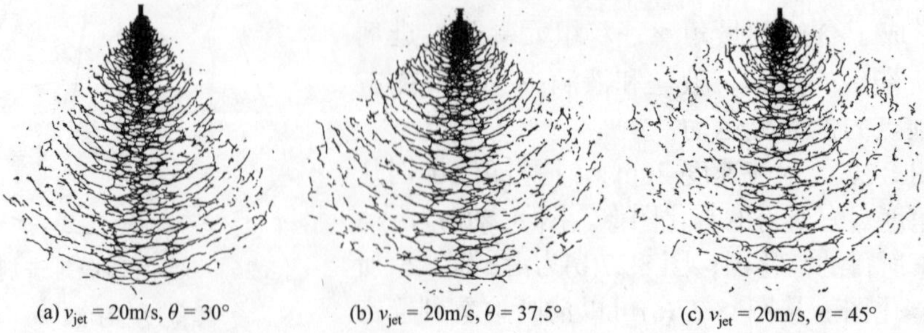

(a) $v_{\text{jet}} = 20\text{m/s}, \theta = 30^{\circ}$　　(b) $v_{\text{jet}} = 20\text{m/s}, \theta = 37.5^{\circ}$　　(c) $v_{\text{jet}} = 20\text{m/s}, \theta = 45^{\circ}$

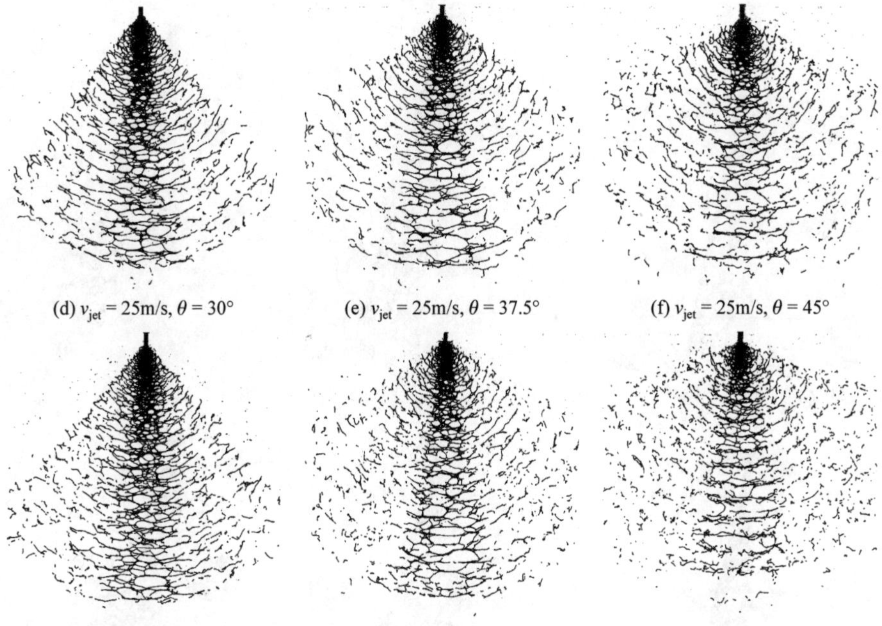

(d) v_{jet} = 25m/s, θ = 30°　(e) v_{jet} = 25m/s, θ = 37.5°　(f) v_{jet} = 25m/s, θ = 45°

(g) v_{jet} = 30m/s, θ = 30°　(h) v_{jet} = 30m/s, θ = 37.5°　(i) v_{jet} = 30m/s, θ = 45°

图 8.28　射流速度和撞击角度对双组元凝胶推进剂撞击式雾化的影响

由式(8.2)可知，动量合成角与两种流体的密度和撞击角度相关，而与射流速度无关。

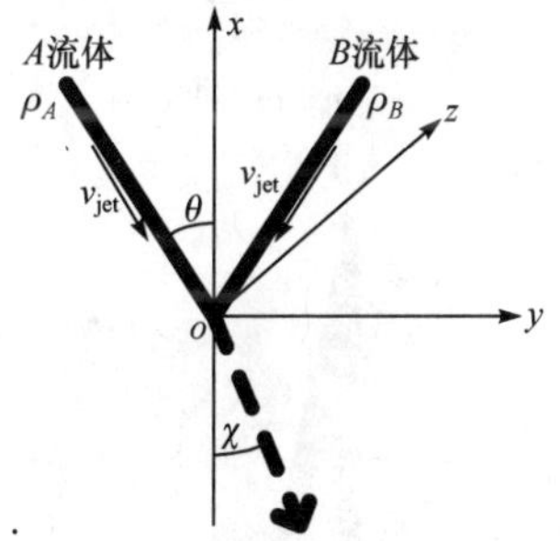

图 8.29　合成动量角理论计算示意图

不同初始条件下，双组元凝胶推进剂雾化场在 x-y 面上的投影如图 8.30 所示，从上到下依次为撞击角度保持不变，射流速度为 20m/s，25m/s，30m/s 的对比图；从左到右依次为射流速度保持不变，撞击角度为 60°，75°，90°的情形。从图中可以看出，当撞击角度保持不变时，随着射流速度的增加，合成动量角基本保持不变；当射流速度不变时，合成动量角随着撞击角度的增加而增大。表 8.4 为不同射流速度和撞击角度时合成动量角的对比，表中最后一列为相应撞击角度下的理论值。结果表明，合成动量角仅与流体密度以及撞击角度有关，与流体初始速度无关。数值计算所得的合成动量角与理论值在趋势上相同，但数值计算值始终大于理论计算值。主要原因为在数值模拟过程中，本书考虑了黏性力的作用，沿 x 轴方向，流体运动需要克服黏性力做功，因此在 x 轴方向，流体动量会减小，进而导致合成动量角的增大，但式(8.2)并没有考虑黏性耗散效应，导致计算所得的理论合成动量角较小。

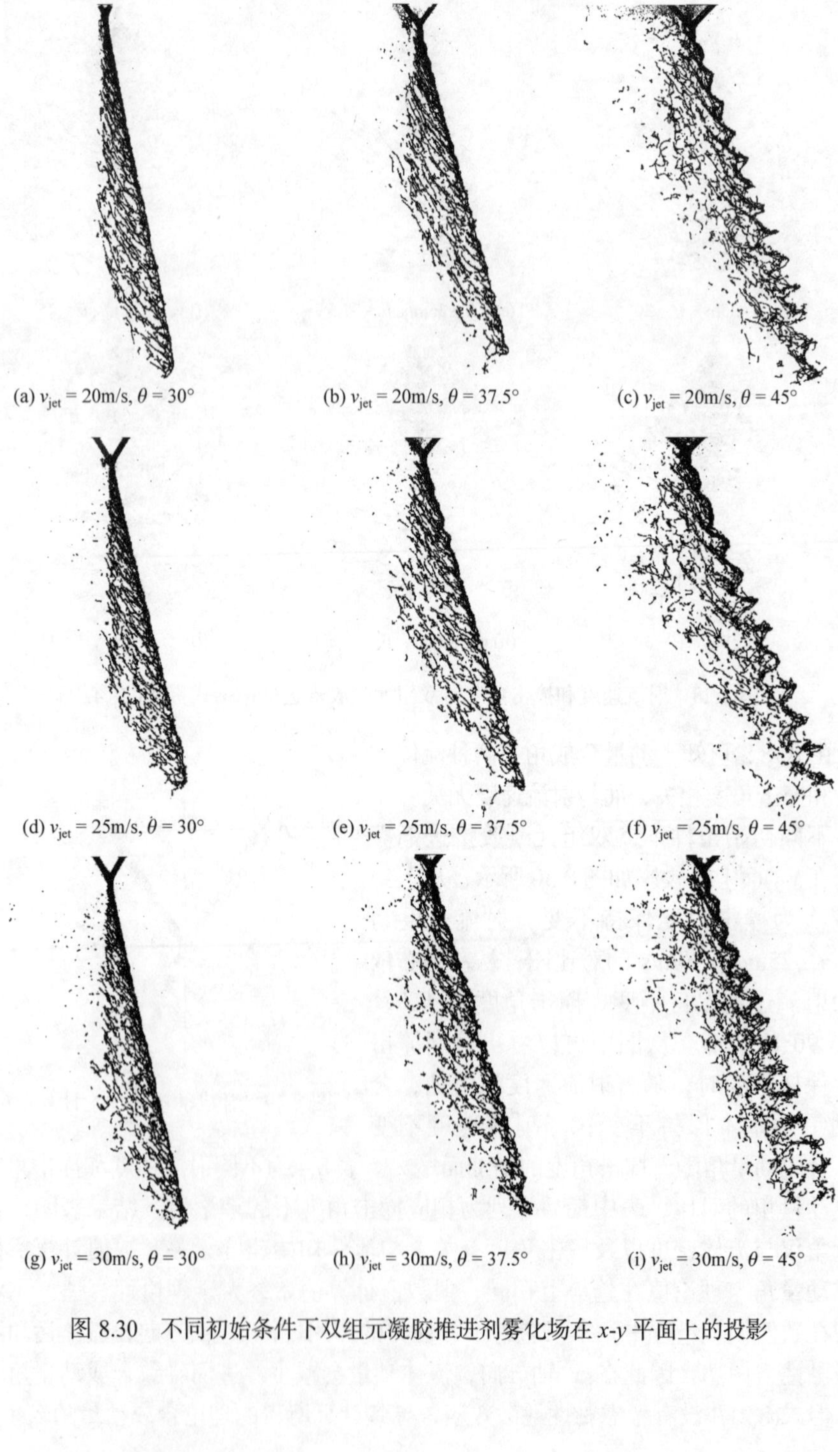

(a) $v_{jet} = 20m/s, \theta = 30°$　(b) $v_{jet} = 20m/s, \theta = 37.5°$　(c) $v_{jet} = 20m/s, \theta = 45°$

(d) $v_{jet} = 25m/s, \theta = 30°$　(e) $v_{jet} = 25m/s, \theta = 37.5°$　(f) $v_{jet} = 25m/s, \theta = 45°$

(g) $v_{jet} = 30m/s, \theta = 30°$　(h) $v_{jet} = 30m/s, \theta = 37.5°$　(i) $v_{jet} = 30m/s, \theta = 45°$

图 8.30　不同初始条件下双组元凝胶推进剂雾化场在 *x-y* 平面上的投影

表 8.4　射流速度和撞击角度变化对合成动量角的影响

撞击角度 / 合成动量角 / 射流速度	60°	75°	90°
20m/s	12.5°	16.8°	22.9°
25 m/s	12.7°	17.3°	23.2°
30 m/s	12.4°	16.9°	23.9°
合成动量角的理论值	9.65°	12.73°	16.4°

SPH 数值模拟方法不仅可以得到雾化场的图像及分布，还可以对物质的运动过程进行分析，获得相应质点的流场信息。为此，本节研究射流速度为 20m/s、撞击角度为 60° 时，射流中心处 SPH 粒子的位置及速度的运动变化过程。图 8.31 为射流中心处的 SPH 粒子空间位置随时间的变化过程，与同种凝胶推进剂撞击最大的不同是，粒子位置在 y 方向上呈线性变化，这与流体所形成的合成动量角的现象一致，正是粒子在 y 方向的运动导致流体合成动量角的出现。图 8.32 为射流中心处的 SPH 粒子在 x、y、z 三个方向的速度分量随时间的变化过程，图 8.33 为射流中心处的 SPH 粒子速度大小随时间的变化过程，从图中可知，粒子速度在撞击的初始阶段变化较为剧烈，随着时间增加，速度大小趋于稳定，但始终小于初始速度。

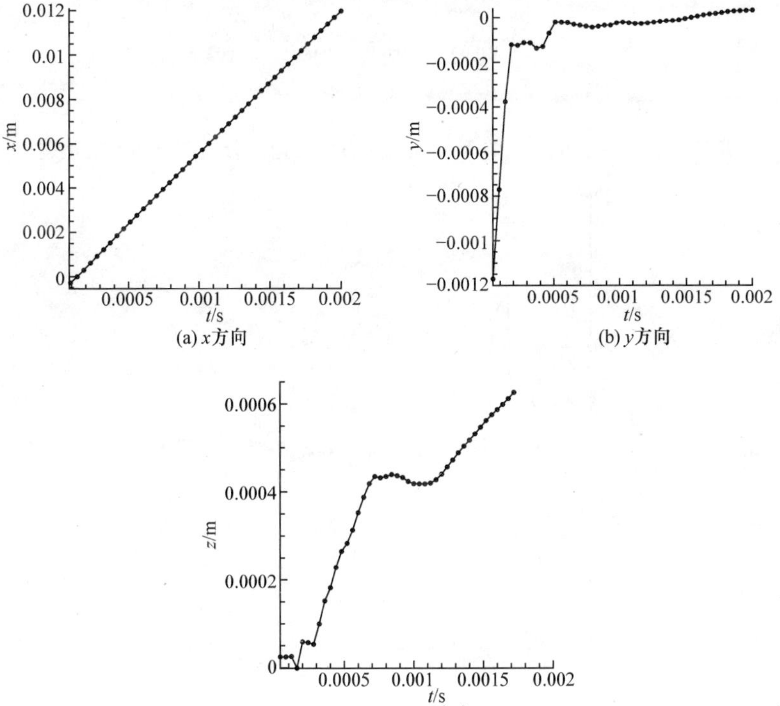

(a) x方向　(b) y方向

(c) z方向

图 8.31　射流中心处的 SPH 粒子空间位置随时间的变化过程

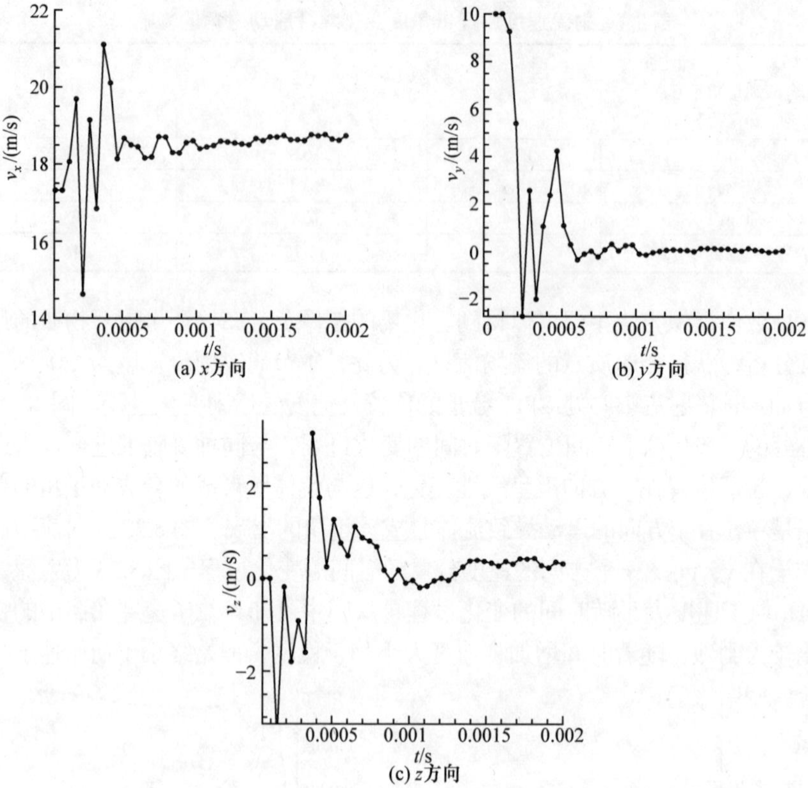

图 8.32　射流中心处的 SPH 粒子在三个方向的速度分量随时间的变化过程

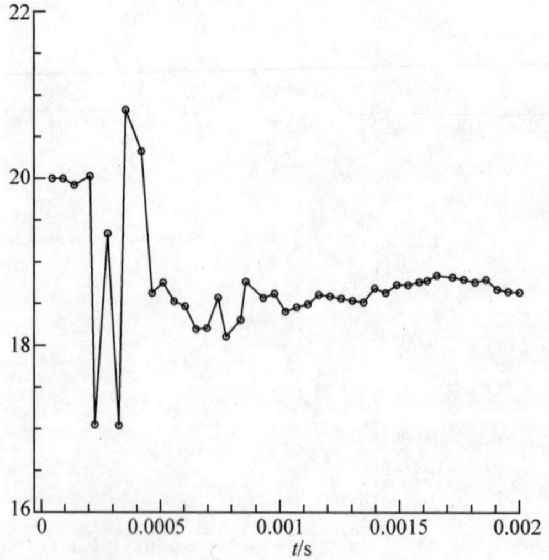

图 8.33　射流中心处的 SPH 粒子速度大小随时间变化过程

8.6　含碳颗粒凝胶推进剂撞击式雾化的数值分析

8.6.1　射流撞击模型

本节采用 7.7 节所述粒子优化算法，对含碳颗粒凝胶推进剂撞击式雾化问题进行数值分析。射流撞击雾化仿真模型与 8.3 节基本相同，如图 8.34 所示，两股射流自 xoy 平面喷出并发生撞击，撞击点为 $o(0,0,0)$，射流撞击后的雾化区主要位于 xoz 平面。图 8.34 中 $L_x \times L_y \times L_z$ 的区域为计算域，上表面为射流入口、下表面为自由出口，其余表面设置为固壁边界，射流入口的施加方法与 8.3 节相同，射流速度为 v_{jet}、直径为 d_{jet}，为提高计算效率，将雾化场附近 $l_x \times l_y \times l_z$ 区域设置为粒子优化域，每隔 50 个时间步进行一次粒子优化，粒子优化域随着雾化场的运动而运动，对于三维问题，将图 8.34 所示沿坐标轴向的正方形分裂模型扩展为图 8.35 所示正六面体分裂模型，其中，待分裂的大粒子处于正六面体中心，分裂生成的 8 个小粒子分别位于正六面体的顶点，大-小粒子的质量关系为 $m_{\text{f}} = 1/8 m_{\text{c}}$，小粒子的密度、速度、光滑长度等参数设置与 7.7.1 小节相同，粒子优化参数 $\varepsilon = 0.5$、$\alpha = 0.75$。模型参数的具体值为 $L_x = 0.1 \sim 0.15\text{m}$，$L_y = 0.005\text{m}$，$L_z = 0.06 \sim 0.15\text{m}$，$d_{\text{jet}} = 1\times10^{-3}\text{m}$，$\Delta l_{\text{c}} = 2.5\times10^{-4}\text{m}$，$l_y = 0.001\text{m}$，$l_x$、$l_z$ 随着雾化场的运动而变化。物质参数见表 8.1。

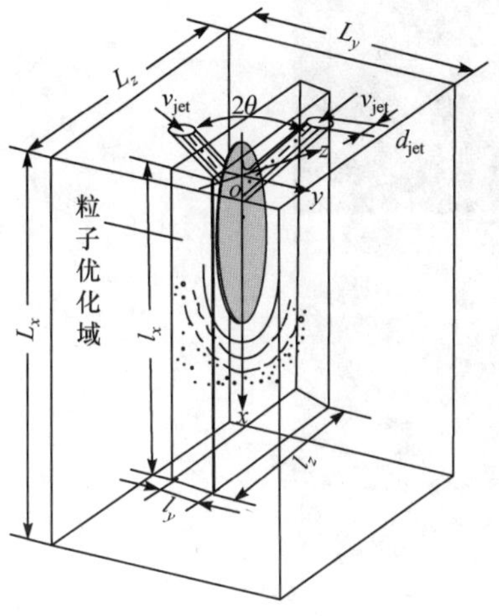

图 8.34　射流撞击雾化仿真模型

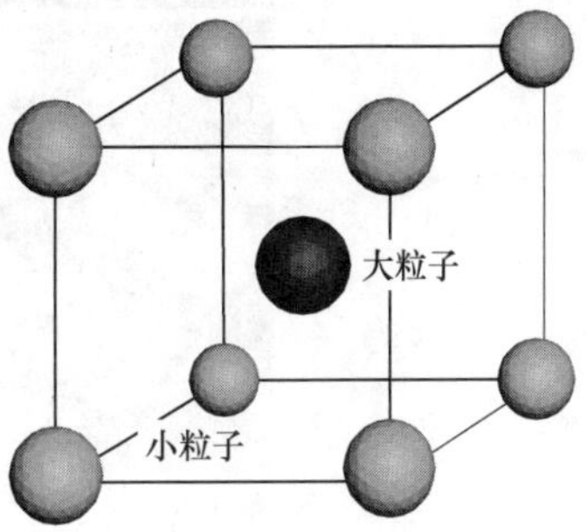

图 8.35　三维粒子优化使用的正六面体分裂模型

8.6.2 数值模拟结果分析

对第 4 章制备的含碳颗粒凝胶推进剂模拟液进行在撞击角 $2\theta = 40^\circ \sim 90^\circ$、射流速度 $v_{\text{jet}} = 20 \sim 40\text{m/s}$ 条件下的一次雾化数值模拟，仿真得到的部分雾化场图像及相应条件下的实验图像如图 8.36 所示，可以看出：仿真得到的雾化区域为扇形，雾化区形状与实验结果基本一致；仿真结果反映了射流撞击形成液膜、液膜破碎形成液丝的典型雾化过程；在相同条件下，仿真得到的 SC2 模拟液的雾化角较小，且雾化区的液膜面积更大，液丝的粘连程度更高(图 8.36(c)和(d))。图 8.37 和图 8.38 分别为雾化角和雾化场平均速度的实验值与仿真结果的对比，两图表明仿真得到的雾化角及雾化场平均速度与实验结果吻合较好，与实验结果相比，各工况下仿真获得的雾化角、雾化场平均速度的误差分别小于 10º(30%)、2.2m/s(10%)。仿真结果与实验结果在液丝的细节形态、液膜两侧边缘的破碎等方面存在一定的区别，通过分析认为主要是由以下两方面的原因造成的：一是实验条件下，喷嘴的加工、喷注器的安装、射流速度的控制等方面均存在一定误差，而仿真工况较为理想；二是 SPH 方法在如三维大密度差条件下表面张力的施加等方面可能还存在一定不足。从整体上看，数值模拟可以获得雾化场的基本特征，能够有效反映射流速度、撞击角度、模拟液黏度等参数对雾化的影响。

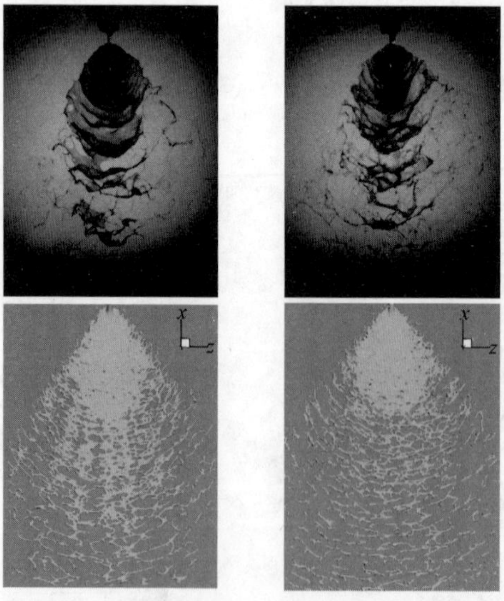

(a) SC1, $v_{\text{jet}} = 30\text{m/s}$, $2\theta = 60^\circ$　　(b) SC1, $v_{\text{jet}} = 40\text{m/s}$, $2\theta = 60^\circ$

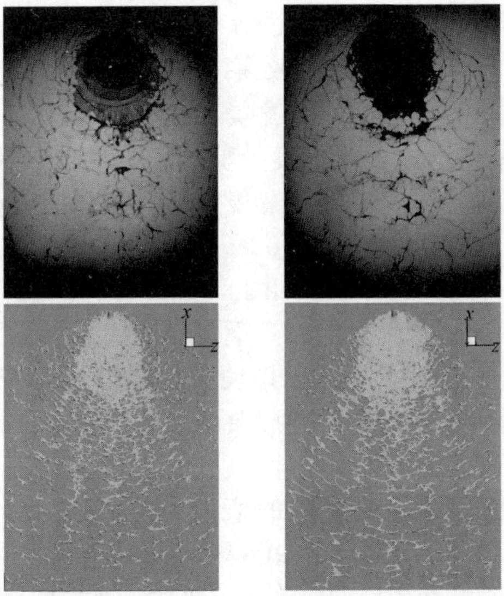

(c) SC1, v_{jet} = 20m/s, 2θ = 90°　(d) SC2, v_{jet} = 20m/s, 2θ = 90°

图 8.36　凝胶推进剂雾化仿真与实验结果

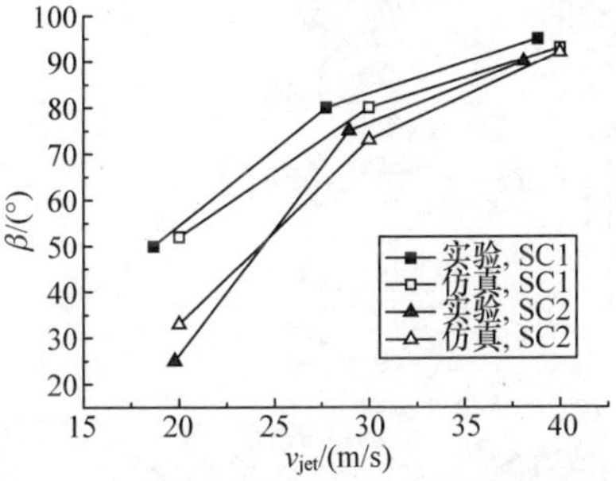

(a) 雾化角随射流速度的变化，2θ=60°

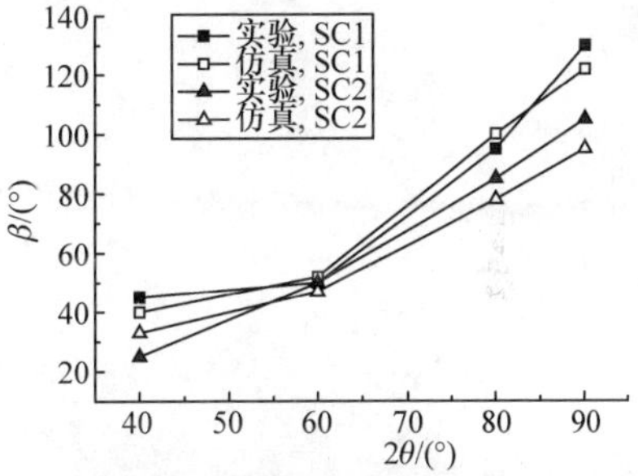

(b) 雾化角随撞击角度的变化，v_{jet}≈20m/s

图 8.37　雾化角的实验值与仿真结果对比

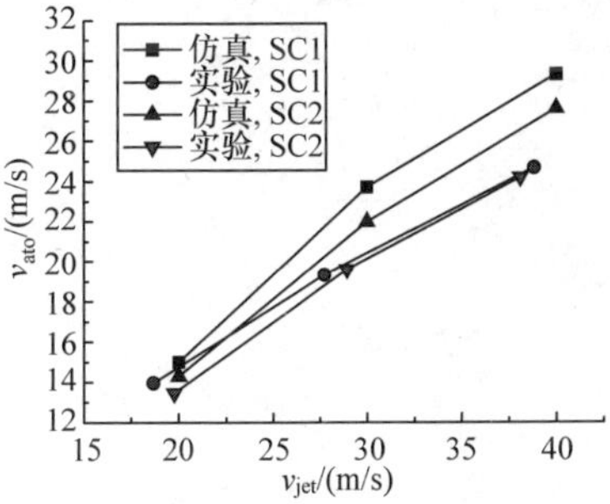

(a) 平均速度随射流速度的变化， 2θ=60°

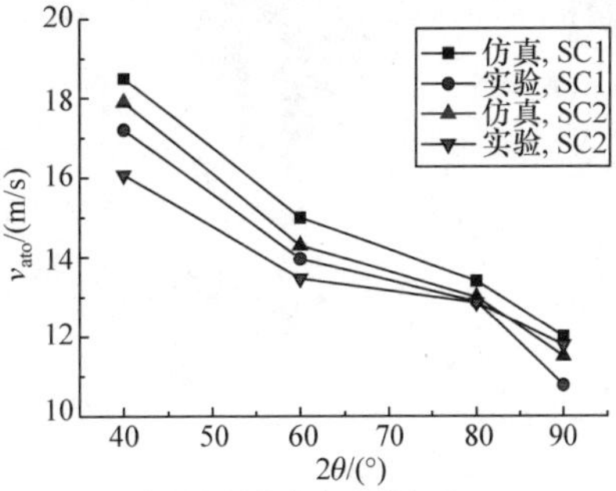

(b) 平均速度随撞击角度的变化，v_{jet}≈20m/s

图 8.38　雾化场平均速度的实验值与仿真结果对比

本节进一步对凝胶推进剂雾化过程中的黏度分布进行分析，图 8.39 为 $v_{jet}=30$m/s、$2\theta=60^{\circ}$ 时 SC1、SC2 凝胶模拟液雾化场表观黏度(η)及剪切速率($\dot{\gamma}$)分布，其他工况下的表观黏度分布与之类似。可以看出，射流撞击雾化是一个高度紊乱的过程，雾化场的表观黏度及剪切速率的分布比较杂乱。从总体上看，撞击点附近剪切速率最高、表观黏度最低，距离撞击点越远，剪切速率越小、表观黏度越高。对雾化场中线 y=0、z=0 处的表观黏度进行采样，得到各工况下表观黏度与撞击点距离 r 的分布如图 8.40、图 8.41 所示。可以看出，对于本节研究的所有工况，撞击点附近的强烈撞击作用使得流体表观黏度基本达到极限表观黏度 η_{∞}，这一现象同时表明，即使喷注器的不同，造成射流表观黏度有所差异，射流撞击后所表现出的雾化现象可能区别不大，这与文献[5]的实验研究结论是一致的。随着 r 的增大，流体的表观黏度迅速增大，同时，在液膜边缘破碎形成液丝的距离区间，流体的表观黏度有一个小幅度的阶跃，如图 8.40 中，v_{jet}=30m/s 时 r=(0.08～0.10)m 区间、v_{jet}=40m/s 时 r=(0.06～0.08)m 区间等，表明液丝克服黏性作用从液膜边缘脱离后，液丝自身的速度更趋一致。

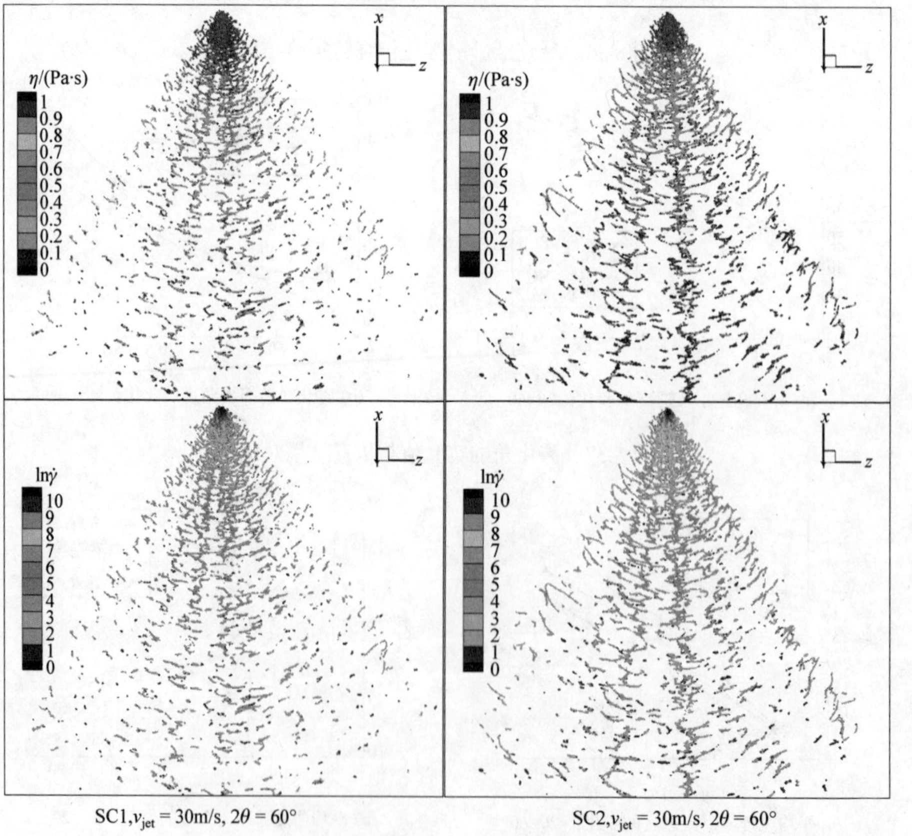

图 8.39　y=0 截面表观黏度及剪切速率分布(v_{jet}=30m/s)

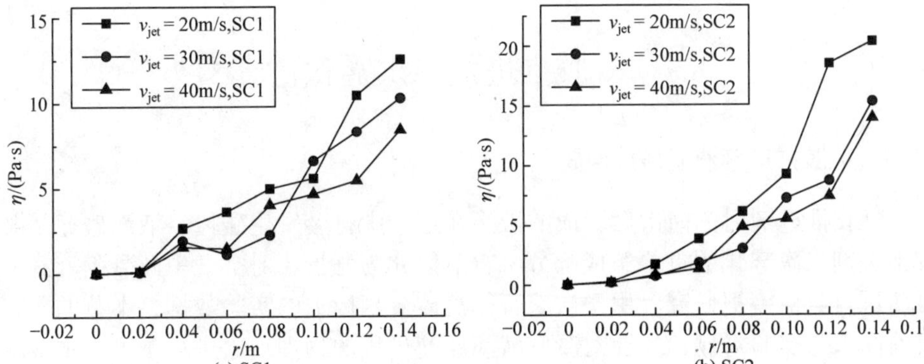

(a) SC1 (b) SC2

图 8.40 射流速度对黏度分布的影响($2\theta = 60°$)

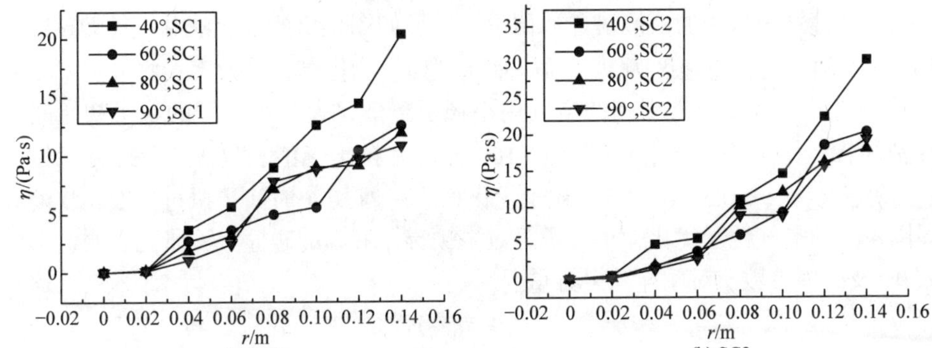

(a) SC1 (b) SC2

图 8.41 撞击角度对黏度分布的影响(v_{jet}=20m/s)

对上述分析进行总结，可获得以下结论。

(1) 从整体上看，在同种工况下，SC2 凝胶模拟液的雾化场的表观黏度普遍高于 SC1 凝胶模拟液；对于同种模拟液，射流速度越高，撞击角度越大，雾化场的表观黏度越小。

(2) 对于本节研究的所有工况，撞击点附近模拟液的表观黏度基本达到极限表观黏度 η_∞，撞击作用可能掩盖射流黏度差异对于雾化的影响。随着与撞击点距离的增大，流体的表观黏度迅速增大；在液膜边缘破碎形成液丝的距离区间，流体的表观黏度有一个小幅度的阶跃，表明液丝克服黏性作用从液膜边缘脱离后，液丝自身的速度更趋一致。

(3) 对于雾化场的大部分区域，模拟液的表观黏度在 0.1Pa·s 以上；距离撞击点 15cm 左右时，雾化场的表观黏度基本处于 10^1Pa·s 量级。在理论上应该出现液膜破碎雾化的下游区域，流体表观黏度较高，导致凝胶推进剂模拟液雾化形成液丝和大尺寸的液滴，同时，强烈的黏性作用造成了能量的耗散，阻碍了液丝及大尺寸液滴的进一步破碎雾化。

8.7　凝胶推进剂二次雾化仿真

8.7.1　凝胶推进剂液滴碰撞问题

凝胶推进剂射流撞击后形成的液滴在运动中将会发生碰撞，液滴碰撞是凝胶推进剂二次雾化的重要组成部分，本节以此为背景，对空气中两凝胶液滴的碰撞进行数值模拟研究。由于缺乏幂律流体液滴撞击的实验数据，本节的研究目前尚未与实验对比，主要对凝胶液滴碰撞过程的物理现象进行预测。本节对比研究水滴及 SC1 凝胶模拟液液滴在空气中的撞击现象，空气、水及 SC1 凝胶模拟液的相关物性参数见表 8.1。

本节计算中采用的液滴碰撞数值模拟模型如图 8.42 所示，液滴直径 $D=1.6\times 10^{-4}\text{m}$，两液滴相对速度为 v_{rel}，偏心距离为 x，为提高计算效率，将外围空气用大粒子离散，液滴及其周围的空气用小粒子离散，大、小粒子的粒子初始间距分别为 $\Delta l_{\text{c}}=1.0\times 10^{-5}\text{m}$、$\Delta l_{\text{f}}=5.0\times 10^{-6}\text{m}$，大粒子光滑长度 $h_{\text{c}}=1.2\Delta p_{\text{c}}$，粒子优化算法参数 $\varepsilon=0.5$、$\alpha=0.5$。粒子优化算法每隔 20 个时间步执行一次，将液滴周围 $8\Delta l_{\text{c}}$ 的空气粒子优化为小粒子。对牛顿流体液滴的碰撞实验研究表明，韦伯数 We 及碰撞参数 χ 对碰撞结果有重要影响：

$$We=\frac{\rho v_{\text{rel}}^2 D}{\sigma} \tag{8.3}$$

$$\chi=\frac{x}{D} \tag{8.4}$$

其中，ρ 代表液滴密度；σ 为表面张力系数。

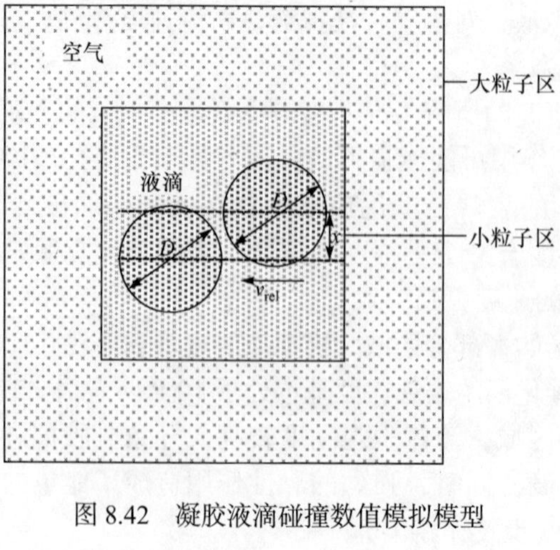

图 8.42　凝胶液滴碰撞数值模拟模型

首先，对 We 为 9～20、χ 分别为 0、0.25、0.5、0.75 时两水滴的撞击问题进行数值模拟，并与 Qian 等[6]的实验结果进行对比，证明本章数值模拟方法适于仿真液滴撞击问题(图 8.43)。而后，进行两凝胶液滴的正面碰撞及倾斜碰撞的数值模拟，其中，$We=19.8$、v_{rel}=3m/s 时液滴正碰($\chi=0$)、斜碰($\chi=0.5$)液滴形态及黏度分布分别见图 8.44、图 8.45。由于少量气体粒子在撞击时进入液滴内部，导致凝胶液滴内部的黏度场存在一定的振荡(图 8.44(a)～(c)，图 8.45(a)～(c))。从整体上看，凝胶液滴与水滴的碰撞现象具有明显区别，水滴碰撞后会分离形成两个小液滴，而凝胶液滴黏度相对更大，撞击过程中惯性力及表面张力始终无法克服内部黏性力作用，因此，当 v_{rel}=3m/s 时，无论是正碰还是斜碰，两液滴最终聚合形成一个大液滴。

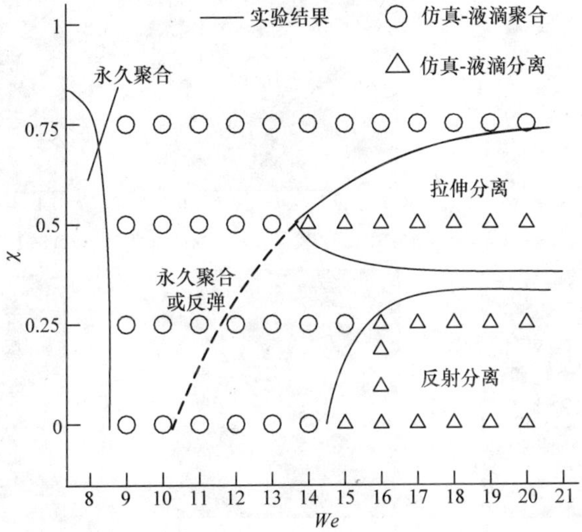

图 8.43　水滴碰撞的仿真与实验[6]对比

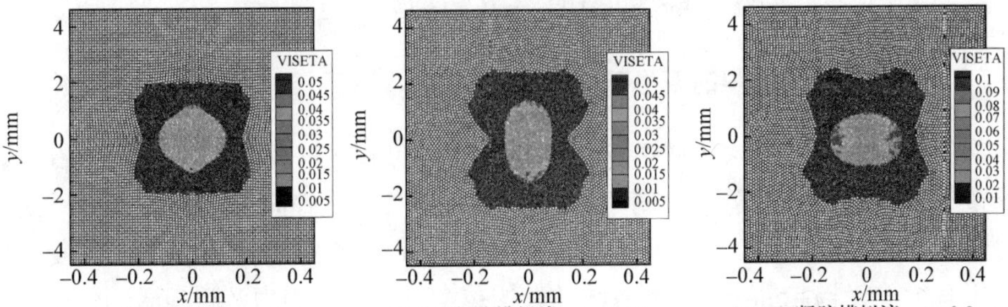

(a) SC1凝胶模拟液，$t=0.03$ms　(b) SC1凝胶模拟液，$t=0.15$ms　(c) SC1凝胶模拟液，$t=0.3$ms

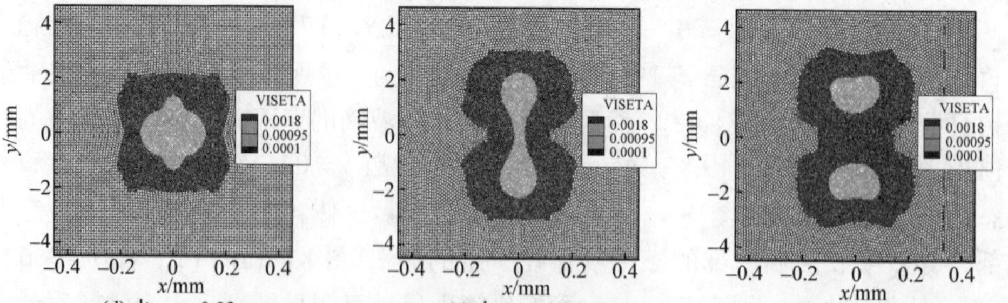

(d) 水，$t = 0.03$ms　　(e) 水，$t = 0.15$ms　　(f) 水，$t = 0.3$ms

图 8.44　液滴正碰液滴形态及黏度分布仿真结果($v_{\mathrm{rel}} = 3$m/s, $We = 19.8$, $\chi = 0$)

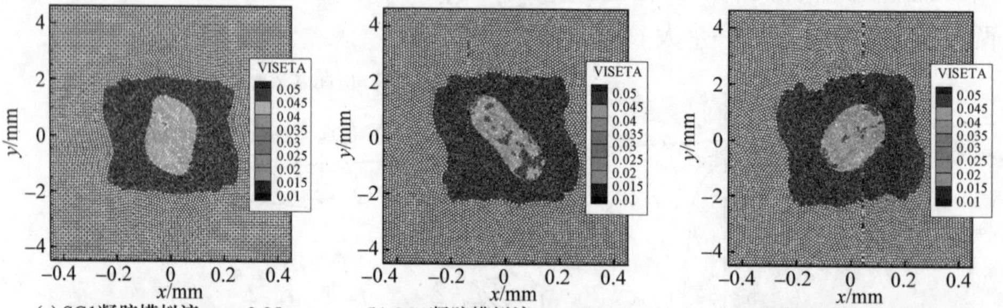

(a) SC1凝胶模拟液，$t = 0.05$ms　　(b) SC1凝胶模拟液，$t = 0.15$ms　　(c) SC1凝胶模拟液，$t = 0.3$ms

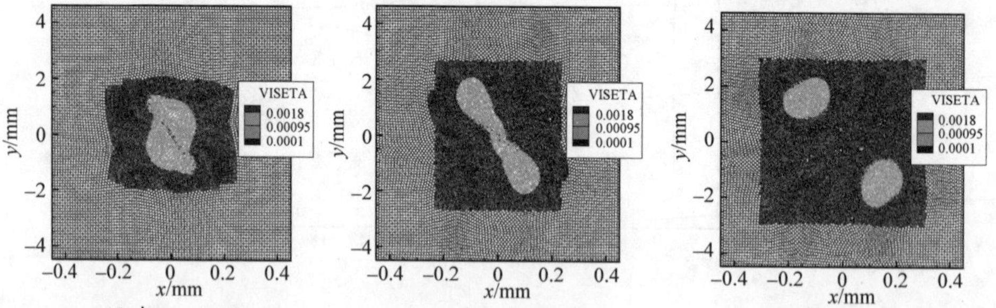

(d) 水，$t = 0.05$ms　　(e) 水，$t = 0.15$ms　　(f) 水，$t = 0.3$ms

图 8.45　液滴斜碰液滴形态及黏度分布仿真结果($v_{\mathrm{rel}} = 3$m/s, $We = 19.8$, $\chi = 0.5$)

8.7.2　液滴在气体场中的变形破碎问题

流场中液滴的二次破碎是液体抛撒和雾化过程中非常重要的过程，直接影响最终液滴的尺寸与分布。对于溶液中液滴的二次破碎问题，目前国内外研究仅限于二维数值计算，而且研究较少，仅有 Han 等[7, 8]在 1999 年和 2001 年分别运用有限差分与 front-tracking 方法结合的技术对恒定作用力及瞬间激励作用下轴对称液滴的二次破碎进行模拟研究，对影响破碎的参数分别进行了实验分析。国内的蔡斌等[9]应用 VOF 方法和湍流模型对液滴在气流中的破碎过程进行二维数值研究，Liu 等[10]应用 Simple 方法结合 Level-Set 方法同样对液滴的二次破碎进行二维数值分析。以上数值算例均无法与实验进行对比验证，同时液滴二次破碎的二维数值模拟与三维数值模拟存在差异，尤其对于振荡破碎及袋状破碎模式。本节针对液滴的二次破碎进行三维探索性数值实验。

影响液滴二次破碎结果的参数与 8.7.1 小节影响液滴碰撞结果的参数相同，仍为液滴的 We、Oh、两流体密度比 γ_ρ 与黏度比 γ_μ，公式如下：

$$We=\frac{\rho_0 v_{\mathrm{rel}}^{\ 2} D}{\sigma};\quad Oh_d=\frac{\mu_d}{\sqrt{\rho_d D\sigma}}=\frac{\sqrt{We}}{Re};\quad \gamma_\rho=\frac{\rho_d}{\rho_0};\quad \gamma_\mu=\frac{\mu_d}{\mu_0} \tag{8.5}$$

通过对前人实验结果的总结可以发现：当 Oh 较小时，液滴的黏性影响可忽略，低 We 下，液滴仅变形不会破碎，当加速度超过临界值时，液滴逐渐破碎直至最终破碎，当 We 继续增加时，可观测到四种破碎模式。

(1) 振荡破碎。初始液滴破碎成两个或更多细小的液滴。

(2) 袋状破碎。液滴首先变形为花环状，边缘液膜较薄，甚至破碎成小液滴，其他部位破碎成大液滴。

(3) 剪切破碎。外部气流将从液滴边缘剥离出小液滴。

(4) 爆炸性破碎。较强的表面波使液滴发生无规则爆裂。

本算例采用的二次雾化中初始时刻液滴及流场形态物理模型如图 8.46 所示。液滴的直径 $D=75\mu m$，其置于立方体容器中，容器尺寸为 380μm×155μm×155μm，无滑移边界尺寸为 15μm×15μm，粒子数为 39104 个，液滴粒子数为 1736 个，水溶液粒子数为 46260 个，中心液滴为油滴，参数见表 7.1，We、Re、密度比 γ 均在以下各结果中列出。

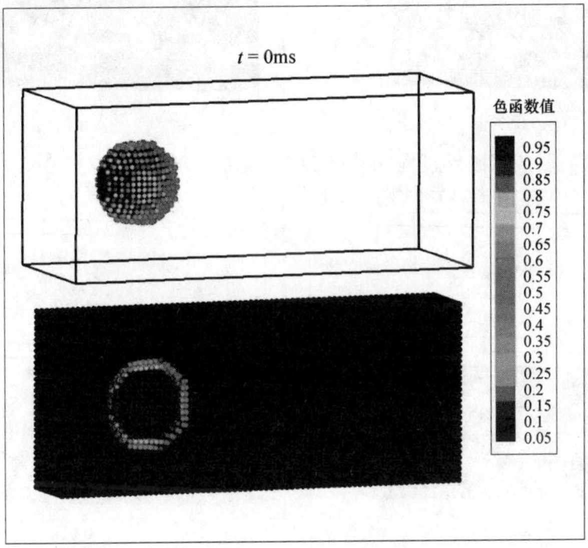

图 8.46 二次雾化中初始时刻液滴及流场形态

改变密度比、液滴速度分别得到了向前袋状破碎、向后袋状破碎以及剪切破碎三种不同的破碎形式，如图 8.47～图 8.49 所示，从模拟结果看，符合物理过程，目前在相关实验方面数据较少，因此本算例尚未与实验结果进行比对，对这一问题的数值模拟仅用于说明该方法适合求解此类问题，有待于进一步实验验证。

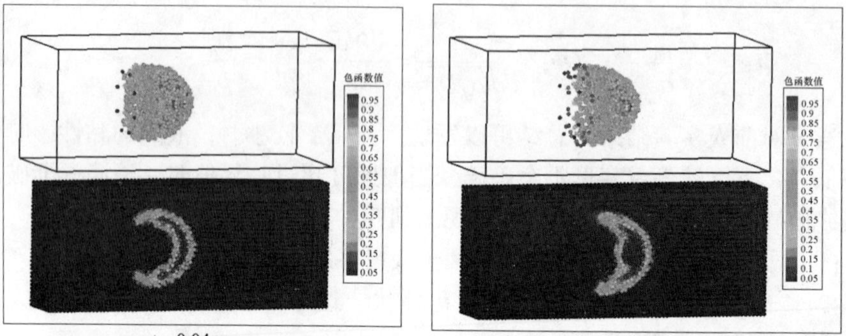

$t = 0.04$ms　　$t = 0.09$ms

图 8.47　液滴向前袋状破碎过程($We = 47.54$ ， $Oh_d = 0.057$ ， $\gamma_\rho = 1.638$ ， $\gamma_\mu = 3.16$)

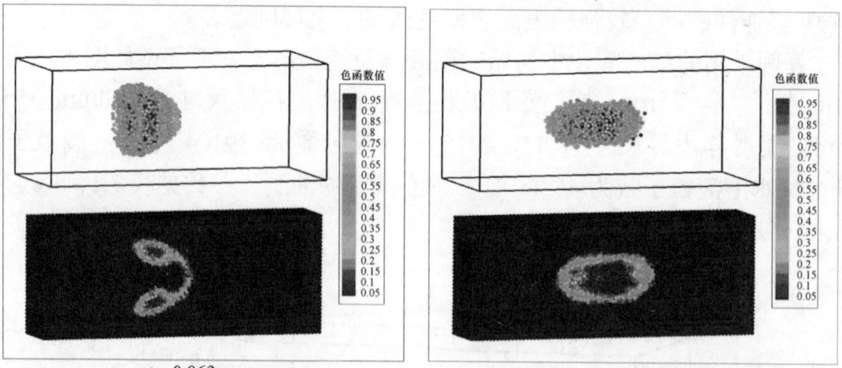

$t = 0.063$ms　　$t = 0.147$ms

图 8.48　液滴向后袋状破碎过程($We = 95.09$ ， $Oh_d = 0.057$ ， $\gamma_\rho = 0.819$ ， $\gamma_\mu = 3.16$)

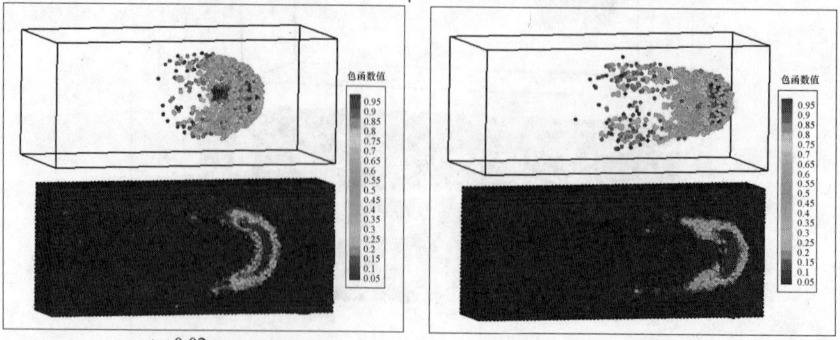

$t = 0.02$ms　　$t = 0.03$ms

图 8.49　液滴剪切破碎过程($We = 27.38$ ， $Oh_d = 0.057$ ， $\gamma_\rho = 10$ ， $\gamma_\mu = 3.16$)

8.8　凝胶单滴蒸发与燃烧过程仿真

8.8.1　强迫对流环境下幂律型凝胶液滴蒸发数值模拟

采用 7.9.1 小节阐述的方法分别计算在不同来流速度下，单个幂律型凝胶液滴的蒸发情况，这里暂时不考虑生成胶凝剂壳体的过程。液滴直径 200 μm，初始温度 342K，高温热气流(初始温度 850K)来流方向沿 y 轴正方向，采用无反射边界条件模拟无限大区域。总体来说，液滴在气动力、表面张力的共同作用下，一方面在流场中发生振荡变形；另一方面又从外界吸收热量发生相变蒸发，液滴尺寸在不断减小。幂律型本构方程的稠度系数 K 取 6.6，流动指数 n 取 0.379。

1. 气流速度 $v = 1.0\,\text{m/s}$ 下液滴蒸发数值模拟

图 8.50(a)～(d)分别为不同时刻在气流速度 $v = 1.0\,\text{m/s}$ 下液滴的变形历史。从图 8.50(a)中可以看出，在初始阶段(0.03ms)，液滴在来流的气动力作用下，被压缩为椭球状，其主轴线与来流方向平行。在下一时刻(0.06ms)，表面张力的作用开始显现，液滴受到表面张力的拉伸作用，主轴线垂直于来流方向，此时，液滴仍为椭球体。在表面张力和气动力的共同作用下，液滴不断发生着收缩拉伸变形，在黏性耗散的作用下，液滴发生变形的幅度逐步减小(图 8.50(c)和(d))。与此同时，液滴从外界吸收热量，并不断进行相变蒸发，液滴尺寸也随之减小。图 8.50(e)为 0.3ms 时刻正已烷燃料蒸发出来的气相组分的质量分数分布图，从图中可以看出，在对流效应的影响下，燃料蒸气被来流吹拂到下游区域，组分分布近似为椭球状，液滴中心位于靠近来流的椭球焦点处。图 8.50(f)表示的是流场内的温度分布，同样受对流效应的影响，温度的分布情况与组分分布形状类似。

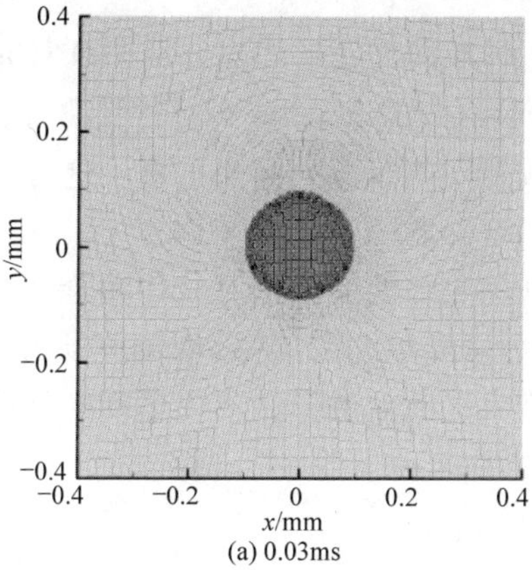

(a) 0.03ms

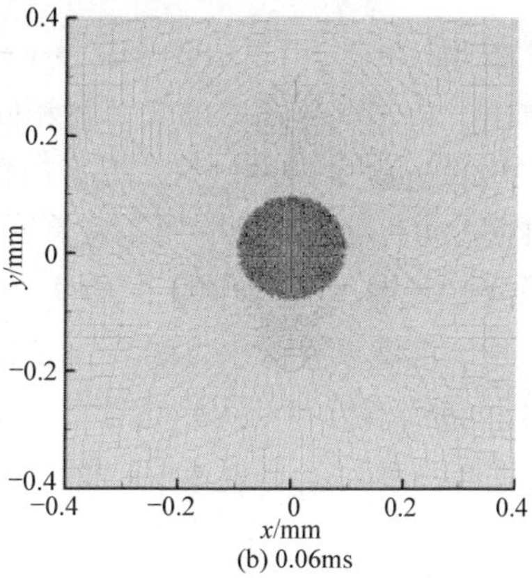

(b) 0.06ms

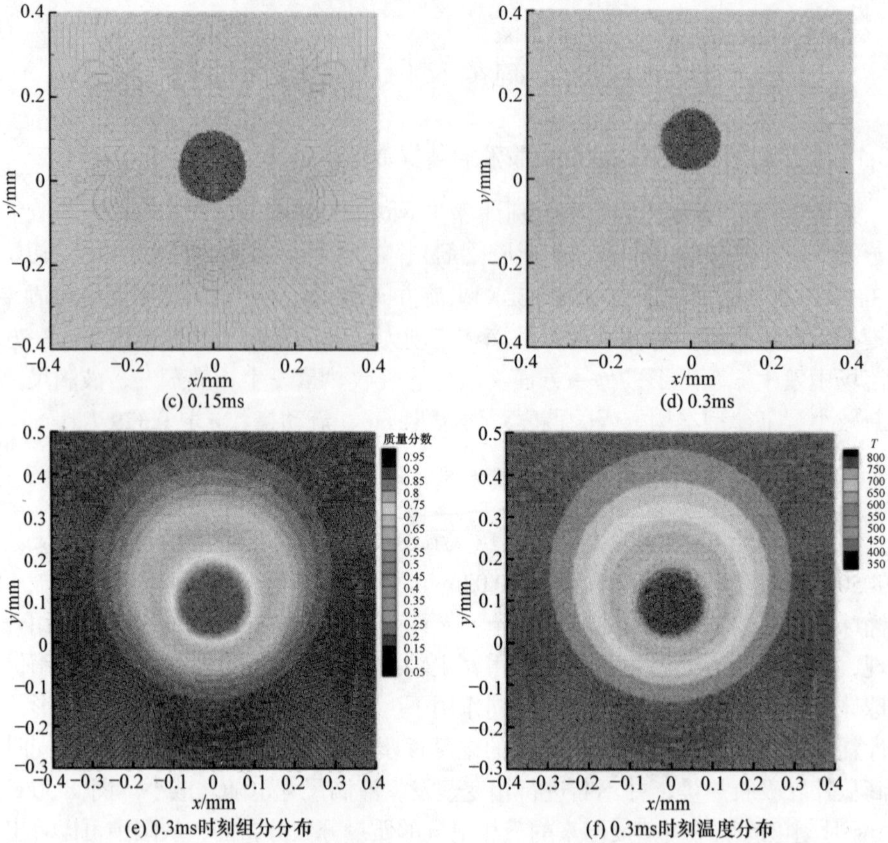

图 8.50　气流速度 $v = 1.0\,\text{m/s}$ 时液滴蒸发结果

2. 气流速度 $v = 2.0\,\text{m/s}$ 下液滴蒸发数值模拟

图 8.51(a)～(d)表示气流速度 $v = 2.0\,\text{m/s}$ 时液滴的变形历史。从图 8.51(a)可以看出，由于气流速度增大，在相同的初始时刻(0.03ms)，液滴受到气动力的压缩作用，近似变为椭球状，而此时的主轴线方向与气流方向相垂直，这与气流速度 $v = 1.0\,\text{m/s}$ 时液滴的形态有着明显的不同(图 8.51(a))。在表面张力、气动力以及黏性耗散的共同作用下同样经历一系列的收缩拉伸变形，并伴随着液滴受热蒸发，液滴尺寸减小。图 8.51(e)和(f)同样分别表示的是 0.3ms 时刻流场内燃料组分和温度的分布情况，由于气流速度的增大，此时的分布不再呈现椭球状，而是类似于楔形，靠近来流一侧分布略尖，而在来流下游端分布略平。

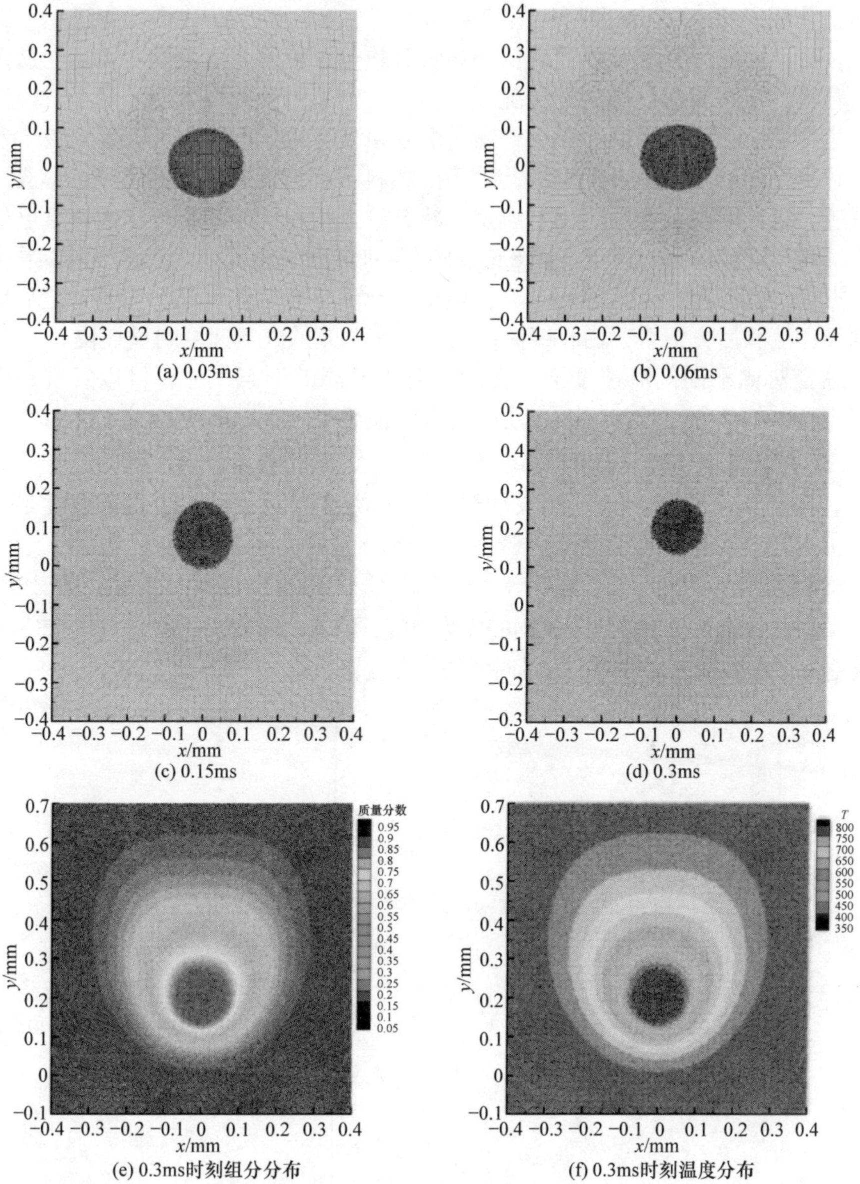

图 8.51 气流速度 $v = 2.0\,\mathrm{m/s}$ 时液滴蒸发结果

3. 气流速度 $v = 5.0\,\mathrm{m/s}$ 下液滴蒸发数值模拟

当气流速度增大到 $v = 5.0\,\mathrm{m/s}$ 时，此时气动力作用更加明显，如图 8.52(a)所示，在相同的初始时刻，液滴在气动力的压缩作用下，呈现出楔形。进一步受到

气动力作用，在 0.06ms 时刻(图 8.52(b))，液滴变得更加扁平，类似于“圆饼状”。与此同时，液滴又伴随着从外界吸收热量，发生相变蒸发。而且，从图中可以看出，在对流速度增大的情况下，同一时刻下液滴的尺寸明显变小，液滴的蒸发速率加快(图 8.52(c)和(d))。就燃料组分和温度的分布而言，从图 8.52(e)和(f)可以看出，随着气流速度的增大，更多的燃料蒸气被吹拂到下游区域，形成长长的尾迹，且此时的分布呈现出“燕尾”状，这是由于此时的组分扩散速度已经赶不上气流与液滴的相对速度。图 8.53 为 0.03ms 时刻的速度场，从图中可以看出，来流沿 y 轴正方向(自下而上)，在液滴前端形成驻点，速度几乎为零，之后绕过液滴又在液滴后方汇合，由于绕流作用，液滴两侧的气流速度明显加快。

综合对比不同气流速度下，在同一时刻液滴的形态尺寸，可以发现，随着对流速度的增大，此时韦伯数(定义为惯性力与表面张力之比，即 $We=\rho v_{\text{rel}}^2 D/\sigma$)也随之增大，液滴受到的气动力作用更加明显，表面张力的作用逐渐减弱，由此不难得出，在处理发动机喷雾燃烧这类问题时，当喷雾速度足够大时，可以在一定程度上忽略表面张力的效应。

图 8.54 所示为不同气流速度下，液滴的直径平方随时间的变化情况。图中可以看出，在强迫对流环境下，对于不同的气流速度，液滴的蒸发仍然符合 D^2 定律，而且随着对流速度的增大，直径平方随时间的线性变化率越大，即蒸发越快。

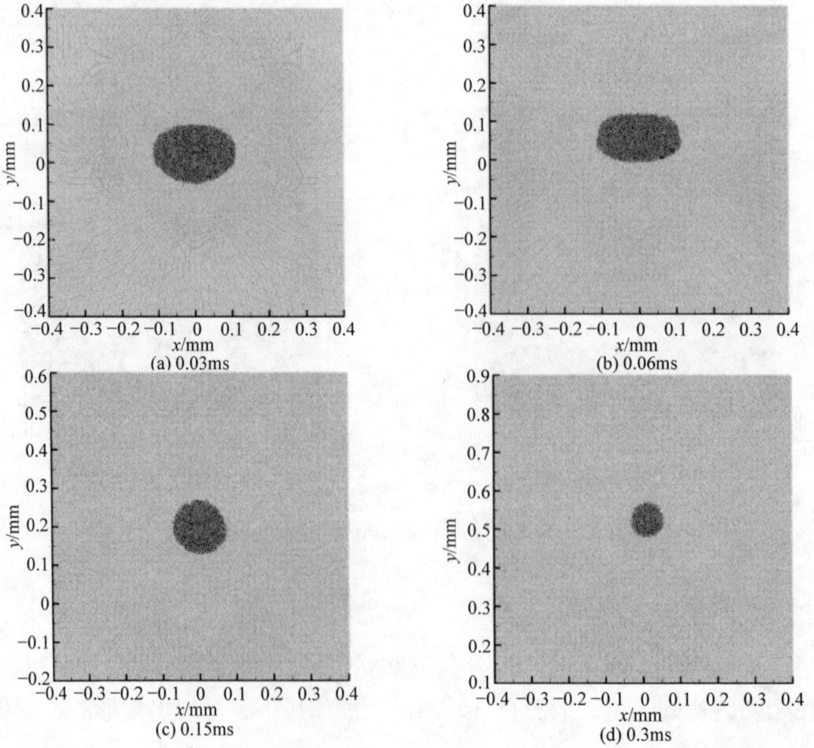

(a) 0.03ms
(b) 0.06ms
(c) 0.15ms
(d) 0.3ms

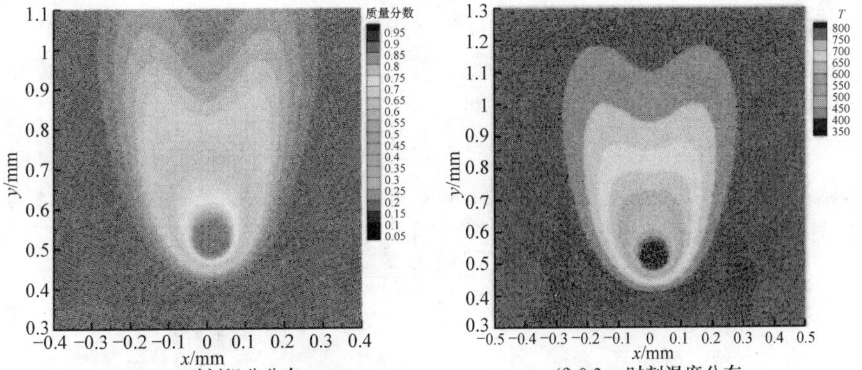

(e) 0.3ms时刻组分分布　　(f) 0.3ms时刻温度分布

图 8.52　气流速度 $v = 5.0\,\mathrm{m/s}$ 时液滴蒸发结果

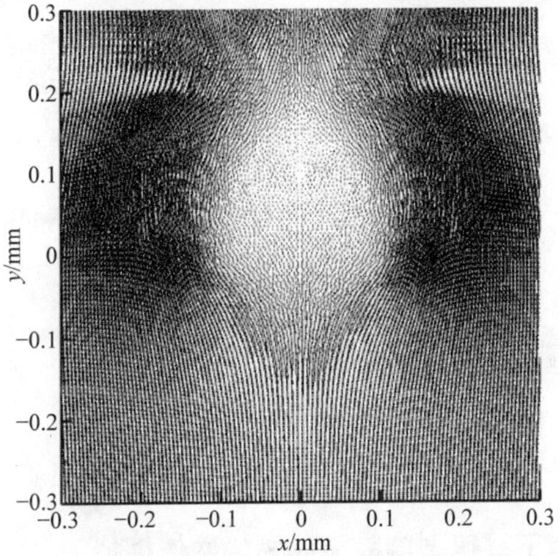

图 8.53　气流速度 $v = 5.0\,\mathrm{m/s}$ 时 0.03ms 的速度场

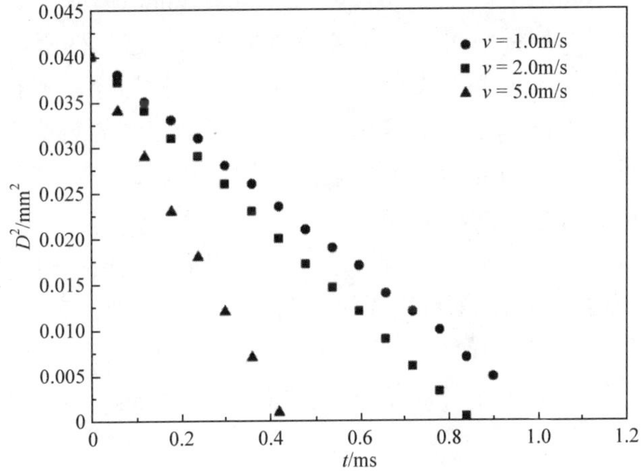

图 8.54　强迫对流环境下液滴直径平方随时间变化

对于强迫对流条件下液滴的蒸发研究，目前最为常用的是“折膜理论”[11]，基本思想是将对流条件下单个液滴蒸发过程中的传热、传质边界条件用折算的薄膜半径处的边界条件代替，能够很好地预测液滴的蒸发过程。图 8.55 为计算得到的不同气流速度下的液滴生存时间与经典的折膜理论对比的结果，可以看出：在雷诺数较小的情况下，二者能够很好地吻合；当雷诺数较大时，二者稍有偏差，而文献[11]通过实验得出，折膜理论对于雷诺数较大的流动难以适用。

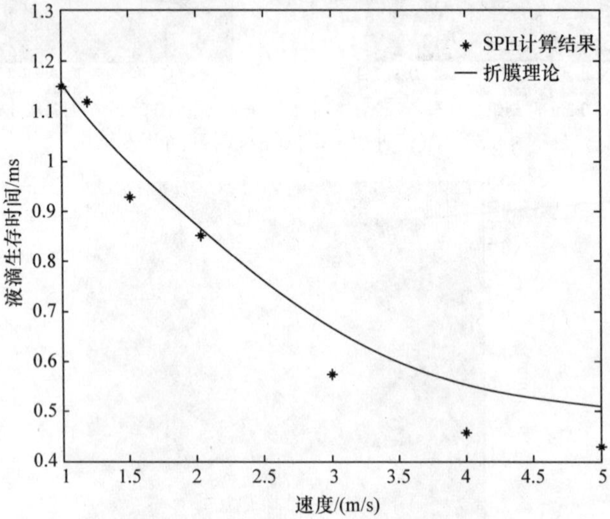

图 8.55　不同气流速度下 SPH 计算结果与折膜理论对比

8.8.2　强迫对流环境下幂律型凝胶液滴燃烧数值模拟

在不同的初始相对速度下，或者不同的温度、液滴直径下，液滴燃烧会出现“全包火焰”、“尾部火焰”以及“降落伞火焰”这三种燃烧模态。在 8.8.1 小节对强迫对流环境下液滴蒸发的研究发现，对流作用会对燃料蒸气产生吹拂作用，燃料蒸气会在液滴下游形成尾迹。本节采用相同的数值模型，研究在不同气流速度条件下，强迫对流环境中液滴的燃烧状态以及火焰的分布情况，这里同样不考虑胶凝剂壳体的影响。

数值模型与 8.8.1 小节相同，来流自下而上沿着 y 轴正方向，在 1.5mm × 5mm 的流场区域内，正己烷液滴直径为 100 μm，模型中总计包含 SPH 粒子 300×1000=300000 个，其中液滴包含粒子 684 个，粒子初始间距为 $\Delta l = 5\mu m$，光滑长度为 $h = 1.5\Delta l$。气流速度分别为 1.0m/s、2.0m/s、5.0m/s，与之相对应的时间步长分别取 3.0×10^{-8} s、1.0×10^{-8} s、3.0×10^{-9} s。

图 8.56 为不同气流速度条件下，单液滴在强迫对流环境中的数值模拟结

果。从图中可以看出，在速度为 1.0m/s 的情况下(图 8.56(a))，液滴周围出现全包火焰，此时，由于气流速度较小，燃烧模态与静止状态下液滴的燃烧相似，火焰完整地包覆在液滴周围。另外，在图 8.56(a)中也可以看出，由于对流作用的影响，液滴周围火焰面呈椭圆状。并且，在下游区域，流场内的温度相对更高，这是因为对流作用导致下游区域的燃料蒸气浓度更高，所以化学反应更加剧烈。

当气流速度为 2.0m/s 时，由图 8.56(b)可以看到，火焰大部分存在于液滴尾部，此时来流的对流作用更加明显，蒸发产生的燃料蒸气大多数被吹拂到下游区域，并在尾部发生化学反应，形成尾部火焰。

当气流速度继续增大至 5.0m/s 时，如图 8.56(c)所示，火焰区域距离液滴更远，此时对流作用最为强烈，蒸发产生的燃料蒸气几乎全部集中于尾部区域，从而形成类似于降落伞样式的火焰。

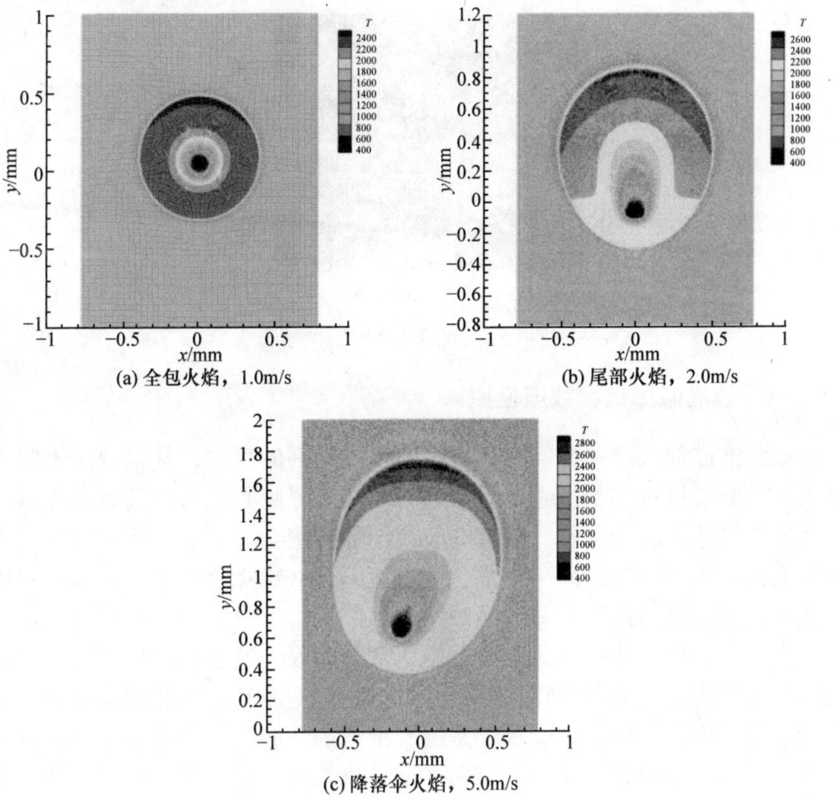

(a) 全包火焰，1.0m/s

(b) 尾部火焰，2.0m/s

(c) 降落伞火焰，5.0m/s

图 8.56　不同气流速度下液滴燃烧数值模拟结果

图 8.57 为 Mercier 等[12]在 2007 年所做的丙酮油滴在不同气流速度条件下的燃烧实验，实验采用激光诱导荧光法(PLIF)测量液滴的瞬态温度场。对比实验和数值仿真结果，二者在形态上比较吻合，由此说明 SPH 方法能够精确地模拟不同来流条件下的燃烧模态，从而为进一步研究分析对流燃烧问题提供可靠的依据。

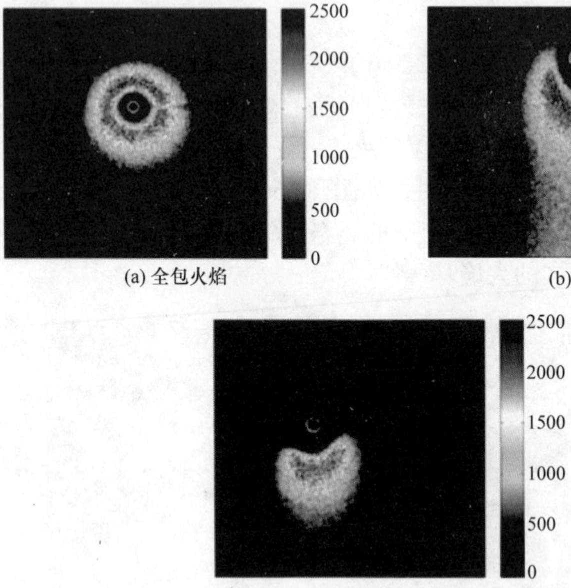

(a) 全包火焰　　(b) 尾部火焰

(c) 降落伞火焰

图 8.57　液滴燃烧的三种模态

8.8.3　凝胶液滴微爆过程数值模拟

在凝胶推进剂液滴的燃烧过程中，由于胶凝剂的存在，其呈现出不同于常规推进剂液滴的燃烧规律。随着凝胶液滴不断从外界吸收热量，其表面沸点较低的燃料组分首先达到沸点蒸发，剩余的胶凝剂部分聚合在一起，逐渐在液滴表面形成胶凝剂膜，将整个凝胶液滴紧紧包围。液滴进一步吸收热量，其内部的燃料会发生相变，形成燃料蒸气，并在凝胶液滴内部聚合形成气泡。气泡进一步受热膨胀，压力增大，最终冲破胶凝剂膜，燃料蒸气喷射，这个过程称作微爆过程。一次微爆过程结束，胶凝剂膜重新收缩并聚合，包围液滴，以此周而复始，直至所有燃料蒸发。由此可见，微爆过程是凝胶推进剂液滴燃烧中的一个至关重要的环节，因此，本节采用 SPH 方法对凝胶单滴的微爆过程进行数值模拟，探究其“破壳”蒸发机理，从而为进一步研究凝胶液滴燃烧打下基础。

对于无机凝胶液滴，燃烧时会产生刚性胶凝剂外壳，而对于有机金属凝胶液滴则会形成一种弹塑性外壳。JCD 模型(含损伤的 Johnson-Cook 本构模型)是一

种通用的弹塑性本构模型[13]。采用修正的 JCD 本构模型可以近似表征金属有机凝胶液滴胶凝剂壳，本构模型表达式为

$$\sigma_{\text{eq}} = (1-D)\left[A + Br^n\right]\left[1 + C\ln \dot{r}^*\right]\left[1 - T^{*m}\right] \tag{8.5}$$

其中，r 代表累积损伤应变，表达式为 $r=(1-D)p$；$\dot{r}^*=(1-D)\dot{p}^*$；D 代表损伤变量，当 $D=0$ 时，材料没有损伤，当 $D=1$ 时，材料完全失效。当损伤变量临界值小于 1 时，表示材料出现裂纹，此时的失效准则可以描述为 $D=D_{\text{C}}\leqslant 1$，其中 D_{C} 表示的是损伤变量临界值。

损伤变量 D 可以表示为累积弹性应变 p 的函数，表达式如下：

$$D=\begin{cases} 0, & p < p_{\text{d}} \\ \dfrac{D_{\text{C}}}{p_{\text{f}} - p_{\text{d}}}\dot{p}, & p \geqslant p_{\text{d}} \end{cases} \tag{8.6}$$

其中，p_{d} 是损伤阈值；p_{f} 是断裂弹塑性应变。在 Johnson 和 Cook 提出的损伤演化模型中，p_{f} 描述如下：

$$p_{\text{f}} = \left[D_1 + D_2\exp\left(D_3\sigma^*\right)\right]\left[1 + D_4\ln\dot{p}^*\right]\left[1 + D_5T^*\right] \tag{8.7}$$

其中，D_1～D_5 为材料常数，其选取见表 8.5。

表 8.5　本构方程参数

材料常数	A/Pa	B/Pa	C	D_{C}	D_1	D_2	D_3	D_4	D_5
数值	4.9×10^5	8.07×10^5	0.1739	0.012	0.00705	1.732	−0.054	−0.0123	0

采用 SPH 方法对 JP-8 金属凝胶单滴燃烧的微爆过程进行数值模拟，凝胶液滴直径为 1mm，初始建模结果如图 8.58 所示，包含 SPH 粒子 7669 个，其内部流体粒子有 6225 个，胶凝剂外壳有 1444 个粒子，模型参数如表 8.6 所示。

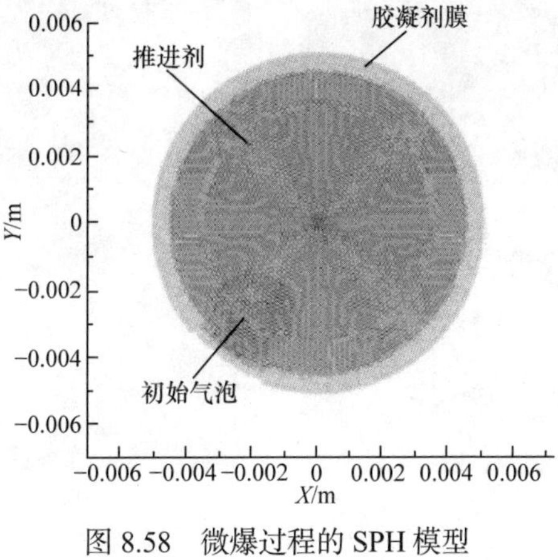

图 8.58　微爆过程的 SPH 模型

表 8.6　微爆过程模型参数

初温 T_0	定压热容 C_p	密度 ρ_{gel}	摩尔质量 MW_{gel}	传热系数 k
288.0K	5000J·(kg·K)	1500 kg/m^3	0.3 g/mol	0.5 W/(m^2·K)

图 8.59 所示为凝胶液滴受热膨胀的 SPH 方法数值模拟计算的结果，并与 Solomon 等[14]在 2009 年所做的凝胶液滴的挂滴燃烧实验进行对比。数值计算真实模拟了凝胶液滴完整的微爆过程，其中包括内部气泡的膨胀过程、胶凝剂膜破碎过程以及燃料气体喷出过程。从图中可以看出，随着时间的推移，气泡逐渐受热并不断膨胀(图 8.59(a))，液滴内部压力逐渐升高，液滴直径也随之不断增大。随着气泡体积的进一步增大，外层胶凝剂壳发生扩张导致拉伸应力不断增大，当达到其损伤阈值时，胶凝剂膜会产生破碎，内部燃料蒸气喷射而出。在图 8.59(d)的实验结果中可以明显看到，液滴的左下部位呈现出透明状，说明此时的胶凝剂膜厚度已经很小，即将破碎，仿真结果图 8.59(b)与之相似。在 800ms 时刻，如图 8.60 所示，胶凝剂膜彻底破碎，燃料蒸气喷出。

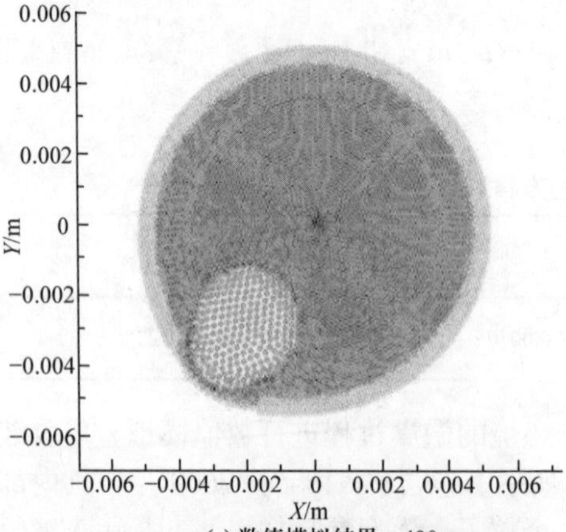

(a) 数值模拟结果，400ms

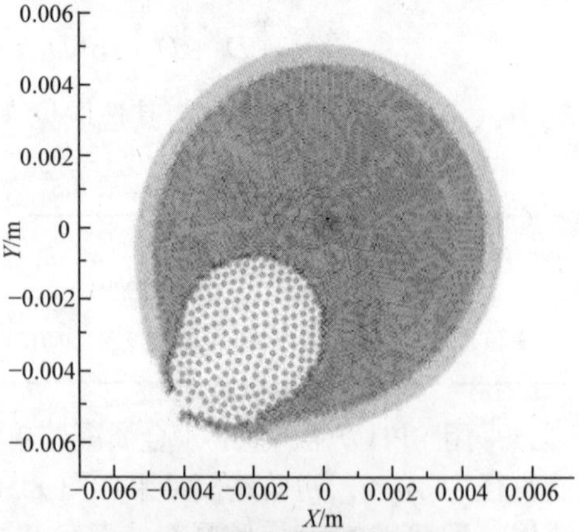

(b) 数值模拟结果，700ms

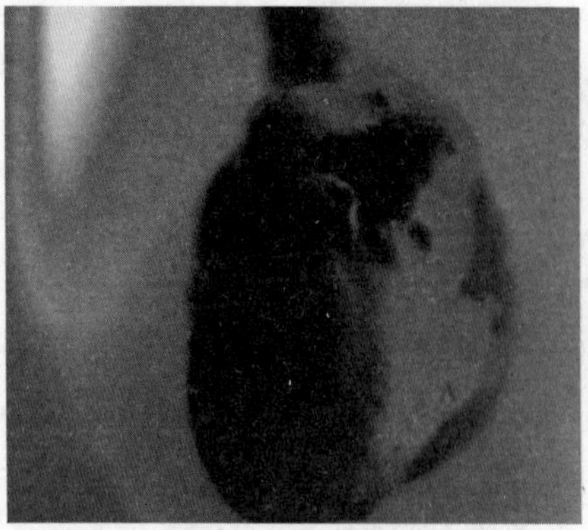

(c) 实验结果，400ms

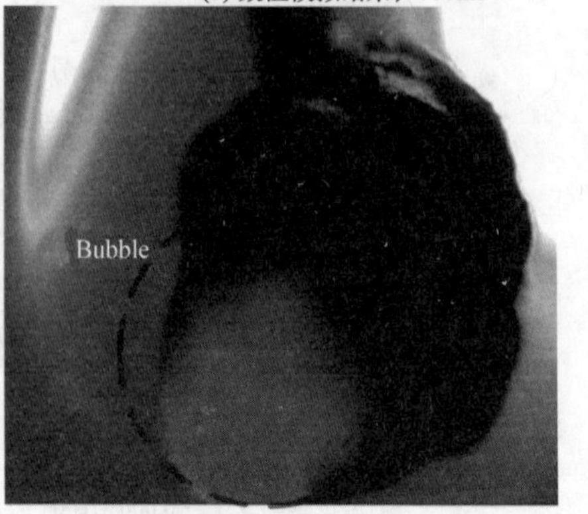

(d) 实验结果，700ms

图 8.59　凝胶液滴受热膨胀的 SPH 方法数值模拟计算与实验对比

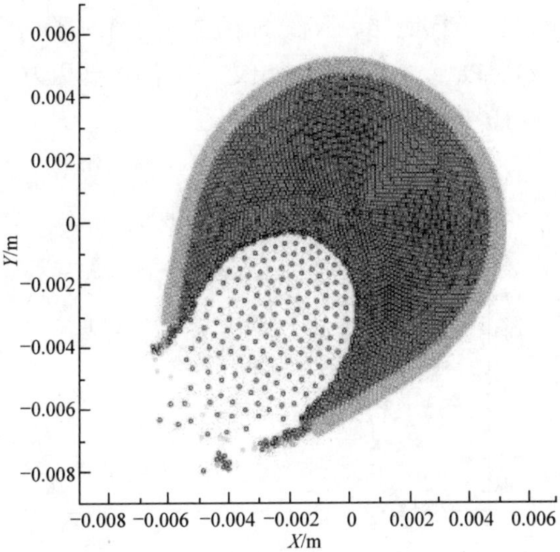

图 8.60　SPH 仿真 800ms 计算结果

图 8.61 为凝胶液滴在微爆过程中的液滴直径变化情况，随着时间的推移，液滴直径首先不断增大，在大约 0.75s 时，液滴直径的膨胀比 D/D_0 达到 1.35，此时胶凝剂膜开始破碎，之后液滴的体积迅速缩小，在 Solomon 等的实验中，测得凝胶液滴的膨胀比为 1.5，数值模拟结果与之接近。

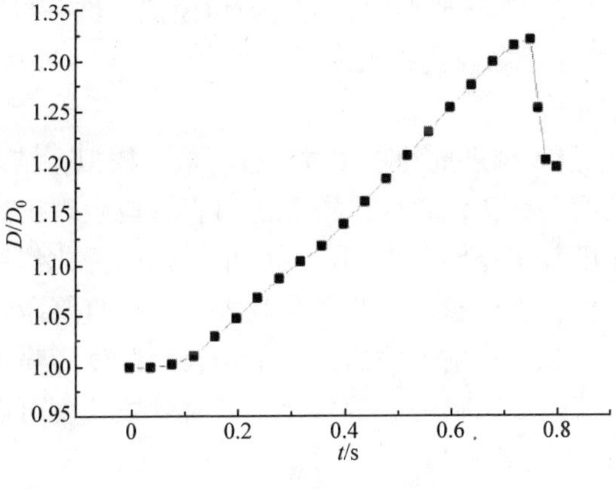

图 8.61　凝胶液滴直径随时间变化的曲线

图 8.62 为微爆过程中液滴内部压力随时间的变化曲线，从图中可以看出，气泡受热发生膨胀，使得液滴内部的压力升高，压力波在液滴内部传播，当传播到胶凝剂膜时，经过反射，引起压力振荡。随着胶凝剂膜的不断膨胀和过程中的黏性耗散，液滴压力的振荡逐步减弱，压力在整体上呈现出振荡上升趋

势。数值计算结果表明，气泡冲破胶凝剂膜时，液滴内部的平均压力与外部环境的压力差为$1.52\times10^5\,\text{Pa}$，燃料气体喷出之后液滴内部压力迅速减小，在很短的时间内下降到$8.6\times10^4\,\text{Pa}$。

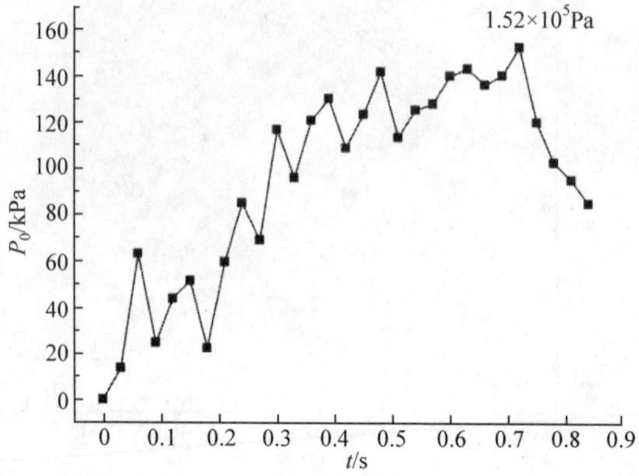

图 8.62　凝胶液滴内部压力随时间变化图

8.9 小　　结

本章主要对凝胶推进剂雾化过程中的喷注、射流撞击(一次雾化)、液滴碰撞(二次雾化)及液滴蒸发燃烧等典型问题进行数值模拟，进一步揭示凝胶推进剂在喷注雾化过程中的物理现象及内在机理。

本章主要结论如下。

(1) 对含碳颗粒凝胶推进剂的喷注过程进行数值模拟，结果表明：凝胶推进剂在喷嘴内呈“柱塞”状流动，收敛段和出口直管段表现出加速流动，喷出后射流截面各点处速度基本相同；喷嘴对凝胶推进剂的稀化作用主要发生在收敛段，收敛角越小，稀化作用越强；收敛角越大，出口直管段越长，达到相同射流速度时的喷注压力越大；射流喷出后的平均表观黏度随喷出距离的增大而呈线性增大，增大射流速度、喷嘴收敛角及出口直管段长度可以减缓射流黏度随喷出距离的增大趋势。

(2) 对凝胶推进剂射流撞击雾化进行数值模拟，结果表明：应用 SPH 方法可以仿真获得凝胶推进剂射流撞击的典型雾化现象，仿真结果能够较精确地反映射流速度、撞击角度、射流直径以及流体密度等因素对雾化效果的影响；射流撞击作用可以弱化流体黏度差异对于雾化的影响，随着与撞击点距离的增大，流体的表观黏度迅速增大，在理论上应该出现液膜破碎雾化为小尺寸液滴的下游区域，高黏度阻碍了雾化过程，导致凝胶推进剂模拟液雾化形成液丝和大尺寸的液滴。

(3) 对凝胶液滴的碰撞和液滴在气体场中的变形进行数值模拟，结果表明：凝胶液滴碰撞时，动能在高黏度的作用下迅速耗散，液滴碰撞后更易发生聚合，进一步降低了凝胶推进剂的雾化效果；SPH 方法可以仿真获得液滴在气体场中运动时发生的向前、向后袋状破碎和剪切破碎等典型现象。

(4) 对凝胶液滴蒸发与燃烧进行数值模拟，结果表明：液滴在强迫对流环境下蒸发、变形运动过程中，韦伯数是一个至关重要的参数；在不同的气流速度下，SPH 方法模拟得到全包火焰、尾部火焰以及降落伞火焰三种与实验一致的燃烧模态；SPH 方法能够有效模拟凝胶液滴微爆过程的相关细节，液滴直径随微爆过程的进行而不断增大，液滴在第一次膨胀时，膨胀比达到 1.35。

参 考 文 献

[1] RYAN H M, ANDERSON W E, PAL S, et al. Atomization characteristics of impinging liquid jets[R]. AIAA 1993-0230, 1993.

[2] 王春海. 基于 CLSVOF 方法的单液滴碰壁铺展过程的模拟研究[D]. 北京：北京交通大学，2011.

[3] KLINE M C, WOODWARD R D, BURCH R L, et al. Experimental observation of impinging jet breakup utilizing laser-sheet illuminated photography [R]. AIAA 1991-3569, 1991.

[4] 张蒙正, 傅永贵, 张泽平,等. 两股互击式喷嘴雾化研究及应用[J]. 推进技术, 1999, 20(2):73-76.

[5] 韩亚伟. 凝胶推进剂撞击式雾化的实验与 SPH 数值模拟方法研究[D]. 西安: 第二炮兵工程大学, 2014.

[6] QIAN J, LAW C K. Regimes of coalescence and separation in droplet collision[J]. Journal of Fluid Mechanics, 1997, 331: 59-80.

[7] HAN J H, TRYGGVASON G. Secondary breakup of axi-symmetric liquid drops. II. impulsive acceleration [J]. Physics of Fluids, 2001, 13(6): 1554-1565.

[8] HAN J H, TRYGGVASON G. Secondary breakup of axi-symmetric liquid drops. I. Acceleration by a constant body force [J]. Physics of Fluids, 1999, 11(12): 3650-3667.

[9] 蔡斌, 李磊, 王照林. 液滴在气流中破碎的数值分析[J]. 工程热物理学报, 2003, 24(4): 613-616.

[10] LIU J, XU X. Direct numerical simulation of secondary breakup of liquid drops [J]. Chinese Journal of Aeronautics, 2010, 23(2): 153-161.

[11] SIRIGNANO W A. Fuel droplet vaporization and spray combustion theory[J]. Progress in Energy & Combustion Science, 1983, 9(4): 291-322.

[12] MERCIER X, ORAIN M, GRISCH F. Investigation of droplet combustion in strained counterflow diffusion flames using planar laser-induced fluorescence[J]. Applied Physics B, 2007, 88(1): 151-160.

[13] JOHNSON G R, COOK W H. Fracture characteristics of three metals subjected to various strains, strain rates, temperatures, and pressures[J]. Engineering Fracture Mechanics, 1985, 21(1): 31-48.

[14] SOLOMON Y, NATAN B, COHEN Y. Combustion of gel fuels based on organic gellants[J]. Combustion and Flame, 2009, 156(1): 261-268.